科学出版社"十三五"普通高等教育本科规划教材

中国科学院大学本科生教学辅导书系列

膜蛋白结构动力学

张 凯 著

科学出版社

北 京

内 容 简 介

膜蛋白在生命细胞中扮演着多种重要的角色，与分子生物学、医药、农业、生物技术等领域密切相关。针对膜蛋白的结构 - 功能研究是结构生物学中最活跃的前沿领域之一。本书从化学动力学角度探讨膜蛋白结构与功能的关系问题，对生物膜膜电位的物理性质及其生物学意义进行了系统性的介绍，基于膜电位驱动力原理对多种膜蛋白家族的功能机制给予了深入浅出的分析和阐释。

本书可以作为分子生物学和物理学专业本科生与研究生的结构生物学辅助教材，也可以作为相关研究领域科研人员的专业参考书。

图书在版编目（CIP）数据

膜蛋白结构动力学 / 张凯著. —北京：科学出版社，2021.6
科学出版社“十三五”普通高等教育本科规划教材 · 中国科学院大学本科生教学辅导书系列
ISBN 978-7-03-069063-0

Ⅰ. ①膜… Ⅱ. ①张… Ⅲ. ①膜蛋白 - 结构动力学 - 高等学校 - 教材 Ⅳ. ① Q51

中国版本图书馆 CIP 数据核字（2021）第 104208 号

责任编辑：王玉时 韩书云 / 责任校对：宁辉彩
责任印制：张 伟 / 封面设计：蓝正设计

科 学 出 版 社 出版
北京东黄城根北街 16 号
邮政编码：100717
http://www.sciencep.com

北京建宏印刷有限公司 印刷
科学出版社发行 各地新华书店经销

*

2021 年 6 月第 一 版 开本：787×1092 1/16
2022 年 7 月第三次印刷 印张：15 1/2
字数：386 000

定价：88.00 元

（如有印装质量问题，我社负责调换）

作 者 简 介

张凯（X. C. Zhang[1, 2*]），中国科学院生物物理研究所研究员，中国科学院大学生命科学学院教授。1992年于美国俄勒冈大学物理系获得博士学位。

1 National Laboratory of Biomacromolecules, CAS Center for Excellence in Biomacromolecules, Institute of Biophysics, Chinese Academy of Sciences, 15 Datun Road, Beijing, China 100101

2 College of Life Science, University of Chinese Academy of Sciences, Beijing, China 100049

* E-mail address: zhangc@ibp.ac.cn

谨以此书纪念我的硕士研究生导师、理论生物物理学家徐京华教授，感谢先生引领我从严谨的物理学书本步入多彩的生物学天地，同时教导我在纷繁的大千世界中领悟普适的科学原理。

——张　凯

沙钟里飘落的尘砾代表着远比钻石还珍贵的时间。

前　言

随着结构生物学的蓬勃发展，传统的分类学式研究方法已渐显落伍；生物大分子的功能越来越多地为结构生物学家所关注，而对于蛋白质功能的系统性研究将不可避免地涉及对于相关动力学过程的分析。从学科发展的角度来看，动力学研究将为结构生物学注入新的生命力，以期从一个全新的视角向人们展示膜蛋白结构的动态美感。作为膜蛋白结构生物学的入门参考教材，本书的主要目的在于建立基于蛋白质结构和化学动力学的结构动力学研究语言与普适关系，促进膜蛋白结构动力学的定量化研究。

本书第一章简述膜蛋白结构分类，以及影响膜蛋白分子折叠和稳定性的因素。第二章讨论生物膜与膜蛋白分子之间的相互作用，特别是膜电位的重要性。第三章简述与本书内容相关的化学动力学基本概念，包括自由能景观函数和双稳态模型。第四章涵盖二级主动转运蛋白的动力学问题，引入本书的核心概念——膜蛋白驱动原理。第五章讨论由 ATP 水解驱动的初级主动转运蛋白及其能量偶联问题。第六章探讨离子通道的基本动力学性质。第七章介绍与能量转化有关的主要膜蛋白家族。第八章分析信号转导中 G 蛋白偶联受体的共性激活机制。基于第二章、第三章所铺垫的基本概念，在第四章至第八章的讨论中，笔者着力探索一条贯穿于各类功能性膜蛋白的结构动力学研究主线，而将针对具体膜蛋白家族的系统性讨论以及全面历史回顾谨托予众多更为丰富、细腻的专业化综述。个别章节中所包含的、针对某些简化模型功能机制的推测性讨论旨在介绍结构动力学的基本分析逻辑和研究思路；具体推论的客观性、准确性仍有待学科的发展予以检验。膜蛋白结构解析的技术方法理应是备受青年学生关注的话题，但由于其历史悠久、内容浩瀚且日新月异，远远超出了本书的预设目标，故略而不表。本书潜在的读者包括对结构生物学感兴趣的生物学和物理学专业的本科生、研究生，以及需要温习化学动力学的从事膜蛋白结构研究的科研工作者。本书的出版由中国科学院大学教材出版中心资助。

一类自然现象是否可以用足够简洁的方式加以解释，取决于人们观察事物的视角和叙述问题的语言。如果在阅读中，读者发现膜蛋白功能机制竟然可以是如此地简洁、普适、优美，笔者愿成为你的知音。

张　凯

2020 年 7 月于北京

PREFACE

Even though our study of prokaryotic and eukaryotic membrane proteins (MPs) is reaching a point where the numbers of structures of every major families are skyrocketing, traditional approaches along taxonomic lines are swiftly proving inadequate for a better understanding of their actual mechanistic behaviors. The structure-function relationship of these bio-macromolecules provided critical and deep insights; however, it is now time to shift attention towards the equally important kinetic processes behind their biological functions. Such analysis of the dynamic features of MPs should greatly facilitate a better appreciation of the biological elegance of MP structures, and provide a much-needed dynamic perspective hitherto missing.

The major purpose of this introductory textbook is to define the nomenclature necessary to better understand the structural dynamics of MPs, and to identify universal relationships dictating such dynamics, based on currently available 3D structures, in combination with the well-established theory of chemical kinetics. Chapter 1 introduces the classification of MPs based on their structures, and discusses the factors governing their folding and stability. Chapter 2 discusses the interactions between MPs and their host cellular membranes, with emphasis on the importance of the electrochemical potential for proper functioning of these bio-macromolecules. Chapter 3 briefly introduces the basic concepts of chemical kinetics required for understanding the subsequent chapters, including the free energy landscape function as well as the bistable model. Chapter 4 discusses the dynamics of secondary active transporters, and introduces the membrane potential-driving principle. Chapter 5 reviews our current understanding of ATP hydrolysis-driven primary active transporters and their energy coupling mechanisms. In Chapter 6, the dynamic properties of ion channels are discussed on the bases of their common structural features. Chapter 7 introduces the major families of MPs involved in cellular energy conversion. Chapter 8 analyzes the common mechanisms responsible for activating G protein-coupled receptors involved in signal transduction. Based on concepts laid out in Chapters 2 and 3, the remaining parts of the book explore a unified approach to studying the dynamics of a variety of functional MPs. Certain speculative discussions of simplified models of molecular mechanisms of selected groups of MPs are also included, to better illustrate the basic logic and strategy of structural dynamics analyses. Of course, the objectivity and accuracy of these models and their corollaries remain to be experimentally verified, and will undoubtedly be further refined by future research.While the technical methods of structure determination of MPs should be of considerable interests to students, those had to be excluded due to the limited scope of this book. I hope to reach both college and graduate students with either biology or physics background, interested in a well-rounded introduction into the field of structural biology, but also researchers already working with MPs, and who are interested in exploring the function of MPs beyond and above traditional avenues.

Whether a given natural phenomenon can be explained with sufficient simplicity depends both on the particular perspective we look at it, and whether appropriate language is chosen to accurately describe it. I truly hope that after reading this textbook, the reader will agree with me that the molecular mechanisms responsible for the function of MPs are simple, universal, and thus beautiful examples of how evolution of life has created tools with which life was able to conquer the multitude of ecological niches continuously evolving within the Earth's biosphere.

X. C. Zhang

July 2020 in Beijing

目　录

第一章 膜蛋白

半亩方塘一鉴开，天光云影共徘徊。问渠那得清如许，为有源头活水来。

——朱熹，《观书有感》

膜蛋白在细胞的跨膜物质转运、能量转化、信息传导、膜稳态维持等方面发挥着不可替代的作用。

是什么物理因素使膜蛋白分子区别于可溶性蛋白分子呢？膜蛋白分子具有哪些共性的结构特征呢？

本章将讨论膜蛋白的重要性及其分类。概括地说，存在两类主要的膜蛋白分子，即 α 螺旋（α-helix）束型和 β 桶（β-barrel）型。因为绝大多数功能性膜蛋白分子属于 α 螺旋束型并且将在后续各章中较详细地予以介绍，所以本章用一小节以 β 桶型膜蛋白为实例对膜蛋白分子的折叠过程和稳定性进行讨论。

关键概念：整合型膜蛋白；功能性膜蛋白；膜蛋白分子组装

1.1 生物膜与膜蛋白

生命进化至今已经历了逾 40 亿年的漫长历史（图 1.1.1）。大约 35 亿年前，地球上出现了第一批原始细胞，正式拉开了生物圈（biosphere）与岩石圈和海洋圈分离过程的大幕[1]，开启了长达 20 多亿年由原核细胞主宰生命世界的时期。直到约 12 亿年前，发生了一件重塑生物圈的重大事件——细菌在古细菌中的内共生，即出现了第一代真核细胞，也就是细胞内部还嵌套生物膜的系统。在生物圈形成的最初 20 亿～30 亿年，生命世界进化出了在我们今天看似精巧得难以置信的分子机器、生化通路和网络系统，为其后多细胞生命现象在地球上的繁荣（包括我们人类的出现）奠定了基础。设想一下，没有生物膜的生物圈会是怎样的一个混沌世界？它仍然滞留在其原始阶段，表现为一些发生于水中和岩石缝隙的、缺乏时空关联的化学反应。生物膜不仅为细胞提供了一层物理边界，它的横空出世也在原始生物圈与现代生命形式之间划出了一道鸿沟①。

那么，本书的主角——膜蛋白，在生物圈中发挥着怎样的作用呢？细胞不是一个热力学的封闭系统，它需要持续地与外界交换物质、能量和信息②，以维持远离热力学平衡

① 在本书行文中，关键概念在首次正式引入时用蓝色字体标注。

② 能量和信息也被认为是物质的属性或者存在形式。本书中关于三者的区分则采用更通俗、直观的方式。

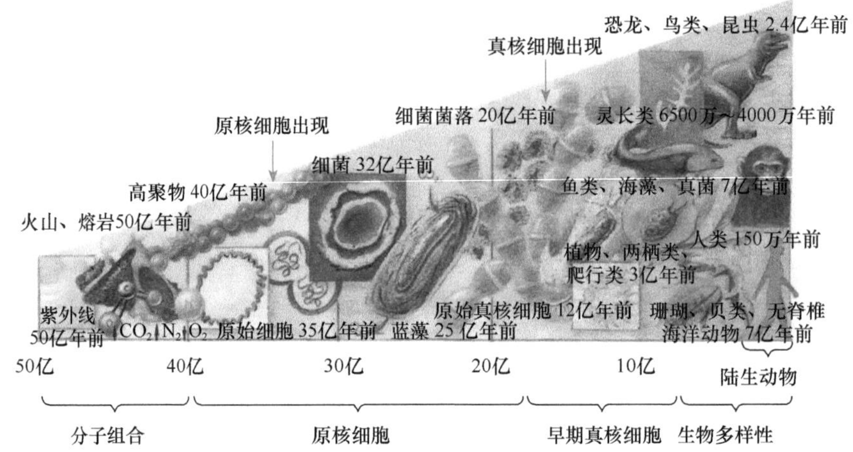

图 1.1.1 生物圈的进化历程与生物膜的出现和功能化密切相关（引自 Smith and Morowitz，2016）

态的准稳态。这些交换和转化功能主要是由膜蛋白领衔完成的。要理解细胞和细胞以上层次的生命现象，就不可能不涉及膜蛋白分子的结构和功能，也就是膜蛋白的结构动力学。另外，由于承载着诸多早期生命世界中就已经出现的诸如营养摄取、能量转化、环境感知等基本生物学功能，膜蛋白可以被视为我们认识生命进化的活化石。众若繁星的膜蛋白分子是如何在进化中获得了今天看似精巧绝伦的结构呢？它们的工作原理真的是像人们娓娓道来的那样千人千面，罕有共性可循吗？为了解答这类问题，我们需要研究膜蛋白的结构与功能之间的动力学关系，包括膜蛋白分子如何在自由能[①]驱动下实现其存在的生物学意义。

细胞、生物膜和膜蛋白分子之间有着怎样的几何关系呢？假如我们将细胞放大到西瓜的大小（直径比 10μm：0.3m），生物膜也只不过是 A4 纸一般的一层外皮（厚度比 5nm：0.1mm），其表面上点缀着各种各样、小米粒般大小的各类膜蛋白分子。在大多数情况下，膜蛋白仅占据着很小的膜表面（＜5%）。可能有读者会提出疑问：生物化学教科书中不是宣称生物膜干重的 50% 来自蛋白质吗？在后面膜蛋白的分类中我们将看到，这些蛋白质分子并非都是直接、完全地镶嵌在脂双层（lipid bilayer）中的。因此，它们并不依照质量成比例地占据膜的表面。

除了完成生物膜两侧的物质、能量和信息的传输，即所谓选择性通透，膜蛋白还担负着生物膜的合成、稳态维持等任务，并且参与细胞之间及膜被细胞器之间的相互作用，等等。许多膜蛋白分子或者其复合体，与膜蛋白的折叠、组装、修饰，以及膜生成或者细胞器生成直接相关（图 1.1.2）。毋庸置疑，从生物膜嵌入生物圈的那一刻起，膜蛋白与生物膜就相互依存，互以对方为自身存在的必要前提。尽管早期的膜蛋白不可避免地带有粗糙、易损、多变等原始特征，它们依然顽强地履行着生物圈所赋予的使命。

为了解释蛋白质分子与生物膜的结构关系，辛格（S. Jonathan Singer）和尼科尔森（Garth

① 自由能表示一个满足特定热力学约束的系统所能输出的（非热学、有效）能量的上限。例如，等温 - 等压约束下的封闭系统的自由能称为吉布斯自由能（Gibbs free energy，记作 G），它由美国著名物理学家 Gibbs 于 1876 年提出。此类系统中的自发过程所对应的自由能变化（ΔG）必然趋于减小。吉布斯自由能常用于处理各种生物化学系统。

Nicolson）于 1972 年提出了膜蛋白在生物膜中的液态镶嵌模型（fluid mosaic model；图 1.1.3）[2]。该模型的要点之一是膜蛋白分子镶嵌在可流动的脂双层中，并且脂分子和膜蛋白分子都不断地发生着二维自由扩散。随着对生物膜研究的不断深入，今天人们已经认识到，膜蛋白分子并非悠闲地游荡在脂双层中的、一颗颗孤立的刚性橄榄球。这些蛋白质分子不仅持续发生着相对于脂双层的位移、转动和振动等类型的热运动，而且其分子内部以及分子之间还不断地进行着多种构象转换。同时，脂双层也为膜蛋白提供了一方发挥功能的舞台，并且主动地影响着膜蛋白分子的性质和功能。

膜蛋白的功能和作用方式

· 物质运输
· 能量代谢
· 信号转导
· 膜系统稳态和代谢

· 空间定位，锚定
· 形成跨膜通道
· 跨膜构象变化

图 1.1.2　生物膜与细胞关系示意图
细胞和细胞器的形态主要是由生物膜界定的

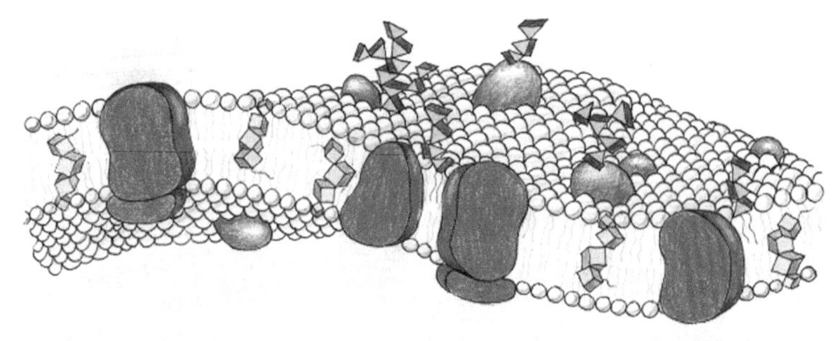

图 1.1.3　膜蛋白与脂双层的液态镶嵌模型（引自苏晓东等，2013①）
整合型膜蛋白用红色标记；绿色标记的糖基化只发生在细胞质膜外侧

1.2　细胞能量系统的“三驾马车”

在行使其功能时，绝大多数功能性膜蛋白分子需要能量来驱动。生命细胞中普遍存在着三大能量系统（图 1.2.1）[1]：①氧化还原电势；②以腺苷三磷酸（adenosine triphosphate，ATP）为代表的含有“高能”磷酸键的不稳定分子②；③跨膜电化学势。它们分别类比于宏观世界中具有较高能量质量比的储能物质、便携式通用电池，以及网络覆盖式动力电网。三者彼此相互转化，维持着某种动态平衡；同时，也各自进化出独特的应用领域。氧化还原能量常常被用于生物小分子（包括 ATP）的合成③。ATP 是生物大分子多聚化的必要前提；从进

① Liljas A, Liljas L, Piskur J, et al. 2013. 结构生物学：从原子到生命．苏晓东等译．北京：科学出版社。

② 一个典型共价键的断裂需要吸收约 340kJ/mol 的输入能量；相反，ATP 分子中磷酸键的断裂则可以释放 30～50kJ/mol 的能量。

③ 驱动原始生物圈的氧化还原电势来自岩石圈与海洋圈的界面；现代生物圈的氧化还原电势则来自光合作用。而对于异养生物而言，有机小分子的降解是氧化还原能量的主要来源。

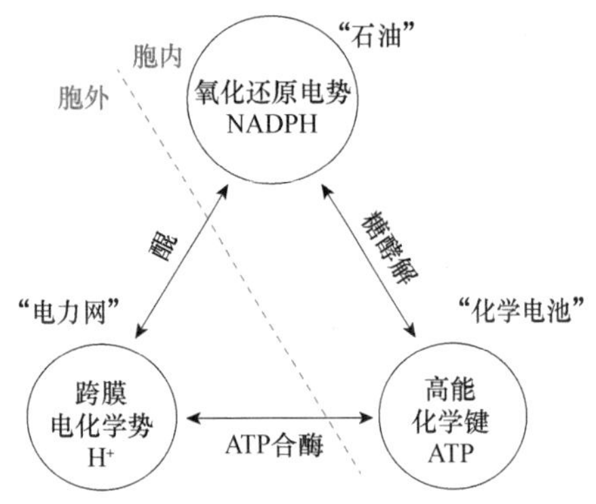

图 1.2.1 细胞能量系统的“三驾马车”
氧化还原电势、跨膜电化学势和高能化学键构成细胞的三大能量系统，能量在其间相互转换。三者之中，具有化学本质的氧化还原电势是最基本的；而另两个则是它在生物圈中的衍生物

化的角度来看，ATP 的出现是生物圈由小分子世界向大分子世界转变的分水岭。而跨膜电化学势则为细胞提供跨膜信号转导和物质转运所需要的驱动力。本书将较为详细地讨论各类跨膜电化学势相关过程。在第七章中我们将看到，在细胞三大能量系统之间的能量转化过程中，膜蛋白发挥着不可替代的作用。

三大能量形式的共性在于它们均涉及静电相互作用；同时，它们又各自具有其独特的物理化学基础。化学中两个最基本的反应类型——氧化还原反应和酸碱反应，分别涉及电子和质子的转移。由于水分子本身不具备稳定的外层电子空轨道，无法接收和传递电子，因此水溶液属于电子的不良导体[①]。因此，氧化还原电势可以不依赖生物膜而稳定地存在，表现为电子在特定的电子供体与受体化合物之间所形成的结合能差。电子的定向迁移正是由反应物之间的此类氧化还原电势能差驱动的。由于电子的负电性质，并且电荷与电压的乘积具有能量量纲，氧化还原电势能经常用氧化还原电位来表示。在没有外界能量输入的情况下，电子只可能自发地从具有较低氧化还原电位的化合物向较高氧化还原电位的化合物迁移。氧化还原反应的这些性质使其成为生物圈的原始推动力。在蛋白质（复合体）内部，电子长程转移的路径往往借助于具有非局域化电子结构的共轭键系统，如金属簇、芳香环侧链基团或者杂环辅因子等。另外，由于氧化还原反应涉及电荷迁移，一个给定基团的氧化还原电势必然受到环境电场的影响。譬如，正电性的外来电势场将提升该基团的氧化还原电势，使其成为更强的电子受体，同时弱化其作为电子供体的能力。当一对氧化还原反应的供体和受体同时受到均匀外电场的等强度影响时，上述效应可以忽略；相反，假如外电场选择性地影响两者之一，氧化还原反应的速率将受到调制。这一论点对于理解后文（如第七章）中氧化还原电势向跨膜电化学势的转化十分重要。

与电子相反，水溶液表现为优良的质子导体。这是因为水分子中的氧原子具有外层 sp^3 杂化轨道，即正四面体配位方式；后者在结合了两个质子之后仍然可以接受另一个“多余”的质子，而不出现明显的静电排斥现象。事实上，在水中自由质子的浓度极低，质子主要以水合质子（H_3O^+）的形式存在；这与水分子本身的高摩尔浓度（56mol/L）有关。此外，相邻的水分子极易形成动态的格罗图斯质子导线（Grotthuss proton wire），即在氧原子位置维持相对不变的前提下，质子发生快速的接力式迁移的路径。因此，质子电化学势在水溶液中难以稳定存在，而只能借助生物膜来实现。质子定向运动的驱动力来自质子化学势和外界电场两部分。在自由扩散的情况下，化学势由浓度梯度决定；而在蛋白质内部的非自由扩散情况下，化学势由质子供体基团与受体基团之间的亲和力差别（相对亲和力 ΔpK_a）决定。值得强调的是，正是生物膜系统的存在，使各类跨膜电化学势的出现成为可能，从而大大提高了细胞中能量转化的综合效率，即速率与效率之间的平衡优化；进而，也使物质、能量和信息

① 事实上，人们用电导率检验水的纯度：电导率越小，纯度越高。一般而言，水溶液的电导率是由离子型杂质引起的，而并非借助电子迁移。在强电场作用下，水分子也可能发生电离。

在细胞中的流动和非均匀的空间分布得以在更为有序的方式中实现。本质上，生物膜的出现及其所衍生出的跨膜电化学势使一类“全新”的物理能量形式——介观静电能①进入了生命能源的主角之列。

与上文中相对亲和力 ΔpK_a 有关，我们需要定义绝对质子亲和力 pK_a②，即当给定基团（X）发生 50% 质子化时环境的 pH。pK_a 越高表示 X 基团获取质子的能力越强。伴随质子从水溶液到 X 基团的迁移，ΔpK_a 为 pK_a-pH。ΔpK_a 越大，X 基团发生质子化的概率越高。一般而言，人们只讨论所谓第一质子化的 pK_a。譬如，碱性残基 Arg 的第一质子化 pK_a 极高（取值 13.6），表明 Arg 侧链可以稳定地结合一个质子；即使水溶液中质子极度稀缺，这个质子也很难解离。然而，由于胍基电子轨道的平面性以及静电排斥作用，在 Arg^+ 基础上发生第二次质子化（形成 Arg^{2+}）的可能性微乎其微，也就是说 Arg^+ 基团的 pK_a 极小。与电子供体或受体的氧化还原电势类似，pK_a 并非 X 基团的特征常数，而是一个极易受环境影响的可变参数[3]。譬如，邻近基团 Y 的质子化将通过静电排斥力降低 X 基团的 pK_a，从而妨碍 X 基团从环境中进一步获取质子。但是，Y 基团的质子化与否并不影响质子由 Y 到 X 的迁移潜能（ΔpK_a）。我们将会看到，作为一个实验可测量物理量和本书中被大量反复使用的概念，ΔpK_a 与自由能差直接相关。进而，溶液环境与膜蛋白内部的微环境相比，包括酸性氨基酸、组氨酸、半胱氨酸在内的可质子化反应的氨基酸残基，其 pK_a 可能发生显著的变化。譬如，在膜蛋白内部，酸性氨基酸残基的 pK_a 可能升高到中性 pH 以上（例如，据推测，细菌视紫红质蛋白中质子通路上的关键氨基酸残基 Asp96 的 pK_a 甚至可以高达 11）[4]；而某些组氨酸残基的 pK_a 却有可能从 pH 7.6 降低到 6.0 以下[5]。此外，各类带电基团也可以通过氢键网络参与结合水分子或者水合质子，从而形成质子导线。从结构生物学角度讲，高分辨率、单颗粒冷冻电子显微镜成像技术（单颗粒冷冻电镜技术）为判断一个酸性氨基酸残基是否已发生质子化，从而在电负性和电中性之间变化，提供了一种全新的、直接的、可视化实验手段[6, 7]。

ATP 所代表的磷酸化能量系统与氧化还原或者质子能量系统之间存在着诸多微妙的相似之处。在磷酸化系统中，无机磷酸根基团（P_i）一般是从相对不稳定的高能态化合物（P_i 供体）向更稳定的低能态化合物（P_i 受体）自发地进行转移。ATP 是最常见的 P_i 供体，而水分子是最常见的 P_i 受体。磷酸根基团由 ATP 向水分子的转移所释放的自由能即 ATP 的水解能。不难设想，反应物对磷酸根基团的亲和力也可以用一个类似于质子 pK_a 的量加以描述③。在生命系统中，不胜枚举的酶可以催化 ATP 的水解，同时将该水解能偶联到其他需要自由能驱动的化学反应中④。

从细胞能源的重要性角度来看，膜电位与 ATP 可谓是不分伯仲。ATP 常被视为比跨膜电化学势更为基本的能量储存形式。譬如，人们将由 ATP 驱动的转运蛋白称为初级主动转运蛋白（primary active transporter），而将由跨膜电化学势驱动的转运蛋白称为二级主动转运蛋白（secondary active transporter）。而实际上，由于三种能量形式之间的动态平衡及转换，上述主次区分带有明显的主观性。此外，人们习惯把跨膜电化学势作为 ATP 合成流水线的一部分来看

① 介观（mesoscopic），即细胞的尺度，所涉及的微观粒子数目一般大于 10^4，同时远小于 10^{12}。根据大数定理，其统计涨落（$N^{-1/2}$）一般为百万分之一到百分之一。

② 本书中如无特殊说明，pK_a 均专指质子，并且等于 lg（K_a×1mol/L）。其中 K_a 为质子结合常数，即解离常数 K_d 的倒数。

③ 事实上，自由基（化学基团缺失所造成的电子空轨道）的迁移、二硫键异构酶所涉及的二硫键的迁移和泛素化等基团转移过程均可以用类似的“亲和力升高、自由能下降”的观点加以描述。

④ 当两个事件互为必要且充分条件时，它们往往可以被视为彼此完全偶联，一般伴随有能量传输或者转换。在零偶联与完全偶联之间，存在各种部分偶联的可能性。

待，然而这一观点显然远远低估了前者的重要性。作为细胞的动力网络和信息网络的主干，跨膜电化学势的意义绝不亚于人类发展史上电气化和信息化的辉煌；事实上，相比于人类在200年前实现了依赖电力的第二次工业革命，生物圈利用电能的历史可以回溯到30亿年之前①。

1.3 膜蛋白的结构研究

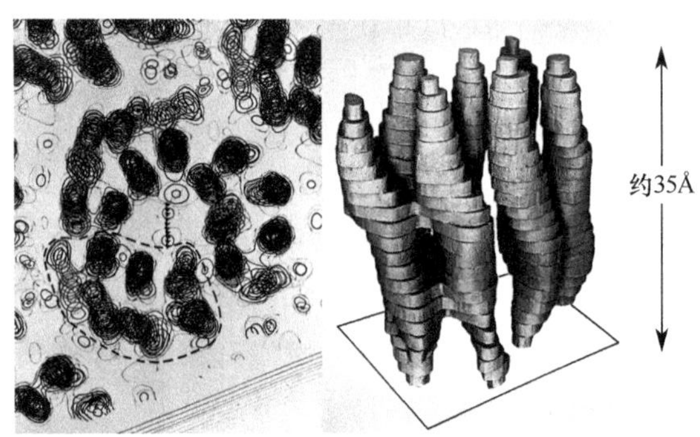

图 1.3.1 第一个膜蛋白结构——古细菌视紫红质蛋白的二维晶体的电镜结构（引自 Henderson and Unwin，1975）

左侧为多层电子密度图的叠合投影，右侧为据此重构的朴素三维结构

人类是视觉动物，“眼见为实”是实验科学的一种基本理念。结构生物学的目标之一在于为各类生物学观察，特别是分子生物学观察提供尽可能高分辨率的结构解释。膜蛋白分子的三维结构解析始于20世纪70年代。来自古细菌的细菌视紫红质蛋白（bacteriorhodopsin，bR）7Å分辨率的电镜结构发表于1975年（图1.3.1）[8]。其跨膜区螺旋长度约为3.5nm（35Å；1Å=10^{-10}m），与脂双层中疏水部分的预期厚度相当。该蛋白质的高分辨率晶体结构于1990年被报道[9]。

在此期间，20世纪80年代，紫细菌光合反应中心（photosynthesis reaction center，PRC②）复合体的三维晶体结构被成功解析[10]。这一结构生物学中划时代的成果使工作于同一楼层的三位德国科学家分享了1988年诺贝尔化学奖（图1.3.2）。这一工作的历史性意义在于它首次证明了，膜蛋白分子的三维结构可以像水溶性蛋白质一样利用X射线晶体学方法加以解析，而这类结论只有通过实验才可能得到确认。更为重要的是，米歇尔（Hartmut Michel）博士开创性地使用了两亲性表面活化剂（去污剂）将膜蛋白分子从生物膜中溶解出来，并且尽可能地维持了它们在天然状态下的三维结构。（该纯化技术的可行性一般需要后续的体外功能实验加以验证。）这些在今天看似再平凡不过的常规技术，在米歇尔生活的时代当属革命性的突破。据说，当时鲜有人看好这项技术；一些同事甚至对米歇尔“浪费”自己的职业生涯表示无奈的同情。但是，他的原创性、前瞻性和超乎常人的执着终于使他跻身膜蛋白研究领域佼佼者的行列。

两名美国科学家阿格雷（Peter Agre）和麦金农（Roderick MacKinnon），2003年因生物膜水通道[11]和离子通道[12]的结构与功能研究，问鼎诺贝尔化学奖（图1.3.3）。2012年，斯坦福大学的科比尔卡（Brian Kobilka）教授，因为解决了生物信号经由G蛋白偶联受体（G protein coupled receptor，GPCR）向下游G蛋白转导的分子机制问题，而摘得了诺贝尔化学奖的桂冠（图1.3.4）[13]。回顾一下，第一个膜蛋白结构有关的诺贝尔奖与能量代谢有关；第二个与物质运输有关；而第三个则与信号转导有关。三者正是膜蛋白最具代表性的功能。

---

① 本书多处所使用的拟人化比喻仅仅出于阅读流畅性的考虑，而与亚里士多德式“目的论”毫无瓜葛。

② 光合反应中心晶体结构的蛋白质数据库（PDB）代码是1PRC。显然，作为开拓者的红利，早期结构生物学家可以为自己所钟爱的蛋白质结构选择四联代码的后3位。今天的结构生物学家在代码命名时则只能听任随机发生器的突发奇想了。

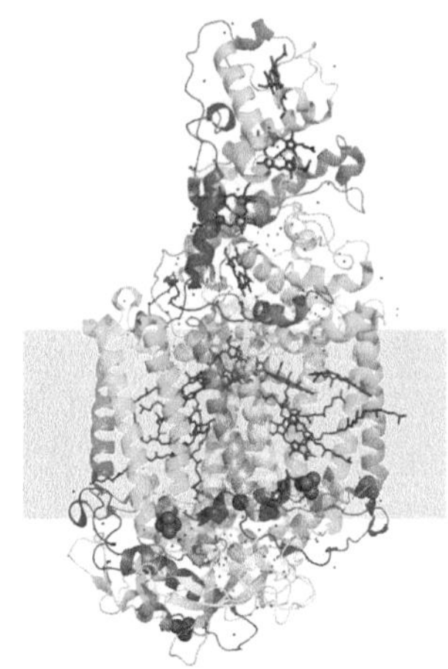

图 1.3.2　1988 年诺贝尔化学奖得主：J. Deisenhofer（左）、R. Huber（中）、H. Michel（右）

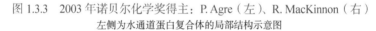

左侧为第一个近原子分辨率的膜蛋白晶体结构

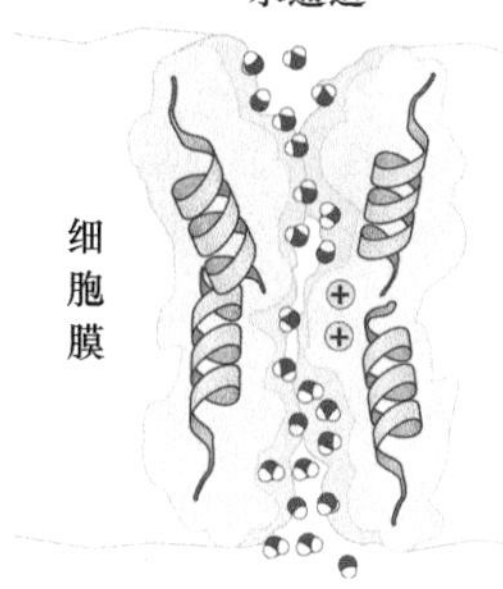

图 1.3.3　2003 年诺贝尔化学奖得主：P. Agre（左）、R. MacKinnon（右）

左侧为水通道蛋白复合体的局部结构示意图

中国科学家在膜蛋白结构研究方面也取得了令人瞩目的成就。这一历史始于 2004 年：中国科学院生物物理研究所常文瑞院士和植物研究所匡廷云院士共同主持完成了菠菜主要捕光蛋白复合体的晶体结构测定（图 1.3.5）[14]，继胰岛素结构解析之后，为中国结构生物学的发展又增添了浓墨重彩的一笔。

蛋白质是细胞生命过程的重要执行者；而膜蛋白所扮演的角色使细胞得以成为生命的基本单元。从细菌到哺乳动物细胞，膜蛋白形成了众多高度保守的蛋白质家族，行使着多种最基本的生物学功能。正因为如此，膜蛋白与多种人类疾病密切相关，并且成为重要的药物靶标。与其重要性相比，目前膜蛋白的结构研究仍然存在着较大差距：在人类基因组中，约 30% 的蛋白质基因参与编码膜蛋白（其余编码可溶性蛋白）；而国际上最权威的蛋白质数据库（Protein Databank，PDB）中，膜蛋白的结构数目仅占 2% 左右。从一个乐观的角度来看，膜蛋白的结构和功能研究拥有着广阔的发展空间。

GPCR跨膜信号转导机制研究

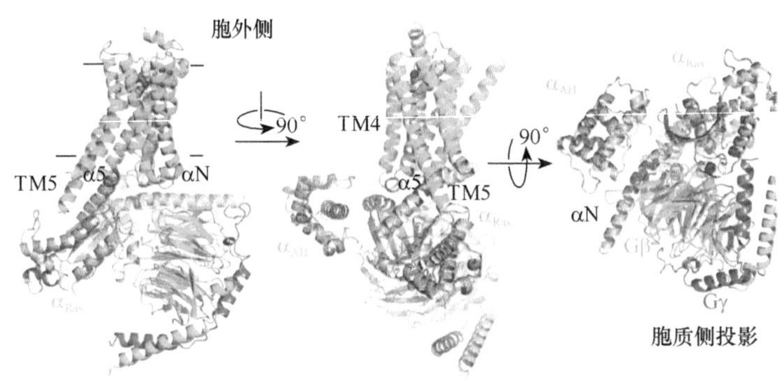

Brian Kobilka

2012年诺贝尔化学奖

图 1.3.4　2012 年诺贝尔化学奖得主之一：B. Kobilka（引自 Rasmussen et al.，2011）

图中所示蛋白质结构为激发态 GPCR 与下游 G 蛋白复合体结构沿三个彼此垂直的方向的投影

图 1.3.5　中国科学家解析的第一个膜蛋白晶体结构——菠菜主要捕光蛋白复合体（引自 Liu et al.，2004）

1.4　膜蛋白分类和结构稳定因素

为了清晰地界定研究对象及其范围，每一门学科都需要明确的分类方法，梳理主要对象与次要对象以及环境因素之间的关系。对于膜蛋白来说，结构分类与其所处环境、折叠方式以及影响稳定性的物理化学因素等密切相关。

根据所参与的生物学过程，膜蛋白可以分为功能性和结构性两类。参与物质、能量和信息流动的膜蛋白，均属于典型的功能性膜蛋白；而结构性膜蛋白，则主要作为膜组分来调控生物膜的物理性质，以及建立膜与内外环境的结构性联系。本书将主要关注功能性膜蛋白，特别是它们的动力学机制的结构基础。

取决于来源的不同和纯化技术的差异，细胞的膜组分中 10%～50% 的质量来自蛋白质。然而这一质量比例并非意味着脂双层和蛋白质平分秋色，各占 50% 的膜表面。与膜之间存在着直接相互作用的蛋白质分子可以划分为膜依附蛋白和膜蛋白（图 1.4.1）。

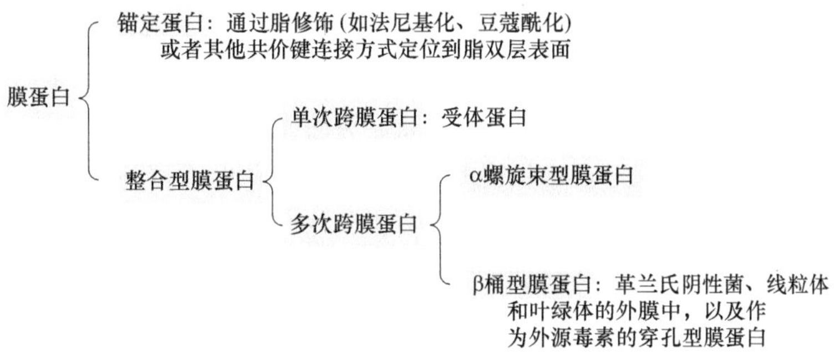

图 1.4.1　膜蛋白分类

本书重点关注多次跨膜的 α 螺旋束型膜蛋白

- 其中，膜依附蛋白可以与其他膜蛋白分子或者脂分子以范德瓦耳斯力、疏水力、静电力、氢键等非共价方式相互作用①，借此依附于膜表面；而膜蛋白可以分为锚定蛋白和整合型膜蛋白。
- 锚定蛋白借助脂修饰（诸如发生于胞质侧的棕榈酰化、法尼基化、豆蔻酰化，以及发生于哺乳动物细胞外侧的糖基磷脂酰肌醇化）或者其他共价键连接方式定位到脂双层表面；而整合型膜蛋白（也称跨膜蛋白）又可以分为单次跨膜蛋白和多次跨膜蛋白。
- 单次跨膜蛋白顾名思义仅含有一根跨膜螺旋。多次跨膜蛋白又可以分为 α 螺旋束型膜蛋白和 β 桶型膜蛋白。
- α 螺旋束型膜蛋白出现在细胞质膜、内质网膜、线粒体内膜等处。相反，β 桶型膜蛋白只出现在革兰氏阴性菌、线粒体和叶绿体的外膜中，以及作为外源毒素的穿孔型膜蛋白。
- 由此不难看出，许多与膜结构相关的蛋白质并不包含跨膜部分，或者只具有一次跨膜螺旋。即便是多次跨膜蛋白，它们镶嵌在膜内的部分也常常远小于定位在膜外的部分。以后各章将主要讨论由跨膜螺旋束所构成的整合型膜蛋白的结构及其功能。

---

① 本书采用力的物理学定义：广义力（F）等于能量（E）对于广义位移的微分，并且取负值，即 $F=-\nabla E$。通俗地讲：只要存在局部的势能差，就存在力。附注：范德瓦耳斯力（Van der Waals force）是一类亚纳米尺度上的“万有引力”，一个基团可以与多个其他基团同时发生范德瓦耳斯相互作用；其主要来源是共享电子云的量子效应。一个宏观的例子是有着分形结构，因而有效表面积很大的壁虎的爪子对于各类岩壁的普遍吸附能力。与范德瓦耳斯力形成鲜明对照，质子供体与受体之间的氢键具有明显的方向性和饱和性。

谈到蛋白质分子的结构，必然涉及肽链的折叠和稳定性。水溶性蛋白质的折叠被认为是由疏水内核的形成和分子内部氢键共同驱动的[15]。然而在膜蛋白分子的折叠过程中，由于脂双层环境本身就呈现强疏水性，疏水内核的重要性相比于水溶性蛋白质来说显得较弱。因此，曾经有研究者提出，膜蛋白表现为一种反穿皮袄（inside-out）的折叠方式，由亲水内核规避疏水性脂双层环境这样一类热力学过程来驱动膜蛋白分子的折叠。换言之，疏水性残基更多地暴露于蛋白质分子表面那些接触脂双层的部分，而亲水性残基则包埋在蛋白质内部以便远离疏水性脂分子。虽然这种描绘方式体现出一定的合理性，但绝非铁律。事实上，在比较稳定的膜蛋白分子中，常常也可以发现堆积紧凑的疏水内核。基于膜蛋白所呈现的稳定性不难推测，这类疏水内核的相互作用一般应该强于蛋白质肽链与脂分子环境之间的相互作用。

膜蛋白结构表现出以下共性特点：①膜蛋白分子内部，跨膜螺旋彼此之间的堆积比较紧密，短侧链的氨基酸残基比较多。这种结构致密性可能有利于避免极性小分子（包括水分子）的渗入。特别是在彼此发生构象变化的结构域界面处，此类短侧链残基的可能构象数目较少，相应的构象熵较小，便于界面快速地封闭。②色氨酸等大环残基常常以带状形式出现在膜蛋白分子与脂双层内外表面的交界处。③膜蛋白分子的跨膜区表面的某些凹陷处与脂分子发生特异性结合。④膜蛋白分子内部也可以包埋一些水分子，在高分辨率晶体结构中尤为明显，并且常常与功能有关。

在第二章中我们将讨论到，跨膜螺旋常常通过改变相对于膜平面的倾斜角度来改善与脂双层自然厚度的匹配程度。一般而言，两者匹配得越好，膜蛋白分子就越稳定。进而可以推测，当所受外力发生变化时，过长或者过短的跨膜螺旋往往对应着更高的构象变化灵活性；与之相反，与脂双层完美匹配的跨膜螺旋则更多地发挥锚定作用，将外力传导、耗散到膜环境。此外，膜的表面张力和内部压力等物理因素均可以影响膜蛋白分子的构象。值得强调的是，对于携带电荷的膜蛋白分子而言，电荷彼此之间以及电荷与膜电位之间的静电力对于蛋白质分子的构象乃至功能产生着深刻的影响；另外，膜蛋白与膜电位的静电相互作用是一个迄今尚未受到普遍重视的有关膜蛋白物理化学的重要课题。

一个给定膜蛋白分子的构象是所有上述诸多因素共同作用的综合结果。然而，使用去污剂溶解出来的膜蛋白分子所受到的环境张力、压力和静电力等作用可能会显著不同于体内脂双层环境。由于这种区别的存在，人们借助去污剂所解析的膜蛋白结构，特别是其动态性质与原位相比就可能发生预想不到的变化。事实上，借助不同纯化技术，在体外环境下被稳定的膜蛋白样品可以表现出显著不同的动力学性质[16]。因此，对于膜蛋白结构的细致解释，人们需要抱持一种审慎的态度。换言之，当人们期望基于体外结构研究去理解体内功能时，膜蛋白与水溶性蛋白质相比又添加了一份不确定性。

基于蛋白质折叠过程的简约性和膜蛋白的结构稳定性要求，整合型膜蛋白主要分为两大类：α 螺旋束型和 β 桶型（图 1.4.2）。在整合型膜蛋白的跨膜区，几乎不出现 α-β 有序交替型（α/β）或者 α-β 分域型（α+β）等混合折叠方式。究其原因，蛋白质的折叠过程存在两大类主要的驱动力：一类来自疏水相互作用（外因）；另一类来自氢键（内因）。膜蛋白进入脂双层是由疏水力驱动的。也就是说，通过与脂双层的疏水部分相互作用，膜蛋白中的疏水性残基得以规避与水溶液的直接接触，从而不必为维持界面去支付与负熵有关的自由能。可以认为，生物膜是膜蛋白的天然分子伴侣。离开了生物膜（或者去污剂），膜蛋白肽链毫无悬念地将发生高聚甚至沉淀，并且常常失去天然构象。在个别情况下，膜蛋白分子的内部稳定性极强，在通过高聚化规避水环境的同时，仍然能够在一定程度上维持天然构象；此类膜蛋白分子有可能通过无细胞蛋白表达体系进行体外合成，进而使用表面活化剂加以溶解[17]。

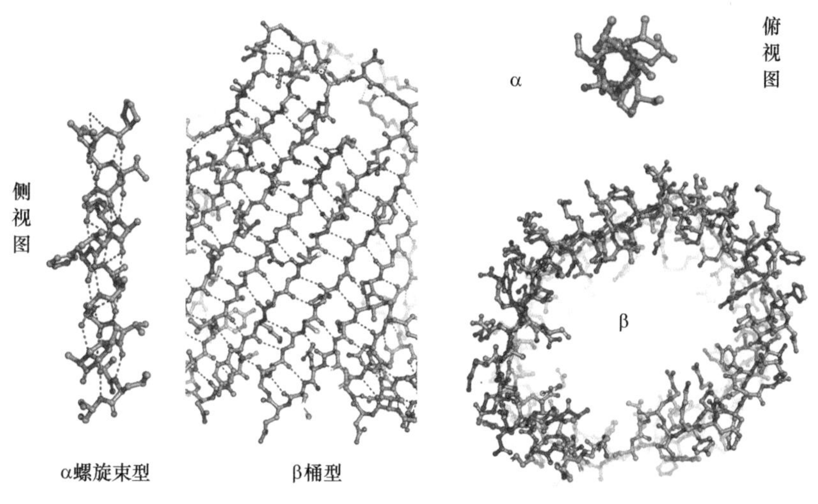

图 1.4.2 α 螺旋束型和 β 桶型膜蛋白的结构特征与比较

首先，膜蛋白中 α 螺旋均为右手型。其中一个残基的羰基氧 O_i 与其后第四位残基的氨基氮 N_{i+4} 形成氢键。α 螺旋的基本参数：每个残基旋转 100°；每圈螺旋平均含 3.6 个残基。每个残基上升 1.5Å；螺旋的螺距为 5.4Å。垂直于膜平面的 α 螺旋，其跨膜区含有大约 23 个残基，6.5 圈螺旋。螺旋 N 端的主链氨基基团表现为正电性；相反，C 端的主链羧基基团呈现负电性。因此，螺旋的静电性质表现为一个静电偶极子。其次，β 桶型膜蛋白中，相邻 β 链均采取反平行，主链平行线之间距离约为 5Å。所形成的链间氢键之间近似平行；氢键间距宽窄交替变化。β 桶型膜蛋白分子的横截面多呈不规则椭圆形

另外，由于脂双层内部的疏水环境无法提供成氢键基团，肽链中大致等量的氢键供体和受体基团唯有通过内部的氢键网络才能实现极性基团的自由能最小化。因此，对于膜蛋白折叠而言，具备规律性氢键网络的 α 螺旋和 β 桶结构几乎就成了仅有的选择。在少数细菌的外膜中，人们发现了一类由一或两条 β 链（β-strand）盘绕形成的、螺旋束型膜蛋白，如短杆菌肽（gramicidin）。此类跨膜蛋白质分子同样也拥有封闭的氢键系统，并且可以与脂双层形成有效的疏水相互作用。然而，其简单紧凑的结构使这类跨膜折叠所能承载的功能种类极为有限，因而现身寥寥。

在上述两类主要膜蛋白结构类型中，由跨膜 α 螺旋构成的整合型膜蛋白是更为常见的形式，并且可以通过生物信息学加以可靠地预测。随着基因组学的发展和成熟，越来越多的物种基因组已经或正在被批量化地测定。由此可以预测出大批蛋白质的一级结构，即肽链的氨基酸序列。在生物信息学领域，人们已经学会根据氨基酸序列预测肽链的二级结构，即由氢键决定的 α 螺旋或者 β 片层（β-sheet①）等结构元素。预测 α 螺旋的准确度已经达到 80% 以上，高于对于 β 片层的预测。其原因在于，α 螺旋是一种由局部氢键维系的低能态结构单元，而 β 片层则需要由肽链中相距较远的部分以主链氢键的形式相互作用来实现。相对而言，预测局部相互作用比较容易，因此 α 螺旋更容易被正确地识别。值得称道的是，贝克（David Baker）实验室的研究者于 2018 年首次报道了有关人工设计的、跨膜 α 螺旋束型膜蛋白三维结构的研究结果[18]；进而，同一实验室于 2021 年发表了独具匠心的 β 桶型膜蛋白的人工设计原理和结构验证[19]。这些里程碑式的研究成果表明，人们对于各类调控膜蛋白折叠和稳定性的关键因素的认识水平达到了一个全新的高度。

根据对人类基因组的生物信息学分析，人们预测了膜蛋白中 α 螺旋数目的分布情况[20]。

① 关于本书中采用的二级结构的中文命名请参照附录 3。注意：β 片层看起来是不是颇似中国古代的竹简？

总体来看，多种不同算法所给出的预测结果是基本一致的（图 1.4.3）：一次跨膜的膜蛋白数量最多；膜蛋白出现频率随跨膜螺旋数目的增加而依次减少。但是存在一个例外，即含 7 次跨膜螺旋的膜蛋白异常丰富。这一现象部分是因为存在着一支庞大的膜蛋白家族——G 蛋白偶联受体（G-protein coupled receptor，GPCR），其表现出 7 次跨膜螺旋束的结构特征。对此，我们将在第八章展开详细的讨论。至于为什么不是更大或者更小的跨膜螺旋束成为最受青睐的折叠形式，可能带有进化过程的偶然性。螺旋的数目对于膜蛋白的拓扑结构极为重要。譬如，由对称轴平行于膜平面的所谓反式对称性（inverse symmetry）所联系的两个偶数螺旋束所形成的结构域之间，需要奇数根螺旋相连接；而由平行于膜平面法线的二重轴所联系的此类结构单元之间，则需要偶数（或者零）根螺旋相连接。

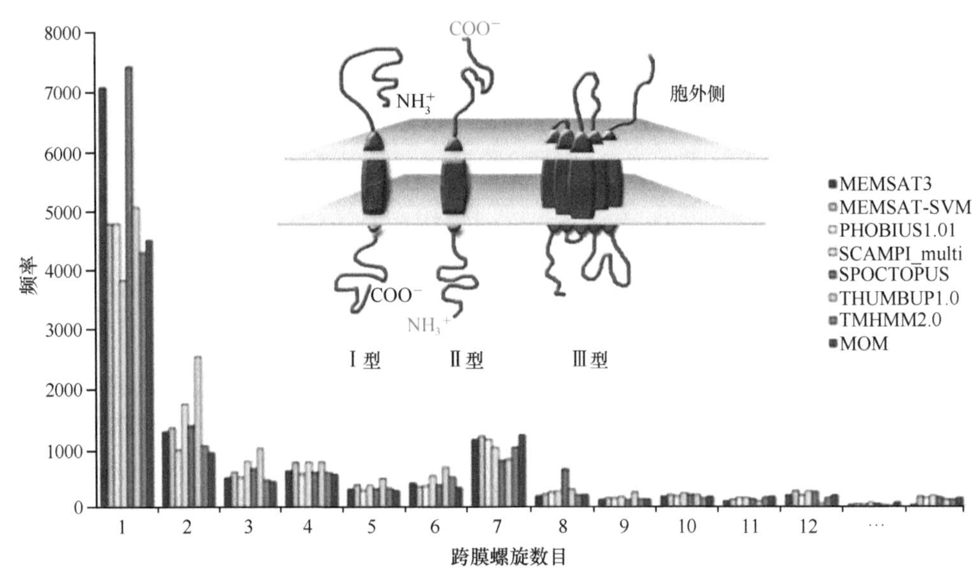

图 1.4.3　基于人类基因组分析的膜蛋白跨膜螺旋的分布预测（引自 Fagerberg et al.，2010）

横轴是跨膜螺旋的次数，纵轴是相应类型的膜蛋白的出现频率。所使用的 8 种算法的结果以不同颜色表示。附图是对膜蛋白类型的说明

对于一次跨膜的蛋白质分子而言，氨基端（N 端）定位于胞外侧的类型称为Ⅰ型膜蛋白，大部分细胞表面受体属于此类膜蛋白[21]。而 N 端定位于胞内侧的类型称为Ⅱ型膜蛋白。在被预测的Ⅱ型膜蛋白中，又有相当一部分可能属于分泌型蛋白。由这类Ⅱ型膜蛋白变化而来的分泌型蛋白与Ⅰ型膜蛋白之间的区别，仅在于是否含有羧基端（C 端）跨膜螺旋将其锚定在脂双层中。在蛋白质成熟之后，它们所含有的作为信号肽的氨基端（N 端）跨膜螺旋均被信号肽蛋白酶剪切掉了。

在以后各章中将要讨论的大多数整合型膜蛋白属于 α 螺旋束型的多次跨膜蛋白，而并非上述Ⅰ型或Ⅱ型膜蛋白。为此，我们首先探讨一下这类多次跨膜蛋白究竟如何完成其折叠（图 1.4.4）。膜蛋白的折叠过程有着不同于水溶性蛋白质的特殊性。膜蛋白新生肽链的 N 端常常需要带有膜定位信号，以区别于水溶性蛋白质。此外，膜蛋白折叠一般需要其他蛋白质分子的协助，譬如一类膜定位机器——易位子（translocon，或者称 translocator），它们可以协助膜蛋白的新生肽链正确地定位于脂双层中[22]。存在着彼此同源的两类易位子，其中一类的胞质侧附带有正电性结构域，可以与核糖体结合，催化共翻译转运（cotranslational translocation）或入膜折叠；另一类不与核糖体结合，催化翻译后转运（post-translational translocation)。在第一类易位子存在的情况下，核糖体在合成膜蛋白肽链时，几乎是“坐”在易位子表面，与之紧密对接[23]。对于含有多次跨膜螺旋的膜蛋白而言，随着新生的肽链从N端到C端的不断延伸，疏水性肽链在膜表面逐段折叠成α螺旋（图1.4.5）[24]。相继的疏水性螺旋常常成对地形成发夹结构，在疏水力的作用下，迅速嵌入膜中。然而，发夹的顶端（连接端）一般属于亲水性的肽链；在穿越疏水性脂双层的过程中，它们需要克服可观的能量势垒[24]。

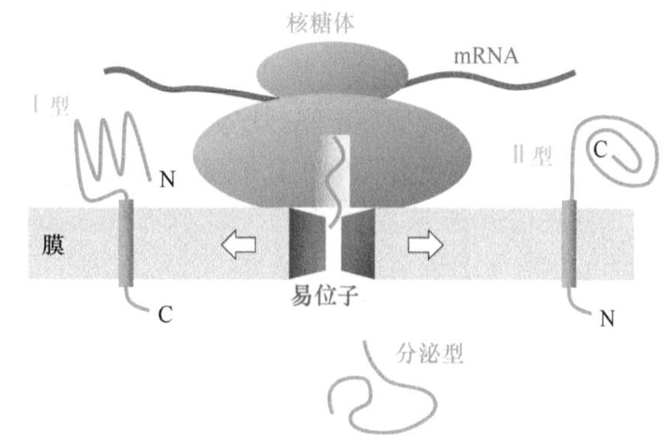

图1.4.4　膜蛋白折叠需要易位子的协助

核糖体，青蓝色；mRNA，红色；脂双层，深灰色；易位子，橙色；新生肽链，绿色。上方为胞质侧；下方为胞外侧或者内质网腔体侧

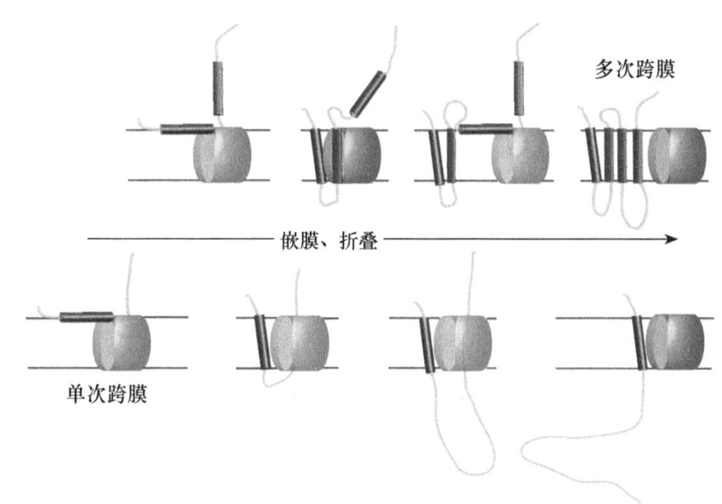

图1.4.5　α螺旋束型膜蛋白的折叠过程（引自Cymer et al.，2014）

易位子，青蓝色；疏水性螺旋，红色；亲水性肽链，绿色。上图为多次跨膜蛋白；下图为（Ⅱ型）单次跨膜蛋白

事实上，易位子本身也属于α螺旋束型的膜蛋白[25]。已知最复杂的易位子系统来自粗面内质网——真核细胞中由核基因编码的膜蛋白分子的合成场所[26]。内质网膜蛋白复合体（ER membrane-protein complex，EMC）含有9个亚基，远比细菌中的易位子（如YidC）结构复杂。除跨膜部分之外，EMC还含有很大的胞质侧和腔体侧部分，用于招募客户肽链（client peptide），以及协调客户蛋白入膜折叠之后的各种修饰及组装。然而，易位子的基本功能相对简单：它们提供了一条位于脂双层（胞质侧）内小叶的亲水性凹槽，协助客户肽链的亲水性部分克服疏水能量势垒。形成该凹槽的易位子跨膜螺旋往往比较短并且亲水性略强，导致其附近的脂双层变薄，有利于客户肽链的亲水部分的跨膜转移，以及疏水部分从易位子解离并且发生横向扩散。在膜蛋白的折叠过程中，疏水相互作用提供大部分客户肽链嵌入或穿过脂双层所需的驱动能量。在决定相对于脂双层的取向方面，来自客户肽链的跨膜螺旋总体上遵从一个“正电在内规则”（参见2.3）；与之相应，易位子凹槽的中间部分一般呈现正电荷，阻碍携带正电荷的客户肽链向胞外侧（或者内质网腔体）的跨膜位移。上述膜蛋

白折叠模型得到了单分子力谱学（single molecule force spectrum）实验的支持[27]。譬如，在其去折叠过程中，细菌视紫红质蛋白表现为分步解聚，每一步骤仅被抽提出两根跨膜螺旋。而将一对跨膜螺旋抽提出脂双层大约需要 100pN 的外力，相应的疏水相互作用能量是相当可观的。类似的去折叠现象在真核膜蛋白中也被证实[28]，提示了该模型的普适性。

在易位子之外，膜蛋白的折叠过程，特别是膜蛋白复合体的组装往往还需要多种辅助因子和组装因子（前者可成为复合体的组成部分，而后者不出现在成熟复合体中）。譬如，膜蛋白肽链在胞质侧的脂修饰、胞外侧（或者内质网腔体侧）的二硫键的形成和异构化、糖基化、辅酶的嵌入、组装中间体的稳定化等与折叠和组装有关的翻译后“修饰”一般都是在特定酶或者分子伴侣的指导下完成的[29]。另外，膜蛋白的降解是细胞蛋白质质量控制系统的必要组成部分。膜蛋白降解过程中的一个关键步骤是将嵌入脂双层中的肽链抽提出来，并且交由后续的蛋白酶进行剪切。这个抽提步骤由一类 ATP 水解能驱动的、动态右手螺旋状六聚体形式的线性分子马达（linear molecular motor）执行[30]。马达中 6 个同质亚基仿佛 6 只小手，以交替结合、循环渐进的方式，自 N 端向 C 端方向沿客户肽链依次前行；每水解一个 ATP 分子，马达复合体仅仅前进一个氨基酸残基，并且将客户肽链原有的二级结构不加区别地转变为伸展构象①。由此可见，与其强大的折叠能相对应，针对膜蛋白肽链的抽提过程需要消耗可观的能量。

在研究蛋白质折叠的计算中，人们使用一个叫作接触序（contact order）参数的量来描述折叠过程[31]。在简单的、由肽链中近程相互作用主导的折叠过程中，接触序参数较小；而需要肽链中长程相互作用的折叠，它们的接触序参数较大。比如说，像我们“中国结”这类经纬交织的折叠或者构象，它的接触序参数就很大，需要技术熟练的工人来制作。虽然类似的蛋白质折叠很可能具有高度的稳定性，但是由于其折叠的动力学过程过于烦琐，没有什么蛋白质分子可能具有此类拓扑结构。事实上，还没发现有蛋白质的肽链（无论是膜蛋白还是水溶性蛋白质）具有打“死结”的拓扑结构。值得特别指出的是，膜蛋白结构中的跨膜部分接触序参数一般都很小，其折叠的拓扑结构比较简单。因此，某些研究者认为，膜蛋白可以作为一类研究蛋白质折叠、堆积的理想实验系统。

1.5 β桶型膜蛋白

本书后续各章将以主要篇幅讨论 α 螺旋束型膜蛋白。为不失完整性，在此我们简要地讨论一下 β 桶型膜蛋白的共性结构及其组装过程。

第一个 β 桶型膜蛋白的晶体结构发表于 1992 年（图 1.5.1），该蛋白是来自革兰氏阴性菌的 Omp-F（matrix porin out-membrane protein F）[32]。与之类似，许多 β 桶型膜蛋白出现在革兰氏阴性菌的外膜中，但是从未在内膜中被发现。对于这一现象，目前还没有一种可以被普遍接受的解释。一种可能性是易位子系统将所有呈现疏水性质的跨膜螺旋都滞留在内膜中②。因此，整合型外膜蛋白需要一类全然不同的折叠方式，而 β 桶结构是除 α 螺旋之外、几乎唯一简单易行的膜蛋白折叠类型[33]。

---

① 双链 DNA 解旋酶也使用类似的线性分子马达机制。马达沿着其中一条 DNA 链前进，迫使双链分离。

② 在极少数情况下，某些一次跨膜的蛋白质分子，其跨膜螺旋的一侧呈现较强的亲水性，因此可能逃逸易位子系统的管控。这类成功地从质膜逃逸的膜蛋白分子，进而在细菌外膜上以跨膜螺旋束的方式形成同质寡聚型的孔道；革兰氏阴性菌外膜的多糖转运通道 Wza 便是一个已经被结构研究所确认的例子。

不难看出，β桶型膜蛋白是由一系列β发夹（β-hairpin，即一对β链）结构按照一级结构顺序环绕而成的、封闭型的桶状结构。桶的外侧由疏水性氨基酸侧链覆盖，而亲水性的残基则集中在桶的内部或者膜的上、下两侧。有研究指出，连接跨膜β链的环（loop，又称络环、络仆环），其长度决定了β发夹在外膜中的取向和组装[34]。在胞外侧常常存在较长的环结构将桶所围成的通道（部分地）封闭起来，防止细胞内外物质的自由交换，从而保证外膜有效地发挥其屏障作用。然而在外膜的内侧（周质腔侧），连接相邻β链的环往往比较简短。

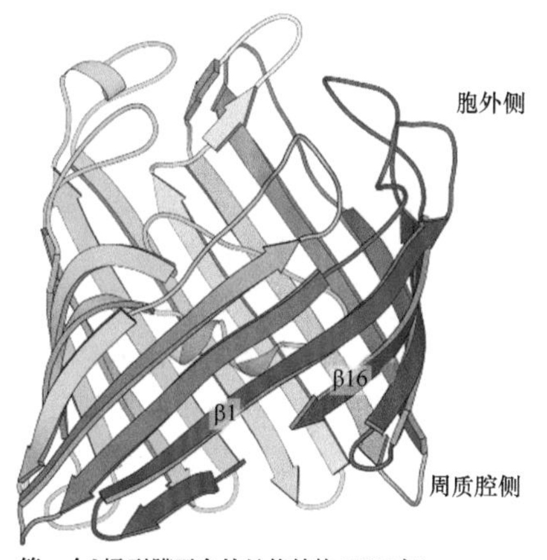

图 1.5.1　典型β桶型膜蛋白 *Escherichia coli* Omp-F 的晶体结构

PDB 代码 2OMF；2.4Å 分辨率。该蛋白含有 16 条跨膜β链的肽链，以飘带模型表示，并且以彩虹渐变方式着色（N 端为蓝色，C 端为红色）

β桶型膜蛋白的结构特征包括方向性和偶数性。方向性是指，从胞外侧观察，肽链从 N 端到 C 端一定表现为以顺时针方向旋转[33]。目前已知β链数目最小的桶状结构含有 8 条β链，而最多的含有 36 条β链；其数目几乎总是偶数[35]。所有相邻的β链彼此均呈现反向平行。此外，在β桶型膜蛋白的氨基酸序列中，疏水和亲水残基往往交替出现。原因很简单，β链中的氨基酸残基交替出现在片层的两侧；而β桶型膜蛋白的外周总是疏水性的，内部则常常表现出亲水性。β桶型膜蛋白的另一个明显的共性结构特征是β链取向与桶的中心轴之间的夹角约为 45°。从桶外周观察，该夹角总是以顺时针方向发生倾斜。在蛋白质折叠领域，垂直于β链的方向被定义为β片层的延伸方向。在此延伸方向上，β片层一般发生左手扭曲①（twist）[36]。一个直观的例子来自因涉嫌阿尔茨海默病而背负恶名的、属于非膜蛋白的淀粉样蛋白——$A\beta_{42}$，其β片层形成伸展的丝带状纤维；沿纤维长轴方向，相邻β链发生约 0.8° 的左手扭曲[37]。从蛋白质立体化学角度来讲，此类系统性的扭曲形变源于氨基酸残基的手性和肽键平面的刚性。在β桶型膜蛋白中，β片层也存在着类似的扭曲；不难推测，这类扭曲与膜环境并无必然因果关系。简言之，在β桶型膜蛋白中，同时存在着β链的倾斜、β片层的卷曲和扭曲等三个维度上的、相对于理想平面的形变。但它们与β链在β桶中的旋转方向并无直接关系；事实上，从膜的不同侧观察，该旋转方向正好彼此相反。当一条伸展的丝带在膜内形成封闭桶时，存在正、反两种卷曲可能性；或许出于某种偶然原因，进化选择了其中一种而摒弃了另一种可能状态。

与α螺旋束型膜蛋白相比，β桶型膜蛋白的功能类型乏善可陈。大多数β桶型膜蛋白的功能仅限于介导被动转运，即被转运的底物只能依赖自身的浓度梯度来进行扩散。究其原因，细菌外膜两侧没有跨膜电化学势；既不存在膜电位，也缺乏其他可以利用的稳定化学梯度。所以，定位于细菌外膜的膜蛋白自身无法完成依赖于驱动能量的主动跨膜转运，它们只能以通道、而不是泵浦的方式发挥生理功能。然而，将重组的β桶型膜蛋白作为纳米孔使用，仍然会表现出对人工膜电位的响应。譬如，在膜电位电场作用下，穿过纳米孔的线性带电高分子产生依赖于单元序列的电流变化。这一发现直接促进了新一代 DNA 测序技术的发展。

---

① 如果沿肽链走向（垂直于β片层伸展方向）观察，β链所含肽键平面则呈现右手扭曲。

β桶型膜蛋白分子往往表现出很高的热稳定性，它们较难被热运动破坏。因此，在蛋白质纯化过程中，可以使用加热方法：当其他蛋白质分子都纷纷发生变性、沉淀之后，β桶型膜蛋白仍安然无恙[38]。这一现象提示，β桶型膜蛋白在其折叠过程中已经释放掉大量能量，即肽链坠入一道巨大的构象能的沟壑；而这一释能过程正是该类蛋白质分子折叠的热力学驱动力来源①。另外，在其组装过程中，组成β桶型膜蛋白的肽链需要穿过疏水性的内膜、亲水性的周质腔和疏水性的外膜，真可谓跋山涉水。

新生肽链首先以非折叠形式，利用前文所说的易位子系统，跨越内膜。在周质腔中，它们结合特殊的分子伴侣，以便以一种非折叠方式被摆渡到外膜内侧[39]。如此就基本上解决了肽链亲水部分跨越内膜和疏水部分跨越周质腔所遭遇的两个能量势垒问题。对于较长的新生肽链而言，当它们还未完成合成过程时，其N端已经可以嵌入外膜，并且开始发生折叠[40]。但是，该折叠过程需要一类Omp85超家族蛋白，如Bam（β-barrel assembly machinery）复合体的帮助，进一步克服穿越外膜时的能量势垒。

辅助β桶型膜蛋白在外膜中完成折叠的分子机器Bam复合体的晶体结构已经得到解析（图1.5.2）[38]，它为回答β桶型膜蛋白的组装机制问题提供了必要的结构基础[38]。

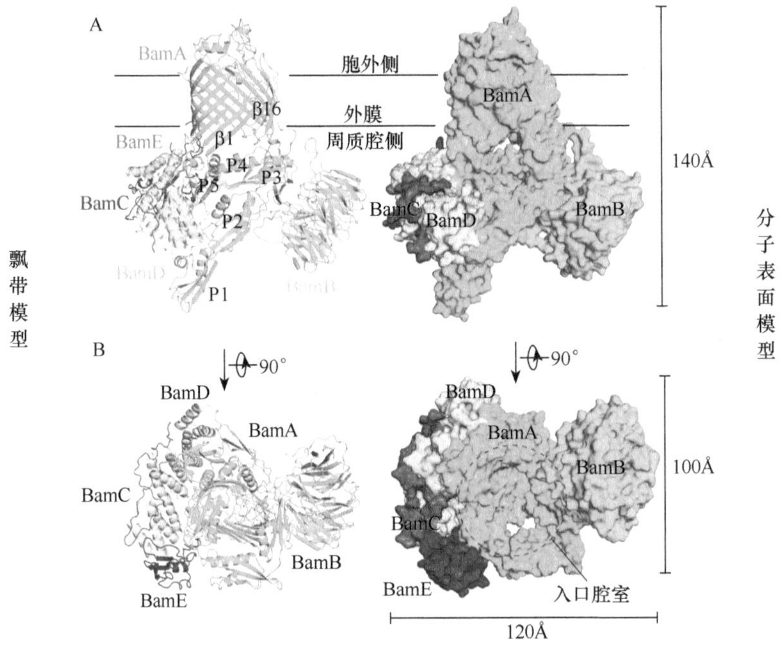

图1.5.2 β桶型膜蛋白的组装机器——BamA～E复合体（引自Han et al.，2016）

PDB代码5AYW。绿色标记的BamA亚基形成一只由16条β链组成的跨膜β桶。左侧为晶体结构的飘带模型；右侧为分子表面模型。上部为侧视图；下部为底视图。P1～P5分别表示BamA的POTRA1～5结构域

Bam复合体包含A～E五个亚基，形成一个周质腔侧的圆环和一个跨外膜的侧向半开口的β桶结构（图1.5.3）。其中，BamA是一个整合型膜蛋白，而其他4个亚基均为酯酰化修饰的脂蛋白。进而，BamA的N端周质腔部分为圆环的内侧提供了一组同源的分子伴侣结构域（POTRA1～5），这些结构域中β片层的一侧边缘在环内呈现右手螺旋状分布。这些边缘

① 事实上，在热稳定性较高的水溶性蛋白质中，β片层的含量也相对较高（Leuenberger et al.，2017）。这可能与肽链中的长程相互作用有关：它们导致蛋白质分子中不同部分之间的氢键网络具有稳定性，以及折叠（和去折叠）过程中更强的协同性。

β链与周质腔中分子伴侣竞争新生肽链，使客户肽链保持一种伸展构象，避免无序聚集。客户肽链每次向外膜嵌入一个β发夹。该β发夹首先以Bam蛋白中β桶侧向开口的边缘为模板，逐次延伸β片层。

BamA亚基C端部分形成一个由16条β链（β1～β16）围成的β桶（图1.5.4）。其中β1的N端连接着POTRA5结构域，后者固定了新增β发夹嵌入外膜的入港处。β1与β16之间存在着一条贯穿外膜、宽度可变的缝隙（portal），以容纳新增肽链。客户蛋白的N端β发夹首先与β16形成延展β片层，而其膜外侧的环结构（extra cellular loop，ECL）始终保持在不断增容的复合体β桶内部。当肽链完成组装时，在其C端信号序列的作用下，新生肽链的β片层与Bam复合体分离，形成自封闭的β桶。此外，也有研究者认为，客户蛋白的C端β发夹可以首先与β1形成延展β片层，而新生β桶以逆时针方向完成反向组装[34, 41]。无论延展方向如何，此类机制均可以解释最终β桶蛋白分子中肽链折叠所表现出的统一的方向性以及β链的偶数性等普遍现象。由于在细胞中β桶型膜蛋白组装过程的复杂性和多样性，上述机制模型有待进一步实验的修正和完善。

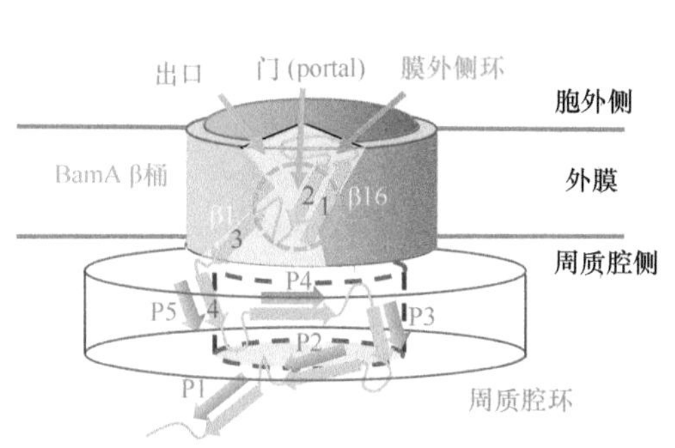

图1.5.3　Bam复合体中客户肽链分布示意图

绿色圆筒表示BamA亚基的跨膜部分β桶；BamA自带的分子伴侣结构域（POTRA1～5）由青蓝色箭头表示；来自客户肽链的β链由黄色箭头表示

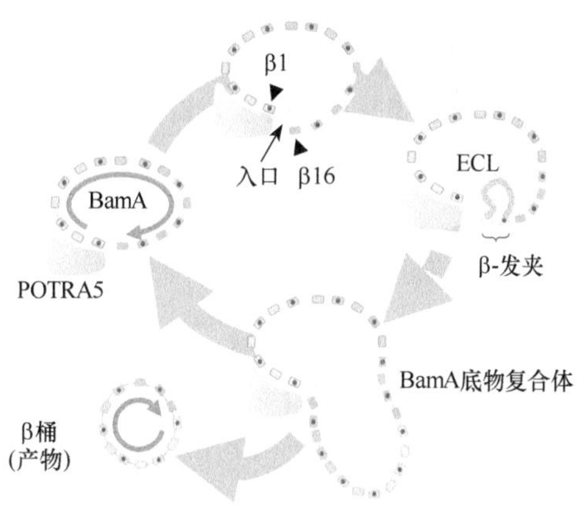

图1.5.4　Bam复合体组装β桶型膜蛋白的分子机制示意图

绿色的小矩形所表示的β链来自Bam复合体的β桶；橘黄色的箭头表示β链在桶壁内折叠的旋转方向；黄色的小矩形所表示的β链来自新生的客户肽链

Bam复合体自身的组装是在已经存在于外膜的组装机器的指导下完成的[34]。具体地说，在细菌分裂时，亲代的Bam复合体会被分配到子代，使其从出世伊始就具备组装外膜蛋白的能力。β桶型膜蛋白的高度稳定性支持了这种直接代际传承的可能性。此外，由于进化的渊源，线粒体外膜中的整合型膜蛋白同时包括α螺旋束和β桶两种类型。α螺旋束型外膜蛋白由易位子辅助从胞质侧直接组装；而β桶型外膜蛋白的肽链则首先借助易位子进入膜间质，再经Omp85家族蛋白辅助，从膜间质侧进行组装。

从上述对于β桶型膜蛋白的描述我们不难理解，β桶型膜蛋白是在α螺旋束型膜蛋白所难以涉足的边缘地带细胞对于膜蛋白功能进行必要补充，并且满足肽链内部形成封闭的氢键网络这类能量最小化要求。在折叠方面，α螺旋束型膜蛋白和β桶型膜蛋白均使用发夹式折叠单元，均以疏水相互作用为驱动力，并且借助亲水性跨膜通道克服脂双层对亲水性环境所构成的能量壁垒。但是，由于其具有很强的结构稳定性，β桶型膜蛋白较难像α螺旋束型膜蛋白那样以构象变化的形式对外界刺激做出快速响应。因此，β桶型膜蛋白的主要功能被限制在跨膜被动转运或者膜整合型酶中。

小结与随想

- 膜蛋白是细胞完成跨膜物质转运、能量转化、信号转导等功能的基本结构元件。
- 驱动膜蛋白肽链折叠的自由能主要来源于膜蛋白与脂双层的疏水相互作用（熵）和膜蛋白内部的氢键相互作用（焓）。
- 膜蛋白主要采用 α 螺旋（束）折叠形式，而β桶型膜蛋白则作为对于前者的补充，常常出现在其难以到达的膜环境。

生命现象对于我们每个人来说是那么的熟悉，它赋予我们探究自然、思考人生的能力。人类自古就在不断探索生命的意义，以至于对于“什么是生命”，每个人都可能拥有自己独特的答案①，即所谓名可名，非常名。在这里的讨论中，我们仅仅关注生命最具一般性的特征，如个体（以及界定个体的物理边界）的存在、复制过程中的遗传和变异等。在关于生命的“达尔文普适模型”（可持续传播模型②）中，个体具有极其重要的地位。失去个体，就失去了演化和竞争的基础。从这种意义上讲，界定细胞边界的生物膜在进化上的重要性也许并不逊于作为遗传物质的 DNA[42]。

具备了膜蛋白的初步知识，我们自然很想知道它们的舞台——生物膜是如何搭建的。这也正是第二章将要展示的主题。

① 生命在地球上的出现真的像 DNA 双螺旋的发现者之一弗朗西斯・克里克（Francis Crick）所说，是一桩近乎不可能发生的奇迹吗？有关生命的起源和意义的现代版讨论，建议读者阅读 Tim Requarth 于 2016 年为 *Aeon* 在线杂志所写的“Our chemical Eden”一文。这篇颇富启发性和故事性的科普文章生动地介绍了 Mike Russell 的能量原动力（energy-first）理论。越来越多的人相信，生命是宇宙中不可避免的现象。

② 正如同“波”的概念可以描述许多风马牛不相及的物理现象，“可持续传播模型”也具有丰富的涵盖性，其应用领域包括生命进化、（语言）文化演变、生产力进步、经济（资本积累）、技术和科学的发展和因特网扩张等诸多看似波谲云诡的复杂系统。凯文・凯利（Kevin Kelly）称此类现象为超生命。其基本属性是信息的积累，即有序性的提升；其共性特征包括自繁殖、变异和加速传播等。由于在个体单元层面“自由意识”（随机性）的存在，预测超生命的局部（短期）行为往往比预测全局（中长期）的统计行为更为困难。

第二章 生物膜与膜蛋白的相互作用

毕竟西湖六月中，风光不与四时同。接天莲叶无穷碧，映日荷花别样红。

——杨万里，《晓出净慈寺送林子方》

生物膜构成细胞个体的物理边界，同时为膜蛋白分子提供一方发挥功能的舞台。

细胞膜及其脂分子如何将膜蛋白分子稳定在正确的生理构象，并且为其发挥功能提供驱动力呢？体外结构生物学实验所测定的膜蛋白结构与其体内生理构象系综之间存在着怎样的关系呢？

本章从生物膜的角度剖析膜蛋白分子与环境的相互作用，重点介绍疏水匹配差和膜电位等概念。

关键概念：疏水匹配差；膜电位；膜电位电场；膜蛋白分子取向的“正电在内规则”；色氨酸残基；两亲螺旋

2.1 生物膜的构成及性质

2.1.1 生物膜的一般性质和化学组成

膜蛋白结构生物学的深入发展依赖于人们对于生物膜本质的认识，包括生物膜的形态、理化性质和组成成分。结构生物学的每一次跳跃式发展都离不开技术革命；它的一次早期飞跃可以追溯到光学显微镜的使用。在早期显微学先驱的不懈努力下，细胞和细胞膜的概念几乎同时在 19 世纪被确立。1895 年，奥弗顿（C. Ernest Overton）正式提出了脂分子组成生物膜的学说。约 30 年后，戈特（E. Gorter）和格伦德尔（F. Grendel）进一步提出了脂双层的概念[43]。关于脂双层的一个有力而有趣的直接证据来自冷冻蚀刻电子显微实验，其结果证明：生物膜可以从中间被剥离为两叶。今天的研究者已经认识到，生物膜不仅为以水为介质的细胞和细胞器创造了相对稳定的微环境，而且封闭的膜系统演变为细胞储存能量的重要结构元件。从达尔文进化论角度来看，原始细胞膜定义了作为生命单元的细胞的物理边界，从而第一次形成了物竞天择的生物学主体，使生物圈进化的速度产生了质的飞跃。

脂分子由亲水的头部和疏水的尾部构成。在水溶液环境中，高浓度的脂分子自发地组装成脂双层，对绝大多数极性分子特别是离子形成一道阻遏屏障。它的总厚度在 4.5～5.5nm 变化，其中疏水部分厚度为 3.0～3.5nm；每个脂分子贡献大约 $0.5nm^2$ 的膜表面。作为有序性的一种表征，自组装意指混合系统中所发生的物理分相。在组分高度复杂的生命体中，分相现象极为常见，并且取决于同一组分内部的相互作用是否强于不同组分之间的相互作用。脂分子头部的带电性质、尾部的烃链长短和碳 - 碳键饱和程度等内秉属性都影响着生物膜的物理化学性质①，从而决定了自组装现象发生的形式和规模。

生物体中，数量最多的脂分子当属脂肪酸类。它们可以形成二维的脂双层，也可以参与形成三维的脂滴等。作为一类进化中高度保守的细胞器，脂滴为细胞储存能量和碳源以备不时之需。在原核细胞中，脂滴参与核酸结合和调控；而在真核细胞中，脂滴表面富集多种天然免疫复合体，从而杀伤企图劫持宿主细胞能源的入侵细菌。脂滴的结构特征是由磷脂单分子层包裹的三酰甘油球形液滴，平均直径约为 200nm；许多膜锚定蛋白可以结合在脂滴表面[44]。此外，多种维生素、泛醌、色素、激素等都属于脂分子，或者以脂分子作为其生物合成的前体。在脊椎动物中，脂分子参与多种细胞内部和细胞之间的信号转导过程[45]。进而，哺乳动物在长期的进化中形成了对于来自脂分子的各类芳香气味的迷恋。类似于氨基酸和氧气，脂分子可能也属于生命起源阶段还原型三羧酸循环（rTCA）的副产物[1]。纵观其发展历程，生物圈从未放任某种（缓慢积累的）“垃圾”威胁到自身的存在。它总是能够成功地进化出新的代谢途径，对这类广泛积累的副产物加以利用，并且进一步提高自身稳定持续地释放自由能的效率②。一种有趣的观点甚至认为，类似于脂分子的两亲性小分子是原始生化网络的选择性进化的产物；与其比肩的另外两类重要的涌现现象③包括该网络的复杂程度方面的可扩展能力和数量规模方面的自我复制能力，三者共同构成了生命起源的基础[46]。

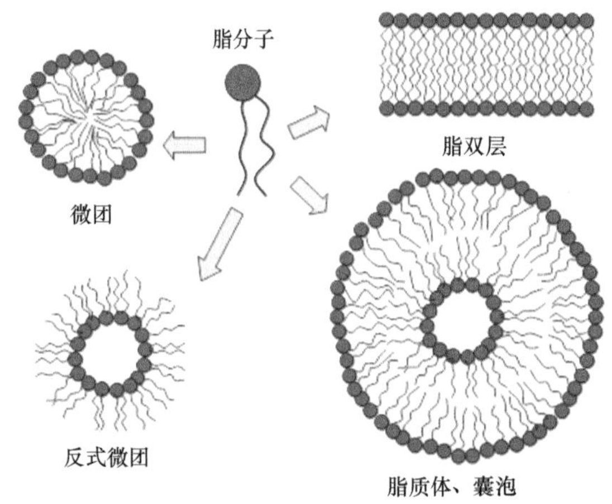

图 2.1.1　常见的脂分子聚集态（引自苏晓东等，2013）
极性头部基团用红色小球表示；疏水尾部用黑色细线表示

2.1.2　脂分子的物理聚集态

一般来说，脂分子可能形成多种聚集态（图 2.1.1）。双分子层仅仅是其中的一种，并且只能由特殊类型的脂分子构成，即那些头部和尾部横截面基本相等的两亲性小分子。其他类型的聚集态还包括胶束微团、反式微团、脂微管、反式微管、脂立方相等。影响不同聚集态之间转化的外部因素包括水 - 脂比例、温度、其他混合液组分（如盐离子）浓度等。除脂分子取向保持一致之外，所有上述类型的脂分子稳定聚集态的一个共同特点是拓扑

① 烃链的不饱和程度是指碳 - 碳双键（或其他不饱和键）的数量。如果所有碳 - 碳键中的碳原子均在氢原子参与下采取四面体结构，则此类烃链是饱和的。

② 在巧妙地利用资源方面，人类社会无疑需要更好地师法自然，以缓解经济规模无限扩增的趋势与有限资源之间的矛盾，维持可持续性发展，而不是被自己所产生的垃圾淹没。

③ 涌现现象是一个有关复杂系统的概念。粗略地说，它是复杂程度较低的系统在某种外界压力之下向更复杂系统进化的桥梁。涌现现象往往呈现相变的特征。

学封闭性，即不存在暴露于水溶液的脂分子层边缘（包括孔洞边缘）。

在膜蛋白的结构研究中扮演着重要角色的去污剂也是一类两亲性小分子；其本身可以形成胶束微团，但一般不形成平面型双分子层。许多仅含单脂肪酸链的磷脂分子即属于去污剂。由于其头部基团相比于尾部烃链更宽硕，去污剂分子无法自发地形成曲率为零的脂双层；但是，它们所形成的微团可以较容易地略微形变，将膜蛋白分子的疏水部分包裹起来，使后者变为水溶性。另外，脂分子所形成的囊泡结构，即脂质体（liposome），则是用于研究膜蛋白功能最常见的人工膜载体。它们为纯化之后的膜蛋白分子提供近似天然脂双层的外部环境，并且可以承载各类跨膜电化学势。之所以说脂质体只是近似模拟生物膜结构是因为这类人工制作的脂双层的内、外小叶一般来说是对称的；而真实的生物膜的内、外小叶则总是呈现非对称性。例如，糖脂（glycolipid）分子只可能出现在质膜的外小叶；电负性的磷脂酰丝氨酸（phosphatidyl serine，PS^-）分子则严格分布在质膜的内小叶。此外，膜蛋白分子的固定取向及承载在质膜上的膜电位等外来因素均加强了活细胞生物膜的非对称性。

在生理状态下，许多细胞器的形状一般并非球形，因而其生物膜曲率各处不同；这就要求不同类型的脂分子共同参与此类生物膜的组装，并且采取有序的分布。譬如，在植物叶绿体的电镜照片中，人们发现存在着许多扁平、封闭的腔室，称为类囊体（图 2.1.2）。在类囊体的边缘处，双分子层发生急剧的 180° 弯折。这里的脂分子组成与平面型生物膜的分子组成存在明显区别。脂分子的烃链长短、饱和度、非饱和键的位置和顺式 - 反式同分异构体，以及头部基团理化性质的变化和组合，可以使一个给定细胞中脂分子种类的数目大得超乎想象[47]。烃链较长或者饱和度较高（双键较少）的脂链更容易形成堆积致密的低流动性物理相（如动物脂肪、蜡质等）。变化的脂分子聚集态定义了生物膜的时间和空间特异性，并且反映了细胞对外界环境（如温度）变化的响应。譬如，在真核细胞中，动态变化的膜组分决定着哪些蛋白质、何时、何地可以发生何种相互作用，从而影响着细胞器的特异性，乃至细胞的命运。

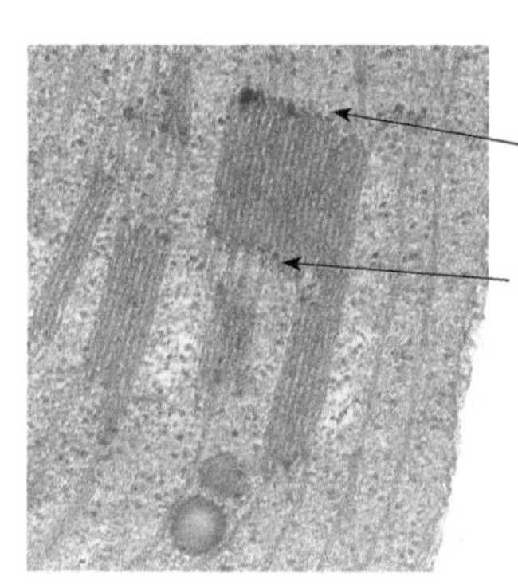
在扁平、封闭的类囊体的边缘，脂分子的组成与平面型生物膜的组成不同

图 2.1.2 叶绿体中类囊体的垛叠结构的电子显微镜照片（引自苏晓东等，2013）

2.1.3 表面张力和内部压强

生物膜表现出表面张力，即倾向于减小表面积，以便使脂双层内部的疏水性烷烃链避免与水分子直接接触。由于在增大表面积时会暴露更多的疏水基团，堆积较致密、流动性较低的脂双层一般表现出更强的表面张力。表面张力本质上属于一种与熵有关的力。膜表面张力系数的单位为 N/m（典型数值为 50mN/m）。此外，由于所带电荷往往相同，相邻脂分子头部基团之间可能同时存在局部的静电排斥力。

与张力相抗衡的另一种力为来自脂双层内部的压力（图 2.1.3），其压强可高达数百个大气压。这就好比一只装满衣物的旅行袋，如果想要将拉锁闭合、减少衣物暴露，就需要用力将表面合拢。衣物塞得越满，里面的压力就越大，表面张力也就越强。综合而言，脂双层的纵向截面处的力由三部分组成：①脂分子头部基团之间存在（几何和静电）排斥力；②在两侧与水溶液的界面附近存在表面张力；③在两侧界面之间存在内部压力。因此，在垂直于膜平面的方向上，各处压强是不同的；这种压力分布受到脂分子的物理化学性质的影响。在膜表面附近，压强沿膜法线方向的积分值相当于表面张力的负值。无论膜组分的性质如何变化，在平衡条件下，这个总积分为零，即表面张力与内部压力之间维持平衡。但生物膜中各层受力是不均匀的，各个区段的积分值一般并不为零，而且可正可负。这种不均匀性可以对镶嵌于其中的膜蛋白分子结构产生重要的影响。

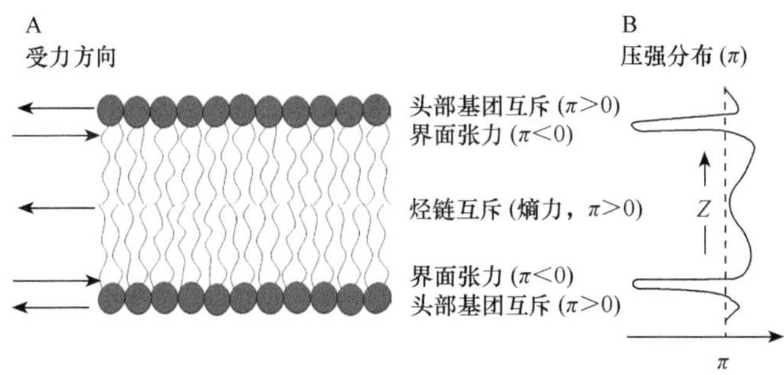

图 2.1.3　脂双层的表面张力和内部压力（引自苏晓东等，2013）

红色小球表示脂分子的极性头部基团。右侧为压强（p）沿膜平面法线方向（Z）的分布图。压强的国际单位为 Pa，即 N/m^2；这是一个很小的计量单位。每个大气压约等于 10^5Pa

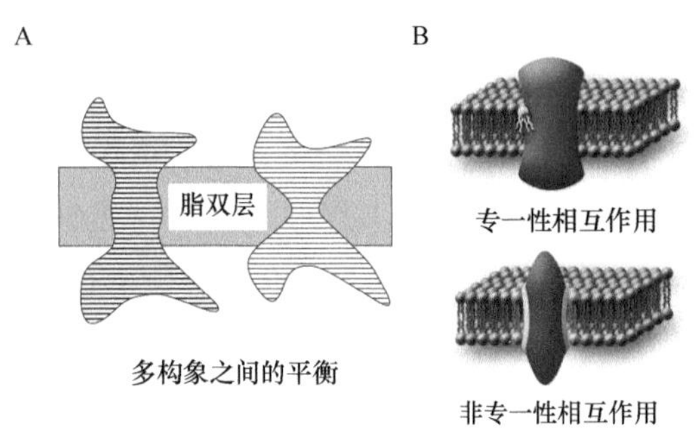

图 2.1.4　脂双层对膜蛋白结构的影响（引自苏晓东等，2013）

A. 压力的影响；B. 脂分子的专一性（上方）和非专一性（下方）结合

为了说明上述压强不均一性所导致的后果，设想脂双层中存在一个膜蛋白分子，它在两个膜 - 水界面处各受到一圈表面张力所引起的、向四周的张力；而在膜的内部，受到一圈指向蛋白质分子内部的压力。其中，脂双层表面附近的张力尤为集中。这些力的综合效果导致膜蛋白分子两侧趋于张开，而在膜中间的部分则受到挤压，趋于紧密堆积。当然，具体的构象变化幅度取决于蛋白质分子的内部结构与外力的平衡。假如这里的膜蛋白分子类似于一块超级柔软的棉花糖，它会出现图 2.1.4A 所示的形变，变得中间细、两端粗。

2.1.4　吉布斯自由能与玻尔兹曼分布

许多膜蛋白分子常常表现出两个或多个自由能极小值，对应于不同的构象。在等温等压条件下，依据其吉布斯（Gibbs）自由能的差异，任意两个构象之间的相对比例满足玻尔兹曼（Boltzmann）分布：

$$\Delta G \equiv G_1 - G_0 = -2.3RT \cdot \lg\frac{P_1}{P_0} \tag{2.1.1}$$

$$\frac{P_1}{P_0} = \exp\left(-\frac{\Delta G}{RT}\right) \tag{2.1.2}$$

其中诡异的数字 2.3［ln（10）］源于人类“武断”地使用十进制作为初等算数的基础；它将在后续各章中反复出现。式中 G_0、G_1 分别表示状态 0 和 1 所对应的自由能水平。一般来说，G 的数值取决于我们在定义它时所选择的基准。这就好比，当我们谈论水坝上游的水位值时，它既可以相对于水坝下方而言，也可以相对于海平面而言。然而，ΔG 表示两个相关状态之间的自由能差。这是一个实实在在的物理量，与基准的选择无关。在水坝的类比中，它相当于可用于发电的水位差。再者，我们用 $\Delta\Delta G$ 表示环境扰动所引起的 ΔG 的变化量。比如，一场洪峰可以几乎在瞬间增加大坝上下方的水位差。一般而言，式（2.1.1）的一侧涉及关于空间维度上的状态占有率差异（如浓度梯度）或者时间维度上的寿命、频率差异（如反应速率）等信息，用状态数目的比值表示；另一侧则是对不同状态之间能量变化的度量，用自由能等线性可加量的差值表示。可以认为，前者是对于两个状态出现概率的差别的描述，而后者则表示对于该差异发生原因的热力学解释。在热力学平衡态附近，能量越高的状态，其出现概率（P）越小。举例来说，如果一个膜蛋白分子的激发态构象出现的概率仅为基态出现概率的 1/10，那么两者之间的自由能差 ΔG 为 2.3 倍 RT；如果概率相差 100 倍，则自由能差为 4.6 倍 RT①。玻尔兹曼分布将是本书中使用频率最高，也是最基本的热力学概念。

2.1.5　生物膜与膜蛋白分子的相互作用

生物膜脂双层中的张力、压力、曲率、形变应力和膜电位等物理因素共同决定膜蛋白分子构象之间的自由能差，从而调节该构象分布，并且进一步影响膜蛋白的生物学活性。譬如，在正常生理条件下，真核细胞的核膜呈松弛且褶皱的状态；此时寄于其中的磷脂酶 A_2（$cPLA_2$）处于低活性状态。当细胞转而处于一定机械压力下时，核膜变得紧绷，导致 $cPLA_2$ 被激活并且产生二级信使（如花生四烯酸）；其下游生化事件包括细胞骨架重组和细胞迁移等。在多细胞生物的组织器官中，此类对于机械力或者渗透压的反应构成细胞度量自身几何尺寸、感知并且响应外界物理约束的重要机制[48]。例如，体外实验中测得的某些膜蛋白抑制剂的解离常数 K_d 值会表现得远大于细胞水平实验中的半抑制浓度（IC_{50}）值。此类蹊跷的现象很可能起因于体外实验中某种生理膜环境要素的缺失。譬如，由于膜电位的消失，膜蛋白可能被锁定在一个不利于该抑制剂结合的构象。这类实验结果之所以令人匪夷所思，是因为它们几乎不会在可溶性蛋白中发生。

研究者发现，存在两类极端的脂双层与膜蛋白的相互作用：①专一性相互作用，其对于脂分子的类型（如头部基团的结构和化学性质）有比较严苛的要求；②非专一性相互作用，其主要依赖于脂链疏水性及电荷所介导的相互作用（图 2.1.4）[49]。从能量角度来看，专一性相互作用是指那些脂分子 - 蛋白质相互作用远远强于脂分子之间相互作用的情况；脂分子在膜蛋白分子表面的驻留时间也因此很长。此类相互作用常常参与信号脂分子（如磷脂酰肌醇）对于膜蛋白功能的调控。相反，非专一性相互作用则是指那些脂分子 - 蛋白质相互作用弱于脂分子之间相互作用的情况；脂分子在蛋白质分子表面的驻留时间很短。当然，许多相互作用实际上介于这两类极端情况之间。值得注意的是，许多膜整合型酶的底物也是脂溶性的。在酶反应过程中，它们与膜蛋白必然发生特异性相互作用。然而，当这类膜蛋白分子

---

① 热力学中的 RT 是普适气体常数与热力学温度的乘积，具有能量量纲；常取为能量的自然单位。统计物理学中则在单分子水平上使用 k_BT，其中 k_B 称为玻尔兹曼常量。在本书中，我们将使用热力学描述语言。在 20℃室温条件下，RT 约等于 0.6kcal/mol 或者 2.4kJ/mol（参见附录）。理想气体中球形分子的平均动能为 1.5 倍 RT。与之相比，在结构生物学中属于弱相互作用的氢键，其键能约为 2.3 倍 RT；不难推测，当氢键供体与受体基团之间距离（2.8Å）和取向适宜时，成键与非键概率之比约为 10。此外，C—C 单键的键能为 347kJ/mol，约合 145 倍 RT，因此共价键在常温下是绝对稳定的，可以说永不断裂。请读者熟悉以 RT 作为单位的能量表示方法，就像营养学家可以用汉堡包作为摄取热量的单位一样。

被溶解在去污剂胶束中时，反应物又常常表现出与膜蛋白样品的非特异性相互作用；而实际上，这仅仅是反应物与去污剂胶束之间相互作用所引起的一类假象，并且可能导致体内与体外功能实验的结果之间表现出矛盾性[50]。

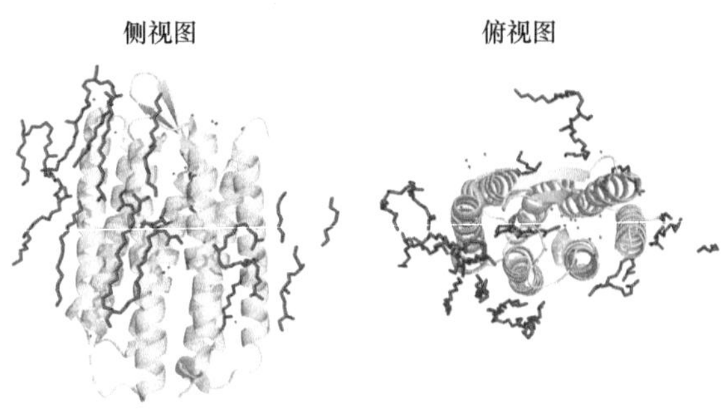

图 2.1.5 细菌视紫红质蛋白与脂分子的专一性结合
PDB 代码 1C3W。跨膜螺旋由黄色飘带表示；脂分子用红色火柴棍模型表示

作为脂分子与膜蛋白专一性相互作用的一个早期例证，在细菌视紫红质蛋白 1.55Å 分辨率的晶体结构中①，蛋白质分子的四周存在着清晰可辨的、多个稳定结合的脂分子（图 2.1.5）。

在膜蛋白之外，膜的“海洋”也并非均匀的。当组分较多且某一组分内部吸引力强于组分之间的吸引力时，生物膜往往会发生分相现象；不同的脂分子组分彼此分离。譬如，鞘磷脂或者胆固醇类的脂分子可能相互聚集，形成小型的、漂浮的孤岛，被命名为脂筏（lipid raft；或者微畴；图 2.1.6）。因其不易被非离子型去污剂所溶解，脂筏也称为具有去污剂抗性的膜组分。某些膜蛋白分子由于与胆固醇分子之间存在较强的亲和力，它们会在脂筏中富集，形成松散的、功能意义上的（而不一定是结构意义上的）复合体。这与细胞质或者细胞核内所发生的、可溶性蛋白分子的胶状分相存在某种相似性。

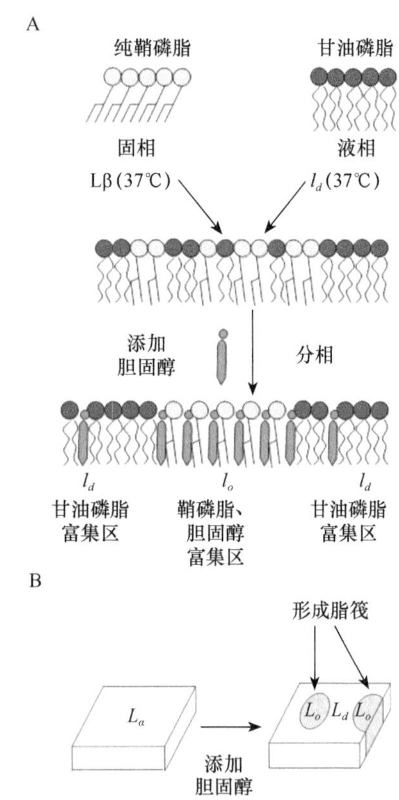

图 2.1.6 脂筏的形成（引自苏晓东等，2013）
添加的胆固醇分子（灰色）与鞘磷脂（黄色）发生聚合，在脂双层中形成单独的物理相，称为脂筏

细胞膜并非简单地模拟一个充满黏稠汤汁的塑料袋。在质膜的内侧或外侧往往存在具有一定刚性的骨架结构，如细菌和植物的细胞壁、动物细胞中的肌动蛋白微丝（actin filament，F-actin）所形成的细胞骨架，以及胶原蛋白纤维和蛋白聚糖等形成的细胞外基质等。进而，许多膜蛋白分子与这些骨架发生直接或者间接的相互作用。譬如，某些膜蛋白分子具有富含酸性氨基酸残基的特定环，后者与一类称为锚定蛋白（ankyrin）的可溶性蛋白中的正电荷区域直接结合，再经由血影蛋白（spectrin）间接地结合到质膜内侧的 F-actin 上。通过膜蛋白分子的介导，上述刚架结构与细胞膜之间发生粘连。类似于固定在蔬菜大棚表面的塑料薄膜，生物膜也因此表现出减弱的表观流动性，甚至表现出凝胶态性质[51]。有趣的是，某些功能性膜蛋白分子与胞质侧的细胞骨架发生动态结合。当其被拴系在细胞骨架上时，这些膜蛋白随着 F-actin 的运动发生定向运输，而不是简单的二维自由扩散[52]。

在许多与膜形变相关的生物学过程中，蛋白质分子也发挥着重要的调控作用。譬如，一

① 与 1.55Å 分辨率不相上下，四面体型碳原子之间的 C-C 共价单键的键长为 1.54Å。

类含有 BAR 和 PH 结构域的两亲性蛋白质分子，可以借助部分嵌入脂双层的肽链增加膜的曲率；进而通过在脂双层表面的多聚化，促进生物膜形成微管结构（图 2.1.7）[53]。

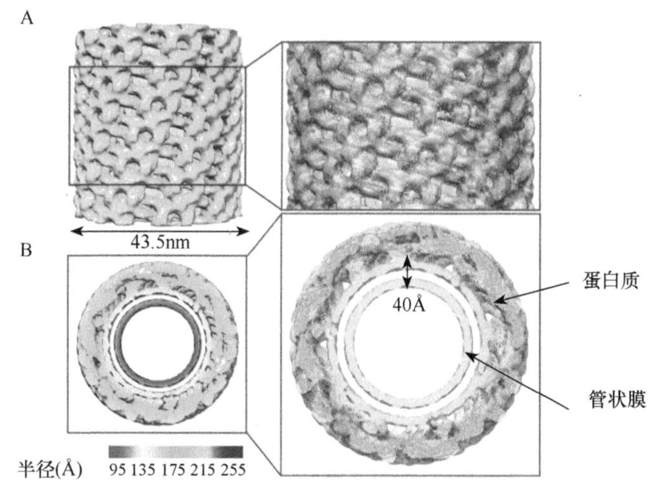

图 2.1.7　蛋白质在膜表面的多聚化影响膜形态（引自 Pang et al.，2014）

ACAP1 蛋白通过其 PH 结构域与脂双层的相互作用，以及 BAR 结构域的寡聚化促进膜弯曲，最终形成管状膜结构

2.2 疏水匹配差

生物膜中脂分子的两亲性特性直接影响膜蛋白的结构和功能。脂分子的长短决定了脂双层的自然厚度；而膜疏水部分的厚度与膜蛋白跨膜部分的长度之间的匹配程度是决定膜蛋白性质的一个重要参数，即疏水匹配差（hydrophobic mismatch）[54]。膜蛋白的跨膜 α 螺旋表面一般呈现疏水性。当不受外力的膜蛋白处于自由平衡位置时，如果这个疏水区域的长度与脂双层自然厚度一致，则疏水匹配差被定义为零。那么，如果出现疏水失配现象，即疏水匹配差不为零，将会对脂双层和膜蛋白分子分别带来怎样的后果呢?

与膜蛋白相比，脂双层一般呈现更明显的柔性。在同等的外力作用下，脂双层的响应形变比膜蛋白更显著；这也正是液态镶嵌模型的物理图像。当膜的自然厚度小于膜蛋白疏水区长度时，脂双层在膜蛋白分子周围会增加其厚度；相反，当膜的自然厚度大于膜蛋白疏水区长度时，脂双层在膜蛋白分子周围会发生收缩（图 2.2.1）[55]。对于脂双层而言，这种偏离自然厚度的现象称为挫伤（frustration）[56]。伴随挫伤现象所发生的膜系统自由能升高，是由膜蛋白嵌入脂双层时所释放的疏水相互作用能量来补偿的。与疏水失配相关的力属于典型的疏水相互作用，只发生在膜蛋白与脂双层的界面附近。即便疏水匹配差不为零，来自膜两侧界面的疏水力也可能相互抵消，从而使膜蛋白分子稳定在脂双层中。另外，由于膜蛋白本身不是完全刚性的，膜蛋白分子也会做出某种妥协，相应地改变自己跨膜区的长度或者倾斜度。相互妥协的结果表现为系统总自由能的最小化。一般而言，疏水匹配差越大的跨膜螺旋（过长或过短的螺旋），越容易在外力作用下发生构象变化；相反，疏水匹配差越小的跨膜螺旋，锚定作用越明显。

膜蛋白分子的形状对其周围膜的局部形态的影响，可以进一步划分为是否改变膜中心曲面的曲率（curvature）。研究者使用膜的弹性形变模型来描述膜蛋白分子附近的膜形变[55]。在膜中心平面不发生弯曲的情况下（图 2.2.2A），如上所述，膜的厚度仍然可能发生改变。这种膜形变类似于某种假想弹簧在膜法线方向上发生的形变：越靠近膜蛋白分子，膜形变越大。在中心平

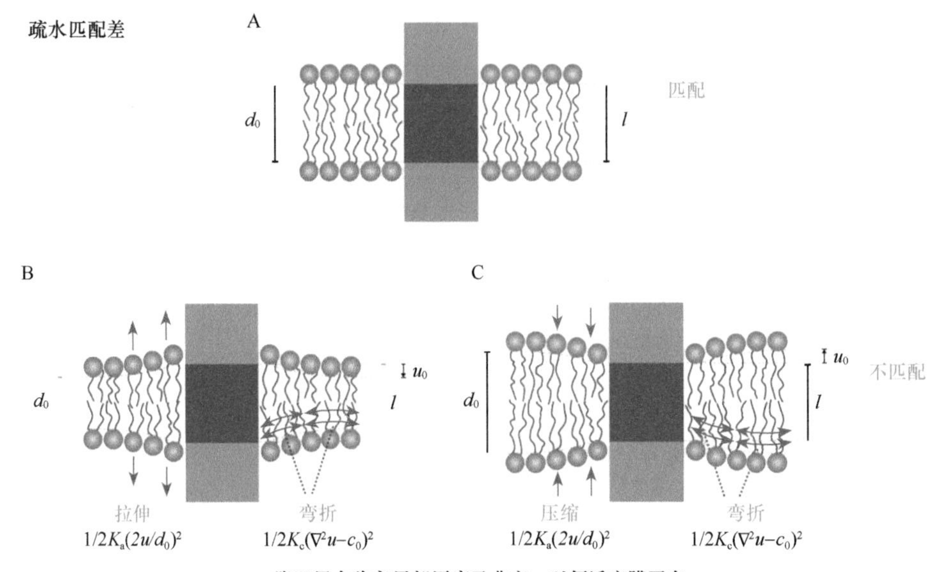

图 2.2.1　疏水失配——脂双层自然厚度与膜蛋白跨膜疏水部分厚度的差异（引自 Phillips et al.，2009）

在代表膜蛋白分子的矩形中，黑色部分为疏水区，蓝色部分为亲水区。A 图中，膜蛋白分子与脂双层匹配良好；B、C 图则表示两种趋势相反的不匹配情况

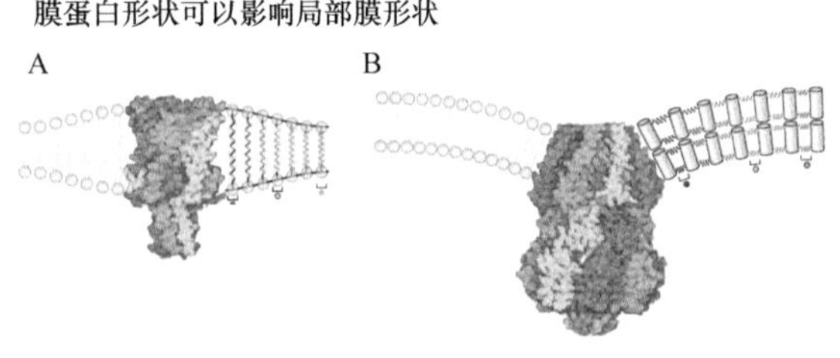

图 2.2.2　膜蛋白形状可以通过疏水相互作用影响周围膜形状（引自 Phillips et al.，2009）

结果又可以划分为不影响（A）或者影响（B）膜的曲率

面发生弯曲的情况下（图 2.2.2B），脂双层在膜蛋白周围偏离自然平面。这后一种偏离类似于假想弹簧在膜平面内的形变：在膜的凸起一侧，弹簧被拉伸；而另一侧被压缩。实际情况下，脂双层与膜蛋白分子的相互作用可以同时包含上述两类形变。一般而言，二维膜曲面上的一个几何点具有两个正交的切向量，即主切向量和次切向量，分别对应最小和最大的曲率。举例来说，在正球面中（如球形脂质体表面），这两个曲率正好相等；而在马鞍形或者椭球曲面中（如细胞出芽或者囊泡融合时），这两个曲率彼此不相等。与之类似，具有三维形状的膜蛋白分子，其微分形变可以用曲率、挠率[①]（torsion）和扭率（twist）加以度量。某些长条形膜蛋白分子（如后文将谈及的 Piezo 通道的外侧旋臂和呼吸链复合体 I 的跨膜分支），在其跨膜部分的长轴方向上，同时发生上翘和螺旋性扭曲。此类膜蛋白结构的扭曲将带动其周围的膜曲面发生扭曲。不难理解，相对于去污剂条件下测定的膜蛋白的低能态三维结构（如晶体结构）而言，平面型膜环境的约束将使膜蛋白结构的曲率、挠率和扭率趋于减小，以期降低膜蛋白 - 脂双层复合系统的总自由能。但是，此类构象变化也极有可能同时引起膜蛋白分子内部应力的增大，进而影响其动力学性质。

研究者发现，改变脂双层的对称性、弹性或者曲率，以及通过调节温度改变脂双层的流动性等，都可以影响通道蛋白的开关性质（图 2.2.3）。譬如，从机械力敏感通道开启概率随

---

① 定义：挠率的绝对值度量曲线上邻近两点的次切向量之间的夹角对弧长的变化率。例如，平面曲线是挠率恒为零的曲线；而如果一条空间曲线无法拟合在同一平面内则称为挠曲线。参考 1.5 节中关于 β 桶形变的讨论。

张力变化的曲线可发现，通道在较薄的脂双层中仅需要较小的张力就能开启；相反，在较厚的脂双层中，则需要更强的张力才能开启。究其原因，在开启时这类通道蛋白自身厚度一般会变小（缩小约 20%）。所以，如果在较厚的脂双层中打开，通道需要克服更大的疏水匹配差力；而脂双层也同时要经历更严重的挫伤效应。再譬如，线粒体内膜中富集的心磷脂导致脂双层的曲率升高，而多褶皱的内脊正是该处膜蛋白复合体的组装和功能所必需的[57]。

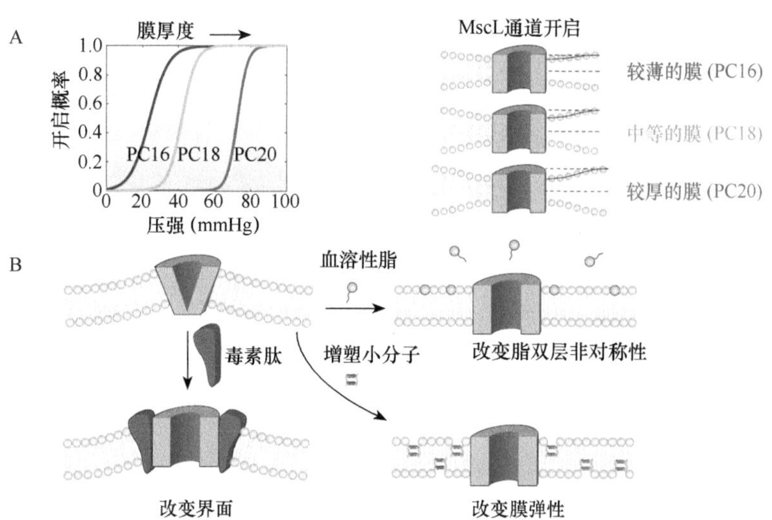

图 2.2.3 脂双层的厚度或曲率影响通道蛋白的开关（引自 Malhotra et al.，2017）

A. 在不同膜自然厚度条件下，机械力敏感通道开启概率随张力的变化。红色（蓝色）曲线对应较短（较长）的脂分子。1mmHg＝133.322Pa。

B. 通过调节蛋白 - 膜相互作用、改变脂双层两侧的对称性或者改变膜的弹性模量等，膜的局部曲率可以发生改变，从而导致通道开启

由于膜蛋白所引起的膜形变对于膜而言属于一种局部高能量状态，当膜蛋白之间改变彼此距离时，往往会伴随出现依赖于膜蛋白形状的系统性的自由能变化。一般的趋势是：膜蛋白分子之间那些具有相似疏水匹配差的互补表面，借助彼此聚集，使系统自动地减小膜的局部形变的强度和范围，从而降低疏水失配所引起的自由能增加量（图 2.2.4）。换言之，如果彼此的聚集可以减弱局部膜形变，则膜蛋白分子之间将趋于聚集；反之，如果彼此的聚集会增强局部膜形变，则膜蛋白分子之间将趋于解离。其中的物以类聚的道理与疏水相互作用的成因十分相似。同理，一个膜蛋白分子自身在脂双层中的稳定性（跨膜螺旋之间的有序堆积、排列）也与上述相互作用有关。譬如，在膜蛋白表面，相邻的跨膜螺旋常常倾向于具有类似的疏水匹配差。然而，在膜蛋白纯化等体外实验中，如果去污剂选择失当，则跨膜螺旋束很容易解聚，导致膜蛋白失去天然构象。

在膜蛋白中广泛存在着一类称为两亲螺旋的结构元件。在两亲螺旋的一侧主要分布着亲水性氨基酸残基，另一侧分布着疏水性氨基酸残基。螺旋的疏水侧面嵌入脂双层的表面，而亲水表面则暴露于溶剂区。作为蛋白质分子的高级结构比其一级结构更保守的具体实例，这类两亲螺旋对氨基酸序列往往没有严格的要求，而只需要保持亲水 - 疏水的分布格局；为了确保与脂双层的相互作用，其疏水面还常常进一步发生脂修饰。在后面的章节中读者将会反复看到，膜蛋白在靠近脂双层的一侧或双侧表面都可能持有这类两亲螺旋。类似地，偶尔也有两亲性 β 发夹结构出现。它们一个共同的功能是使与其以铰链相连的跨膜螺旋的末端锚

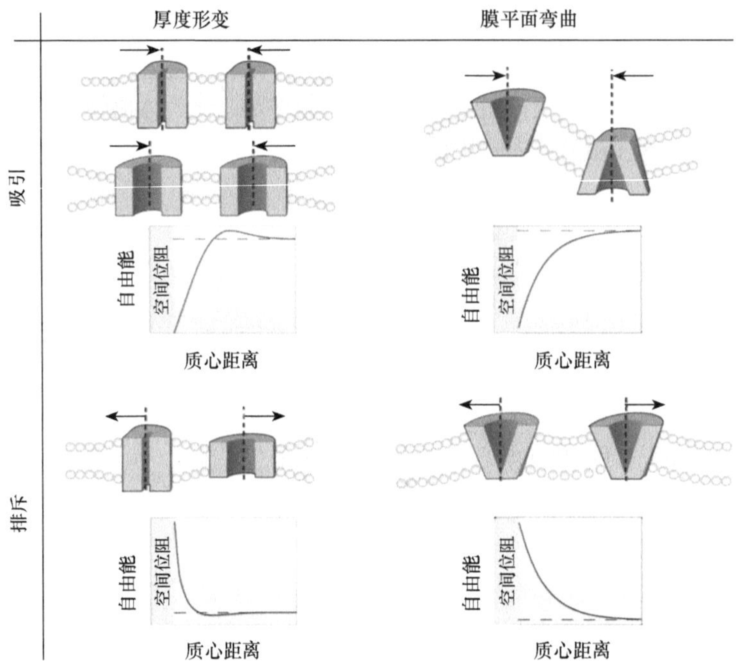

图 2.2.4 膜蛋白通过改变聚集状态减少脂双层的挫伤现象（引自 Malhotra et al., 2017）

定于脂双层的表面。当跨膜区受到垂直于膜平面的外力时，两亲螺旋可以以一种滑动支点的方式，将这些力分解到平行于膜平面的方向，从而导致跨膜螺旋倾斜角度的改变；而跨膜螺旋末端的运动则受到限制，只能沿膜表面滑动（图 2.2.5）。对于那些需要通过较大构象变化来完成功能的膜蛋白分子而言，这类两亲性结构元件发挥着重要作用[58]。在某些膜蛋白中，松散堆积的跨膜螺旋（束）之间也可能彼此发挥类似的锚定作用[59]。

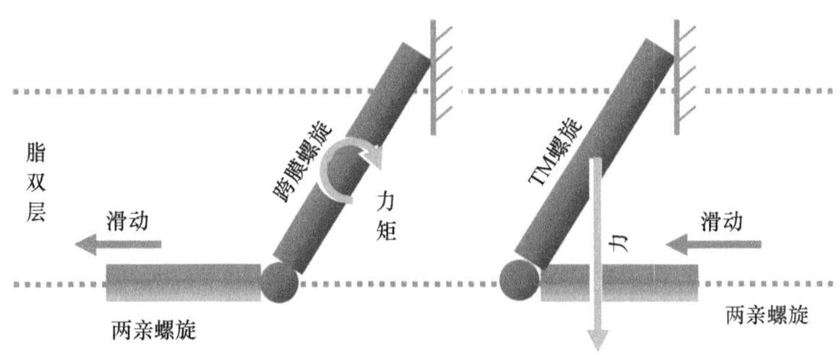

图 2.2.5 两亲螺旋将垂直于膜平面的力转化为平行于膜平面的运动
驱动力或者力矩由青蓝色箭头表示，运动方向用红色箭头标识。两亲螺旋由橙 - 蓝双色圆柱体表示

2.3 膜电位与膜蛋白

膜电位对膜蛋白的结构和功能产生了深刻的影响，决定着膜蛋白的折叠和组装过程、平衡构象，以及功能循环中的能量势垒和驱动能量。然而，在膜蛋白结构生物学领域，膜电位

的重要性至今尚未得到应有的重视。

2.3.1 制约膜蛋白分子取向的“正电在内规则”

膜蛋白不仅要定位到脂双层中，还需要拥有正确的取向。肽链是从细胞内部向外延伸，还是从细胞外面向里走，将决定膜蛋白如何发挥其功能。譬如，膜整合型酶的催化中心必须定位在膜的某一侧，才能参与正确的生化反应。当膜蛋白肽链嵌入生物膜时，一般遵循一条“正电在内规则”（positive-inside rule）。这一规则是由瑞典结构生物学家冯海涅（Gunnar von Heijne）首先发现的[60，61]。

以图 2.3.1 所示通道蛋白为例[62]。从细胞内部观察膜蛋白，其胞内部分以正电荷为主；而从细胞外侧观察膜蛋白，则负电荷多于正电荷。“正电在内规则”指导着膜蛋白在嵌入生物膜时的肽链取向。对于原核细胞而言，这种电荷分布偏好性的原因在于，脂双层所承载的膜电位具有内负 - 外正的性质，即膜内侧聚集更多的阴离子，而膜外侧聚集更多的阳离子。在膜电位电场中，肽链片段的走向，进而其电偶极矩取向应该满足能量最低原理。在膜蛋白折叠过程中，膜蛋白的负电荷表面避免靠近膜内侧的阴离子；而膜蛋白的正电荷表面则回避胞外侧的阳离子。对于真核细胞来说，由于一般认为内质网并不承载膜电位，膜蛋白折叠过程中所表现出的“正电在内”现象更可能是由前述易位子中跨膜凹槽的正电性来实现的；当这些膜蛋白分子最终到达质膜之后，它们将被内负 - 外正的膜电位所稳定。

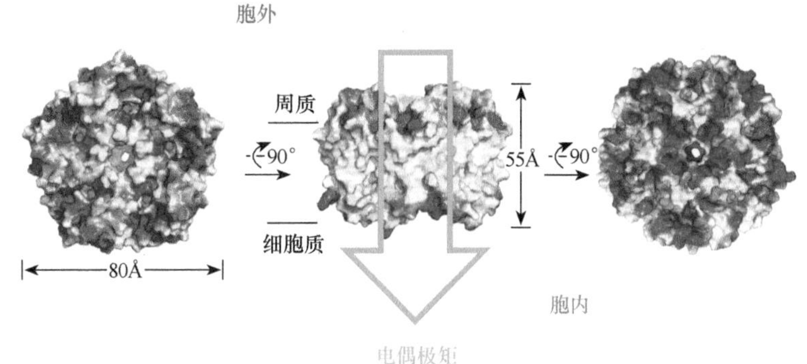

图 2.3.1 通道蛋白 FocA 的表面电势图（引自 Wang et al.，2009）

PDB 代码 3KCU。从左至右分别是（胞外侧）俯视图、侧视图、（胞内侧）底视图。蛋白质分子表面静电势着色的一般约定是：以红色标记负电荷，蓝色标记正电荷。电偶极矩方向定义为由负电荷指向正电荷；而电偶极矩与外电场同方向时，能量最低

“正电在内规则”与膜蛋白嵌入膜的方式无关。譬如，线粒体内膜中镶嵌的蛋白质分子是分别从膜的不同侧组装到膜里的，但是都同样服从正电在内的分布规律。在这里，膜蛋白复合体的组装需要膜电位的参与[57]。另外，这一规则只对承载着膜电位的脂双层起作用。譬如，革兰氏阴性菌外膜等处不存在明显的膜电位，相关的膜蛋白并不遵从“正电在内规则”[63]。

受“正电在内规则”的启发，人们提出了一个更具普遍意义的问题：20 种天然氨基酸①

① 20 种天然氨基酸的单字母和三字母符号：A，Ala，丙氨酸；C，Cys，半胱氨酸；D，Asp，天冬氨酸；E，Glu，谷氨酸；F，Phe，苯丙氨酸；G，Gly，甘氨酸；H，His，组氨酸；I，Ile，异亮氨酸；K，Lys，赖氨酸；L，Leu，亮氨酸；M，Met，甲硫氨酸；N，Asn，天冬酰胺；P，Pro，脯氨酸；Q，Gln，谷氨酰胺；R，Arg，精氨酸；S，Ser，丝氨酸；T，Thr，苏氨酸；V，Val，缬氨酸；W，Trp，色氨酸；Y，Tyr，酪氨酸。

残基在跨膜螺旋中的统计分布是怎样的？不难预见，与水溶性蛋白质分子相比，在膜蛋白中各类氨基酸残基往往会表现出特有的、以各向异性为特征的理化性质。图 2.3.2 给出了对于上述问题的分析结果[63]。所用 4 种分类方法的结论基本一致。尤其是，由于不受蛋白质-蛋白质相互作用的干扰，单次跨膜螺旋的数据可能更直接地反映跨膜螺旋中氨基酸残基与脂双层的内禀相互作用[63]。以实测的单次跨膜蛋白为例，疏水氨基酸残基在跨膜区呈均匀分布。碱性残基（Arg 和 Lys）较多地分布在胞内侧；与之相反，酸性残基（Asp 和 Glu）则较多地出现在胞外侧。这种氨基酸残基分布正是"正电在内规则"所描述的现象。以下是对该现象的一种合理的解释：膜蛋白分子的肽链在胞内侧合成；进而，当新生肽链进入脂双层时，亲水性氨基酸残基需要克服疏水性能量势垒。碱性残基的正电荷需要额外地克服膜电位所造成的静电势能；而酸性残基则可以利用该静电势能来有效地克服跨膜疏水性能量势垒。因此，新生肽链的碱性残基倾向于被滞留在胞内侧，而酸性残基则更频繁地被推送到胞外侧。另一种在膜蛋白结构研究中表现出独特分布的残基是两亲性的色氨酸，我们将在本节后面探究这一分布的物理原因。以上氨基酸残基在膜蛋白中的分布仅仅属于统计规律；如果在某个膜蛋白家族中出现明显的，特别是保守性的系统偏差，我们就有理由对该偏差与整个家族共性功能的关系给予特别的关注。

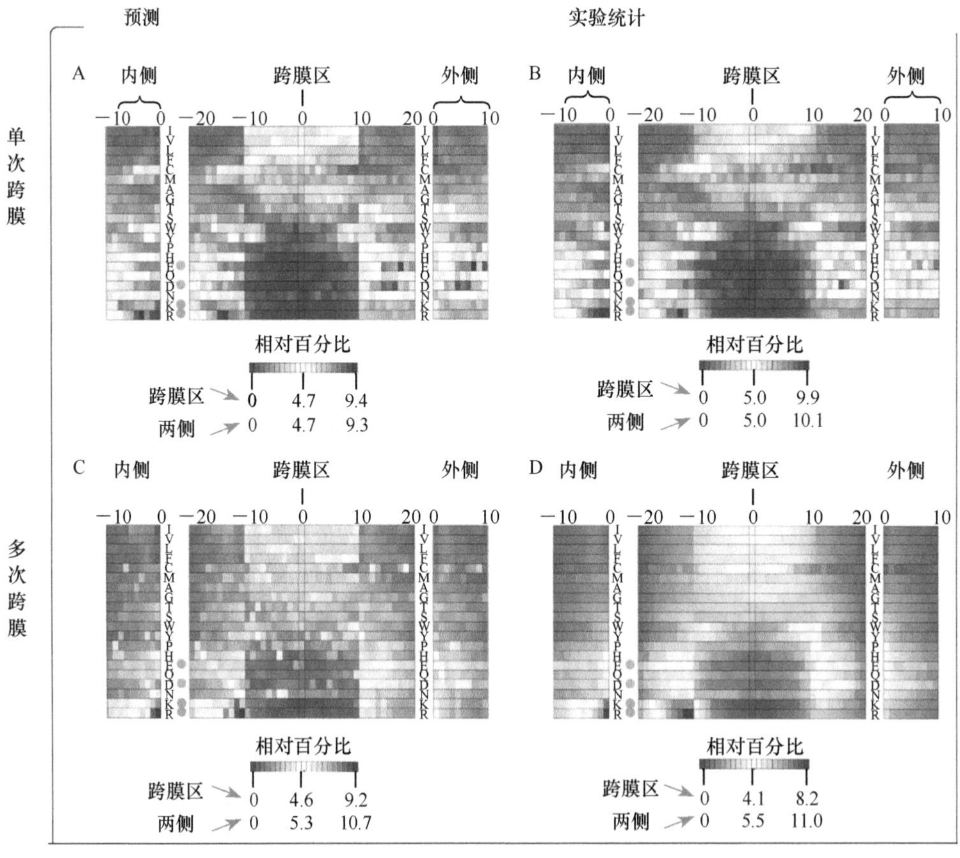

图 2.3.2　20 种天然氨基酸在跨膜螺旋中的统计分布（引自 Baker et al.，2017）

左侧的统计数据来自人源膜蛋白预测结构数据库；右侧数据取自实验测定的膜蛋白结构。上部的数据属于单次跨膜蛋白；下部属于多次跨膜蛋白。每个子图中，纵轴由上到下对应氨基酸残基的疏水性递减。横轴的中间部分对应跨膜区；左侧属于胞内侧；右侧属于胞外侧。此外，胞内区和胞外区又分别进行了单独统计，结果分置于图两侧。蓝色表示分布概率近乎为零（极少出现）；红色表示接近最大分布（约 10%）；白色则介于两者之间

2.3.2　膜电位——“活”细胞的标志

那么，细胞中神秘的“暗能量”——膜电位究竟是什么呢？一般以细胞外环境为基准，细胞内的电压值被定义为膜电位，即 $\Delta\Psi \equiv V_{in} - V_{out}$。其绝对值称为膜电压，$V_m \equiv |\Delta\Psi|$。

几乎所有活细胞的质膜都承载着一个进化中高度保守的内负 - 外正的膜电位，其典型值为－100mV。然而，在某些情况下，膜电位幅值可以远高于 100mV。譬如，人类的内耳纤毛细胞的膜电位约为－150mV[64]。植物细胞的膜电位可以达到－200mV[65]。而某些真菌细胞的膜电位属于已知最强的，可以达到－300mV[66]。可以毫不夸张地说，膜电位对于细胞来说是生死攸关的。重要到什么程度呢？每天，我们每个人要持续反复地合成累积量大约与我们体重相等的 ATP①，其中大约 1/3 直接被用来建立和维持上述膜电位，弥补功能性损耗以及电荷渗漏所酿成的膜电位削减（图 2.3.3）。消耗能量最剧烈的器官当属我们的大脑；对于神经细胞而言，甚至 2/3 的 ATP 被用于维持膜电位②。膜电位使细胞表现出更强的非平衡态性质，从而驱动物质和信息的有序流动。另外，膜电位必须与细胞所在外界 pH 环境相适应，以便维持足以驱动其他物质转运和信号转导的质子跨膜电化学梯度，以及细胞内部的略微偏碱性的 pH 稳态。譬如，生活在 pH 10.5 环境下的耐碱芽孢杆菌（*Bacillus pseudofirmus* OF4）的膜电位为－180mV；大肠杆菌（*E. coli*）在 pH 7.0 的中性环境下的膜电位约为－130mV；而生活在 pH 2.0 环境下的耐酸菌 *Acidithiobacillus ferrooxidans* 的膜电位却为＋10mV[67]③。

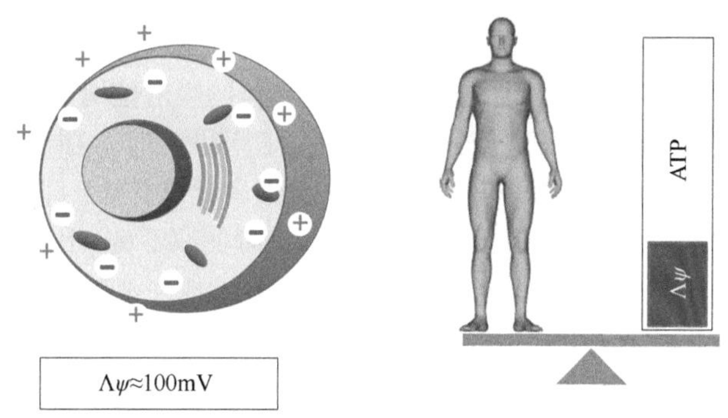

图 2.3.3　膜电位对于活细胞至关重要

细胞消耗约 1/3 的 ATP 水解能量以维持各封闭膜系统的膜电位

一个生物膜电位的宏观例子来自电鳗。这种体长近 2m 的鱼类，头尾之间可以产生近 800V 的电压，有“水中高压线”之称。其身体两侧分布着数以百计的粗大纤维，每根纤维由上万个扁平细胞沿身体轴线方向层叠而成。该类细胞两侧并不对称，而是呈现极性。这些极性细胞头尾相接，形成具有极性的肌肉组织。在静息状态，每个细胞通过消耗 ATP 来维持质膜

---

① 为了避免误解，笔者叙述得更严谨一些：物质不灭，合成 ATP 的物质来自已经存在于细胞内部的 ADP 和 P_i。

② 神经细胞的电生理基础是动作电位，即膜电位的时空变化。譬如，在没有外界刺激的情况下，许多感受细胞的基线放电频率大约为每秒钟 5 次的量级。作为一类介观量的膜电位变化，即便是幅度较小、局域化且短暂的，也涉及由通道蛋白介导的、为数众多的电荷跨膜运动；而恢复和维持一个静息态基准膜电位则需要消耗大量来自 ATP 的水解能。因此，神经细胞消耗 ATP 的速率是十分可观的。

③ 为了保持细胞内部稳定的弱碱性的 pH，这类耐酸菌必须建立和维持强大的 ΔpH。假如在此基础上进一步附加内负 - 外正的 ΔΨ，则质子的总跨膜电化学势将剧烈到难以维持的程度；实际上，建立这样的极端 pH 梯度本身就是一项挑战。

上内负 - 外正的、数十毫伏的膜电位。此时，由于细胞两侧的膜电位相同，相互抵消，并不形成宏观电压。当神经细胞发出激励信号时，这些极性细胞面向头部的一侧借助离子通道的开启发生去极化（depolarization），而另一侧仍然保持膜电位。因此，每个扁平细胞转化为一节微型电池；整根肌肉纤维则变成一个总电压达数百伏特的串联电池组，头部为负极，尾部为正极。由于存在多股并行的肌肉纤维，它们的瞬时电流远远强于即便是最富冒险精神的人愿意以身一试的程度。事实上，一条电鳗所释放的单次电脉冲足以一蹴而就，将一头水牛击昏。

值得强调的是，当外部空间处于连通和开放状态时，膜电位是描述完整封闭质膜的一个单一的物理量，这是由于形成膜电位的离子能够以极高的速度进行自由扩散，任何局部膜电位参差都将被迅速地平均化。但是，当细胞间距收缩到很小时，离子的自由扩散严重受阻。譬如，在由髓鞘细胞包裹的神经细胞轴突表面，以及神经细胞与肌肉细胞或者感知细胞的界面附近，情形往往如此。此时，细胞表面的膜电位可能呈现剧烈的瞬时局部变化，形成膜电位的时间和空间波形。

除细胞质膜之外，真核细胞中许多细胞器的生物膜也承载着膜电位。譬如，在有着“真核细胞发电厂”之称的线粒体中，ATP 合酶正是由其膜电位驱动的。在第七章中，我们将讨论线粒体膜电位的建立过程和膜电位如何驱动 ATP 合酶的工作循环。此外，多种胞内囊泡系统，包括内吞体、溶酶体、分泌囊泡等，依赖 V 型 ATP 水解酶来建立跨膜质子电化学势，并且利用该势能驱动各类转运蛋白进行物质富集。譬如，在神经突触前侧各类神经递质分泌囊泡中，膜电位的典型数值为－80mV，腔体 pH 为 5.6；其中的膜电位部分，而非 ΔpH 部分，驱动 VGLUT1 转运蛋白快速富集电负性的神经递质谷氨酸[68]，即该转运过程完全不涉及质子迁移。与活细胞相反，细胞死亡过程中的一桩标志性事件就是膜电位的消失。举例来说，过量的一氧化氮可以升高线粒体的膜通透性，导致线粒体的膜电位消失；而线粒体膜电位的消失常常作为一种线粒体内的次生胁迫信号，进而引发细胞凋亡[69]。在细菌彼此的攻杀战中，一类细菌常常使用 R 型抗菌肽蛋白这一杀手锏在另一类细菌的细胞膜上打孔，导致其膜电位消失，最终将对手置于死地[70]。我们的淋巴细胞在与待清理的“不良”细胞结合之后形成所谓免疫突触，并且向突触间隙中释放穿孔素（perforin），特异性地在靶细胞的质膜上打孔[71]。再如，炎症性坏死过程（也称细胞焦亡，pyroptosis）被定义为“由 Gastermin 家族蛋白的激活以及上膜打孔所介导的细胞程序性死亡”[72]。

不同类型的细胞常常呈现显著不同的膜电位（图 2.3.4）[73]。譬如，胚胎细胞和肿瘤细胞表现出较弱的膜电位。有研究者提出，膜电位充当着决定细胞命运的一个信息枢纽[74]。在发育学研究领域，人们发现使用不同方式干扰正常膜电位往往得到极为类似的表型[75]。离子浓度（如 [Ca^{2+}]）属于细胞内的二级信使，调控着细胞内的基因表达和生化过程。因此，参与调控离子浓度分布和转运动力学的膜电位可以对细胞命运发挥举足轻重的作用。此外，在多种类型的细胞表面，膜电位变化直接触发各类因子的释放，从而实现细胞之间的化学通信。

2.3.3 跨膜的电荷迁移与膜电位的成因

建立膜电位的最直接的方法是使用离子泵将阳离子泵浦到细胞外环境，或与之拓扑等价的细胞器腔体内部。在动物细胞中，膜电位的建立需要一类称为钠 - 钾泵（Na^+-K^+泵）的 P 型 ATP 酶转运蛋白（图 2.3.5）；在植物和真菌中，质膜的膜电位由 P 型 H^+-ATP 水解酶（如 plasma membrane ATPase-1，PMA1）生成；在真核细胞的细胞器膜上，膜电位常常由转动式 V 型 H^+-ATP 水解酶（如 vesicle membrane ATPase，VMA；见 7.1 节）生成。

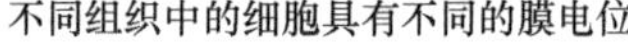

不同组织中的细胞具有不同的膜电位

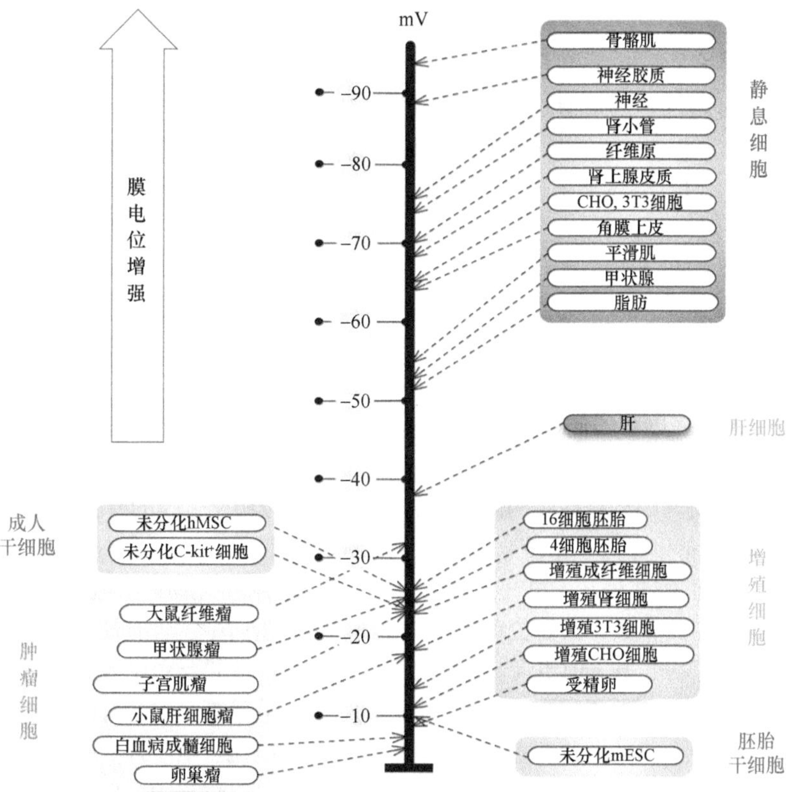

图 2.3.4　膜电位与细胞命运之间存在明显的相关性（引自 Levin，2012）

与常态细胞相比，干细胞、肿瘤细胞、增殖细胞、肝细胞等往往表现出较低的膜电位

第五章将要详细讨论的 P 型 ATP 酶，利用 ATP 水解能量向胞外侧泵浦三个 Na^+，同时输入两个 K^+，即净输出一个正电荷。在钠 - 钾泵的持续工作下，正电荷在胞外积累，负电荷在胞内积累；正、负电荷在膜的两侧相互吸引，但被脂双层阻隔，形成膜电位。除直接建立膜电位之外，钠 - 钾泵的另一项功能是建立内高 - 外低的 K^+ 浓度梯度，间接地参与建立和维持膜电位①。承载膜电位的细胞膜相当于一只强大的电容器，它为细胞储存能量，用于驱动多种细胞活动。此外，虽然线粒体本身体

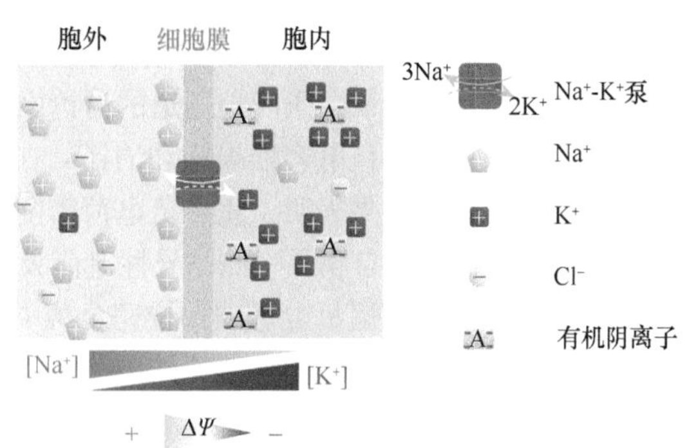

图 2.3.5　离子泵可以通过消耗化学能定向运输净电荷，从而建立膜电位

① 神经生物学中存在着一种流传甚广的观点，认为神经细胞的膜电位是由内高 - 外低的 K^+跨膜浓度梯度所建立的，而该梯度则是由离子泵维持的。试想，一边简单地向胞内泵浦 K^+以期建立浓度梯度（同时也导致了一个内正 - 外负的膜电位），一边又借助 K^+通道向胞外进行顺应电化学势梯度的排放，最终的结果可能是什么？结果将是一个只能供观赏的人造瀑布景观；对于细胞来说，则是无谓的能量耗散。事实上，K^+浓度梯度的电生理作用仅仅是在短时间内维持膜电位的稳定性，如在动作电位之后使膜电位恢复静息态，即所谓复极化。直接向膜外侧泵浦净正电荷才是有效地建立膜电位的策略，也是大多数细胞所使用的方法。

积很小，但是它们坐拥丰富的褶皱内膜系统（其面积约比光滑的外膜面积大一个数量级），对应着较大的电容量，可以用于储存可观的跨膜电化学势能量。对于质子等单价离子而言，−100mV 膜电位相当于 10kJ/mol 或者约 4 倍 RT 的能量。在单分子水平，这是一项可观的能量；基于玻尔兹曼分布，该能量对应于约 55 倍的构象分布或者浓度差别。

1. 平板电容器模型　一个 100mV 的膜电位需要怎样的离子浓度来维持呢？在中学物理课中，大家都学习过金属平板电容器；载有膜电位的生物膜可以看作这样一类电容器的变形。对于平板电容器而言，电压（V_m）与电荷面密度（σ）之间存在着如下线性关系：

$$V_m=\frac{\sigma d}{\varepsilon_0\varepsilon} \tag{2.3.1}$$

式中，ε_0 和 ε 分别为绝对介电常数和（相对）介电常数。无量纲量 ε 刻画电极板之间介质的可极化性；由于真空中不存在任何可极化的物质，人们将它取作基准，其 ε 定义为 1。在电压一定的条件下，ε 越大，电容器储存的能量越高。其物理原因在于，被极化的因而处于高能状态的介质，其所产生的局部电场将抵消外电场；为了达到同样的表观电压，外界就不得不输入更多的能量。假如电荷均匀分布在膜两侧 3Å 的区域里且符号相反，膜的厚度（d）取值 30Å，大约需要 10mmol/L 的单价净离子浓度来维持这个 100mV 的膜电位。而"10mmol/L"代表一个典型的生化浓度。我们需要谨记，式（2.3.1）只对平板电容器严格成立。蛋白质的 ε 值一般为 1～5，而且它并非一个常数，而是位置坐标的函数。在膜蛋白中，含有较多极性基团（包括被包埋的水分子）的部分，其 ε 值更大。这种介质的不均匀性使膜蛋白中有关静电场分布的讨论比在脂双层中略为复杂。由于脂双层和镶嵌其中的膜蛋白分子都具有各自的电容量，当膜电位发生突然改变时，总会伴随电荷面密度的变化，即瞬时的电流。电生理实验可以准确记录此类电流；如果从其中扣除脂双层电容所对应的背景电流，就可以估算膜蛋白分子相对于脂双层的电容量变化值或者膜蛋白自身的电容量。具体地说，瞬时电流对于时间的积分就是系统总电容的充电电荷。假如脂双层与膜蛋白所构成的系统是刚性的话，该电荷量与膜电位变化量成正比关系，比例常数就是电容值。进而，如果膜蛋白分子会发生膜电位变化所诱导的构象变化，则电容值可能不再是一个常数，而表现为膜电位的函数；再进一步，如果这个膜蛋白分子在某个特定电压下发生显著的构象变化，则伴随发生附加的电荷迁移，即所谓门控电荷[76]。在第三章双稳态模型和第六章电压门控通道的讨论中，我们将进一步阐述门控电荷的概念。

基于脂双层的平板电容器模型和泊松 - 玻尔兹曼方程①（Poisson-Boltzmann equation），进行更严格的计算，结果表明：正、负电荷密度在膜的两侧各自呈现指数衰减分布（图 2.3.6）。在膜的表面，由于来自膜另一侧的异性电荷吸引，电荷密度最大。但是，由于热运动的原因，电荷不可能像理想金属板电容器那样完全集中在膜表面。另外，产生膜电位的电荷的静电效应在充分远处必然趋近于零。基于这些边界条件，电荷密度随着远离膜表面的距离而呈现指数下降。当电荷密度衰减到自然常数的倒数（1/e）倍时，所对应的距离被表示为德拜长度（λ_D，取值大约为 7Å）[77]；换言之，净电荷主要集中在膜两侧的德拜长度之内②。就脂双层平

---

① 泊松 - 玻尔兹曼方程（Poisson-Boltzmann equation）是描述离子溶液所组成的热力学系统在电场中的统计行为的微分方程。它基于玻尔兹曼能量统计分布以及平均场近似。该方程在计算膜蛋白分子静电相互作用（如 pK_a 值）等方面被普遍应用。膜蛋白分子的构象一般作为方程的刚性边界条件出现。由方程确定的离子分布反过来作为外界平均场，可以影响膜蛋白分子的构象，导致后者发生变化。在新的膜蛋白分子构象下，重新解析泊松 - 玻尔兹曼方程；如此反复，原则上可以最终求得膜蛋白、脂双层及离子溶液环境所组成的总系统的、满足自由能最小化的平衡态结构。

② 对于均匀密度假设来说，我们凭借直觉指定的 3Å 范围看起来是一个不错的设定。德拜长度是在静电势能小于平均热运动能量条件下，将泊松 - 玻尔兹曼方程线性化过程中引入的一个参量；其平方值（λ_D^2）与热力学温度成正比，与溶液离子浓度成反比。

板电容器模型的电势函数 φ 而言，在膜两侧远离膜表面处，电势分别为高低不同的常数；在脂双层的内部，电势呈线性变化；而在膜两侧表面附近，常数部分和线性变化部分以指数函数平滑连接。并且，电场强度矢量与膜法线方向一致，大小为 $\varphi(x)$ 的负一阶导数。

2\. 能斯特电压　在热平衡条件下，假如膜电位仅由一种单一离子的跨膜梯度产生，则膜电位与该类离子梯度的热力学等效电压——能斯特电压①（Nernst voltage，V_N）的振幅相等，符号相反[78, 79]。能斯特电压由下述公式定义：

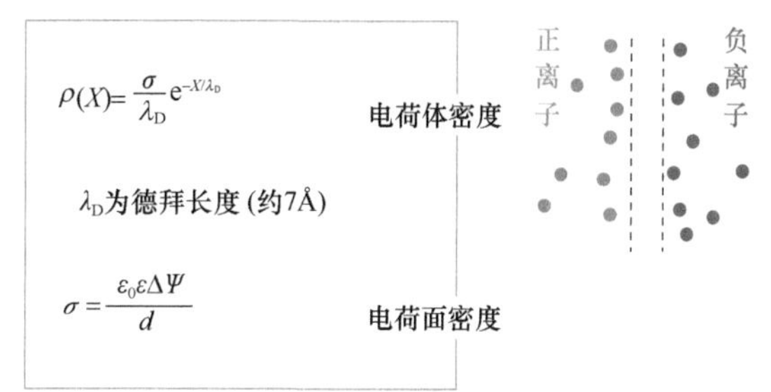

离子分布和德拜长度
$\rho(X)=\frac{\sigma}{\lambda_D}e^{-X/\lambda_D}$
电荷体密度
λ_D为德拜长度(约7Å)
$\sigma=\frac{\varepsilon_0\varepsilon\Delta\Psi}{d}$
电荷面密度
正离子
负离子

图 2.3.6　泊松 - 玻尔兹曼方程所给出的承载着膜电位的生物膜系统的解

膜两侧电荷体密度（ρ）随着与膜表面的距离（X）呈指数衰减；衰减的特征长度称为德拜长度（λ_D）。膜电位（$\Delta\Psi$）是微分方程的边界条件。电荷面密度（σ）是体密度在膜平面上的投影值

$$V_N \equiv \frac{RT}{zF}\ln\left(\frac{C_1}{C_0}\right) \tag{2.3.2}$$

式中，C_0 和 C_1 分别为给定离子在膜两侧的有效浓度；z 为离子电荷价数；F 为法拉第常数。注意，在同一生物膜两侧，具有相同浓度梯度方向的阴离子和阳离子的 V_N 方向相反；而电中性（$z=0$）的化合物则免谈能斯特电压。本质上，上述公式是玻尔兹曼分布［式（2.1.1）］在静电能情况下的变形（其中浓度等价于状态数）。V_N 不过是对于离子浓度梯度的改头换面，因而这两种表述不应该被重叠使用。对于单一类型阳离子来说，浓度较高的一侧为其 V_N 的正值一侧，即离子在 V_N 作用下将向膜的另一侧转移。作为该项物理迁移的后果，失去阳离子的一侧变为 $\Delta\Psi$ 的负值一侧。当上述迁移达到平衡态时，V_N 与 $\Delta\Psi$ 之和为零。一般而言，膜电位是来自多种类型离子的浓度梯度的综合结果（表 2.3.1），由存在于膜两侧的、总量相等且符号相反的净电荷共同决定。因此，如果将各种离子视为信息的载体，则膜电位可以看作不同来源信息的一个综合、交流平台。

在上述钠 - 钾泵的例子中，乍看起来，K^+浓度梯度对于建立膜电位似乎是多余的，直接外排多个 Na^+似乎会更简单些；况且，K^+浓度梯度所对应的能斯特电位与实际膜电位（$\Delta\Psi$）往往相抵消。那么，细胞为什么要“多此一举”呢？答案在于，对于稳定膜电位而言，K^+浓度梯度非常重要。细胞质膜两侧典型的 K^+浓度比值约为 30，相当于 88mV 的内正 - 外负的能斯特电压。承载膜电位的生物膜上常常存在电压门控式的 K^+通道，它们允许 K^+在浓

表 2.3.1　动物细胞内外离子浓度（静息态参考值）

离子	细胞内（mmol/L）	细胞外（mmol/L）
Na^+	约 10	145
K^+	155	5
Ca^{2+}	0.000 1	约 1.5
Mg^{2+}	0.5	约 1.5
H^+	0.000 08	0.000 04
Cl^-	约 4	120

注：胞内侧还同时存在种类繁多的电负性物质（如各类核酸分子），以中和表中的胞内阳离子（如 K^+）。综合结果为内负 - 外正（参考涂展春等，2012②）

① 能斯特电压的概念由德国化学家 W. H. Nernst 于 1889 年提出。它将化学能和原电池电极电位联系起来。因相关研究，Nernst 荣获 1920 年诺贝尔化学奖。

② 菲利普斯 R，康德夫 J，塞里奥特 J，2012．细胞的物理生物学．涂展春等译．北京：科学出版社。

度梯度的作用下运动，以远比离子泵更快捷的方式，几乎实时地补偿膜电位的变化。膜电位一旦减弱（如幅值小于88mV），该离子通道便会瞬时地（或在精确的延迟之后）开启，容许K^+外流，向膜外侧补充阳离子，从而减弱膜电位的涨落。类似地，细胞质膜内、外侧之间较大的Cl^-浓度梯度也可以被用来稳定膜电位[80]。可以认为，这类离子梯度发挥着能量缓冲器的作用，它们以负反馈方式稳定膜电位；概念上类似于机械学中储存动能的宽边飞轮或者电力工程中储存“电能”的缓冲水库。或许有人会疑惑，钠-钾泵为什么每次不是向胞外侧泵浦1001个Na^+，同时向胞内转运1000个K^+呢？若如此，膜电位不是可以变得更稳定了吗？答案在于：世间没有免费的午餐，无论是建立膜电位，还是建立用作缓冲器的离子梯度，转运更多离子就需要消耗更多的能量。

知识点（Box）2.1

球形囊泡的膜电位

为了在体外功能实验中研究膜电位对膜蛋白功能的影响，实验者常常利用脂质体（一种脂双层所形成的封闭囊泡）作为膜电位的载体。下面，我们以K^+为例讨论如何在脂质体实验中利用能斯特电压（V_N）来建立膜电位（$\Delta\Psi$）。假设脂质体外侧和内侧分别设置为不同的自由钾离子浓度，$C_0\equiv[K^+]_{out}$和$C_1\equiv[K^+]_{in}$，并且$C_0>C_1$。当在膜上嵌入某种K^+的专一性“通道”（如缬氨霉素）时，由浓度梯度营造的内负-外正的V_N将选择性地导致K^+向囊泡内部方向运动，从而在脂质体囊泡膜上建立起内正-外负的膜电位。$\Delta\Psi$逐渐增大，并且最终与V_N相抵消；此时，K^+处于平衡状态。值得指出的是，由于通道所具有的高选择性，在囊泡膜附近的其他类型的离子只能感受到$\Delta\Psi$，但是感受不到K^+相关的V_N（参见6.2节有关离子通道的讨论）。

然而，由于囊泡体积有限，建立膜电压所需的电荷位移将引起C_1升高，内外浓度梯度减小，最终的膜电压将小于初始V_N的强度。如何估计平衡态的膜电位是一个数学上略显复杂的问题。究其原因，平衡态V_N与电荷的体密度有关，而$\Delta\Psi$与电荷的面密度成正比。为了便于公式推导，我们做出如下假设：①囊泡呈理想球形，其半径远大于膜厚度，因此可以利用平板电容器的公式［式（2.3.1）］；②囊泡外部体积充分大，即外部浓度C_0为常数；③囊泡内部的溶液对K^+的缓冲能力为零，即所有进入囊泡的K^+都保持自由状态而不形成稳定化合物，因而可以准确地决定V_N。膜电压V_m（$\equiv|\Delta\Psi|$）和能斯特电压（V_N）可以分别表示为

$$V_m=\frac{d\sigma}{\varepsilon_0\varepsilon}=\frac{d}{\varepsilon_0\varepsilon}\times\frac{ne_0}{4\pi r^2} \tag{B2.1.1}$$

$$V_N=\frac{RT}{F}\ln\left(\frac{C_0}{C_1'}\right);\quad C_1'\equiv C_1+\frac{3ne_0}{4\pi r^3} \tag{B2.1.2}$$

式中，r为球形囊泡的半径；n为进入囊泡的（单价）离子数目；e_0为单价离子。将式（B2.1.1）代入式（B2.1.2），整理得

$$\exp\left(-\frac{FV_N}{RT}\right)=\frac{C_1}{C_0}+\frac{3\varepsilon_0\varepsilon}{dC_0}\times\frac{V_m}{r} \tag{B2.1.3}$$

考虑到平衡状态下 $V_N=V_m$，式（B2.1.3）可改写为

$$r=\frac{3\varepsilon_0\varepsilon}{dC_0}V_m\left[\exp\left(-\frac{FV_m}{RT}\right)-\frac{C_1}{C_0}\right]^{-1} \tag{B2.1.4}$$

式（B2.1.4）说明，为了满足球形囊泡半径大于零这一物理约束，如下条件必须成立：

$$V_m<\frac{RT}{F}\ln\left(\frac{C_0}{C_1}\right) \tag{B2.1.5}$$

不等式（B2.1.5）右侧即初始能斯特电压。正如所预期的，当半径趋于无穷大时，膜电压趋于 V_N 的初始值。

为了便于计算，取囊泡外侧浓度 $C_0=10\text{mmol/L}\ e_0$，参考电压 $V_0\equiv\frac{RT}{F}=25.3\text{mV}$，$\varepsilon=1$，$d=3\text{nm}$，则参考半径为 $\frac{3\varepsilon_0\varepsilon}{dC_0}V_0\approx0.23\text{nm}$。基于此，可以轻松计算 $r\left(\frac{V_m}{V_0},\ \frac{C_0}{C_1}\right)$ 分布。实验可及的囊泡半径（如 50～500nm）均分布在曲线 $\frac{V_m}{V_0}=\ln\left(\frac{C_0}{C_1}\right)$ 一侧的一条狭长区间。在该区间内，膜电压 V_m 随内外浓度比值呈现单调变化，并且可以逼近初始能斯特电压。

然而，如果囊泡的形状显著偏离球形（如扁平的腔体），所得到的膜电压将小于式（B2.1.4）所界定的值。

3. 产生膜电位的电荷分布　我们不妨换一个角度来考察产生膜电位的电荷密度。一个典型的膜蛋白在膜外每侧暴露大约 1000Å^2 的表面（大约 30Å×30Å）。平均而言，它在每侧仅仅会“看”到大约 0.04 份有效净电荷（e_0）①。由于这些离子的质量很小，其热运动速率远远大于膜蛋白的构象变化速率。因此，膜蛋白所感受到的将是一个稀薄的、近乎连续的、雾霾式电荷分布（图 2.3.7）。

然而，真实的膜电位分布远为复杂。许多磷脂分子的亲水头部基团带有电荷。特别是在脂双层的磷脂基团层中，一般存在着数量众多的负电荷；当膜电位不存在时，它们被等量的相反电荷所中和。当出现膜电位时，在脂双层正电位一侧会富集略多一些的正电荷，以中和磷脂基团层内的负电荷，并且保证净存的正电荷。相反，

100mV膜电位所对应的电荷面密度

$\sigma\approx0.04\ e_0$/膜电位分子(约30Å)^2

或约20 000e_0/细菌细胞

图 2.3.7　产生膜电位的电荷密度一般可以认为是极度稀薄的

① 假设 V_m 取值 100mV，膜厚度 $d\approx4.5\text{nm}$，相对介电常数 $\varepsilon\approx3$，则电荷面密度为：$\frac{\sigma}{e_0}=\frac{\varepsilon_0\varepsilon\Delta\Psi}{e_0 d}\approx4\times10^{15}\text{m}^{-2}$。对于一个直径 10μm 的细胞来说，其一侧表面净电荷数目约为 6×10^5。

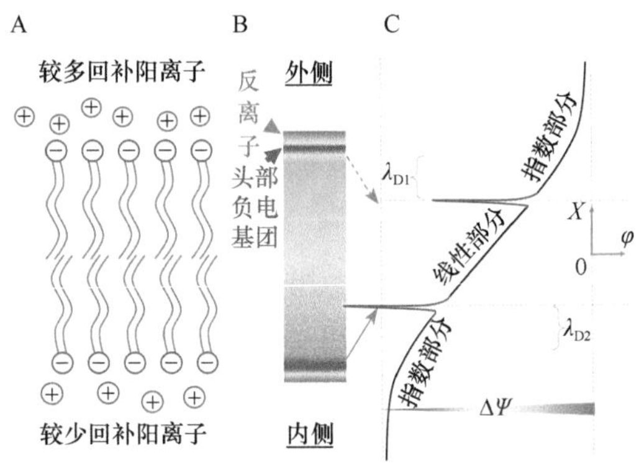

图 2.3.8　脂分子的带电头部基团影响膜电位的局部电场

A 图为分子机制示意图。B 图为平均电荷密度分布示意图。负电性和正电性区分别用红色和蓝色表示。C 图为电势（j）与膜法线坐标（X）的函数关系示意图。其中，指数变化部分与可自由扩散的离子有关；膜两侧的德拜长度，λ_{D1} 和 λ_{D2}，可以不同。线性变化部分来自脂双层的非极性区。膜 - 水界面处的峰值由相对固定的负电头部基团层贡献。

在脂双层负电位一侧，则出现略少的正电荷，中和掉大部分负电荷，并且保留多余的负电荷。综合结果是：脂双层承载一个总体上内负 - 外正的跨膜电位；而局部电场则变得相当复杂。由于脂双层的流动性远大于膜蛋白的构象变化速率，当讨论膜电位电场对膜蛋白构象的影响时，上述电场常常用图 2.3.8 所示的一个连续的时间平均分布来表示。类似的平均电场在分子动力学模拟计算中被广泛使用。然而值得注意的是，此类平均电场分布必然随膜蛋白的构象改变而变化，因而并非固化的。这种变化给模拟计算增加了一定难度。

同理，膜蛋白表面和内部的电荷分布也会影响局部静电场。但是，表面电荷很容易被来自周围溶液以及脂分子头部基团的各类相反离子所中和，或者被极化的水分子层所屏蔽、弱化。随着远离膜表面的距离的增加，来自膜蛋白的电场将在溶液中以德拜长度为大致标度迅速衰减。

4\. 色氨酸残基的分布　　现在，我们可以探讨前文遗留的一个问题：为什么在 4×4×4 遗传密码表中只占据一席之地的色氨酸（Trp）残基，在膜蛋白中却频繁地出现在脂双层与溶液的界面附近呢？一种常见的解释是：Trp 残基具有弱两亲性，便于同时与脂双层的亲水和疏水部分发生相互作用。事实上，除此之外，还有更深层的原因（图 2.3.9）。

在膜表面，脂双层中磷脂分子的负电头部基团常常形成非均匀电场，即这里存在较大的电场强度梯度。另外，在 20 种天然氨基酸中，Trp 的吲哚环侧链最容易发生诱导极化，其电偶极子从六元环的负电荷指向五元环的正电荷[①]。当偶极子（D）取向与局部电场（E）方向一致时，自由能最低（$-D\cdot E<0$），并且与该处电场强度成正比。在脂双层表面局部电场的诱导下，Trp 残基的侧链发生极化，并且倾向于朝着电场强度更大的区域移动；电场强度越大，极化越强烈，自由能也越低。在这一静电相互作用中，Trp 吲哚环中的五元环总是电偶极子的正电极，并且指向脂双层中磷酸头部基团所在的层面。与膜表面区域相反，在脂双层内部的均匀电场中，Trp 残基的平移定位效应将弱化到可以忽略不计。（此时，转动定向效应依然有效。）具有与 Trp 相似的可极化性质的酪氨酸（Tyr）残基也表现出相似的跨膜分布（图 2.3.2）。膜蛋白利用这类电偶极子性质来稳定其跨膜螺旋在脂双层中的“垂直”定

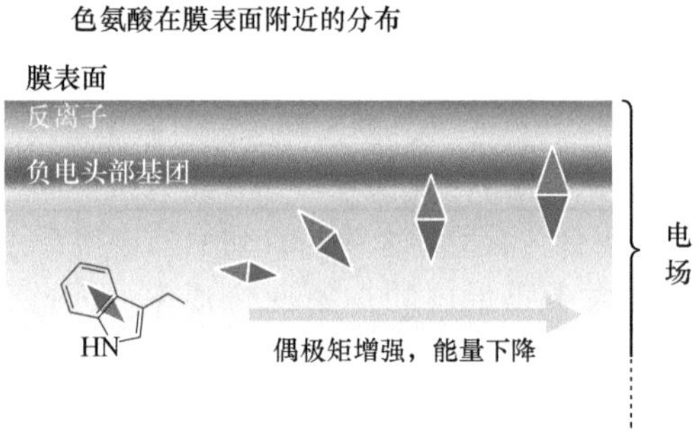

色氨酸在膜表面附近的分布
膜表面
反离子
负电头部基团
电场
HN
偶极矩增强，能量下降

图 2.3.9　色氨酸偏好电场强度变化较大的膜表面区域

在那里，它们被更强烈地极化，从而处于更稳定的状态

① 在无外电场的情况下，色氨酸侧链的内秉电偶极矩为 2Debye，约合 $0.4e_0$ Å。

位[58]。由于脂双层表面的局部电场可能远远强于膜电位电场，Trp 残基的定位效应与膜电位存在与否及其取向并无关联。

2.3.4 膜蛋白对于其附近膜电位电场的影响

下面我们来梳理一个非常基本的物理问题：膜电位电场究竟是什么？

首先，类似于一个具有质量的粒子在引力场中的能量水平，电势描述单位正电荷在外源电场中的静电能量水平；而电势的空间分布就称为电势场（φ，也称电势函数）。微观粒子的实体性和电势场是同一物质的两种属性：前者只产生局部影响，表现为两个粒子不可能同时占据同一空间位点；后者则具有长程性，并且来自不同粒子的电场可以相互叠加。每个带电粒子（如电子或者原子核，包括氢原子核——质子）都辐射出一个球形电势场。中性粒子（如原子）可以看作其中更基本的等量正负带电微观粒子在远距离上所产生的一种表象——它们的电势场在彼此完全抵消之前所呈现的空间轮廓。生物大分子的电势场由所有组分的电势场线性叠加而成。事实上，这种听起来很抽象的概念是可视化的：电子显微镜成像的原理就是基于入射电子束与样品电势场的近程相互作用。通常所说"电镜三维结构"正是电势场的图像，其中包含了正电势和负电势两部分结构信息[6]；单颗粒冷冻电镜技术（single particle cryo-EM）和微晶电子衍射技术（micro-ED）均可以提供此类结构信息。与上述生物大分子的电势场类似，膜电位是膜两侧非对称分布的离子云所产生的电势场的时间平均值。

电场（E）被定义为上述电势的空间负梯度（$-\nabla\varphi$）；它表示一个外源的单位正电荷在空间某点所感受的、来自 φ 的静电力。电场的量纲为伏特 / 米（亦即牛顿 / 库仑）。一般情况下，电势是一个三维空间中的标量函数，即空间中各点的能量值可能是高低各异的；由于其连续性，电势函数在空间形成一系列等高面。因此，电场由一个三维空间中的矢量函数来表示，其方向是等高面的法线方向，并且由高势能等高面指向低势能等高面。正电荷的受力方向总是指向静电势能下降的方向。[81]

对于两侧为溶液的生物膜而言，膜电位（$\Delta\Psi$）是一个标量型的实验可测量量。在给定介质（包括膜介质和膜蛋白）中的电荷分布以及介电常数分布的前提下，$\Delta\Psi$ 与电荷位移（及其分布）可以看作互为因果的；两者由泊松 - 玻尔兹曼方程相联系。在电动力学中，作为该方程的边界条件，$\Delta\Psi$ 决定了 φ 的空间分布①。所以，人们对膜电位和电势常常不加区别。譬如，人们会谈论膜电位的电场等；而实际上，此时所要表达的是如下一个递进的组合概念：首先实验可测量量 $\Delta\Psi$ 决定了电势函数 φ，进而 φ 的负梯度定义了电场的空间分布。对于生物膜的平板电容器模型而言，脂双层内部的电场强度（E）是一个常矢量，其幅值表示为

$$E=\frac{\Delta\Psi}{d}=\frac{\sigma}{\varepsilon_0\varepsilon} \tag{2.3.3}$$

式中，d、σ 分别为介质厚度和电荷面密度。静电场的矢量性质常常用电力线表示（图 2.3.10）；而电力线总是起始于正电荷，终止于负电荷（即与前述电偶极子矢量的定义方向相反）。电力线的密度与电场强度成正比，并且根据梯度的定义，它们与膜电位电势的等高面相垂直。关于介质的可极化性（高介电常数）减弱电场强度的机制，已在前述针对电容器中电压的讨论中有

① 电势 φ 的空间分布又可能反过来影响介质中电荷的受力、运动和平衡分布。因此，求解包含生物大分子的泊松 - 玻尔兹曼方程的稳态解，一般来说，需要一个反复迭代的过程。平板电容器的解析解只是该方程解的最简单的特例。

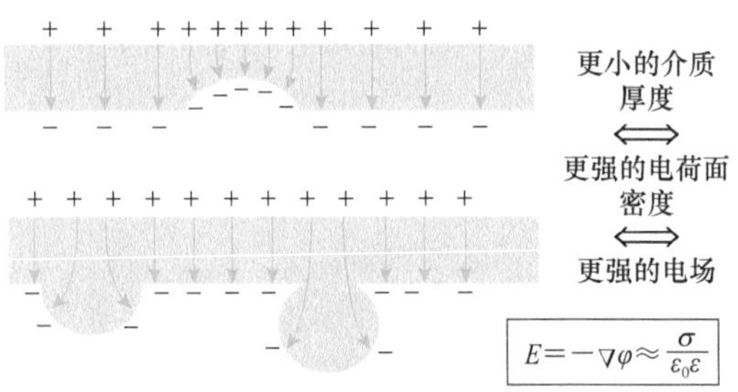

图 2.3.10　电场强度与介质的关系
电力线用蓝色箭头表示，它们从正电荷出发并且终止于负电荷。电力线与静电势等高面垂直；电力线的密度与电场强度成正比。较薄的介质对应较强的电场

所涉及。

假如脂双层没有任何机械强度，而其两侧相反电荷彼此吸引，那么膜电位本身就可以将脂双层的厚度（局部地）挤压为零，导致膜被击穿、放电。令人宽慰的是，生物膜脂双层的机械强度是相当高的，因此上述击穿现象不会频繁出现（小规模电荷泄漏事件时有发生）。进而，如果承载膜电位的介质厚度不均匀（假设介电常数仍然保持相同），那么较薄部分的单位面积电容量更大，膜两侧的电荷密度更大，电场也变得更强，这就是所谓的聚焦化电场[82]。相反，在介质较厚的地方，膜两侧的电荷密度更小，电场也比较弱。宏观世界中的尖端放电现象（如避雷针），其原理与聚焦化电场是相通的。

膜电位的聚焦化当属膜电位理论中一个非常重要的概念。膜电位加载在脂双层两侧表面之间，自然也包括嵌入膜的蛋白质分子。由于分子形状和介电常数的非均一性，膜蛋白分子内部及附近的电场强度的空间分布一般是不均匀的。在这方面，膜蛋白与平面型脂双层是不同的。在讨论膜蛋白的构象变化时，我们将反复使用聚焦化电场的概念。

2.3.5　静电驱动力与膜蛋白的构象变化

产生膜电位的电荷密度看起来“貌”不惊人，大约为 10mmol/L，或者每侧蛋白质分子表面仅对应于大约 0.04 个净电荷，但是膜电位的电场是很强的。这个膜电位电场的强度用宏观单位来表示相当于 3×10^7V/m，甚至强于许多直线离子加速器的电场强度（大约 $10^{11}e_0$V/5km）。其原因在于，在电压恒定的条件下，介质越薄，所对应的电场越强；而生物膜的厚度仅仅为 3nm。约 100mV 的膜电位基本上达到生物膜所能承载的电场强度的极限数量级。如果继续加大膜电位，其电场将会使离子加速到可以穿透脂双层的程度，出现微观“雷击”现象，以至于很难维持一个稳定的膜电位。

在这个约 100mV 膜电位的作用下，任何带电粒子都具备势能。譬如，1mol 质子对应于 4～6 倍 RT 的静电势能（图 2.3.11），一般比细胞内 - 外质子浓度梯度（ΔpH）所产生的化学势大 2～3 倍。简言之，膜电位对于膜蛋白的功能可以产生显著的影响。

带电粒子所受到的静电力与电场强度成正比。对于 100mV 的膜电位、3nm 的介质厚度，每个质子平均受到约 5pN 的静电力①。这类静电力所引起的构象变化是膜蛋白分子将跨膜静电势能转化为机械能的不二法

为什么ΔΨ比ΔpH更重要?

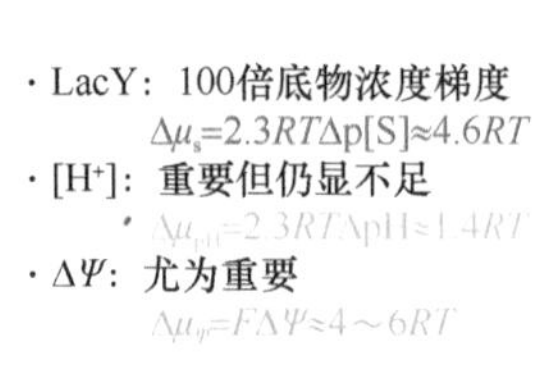

· LacY：100倍底物浓度梯度
$\Delta\mu_s=2.3RT\Delta p[S]\approx4.6RT$
· [H⁺]：重要但仍显不足
· ΔΨ：尤为重要
$\Delta\mu_\Psi=F\Delta\Psi\approx4\sim6RT$

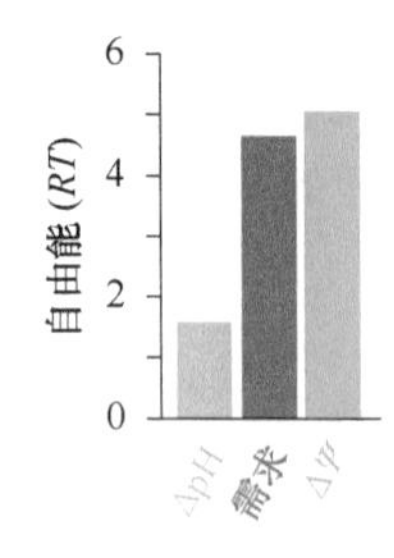

图 2.3.11　质子的静电势能往往比化学势更强有力
当转运蛋白 LacY 对底物进行 100 倍浓缩时，需要至少 4.6 倍 RT 的驱动能量。此时，膜电位是不可或缺的能量来源

① 质子所受来自膜电位的静电力等于$\frac{e_0\Delta\Psi}{d}\approx5\times10^{-12}$N。该力的大小与膜蛋白中其他电荷的分布（相对介电常数）无关。

门。在分子生物学水平，5pN 代表一股可观的力（图 2.3.12）。譬如，5pN 的力可以将 DNA 双股螺旋拆分[83]；将 DNA 分子塞进噬菌体衣壳的力为 10～20pN[84]；使核小体解聚的力为 2～10pN[85]；10pN 的力可以清除堵塞在核糖体产物通道中的肽链[86]；分子马达的驱动力约为 6pN[87]。此外，从内质网的膜上直接拉出一根脂分子微管仅需要约 10pN 的力。在后续章节中，读者还会发现更多、更复杂的例子，它们所涉及的力均在 5pN 量级。

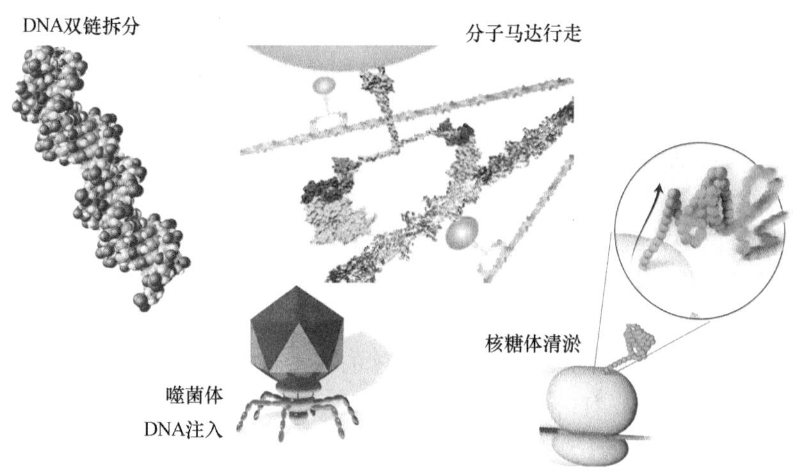

图 2.3.12　多种分子生物学中典型的力均在 5pN 水平

由于这类静电力的存在，如果一个膜蛋白分子通过质子化、磷酸化、结合离子型配体等方式改变其电荷状态，它会发生位置移动，并且通过疏水失配力①达到新的平衡（图 2.3.13）[88]；此类现象可以用曹冲称象的典故予以类比。这样的位移将会改变膜蛋白分子的内部应力，从而影响它的构象和功能。

类似地，如果维持电荷分布不变而改变膜电位，所有浸没于膜电位电场之中的带电基团同样可能受到额外的（或者减弱的）静电力（图 2.3.14）。而这正是第六章中我们将要讨论的

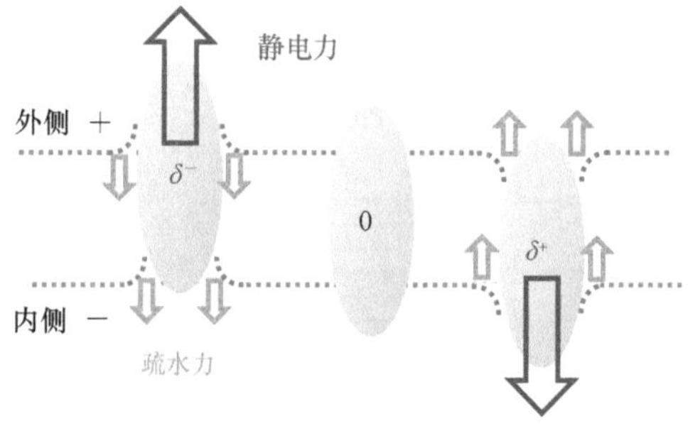

图 2.3.13　携带净电荷的膜蛋白分子在膜电位电场中会改变位置

附加电荷用 $\delta^{\pm}$ 表示。静电力用蓝色箭头表示；疏水失配力用橙色箭头表示

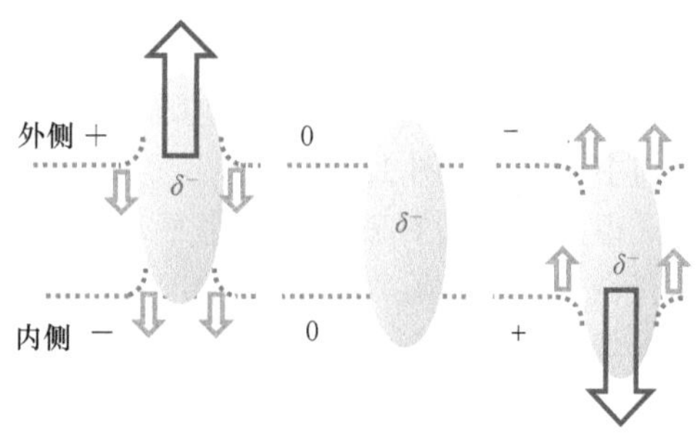

图 2.3.14　电场的变化会引起携带净电荷的膜蛋白分子发生位移

① 当膜电位存在时，疏水失配力由膜两侧在蛋白质分子外周的非对称形变引起。对于给定的外力，膜蛋白的垂直位移量与原子溶剂化参数［atomic solvation parameter，约 0.1kJ/（mol・Å^2）］、膜蛋白周长和脂双层本身的弹性形变模量均呈负相关。

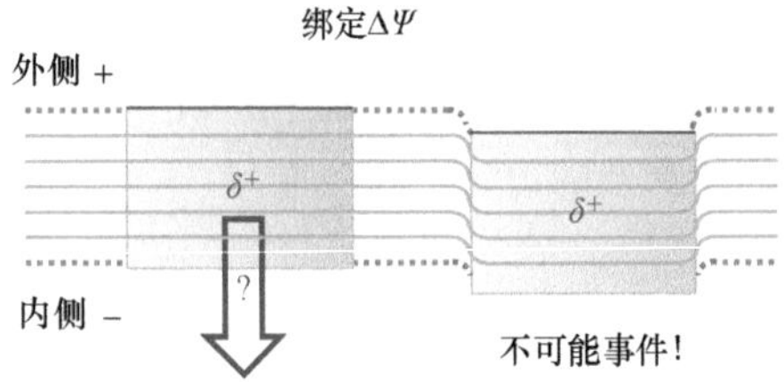

图 2.3.15　膜电位“绑定”于膜蛋白的情况
静电势能等高面用绿色线条表示。膜蛋白用一个嵌入脂双层的、短而粗的刚性圆柱体表示。其初始位置用红线标记。附加电荷标记为 δ^+。右侧图所表示的位移属于不可能事件

电压门控通道中所发生的现象。当然，上述模型仅代表一类理想情况，而真实的膜电位与膜蛋白的关系更为错综复杂。

1. *刚性膜蛋白在膜电位电场中的平移不变性和旋转不变性及其后果*　膜蛋白分子之所以能够稳定存在于脂双层中，疏水相互作用自然功不可没。但是，假如完全没有疏水失配力的存在，一个具有均匀介质并且在其质心处结合点电荷（δ^+）的、扁平圆柱形的理想刚体膜蛋白是否会像跨膜通道中的离子一样，被弹射出脂双层呢？答案是否定的，因为它将感受不到来自膜电位的静电力（图 2.3.15）。为什么会发生此类“脱敏”现象呢？

在前文的讨论中，我们曾做出了一个隐含的却缺乏普遍性的假设：如同沙粒在引力场中一样，当点电荷在其中运动时，外电场是在三维空间中固定不动的，即电场“绑定”于脂双层。然而，在许多情况下，此类假设并无法成立。具体而言，由于这个刚性膜蛋白分子能够决定其周围的离子云分布，该刚体的平动将伴随发生膜电位电场的移动，采用电动力学语言来叙述：泊松 - 玻尔兹曼方程的解由膜蛋白所给定的边界条件来决定。简言之，在图 2.3.15 所示的刚体模型中，膜电位电场是与膜蛋白（而非与脂双层）绑定在一起的，该膜蛋白分子相对于膜电位电场具有平移不变性。此时，由于处于刚体之中，我们所关注的点电荷不可能发生相对于刚性膜蛋白的运动。进而，由于膜蛋白与电场彼此绑定，点电荷也无法发生相对于电场的运动，即无法从一层等高面移动到下一层等高面上。这种绑定的后果是：点电荷的静电能不可能发生变化。基于经典力学的虚功原理，我们可以判断，这个刚性膜蛋白无法感受来自外界的静电力。因此，新引入的点电荷和膜蛋白分子两者都不会发生相对于脂双层或者膜电位的运动。这就好比，一个人可以揪起自己的头发，并且感觉到机械力作用在毛囊细胞所带来的刺痛，但没有人能够仅靠揪着自己的头发而脱离地面，哪怕是一丝一厘脱离地面都不行。

那么，是否存在某种可能性使膜电位电场不随刚性膜蛋白一起运动呢？答案是肯定的：假如这里的圆柱形刚性膜蛋白在膜平面的法线方向上足够长，那么膜蛋白相对于脂双层的微小平移将不会显著地影响其所在空间中的电场（图 2.3.16）。

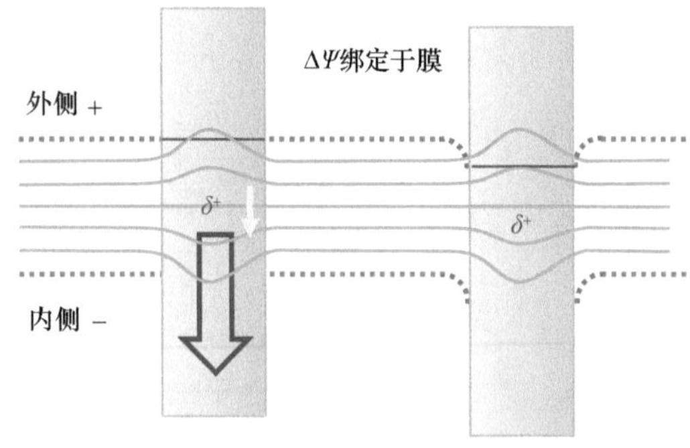

图 2.3.16　膜电位“绑定”于脂双层的情况
此处，膜蛋白用一个嵌入脂双层的、长而细的刚性圆柱体表示。其初始位置用红线标记。静电力由蓝色箭头表示。附加电荷 δ^+ 的运动方向由黄色小箭头表示。右侧图所表示的位移是静电力与疏水失配力相平衡的结果

由此可见，对于只能发生平动的刚性膜蛋白而言，存在两种极端情况：①膜电位电场与膜蛋白彼此完全绑定，因而携带点电荷的刚体不受净外力。一个刚性的膜蛋白分子所占膜表面积越大，此效应越明显。②膜电位电场与脂双层彼此绑定，而完全不受膜蛋白位移的影响。此时，膜蛋白可以充分感受来自点电荷介导的静电力。一个真实膜蛋白分子所受到的静电力往往介于这两类情况之间，而很少出现非

黑即白的极端现象。

我们说“在绑定的情况下，膜蛋白无法感受来自外部电场的静电力”，并非意味着我们所关注的点电荷不受力；而是说，这个静电场不能使笼罩于其中的刚性膜蛋白产生相对于膜电位的空间位移。无论何时何地，浸没于电场中的每个电荷都将受到静电力，这是毋庸置疑的物理规律；该静电力总是等于电荷电量与电场强度的乘积（约在 5pN/e_0 量级）。进而，由于膜蛋白分子所携带的电荷一般并非均匀分布，膜蛋白各部分所感受的静电力也可能是不同的。如果我们将膜电位电场与膜蛋白看作一个复合系统，无论两者是否刚性地绑定在一起，上述静电力都将属于系统的内力。根据牛顿力学，内力不能引起系统的质心运动，也无法引起系统总角动量的变化；但是这些力仍然有可能引起系统内部的变化。当电场与膜蛋白分子被认为彼此绑定时，我们实际上默认了以下假设：膜电位电场与膜蛋白分子不仅组成了一个复合系统，而且该复合系统表现为一个刚性系统。此时，这个静电内力必然被蛋白质分子内部的其他力（如共价键等）平衡掉；否则将无刚性可言。因此对于一名外部观察者来说，静电力并不产生任何可观测的效果。另外，刚体只代表一种理想化情况，即相对于一定强度的外力而言，形变微不足道。而实际上，即使在较弱的情况下，带电基团所受静电力总是能够或多或少地使膜蛋白分子发生某种程度的形变。特别是当外力足够强大、超过一定阈值时，刚体假说将不复成立。

此外，由于膜电位电场对于膜平面法线具有旋转不变性，刚性膜蛋白相对于该法线方向也具有旋转不变性。直观地说，膜电位电场不会使膜蛋白分子产生绕着该法线旋转的力矩；膜蛋白分子本身也不会因为绕该法线的旋转而改变性质。但是，假如我们所关注的膜蛋白分子可以绕着某个不平行于膜法线方向的轴发生旋转或者具有显著的内部柔性，情况将与上述刚体模型大不相同。膜蛋白分子相对于膜电位电场不再表现出旋转不变性，膜蛋白在电场中的此类旋转可能导致系统自由能的变化。此时，带电基团必然会感受来自膜电位电场的静电力（或力矩），并且驱动膜蛋白分子发生相对于膜电位电场的运动。

举例来说，假设我们的膜蛋白模型具有球对称性，而新引入的静电力与疏水力不在同一直线上（图 2.3.17）。此时，该刚性膜蛋白会发生纯粹的转动，直到两个力重合到同一直线，达到新的平衡。一般来说，膜蛋白与周围脂双层（包括与脂双层绑定在一起的膜电位电场）共同组成一个可形变系统。电荷在电场中位移所做的功，导致系统发生形变并且自由能下降。

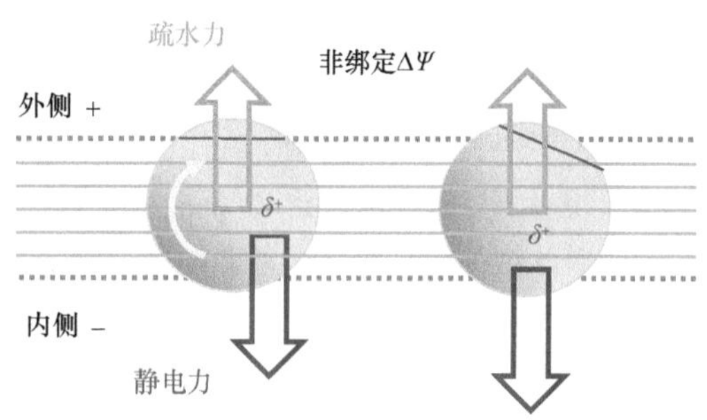

图 2.3.17　转动是静电能驱动构象变化的常见方式

此处，膜蛋白分子用一只刚性球体表示。附加电荷与球心不重合。初始位置用红线标记。左图为初始构象；右图为平衡构象

至此，我们见证了膜电位电场中的两类现象：第一，只能做平动的大截面刚性膜蛋白分子表现出对膜电位（变化）的不敏感性。第二，任何可形变膜蛋白分子都可以有效地响应静电力。（绕非法线轴的转动可以被认为属于一类特殊的形变。）

2．可形变膜蛋白对静电力变化的响应　许多膜蛋白常常具有两个类似于刚体的构象，即双稳态。当静电力所引起的内部应力大于一定阈值时，一种构象被破坏，并且发生突然的、快速的构象转换。譬如，在第四章将要详细讨论的转运蛋白的分子表面常常呈现一只大而纵深的亲水性半空腔。众所周知，蛋白质的相对介电常数（ε）为 1～5；而水溶液的介

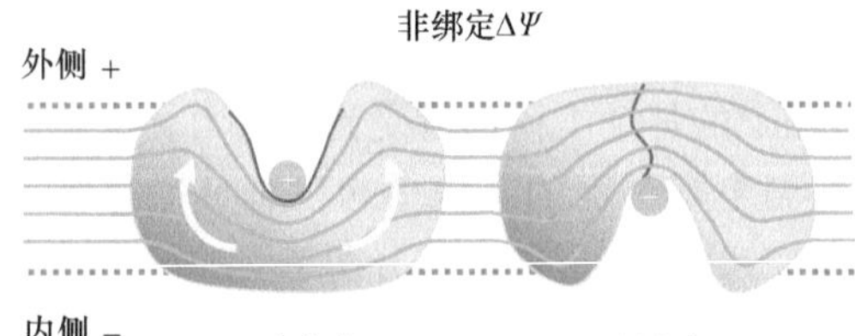

图 2.3.18　任何非刚体的膜蛋白都可以感受来自膜电位的静电力

初始蛋白表面位置用红线标记。由绿色曲线表示的膜电位电势的等高面集中在蛋白质分子内部

电常数在 80 左右，即水分子更容易在电场中被极化。这种介电常数差异的后果是：在同样的距离上，水溶液所承载的电压降（电势差）仅为蛋白质分子上电压降的几十分之一。因此，膜电位在这类膜蛋白分子附近主要聚焦在蛋白质部分（图 2.3.18）[58]，而半空腔中溶液部分的电压降可以忽略不计。此外，由于电容器介质的厚度变小，在这类膜蛋白空腔附近的跨膜部分，膜电位电场变得更强，导致其附近带电基团所受静电力也更强。对于一个新结合到聚焦化电场处的质子而言，其所受到的静电力可能远大于 5pN。该静电力可以驱动上述双稳态膜蛋白发生构象变化。类似于避雷针的放电，这一变构过程往往势如破竹。所不同的是，在每一次放电过程中，电荷总量是严格受控的，并且所释放的静电能被立即用于驱动底物转运，而没有以雷鸣闪电的形式被耗散掉。构象变化前后，一个电荷可能处于电场的不同位置（不同的静电势能等高面上），甚至出现在膜蛋白的不同侧（膜电位的不同侧）。因此在这两种构象下，这个带电基团的静电势能将是显著不同的（尽管其所结合的氨基酸残基可能是同一个）。另外，由于电场总是聚焦在发生着构象变化的膜蛋白部分，电场的空间跳跃可能比我们所关注的带电基团的空间位移还要大。正是这种电场与带电基团之间的相对运动导致了静电能向机械能的转化。一言以蔽之，只有那些可能发生构象变化的膜蛋白才有可能实现从静电势能到机械能的转化。在此类过程中，处于具有变构潜能的结构域界面附近的电荷更可能与疏水失配力一起形成较大的转动力矩，从而触发由静电力变化所引起的构象变化；而那些贴近脂双层环境的带电基团所受到的静电力则更容易被疏水失配力所中和。上述讨论构成了我们关于膜电位驱动力原理的基本概念。

借用一个更为通俗的比喻：处于脂双层中的膜蛋白分子就如同一艘在波澜起伏的大海上漂泊的、不堪重负的海盗船。在重力和浮力的共同作用下，船可能发生形变，包括船自身的形变以及相对于海平面的沉浮和倾斜。可以设想，这条船存在着这样一种临界状态，一发落在甲板上的铅球炮弹就足以让这条船彻底毁掉。在此之前，船上每块海水浸蚀的舱板、每一根锈迹斑斑的栓钉都无时无刻不受到地球引力的作用。但是，这一切并不妨碍我们指认，正是那颗从天而降的铅球炮弹导致了船的倾覆。值得强调的是，如果我们把船拉到岸上，甚至置于真空中来研究，由于浮力与重力的失衡或者两者同时缺失，许多上述现象可能会变得难以理解。进而，脂双层具有两个动态的表面，比海洋表现出更高的复杂性。当人们把膜蛋白从生物膜中抽提出来以便研究它们的三维结构时，在做出有关功能机制的结论之前，请务必特别小心！①

① 在结构生物学的发展史上曾经发生过一场争论，其焦点是晶体结构所显示的蛋白质三维结构是否代表生物学上的活性状态。随着越来越多的实例证明，同一酶分子在不同的结晶条件下所测得的三维结构基本一致，这一争论逐渐平息；另一个决定性的论据来自针对产物的色谱学鉴定，其结果证明在晶体中蛋白质分子仍然保持着类似于溶液条件下的酶活性。考虑到蛋白质晶体中溶液含量一般在 50% 以上，并且往往存在着连通到催化中心的水通道网络，上述结果可谓情理之中。当结构生物学家将通用于水溶性蛋白质的结构研究技术应用到膜蛋白时，其中不少人不自觉地将已经习惯的、用于解释水溶性蛋白质结构的思维定式也不加批判地进行了移植。可以说，后一种移植是灾难性的，它将本应生机勃勃的膜蛋白结构研究领域桎梏在缺乏想象力的教条之中。适用于水溶性酶的思维范式，对于依赖局部精致催化中心的膜整合型酶分子而言，很可能仍然有效；但是，对于需要进行大尺度构象变化的功能性膜蛋白，研究者无疑需要进一步将环境影响和动态性质同时纳入考量。

小结与随想

- 生物膜的物理本质是：脂分子在水溶液中的稳定分相所形成的脂双层可以将空间分隔为小室。
- 通过减小疏水匹配差，膜蛋白被稳定在脂双层内。而对于匹配平衡位置的偏离则会产生趋于复原的疏水力。
- 膜电位是由净电荷的跨膜迁移造成的。建立膜电位需要消耗诸如ATP等外界能量，而与脂双层中脂分子的极性头部基团所携带的电荷无关。
- 膜蛋白所表现的“正电在内规则”是内负-外正膜电位的后果，而不是其原因。
- 膜电位直接影响膜蛋白的基态和激发态构象以及它们之间的能量差。
- 封闭的膜系统是建立相对稳定的跨膜电化学势的必要条件，以便为膜蛋白的功能循环提供驱动能量。膜电位的存在使得作为物理学中基本相互作用的静电力在生命世界中发挥出不可替代的作用。

符合人类追求卓越和美学的天性，物理学特别关注极值问题和对称性问题。能量守恒原理属于对称性（不变性）范畴；而热力学第二定律、自由能最小化原理等则属于极值问题。在结构生物学中也可以发现许多类似的对称性和极值现象。第四章中我们还将看到，与生物膜对称性相对应，转运蛋白普遍地表现出对称性结构及它们构象变化的对称性。

在以下各章中，我们将引入一系列简化的“玩具模型”来描述各类膜蛋白系统。在结构生物学向高分辨率突飞猛进的今天，这类简化在不少严谨的科学家看来似乎是一种不合时宜的倒退。然而，使用愈来愈昂贵、先进的技术手段进行愈来愈深入、细致的研究，这往往是由于当面临越来越复杂的科学问题时，我们别无他选，并非因为科学家偏爱花式炫技。生物学的基本目标之一是理解生命现象的本质。那么，理解是什么意思呢？一般的看法是：理解使我们能够对研究对象做出预测，并且由实验对这些预测加以验证。而物理学的辉煌成功向人们提示了另一类理解：理解使我们能够对研究对象加以简化[89]。一个成功的理论应该足够简洁，以至于人们能够将其“用树枝在沙滩上书写出来”[77]，就如同牛顿力学可以把太阳系简化为一组在以太阳为焦点的椭圆轨道上运动的质点。在前言中我们曾经说过，问题的简洁与否依赖于我们能否选择正确的叙述语言。在第三章中，我们将介绍这样一种适用于功能性膜蛋白研究的科学语言。

第三章 化学动力学基础

日照香炉生紫烟，遥看瀑布挂前川。飞流直下三千尺，疑是银河落九天。

——李白，《望庐山瀑布》

生物圈代表一个由化学世界中涌现出来的更错综复杂、丰富多彩的超宏观系统，它遵从基本的物理和化学规律。化学动力学（chemical kinetics）是研究近平衡态化学系统的动力学行为的有效工具。因此，作为细胞与外界环境相互联系的基本结构元件，膜蛋白分子的功能循环可以用化学动力学理论加以描述。

本章引入与膜蛋白结构动力学有关的化学动力学基本概念，尝试回答以下问题：膜蛋白分子如何提高并且调控跨膜物质转运、能量转化和信息传导的速率呢？其驱动能量来自哪里，进而如何被有效地利用呢？如何在热力学定律的约束之下定量或半定量化地描述能量偶联过程呢？浓度梯度如何被用于驱动膜蛋白的功能循环？

我们将讨论酶的三级跳定量分析方法、配体的结合能差与能量偶联之间的关系、自由能景观图、双稳态模型的共性特征。本章内容将有助于理解以后各章节的讨论[①]。

关键概念： 自由能景观函数；耗散热（Q_X）；双稳态；构象能差（ΔG_C）；结合能差（ΔG_D）；酶反应能（ΔG_X）；能量偶联；别构调控

3.1 酶促反应中的化学动力学

膜蛋白结构动力学是化学动力学在膜蛋白结构 - 功能关系研究领域的应用，属于酶促反应化学动力学范畴。本节中，我们首先讨论酶促反应化学动力学的部分概念，为后续膜蛋白的功能分析夯实基础。

---

① 详细阐述热力学和统计物理，即便是以物理专业的学生为对象，也是一项超出笔者知识储备的挑战。本章仅涉及有关化学动力学的科普知识，紧扣后续针对膜蛋白的讨论。更系统、全面的内容请参考化学动力学专著（如 Beard 和 Qian 所著的 *Chemical Biophysics*：*Quantitative Analysis of Cellular Systems* 等）。

生命细胞的一个显著特征是利用酶来实现对各种化学反应的调控，以便维持生化网络的有序性和高效率。在现代生物圈中，绝大多数酶的催化功能由蛋白质分子承担。酶的非蛋白质因子常常称为辅酶［消耗品，如烟酰胺腺嘌呤二核苷酸磷酸（NADPH）］或者辅因子（非消耗品，如叶绿素），它们更可能代表早期生物圈中生化系统的骨架；而蛋白质分子则在此基础上，为辅酶和反应物提供更精致的空间定位[1]。常见的酶反应包括：水解（一分为二）、连接（合二为一）、置换、还原（添加电子）、氧化（剥夺电子）等。在许多情况下，细胞使用不同的酶来催化同一化学反应的反向反应①；甚至会使用不同的酶来催化不同反应条件下的同一化学反应，如不同底物浓度下的转运过程。我们将讨论蛋白质分子所构成的酶如何利用底物与产物之间的固有化学势，催化那些热力学上可能的（$\Delta\mu<0$）、但动力学上因过于强大的过渡态能量势垒（活化能，$\Delta G^{\ddagger}$）而不易发生的化学反应（图 3.1.1）。作为催化剂，酶不可能加速任何热力学所禁止的化学反应（如任何形式的永动机）[47]。

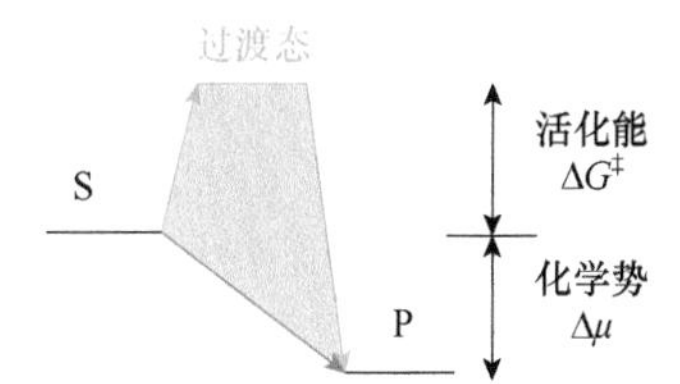

图 3.1.1　最简单的化学反应的自由能景观图

纵轴方向表示系统自由能变化。麦色的过渡态势垒表示附加在热力学自由能差之上的动力学部分。S，底物；P，产物

在一个生化酶促反应中，能量消耗被用来做什么呢？①实现能量转化。例如，分子马达将化学能转化为机械能，此类功能在概念上比较容易理解。②通过克服动力学势垒，提高反应速度。③减少系统的熵，增加有序性。当催化小分子化学反应时，酶主要以降低反应过渡态能量势垒为手段提高反应速率[90]。此时，活性中心氨基酸残基的精细结构显得尤为重要，并且反应本身往往具有可逆性。相比较，在生物大分子的合成中，一旦单体之间的取向被酶适当地约束，底物或者辅酶中的高能键会自动催化单体之间的聚合。由于释放可观的热量，此类生化反应常常表现出不可逆性。在诸如蛋白质合成等信息转换过程中，只有反应物（如 mRNA 与氨酰 -tRNA）之间正确的匹配才可能触发上述热量释放。在生命系统中，这是一个以能量耗散换取信息转换精度的绝妙实例，以便达到减小系统的熵和提升有序度的目的。

一个值得推敲的问题是驱动能量与分子开关（molecular switch）之间的关系。大家知道，细胞中 ATP 和 GTP 的水解都可以释放化学能。ATP 水解能量普遍地被认为是细胞中生化反应的主要驱动能量来源；而 ATP 水解酶可以类比于汽车的发动机，不断燃烧、不断做功。与之相比，GTP 水解酶更像是一台向高楼顶层的储水池注水的水泵；在其一次做功之后，势能被分步多次使用。可能令人困惑的是，这类水泵往往只在水池中的储液彻底告罄时才启动工作，仿佛它只是在为之前的一系列步骤画上一个完美的句号，结束一个反应序列。因此，GTP 水解酶，特别是一大类被称为小 G 蛋白的水解酶（如著名的 small GTPase Ras），常常被看作一类分子开关；但其本质是将能量储存于复合体的分离构象，用以驱动后续的、结合能逐渐加强的、发生于一系列复合体的结合 - 解离事件。具体地说，GTP 与 Ras 蛋白的结合启动了 Ras 与效应蛋白（effector）、激活蛋白（GTPase activating protein，GAP）、鸟苷酸置换因子（guanine-nucleotide exchange factor，GEF）等下游蛋白的相继结合；在此过程中，结合能更强的复合体依次取代结合能较弱的复合体，就如同高层储水池中的储液向下方的瀑布式流动一样具有明显的方向性。但是，该过程不可能无限地

① 与逆反应不同，反向反应不一定与正向反应共享反应中间步骤，甚至可能经历完全不同的反应途径。

向着结合能增强的方向重演下去，它在能量上也并非不计成本。当结合能与 GTP 水解能旗鼓相当时，Ras 的功能循环必须重新开始；否则，继续生成更稳定的复合体将会使 Ras 蛋白滑入一条无法被 GTP 更新的死胡同。GTP 的及时结合将终止目前的循环，使 Ras 蛋白重新提振到高能态（相当于往楼顶储水池中注水），为开始下一轮功能循环积蓄能量。上述两类核苷酸水解酶（ATPase 和 GTPase）在功能方面的分工，可以使诸多重要的调控功能受到胞内 ATP 浓度涨落的影响较少。此外，依赖于 ATP 水解能量的激酶 - 磷酸酶信号系统，在能量方面也利用相似的能量瀑布式工作原理。其中，激酶利用 ATP 的水解能量和磷酸化修饰，改变生物大分子（包括蛋白质肽链、脂分子、多糖等）之间的亲和力，影响膜蛋白与膜电位的相互作用，进而实现对生化网络的调控。另外，磷酸酶完成去磷酸化，释放源于 ATP 水解的“最后一滴”能量，进而宣示一个调控周期的结束[①]。实际上，无论是分子马达还是分子开关，它们在热力学方面是等价的。其效果是将高能分子中的化学能转化为其他的能量形式，提升系统的时空有序性[②]。

广义的化学反应定义包含同分异构体之间的变化。尽管许多膜蛋白（如转运蛋白）的功能循环并未涉及底物化学键的形成或者断裂，但是这些蛋白质分子仍然可以看作特殊类型的酶。具体地说，它们的底物和产物常常是化学上相同的物质，但处于不同的热力学状态，会具有不同的浓度和静电势能。此处，酶分子仅仅催化了底物的物理状态（而非化学结构）的变化。换言之，酶分子不仅可以催化不同类型分子之间的化学变化，而且可以催化不同能量形式之间的转换。与催化化学反应的酶相同，所有膜蛋白的功能循环都遵从化学动力学的普遍原理，包括热力学第一、第二定律，以及基元反应的质量作用定律，等等。

3.2 自由能景观函数

自由能景观函数（function of free-energy landscape）的概念植根于热力学，并且在化学动力学中被广泛应用。它的几何表示称为自由能景观图。我们将看到，自由能景观图是理解膜蛋白分子功能循环的一个重要工具。

一般的自由能景观函数是高维空间中的曲面，难以直观想象。但是，一个简单的反应循环可以用相空间中一个圆圈来方便地表示（图 3.2.1）。这种表示方法是一种抽象和简化。其中我们假设：圆圈附近的相空间对应着极高的能量，以至于相应状态出现的概率极小。换言之，一个反应循环是镶嵌在相空间中的一系列低阻抗自由能释放步骤所组成的轨迹，它们往往是生物圈进化的结果。在这类循环中，热力学统计物理并未禁止逆向反应的发生，而是强调正向反应与逆向反应以不同概率并存。根据直观定义，正向反应流（单位时间内正向反应发生的频率）总是大于逆向反应流，记作 $J_+ > J_-$。

一般而言，对于任何非随机的热力学过程，我们都有理由探究其发生的驱动力。上述反应之所以能够在循环中重复发生是因为系统的自由能正在不断地下降。如果把自由能作为一个附加维度包括进来，代表反应途径的圆圈就化作一条向自由能下降方向运动的螺旋线。对

① 5.1 节中，我们将鉴赏一类不同的图像，其中去磷酸化开启一轮新的功能循环。当然，这只是由于，为讨论方便起见，我们在循环中选取了不同的时间点作为起始参考点。

② CTP 水解酶在原核细胞分裂时染色质及质粒 DNA 代际分离过程中发挥着重要的调控作用（Soh et al.，2019）。

于一个封闭系统来说（如一个底物量有限的实验系统），能够充当驱动力的自由能必然越用越少，直至枯竭。上述螺旋线的螺距也因此会变得越来越短，最后趋于零；系统将停止运转。在以后各章节中，我们将只讨论那一类螺距基本保持不变的循环，即稳态的情形。而在生化系统中，为了维持这类准稳态子系统的运行，就必须不断向其注入自由能。这类稳定的自由能供给将依赖于一个更大、更复杂的网络或循环的运行。这些更高级的循环又拥有自己的自由能驱动力（以及可能逐步变小的螺距）。如此可以一直推演到由太阳能驱动的整个生物圈的水平。本书中，我们将把讨论限制在由一个个的膜蛋白分子或者其复合体所构成的酶系统，也就是把上述近乎哲学的思辨限制在膜蛋白动力学的科学范畴，限制在生化网络节点处的某一个结构元件中。

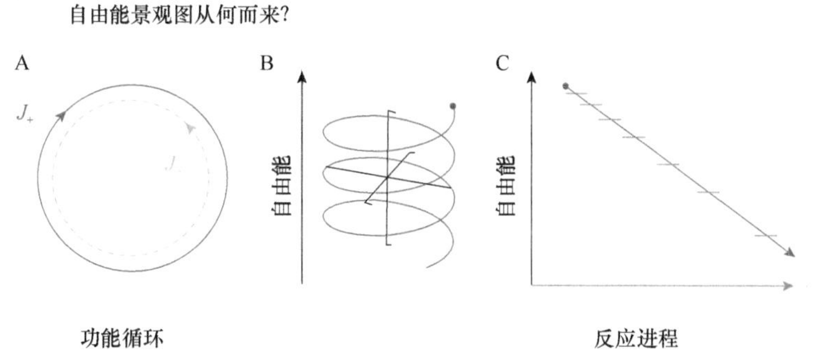

图 3.2.1　由反应循环到自由能景观图

在 A 图所示的循环中，正向流和逆向流分别用红、绿箭头表示。B 图中的三维螺旋线是 A 图添加自由能维度的结果。C 图是螺旋线的二维展开

如果将图 3.2.1 中的螺旋线展开到一个平面上，就得到了一幅自由能景观图。它表现为一条二维曲线，其中纵轴表示自由能；另一维度代表构象变化或者化学反应的广义坐标（图 3.2.2）。同时，景观图也隐含了时间概念，即总体自由能的下降定义了时间的正方向。在这条势能曲线中，反应循环的各个状态的能级用横线来表示；相邻状态之间的自由能变化用斜线来表示。不难看出，自由能景观图与原子光谱学的能级图之间存在表观的相似之处。循环的起点和终点代表着同一状态；然而，两者之间的自由能相差一项能量耗散，定义为 Q_X。由于反应的循环性质，通常可以根据讨论问题的方便，任意选择始末点。这里，我们的景观图中的循环是针对酶分子而言的，该酶分子也因此被称为主体分子（在下文中我们对两者不加区别）。其他反应组分均属于配体或者外源部分。在一次循环完成之后，只有酶分子不折不扣地返回起始状态；而某些配体提供能量，驱动自身或者其他配体

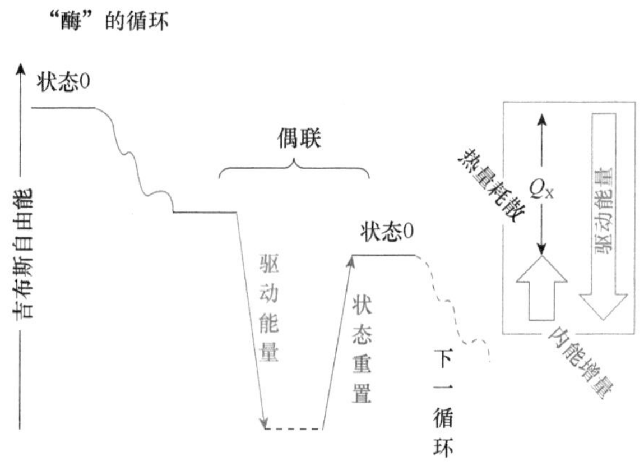

图 3.2.2　一般化学反应的简化自由能景观图

水平短线表示不同状态；其中谷底的虚线代表虚拟的、实验上难以捕捉的中间状态。上升、下降斜线分别表示耗能、释能步骤。输入能量，蓝色；输出自由能，红色。起始态和终止态为等同的状态。两者自由能的差值就是反应过程中酶的耗散热（Q_X）。右侧矩形框表示能量守恒关系。左侧折线的总体下降态势表示热力学第二定律所规定的自由能极小化

部分的状态转化。

自由能景观图必须与热力学的基本原理保持一致。根据能量守恒原理（热力学第一定律），不同能量形式之间只能转换，总能量不能消失或者被生成。输入能量应该等于输出能量与 Q_X 之和。根据熵增加原理（热力学第二定律），在生命现象赖以存在的等温 - 等压条件下，一个酶的工作循环只能产生热量（放热），而不可能自动地从外界吸收热量并且将其转化为有用功[①]。一个自发的过程或者步骤必然伴随吉布斯自由能的减小（$\Delta G<0$，它等于该步骤所对应的 Q_X 部分的负值）；而一个自由能上升的步骤，在统计物理学意义上，是不会自发地发生的。然而，一个自由能下降的（释能的）自发过程可以与一个自由能上升的（耗能的）步骤相偶联，实现能量转换，前者驱动后者的发生。自由能景观图中所示的深谷，其两侧的步骤往往是相互偶联的。需要特别强调，彼此偶联的状态之间具有极强的相关关系，它们的时间顺序是无法测量，甚至是不可区分的。因此，原则上讲，景观图中彼此偶联的步骤之间是可交换的；把它们表示为深谷，仅仅是出于因果关系的考虑。酶分子常常发挥这种能量偶联作用。此类状态转换和能量偶联步骤必然伴随一部分能量耗散，即总自由能的下降。

3.2.1 关于耗散热、速率与效率

Q_X 在化学动力学中被称为热力学力（thermodynamic force[78]）（虽然实际上它具有能量量纲）。在等温等压系统中，它等于熵变化量（ΔS）乘以热力学温度（T）；根据热力学第二定律，此时熵总是增加的，因此 Q_X 的值永远不为负值。假如在一个过程中 $Q_X<0$，热力学所允许的方向必然是其逆反应。对于单一化学反应而言，Q_X 等于底物与产物之间的电化学势能差（如图 3.1.1 中的 $\Delta\mu$）；对于更复杂的偶联反应来说，Q_X 等于所有反应物电化学势变化的代数和。请注意，不应将这项反应系统的耗散热与实验可测量热量相混淆。譬如，一个稀释过程一般是吸热的；如果一轮反应循环包含稀释过程，反应物的稀释热可能与一部分耗散热相抵消。因此一般而言，Q_X 无法通过量热学方法直接地被测定。尽管存在此类实验测量方面的困难，Q_X 仍然不失为化学动力学中一个重要概念。能量耗散有利于提升化学反应的速率。具体地说，Q_X 值越大，反应速率越高；直至达到饱和速率。为什么会存在这种正相关关系呢？能量耗散可以降低逆向反应的速率，保证一个生化反应只朝一个确定方向进行。化学动力学中可以证明，在稳态反应循环中，Q_X 与化学反应的正向流和反向流比值之间形式上遵从玻尔兹曼关系式，即

$$\frac{J_+}{J_-}=\exp\left(\frac{Q_X}{RT}\right) \tag{3.2.1}$$

如果 Q_X 等于零，则正、反向流相等，系统处于平衡态。在平衡态附近，化学反应的净流量（ΔJ）与 Q_X 近似成正比：

$$\Delta J\equiv J_+-J_-\propto\frac{Q_X}{RT},\text{假设}\,Q_X\ll RT \tag{3.2.2}$$

此时，化学动力学方程组可以简化为线性方程组，一般可以较方便地进行数值模拟计算。而当能量耗散很大时，系统行为将变得不可逆，类似于荆齿轮，以至于在因果关系方面表现为

① 我们将不讨论工作于两个不同温度之间的热功转换（蒸汽机）或者热电转换等非生物学过程。

决定论行为。一般来讲，无论 Q_X 大小如何，以下不等式总是成立的：

$$\Delta J \times Q_X \geqslant 0 \tag{3.2.3}$$

这是热力学第二定律的一种数学表述；其左侧为化学反应中的能量耗散速率。

能量耗散将导致能量转换效率降低，即伴随发生更大比例的热量损失。生物进化是在速率和效率两者之间寻找某种平衡：既要保证具有生物学意义的反应速率，又要避免过多的能量被瞬间转化为热（类似于燃烧或者爆炸）。值得玩味的是，统计物理学所描述的过程是概率性的，而不是决定论的。譬如在单分子水平，一个生化反应是可能逆向发生的，而这并未违反任何热力学定律。只有在大样本统计水平，自由能景观图所指出的反应方向性（亦即时间方向性）才具有实际意义。这种观点已经在多种类型的单分子实验中得到验证。其背后的物理解释是，任何给定的宏观实验条件实际上是一系列微观状态的集合，而实验者一般是无法控制这类微观状态的。因此，我们所得到的实验结果即使是单分子实验结果，也往往是一个随机结果的集合。

我们不妨将图 3.2.2 所示的自由能景观图用一个宏观类比做进一步的解读。设想一座水坝，其上下水位差相当于图 3.2.2 中蓝色的驱动能量；水坝的底层安装着一部涡轮机，对应于我们的酶分子。如果上游水库容量足够大，水位差基本上保持稳定，而不会因为有限的水流发生明显变化，这就是所谓的准稳态假设。在这个水位差的作用下，一定体积的水量流经涡轮机，使其旋转一周。这部分水流所携带的势能（水所受重力 × 高度差），首先转化为涡轮机的转动机械能，进而部分地转化为电能（图 3.2.2 中右侧框中红色标记的内能增量）。涡轮机旋转一周之后，回到初始状态，随即进入下一轮循环。我们的景观图所描述的是在一个工作循环中发生于涡轮机中的能量转化。如果水流的势能小于涡轮机的负载，涡轮机将无法旋转起来；或者说，涡轮机的旋转要求在输出能量之外还有额外的能量。因此，涡轮机发电的效率（水流势能中被转化为电能的部分）必然小于 100%。扣除出口处水流的动能，未转化的部分能量最终将蜕变为耗散热（Q_X，包括涡轮机的摩擦热等）。负载越小，涡轮机旋转得就越轻快，产生的热量也越多。正是在这样的情境下，我们说 Q_X 既是耗散热，又是驱动涡轮机工作循环的热力学力。没有充足的 Q_X，也就没有涡轮机的快速旋转。此时，如果增加水位高度，我们的涡轮机就会运转得更快，释放更多的热，当然同时也可能在单位时间内输出更多的电能。但是，涡轮机每旋转一圈所输出的电能并没有增加，因此能量转换效率实际上是降低了，即所谓以牺牲效率来换取输出功率（单位时间内的能量输出）。在第七章讨论 ATP 合酶时，我们将欣赏另一款比涡轮机更为简单的玩具模型。

3.2.2　最小阻抗通路

生命体绝不仅仅是结构的集合（有机物质在空间中的聚集），而是由结构所定义的状态和过程的复合体（活起来的结构）。自由能景观函数定义了系统的可能状态；而运动于景观图中的、奔流不息的化学反应流则代表着非平衡态下的过程。因此，生命可以看作在相对稳定的自由能差存在的条件下，由一系列具备最小阻抗的通路所形成的复杂系统，类似于奔涌在溶洞网络之中的地下暗河[1, 46]。与雷鸣闪电释放能量时的任性、随机方式不同，生物圈释放能量的形式以循序渐进、持之以恒为特点；生物圈的其他特征，诸如循环代谢、复制增殖、变异进化、分级调控等，均受到自由能最小化这一物理定律的约束，或者说服务于释放自由能这一基本目的。

图 3.2.3 太平洋东岸俄勒冈山区风景
实、虚红线分别表示想象中的主要和次要水流途径

在丛郁的群峰之间，想象自己化作一股清澈的溪流，从山顶流向山脚（图 3.2.3）。我们会面临怎样的障碍呢？我们应该选择什么样的途径呢？自由能景观图所描绘的正是反映系统所面临的这类抉择。从进化的角度来看，岁月的水流潜移默化地催生着这里的地形地貌；而且水流越丰沛，变化就越显著。除非发生突发的地质事件，水流所受到的阻力应该是越变越小；那些处于激流之中的、一块块棱角分明的岩石最终被冲刷成光滑的鹅卵石。虽然速率也在变化，但是变化本身是不变的“常态”。由此类推，在进化过程中自由能释放通路的阻力一般会变得越来越小。虽然整体的优化往往以具体个体的优化为基础，但这类优化是在整个通路或者网络水平发生的，而并非针对特定的个体（如某一个酶）。如果一条通路或者个体无缘被进化所采用，那么它也就失去了被优化的机会。反之，那些处于生物圈核心的化学反应，包括代谢和复制，拥有更多的机会被不断地优化，并且以正反馈的方式促进可持续性自由能释放。在这个情境下，无限且稳定的自由能来源、可复制且可进化的近稳态系统正是生物圈的基本特征。[①]

自由能景观图的维度取决于系统的参数数目。增加约束条件可以使景观图的维度减小。前面所得到的二维自由能景观图相当于风景图片里沿主要水流途径进行的垂直切片，即对于反应最可能发生路径的一种投影式描述。在二维景观图中所看到的任何过渡态，在高维图中将被还原为马鞍形曲面。一般来说，自由能景观图中反应路径并不是唯一的。在最可能路径之外，还可能存在其他明河、暗溪。这些潜在路径以不同的概率同时被利用。多条路径乃至网络的存在为生物圈的运行和进化提供了必要的稳定性。当存在多种可能的反应通路时，自由能释放总是优先采用阻力最小、速率最快的途径。本书后续各章中所讨论的反应途径和所对应的自由能景观图均属于这类存在于化学反应相空间中、已由进化过程雕蚀出来的“最佳”化学反应途径。在线性网络理论的框架下，如果两点之间所有路径均不附带有连接到端点之外的分支，多条路径就可以在数学上被简化、等效为单一的一条，也就是说，将高维空间的反应路径集合投影为一条一维反应序列。进而，起始态、过渡态和终止态都可以用化学动力学中的理想化节点来加以描述；而实际上它们可能代表着一个个或简单或复杂的状态集合。以蛋白质折叠为例，初始的非折叠状态并不是一个单一状态，而是巨大的、自由能大致相等的构象状态群体；它们沿着一种漏斗形自由能景观图曲面，经过多种可能途径，最终达

---

① 关于“evolution”一词应译作进化还是演化似乎存在争议。对于孤立的物种而言，这种存疑是可以理解的（虽然此时局部优化的概念仍然有效）。然而，从整个生物圈的角度来看，进化应该是无可辩驳的事实。进化的方向就是稳定自由能释放通路的不断优化，虽然它听起来好像一句断言式的陈述，然而如果自由能下降被视为一条公理，能量释放通路的优化就将是不可避免的推论。它类似于数学中泛函分析的求极值问题，并且与光学中的费马原理存在着微妙的联系。科普作家 K. Kelly 所著的 *Out of Control* 一书对这一争论进行了一番涉猎广泛且醍醐灌顶的讨论。

到一个较低的能量势阱，即所谓天然折叠构象[91]①。“条条大路通长安”应该是该类蛋白质折叠过程的一种十分贴切的比喻。

3.3 热力学与动力学的区别和联系

热力学（thermodynamics）向我们解释一个过程是否可能发生，但并不涉及该过程的时间尺度；而动力学（kinetics）则在热力学的基础上，进一步关注一个给定过程是否可能在某个具有生物学意义的时间段内发生。下面，我们以自由能景观图为定性的工具，讨论两者之间的区别和联系。

为了在景观图中加上动力学考量，我们突出了反应能量势垒（$\Delta G^{\ddagger}$；图 3.3.1）。这些势垒的高度往往是酶的特征参数，与跃迁速率等动力学参数直接相关。实验中，测量动力学参数往往比测量热力学参数更为繁复。本书将尽量避免这方面的定量讨论；建议读者参阅化学动力学和物理生物学书籍（如文献［77，78，92］）。上述过渡态势垒在自由能景观图中构建出一座座能量势阱，代表着反应途径中的（准）稳态；此类稳态的寿命足够长，以至于其状态参数往往是实验可观测量。简言之，在两道相邻的过渡态势垒之间一定存在着一个（准）稳态；反之亦然。

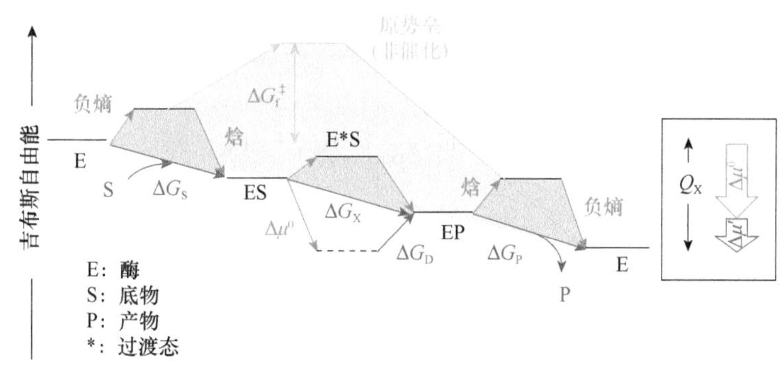

图 3.3.1 酶反应的三级跳：结合、反应、解离

酶将原来一座难以克服的过渡态势垒（麦色）转化为一系列较小的势垒（橙色）。这些势垒与热力学部分的虚拟状态是不同的，它们可以通过实验测量正向和反向速率常数来加以研究。例如，提高底物浓度导致底物结合步骤中负熵项的减弱，从而提升该步骤的正向速率。与底物 - 产物浓度相关的化学能（$\Delta\mu'$）由红色箭头表示；与底物和产物之间的标准反应能（$\Delta\mu^0$）由墨绿色表示

---

① 极富划时代意义，Google 公司的 DeepMind 研究团队于 2020 年末宣称，借助大数据和人工智能（AI）技术，他们所研发的 Alpha Fold-2 计算机已经近乎完美地解决了蛋白质折叠问题。具体地说，从给定氨基酸序列出发，90% 以上的靶标蛋白质分子的三维结构的预测精度已经可以与实验测量结果相媲美。这一成果对于许多以解析蛋白质结构为生的结构生物学家来说不能不说是一柄高悬的达摩克勒斯之剑，提示着一个时代结束的开端。膜蛋白结构动力学研究也许是我们仍然可以与 DeepMind 一比高下的新战场、一片人类与 AI 共进化的新疆域，直到我们为 AI 技术提供充足的大数据从而协助后者再一次击败人类自己。然而从一个乐观的角度来看，也许我们可以将这类角逐看作一次次的合作，毕竟人类更精于提出科学问题，而 AI 则可以帮助我们解决问题。

虽然一个酶系统一般不是寂静的热力学平衡系统，甚至可以不是一个严格的“周而复始”的稳定系统，但是我们仍然可以将其分解为限速步骤和非限速步骤。非限速步骤所连接的状态之间有充足的时间达到热力学平衡。譬如，当底物充足时，它的结合速率可以非常快，以至于底物分子在任何时刻的结合与解离行为可以使用玻尔兹曼方程准确地预测。与之相反，限速步骤是那些过渡态势垒很高的反应步骤；对于一个给定的酶分子而言，其过渡态行为带有很大的随机性，即所谓泊松过程[①]。原则上，反应过渡态的能量势垒（活化能）没有最高，只有更高。换言之，活化能并无上限；相反，它的下限为零。所幸的是，生物化学中的酶促反应的势垒高度一般被优化到其下限附近。那么，多高的势垒可以被认为是“很高”呢？热力学中的能量项 RT 好像一把尺子。如果一个化学反应所涉及的活化能在 RT 大小附近，就属于低能量。注意，这把尺子随热力学温度线性变化。在低温下（如接近绝对零度时），这把尺子将变得很短，无论怎样的势垒与之相比都似乎像摩天大楼一般耸入云端；相反，在高温下，RT 这把尺子将变得很长，许多势垒将显得无足轻重。换言之，在低温下被禁止的化学反应，在高温下将成为可能。数学上，这可以用玻尔兹曼分布来解释：在热力学平衡条件下，基态和过渡态的相对概率分布服从一个指数关系，而其中的幂系数就是用 RT 这把尺子所测量到的能量势垒高度的读值，即 $\Delta G^{\ddagger}/(RT)$。

我们来考察一类最简单的反应：S⟺P。从热力学角度来看，化学反应的方向由化学势（$\Delta\mu$），即由底物（S）和产物（P）的浓度，以及标准化学势（$\Delta\mu^0$）决定，而与酶存在与否无关[②]。当化学势上升（$\Delta\mu>0$）时，一个反应既不会自然发生，也不可能通过酶促反应实现。换言之，一个反应得以稳定持续地发生的必要条件是 $\Delta\mu$ 小于 0。对于不存在底物别构或者产物别构调控的“简单”酶分子而言，底物只能结合在单一的催化中心（正构结合位点），并且该中心的酶动力学参数不随底物和产物浓度变化。此时，我们有如下代数关系式：

$$\Delta\mu \equiv \Delta\mu^0 - RT\cdot\ln\left(\frac{[\mathrm{S}]}{[\mathrm{P}]}\right) = \Delta G_{\mathrm{L}} + \Delta G_{\mathrm{X}} + \Delta G_{\mathrm{R}} \tag{3.3.1}$$

$$\Delta G_{\mathrm{L}} \equiv -RT\cdot\ln\left(\frac{[\mathrm{S}]}{K_{\mathrm{d0}}}\right) \tag{3.3.2}$$

$$\Delta G_{\mathrm{R}} \equiv RT\cdot\ln\left(\frac{[\mathrm{P}]}{K_{\mathrm{d1}}}\right) \tag{3.3.3}$$

$$\Delta G_{\mathrm{D}} \equiv RT\cdot\ln\left(\frac{K_{\mathrm{d1}}}{K_{\mathrm{d0}}}\right) \tag{3.3.4}$$

---

① 根据百度词条，泊松过程（Poisson process）是一种“累计随机事件发生次数的最基本的独立增量过程”。其中事件发生频率是该过程的特征常数，对应酶反应限速步骤的跃迁速率。放射性衰变就是自然界中典型的泊松过程。

② $\Delta\mu^0$ 被定义为在化学反应等式两端的反应物浓度正好满足质量作用定律的“平衡”条件下的化学势；此时，反应物浓度相应幂次方的总乘积取值为 1。然而，对于反应式两端分子数目不相等的化学反应而言，这一定义随着所采用的浓度单位而变化。其症结在于，物理公式中对数函数的直接变量原则上必须是一个无量纲量；为了满足这一物理约束，可以在浓度比例中引入一个常数 λ 将量纲配平。由此可见，总化学势在 $\Delta\mu^0$ 与纯浓度相关的化学势之间的配分带有明显的人为性质，即与 λ 取值有关。尽管如此，一旦选定常数 λ（如 1mol/L），也就确定了 $\Delta\mu^0$，进而我们可以方便地比较催化同一反应的不同酶之间的 $\Delta\mu$ 或者 ΔG_{D} 的变化量。由于 λ 在形式上总是成对地出现、彼此相消，λ 的取值并不会干扰人们对于实验可测量量的物理解释。

$$\Delta G_{\mathrm{X}} \equiv RT \cdot \ln\left(\frac{K_{\mathrm{eq}} \cdot K_{\mathrm{d1}}}{K_{\mathrm{d0}}}\right) = \Delta\mu^0 + \Delta G_{\mathrm{D}} \tag{3.3.5}$$

$$K_{\mathrm{eq}} \equiv \exp\left(\frac{\Delta\mu^0}{RT}\right) \tag{3.3.6}$$

上述方程式表明，对于“简单”的酶促反应而言，底物与产物之间的化学势总可以分解为三个部分，即底物结合能（ΔG_{L}，loading）、酶反应能（ΔG_{X}，reaction）和产物解离能（ΔG_{R}，release）所组成的三部曲，或者说三级跳[47]。其中，结合能与底物浓度有关；解离能与产物浓度有关；而酶反应能与底物、产物的浓度均无关。具体而言，在 K_{d0}、K_{d1} 为常数的条件下，底物浓度每增加 10 倍，结合能增加 2.3RT（$\Delta\Delta G_{\mathrm{L}}<0$，即向负值方向变化）；同理，产物浓度每增加 10 倍，解离能减弱 2.3RT（$\Delta\Delta G_{\mathrm{R}}>0$）。结合能和解离能决定了酶的可利用率，即底物和产物的占有率。换言之，上述自由能变化，即 $\Delta\Delta G_{\mathrm{L}}$ 和 $\Delta\Delta G_{\mathrm{R}}$，仅仅影响底物结合和产物解离的速率，而并不直接用于克服化学反应过渡态能量势垒。因此可以认为，在我们的简单模型中，三级跳的两端步骤是“平凡”的。比如，这里的解离能可以类比于从前述涡轮机出口处射出的水流的动能，它一方面保证涡轮机可以持续地旋转、发电，另一方面却已无缘成为输出电能的一部分。当给定动力学参数（如各步骤的正、反向速率常数）时，化学动力学可以严格计算出自由能景观函数中各个状态的占有率。对于一个给定酶分子而言，景观图所示的各个状态之间彼此不相容，即各状态概率之和为 1。

与平凡的结合能和解离能相比，酶的结构动力学更加关注酶反应能，因为该能量项常常决定了酶在反应步骤中的工作效率；进而，作为限速步骤，反应步骤实际上决定着酶的整体工作效率。对于一个酶促反应而言，酶反应能是两个能量项之和，即与酶存在与否无关的底物 - 产物之间的标准化学势（$\Delta\mu^0$）和直接由酶结构决定的结合能差（ΔG_{D}）（参见 5.1 节中的拓展讨论）。因此，由公式（3.3.5）定义的酶反应能是一个给定“底物 - 酶 - 产物”系统的特征性常数参量。在考察反应步骤时，我们之所以不考虑各反应物的浓度（只使用 $\Delta\mu^0$ 而非 $\Delta\mu$），是因为反应步骤仅当酶反应中心被真实地（在单分子水平上 100% 地）占据之后才可能发生；而与反应物浓度有关的概率统计因素均已经包含在结合和解离步骤中。值得特别强调的是，ΔG_{X} 等于从底物到产物的转化步骤中所释放的化学能（$\Delta\mu^0<0$）在补偿同步出现的结合能差（如 $\Delta G_{\mathrm{D}}>0$）之后的剩余自由能；另外，ΔG_{D} 的符号和大小与总化学势（$\Delta\mu$）在三级跳中的配分之间存在着确定的关系。从动力学角度来看，当 ΔG_{X} 中所含的 $\Delta G_{\mathrm{D}}>0$ 时，可以认为 ΔG_{D} 构成了过渡态势垒的一部分；相反，当 $\Delta G_{\mathrm{D}}<0$ 时，则可以认为 ΔG_{D} 削减了过渡态势垒，并且酶反应表现出底物诱导契合现象。在可逆的酶促反应中，酶反应能往往较小，反应方向很容易受到底物或者产物浓度的影响。此外，对于我们将要在第四章讨论的转运蛋白而言，底物与产物不仅化学计量比为 1∶1，而且是化学上完全等同的；因此该转运反应的标准化学势（$\Delta\mu^0$）为零。这种底物与产物的等同性将进一步简化相关的自由能讨论。

从动力学角度来看，如果底物浓度很高、产物浓度很低，并且得益于进化所带来的优化使得相应的结合和解离步骤的势垒都很低，那么底物结合和产物释放步骤均可能接近于扩散极限。此时，在酶中所发生的反应步骤就自然而然地成为整个酶促化学反应的限速步骤。正向反应需要克服正向能量势垒（$\Delta G_{\mathrm{f}}^{\ddagger}$，也就是通常所说的活化能），而逆向反应则需要克服反向能量势垒（$\Delta G_{\mathrm{b}}^{\ddagger}$）；两者之差恰好等于该步骤的 ΔG_{X}。由于存在能量势垒，尽管一个反应有可能释放可观的能量，它也不一定会顺利地（在生化相关的时间尺度上）自发进行。能量势垒越低，反应速率越高；两者之间满足化学动力学中的阿伦尼乌斯定律（Arrhenius equation)。更具体地说，反应速率与在单位时间内能够到达过渡态的粒子数目成正比；而在一道能量势垒的上、下方的粒子占有率（或者寿命）分布满足玻尔兹曼分布：能量差越大，占有率的差别也越大。因此，提高酶促反应速率的直接方法就是降低过渡态能量势垒的高度[90]。如果一道能量势垒的高度接近或者低于 1 倍 RT，这样的能量很容易通过分子的热运动碰撞获得，因此相关的过程就比较容易发生。反之，如果势垒高达 $10RT$，则很难依靠热运动来跨越。根据阿伦尼乌斯方程，势垒每降低 $2.3RT$，反应速率提高 10 倍。在没有外界能量输入的情况下，如果一种酶能够将反应速率提高 10^6 倍，过渡态势垒就需要降低约 $14RT$（$2.3\times6RT$）。降低能量势垒并不神秘，也不是生物圈所特有的现象。如前所述，自由能景观函数中的势垒可以类比为一座很高的水坝。有两种常见的方法可以使水跨越水坝：打隧洞或者使用虹吸。隧洞相当于直接削减势垒的高度；而虹吸可以类比于提高过渡态的稳定性。酶的一个常见的功能就是借用一部分反应能，来克服过渡态熵减小所引起的自由能增加量，因为此时底物与催化中心之间必须保持一种精确的空间配置。另一种制胜策略则是分而治之：将一个反应分解为多步反应，利用一系列相对稳定的中间态来削减能量势垒的高度。

3.3.1 将酶视为一只灰箱

基于三级跳的解释，我们不妨将上述“简单”酶分子设想为嵌入化学反应势能差（$\Delta\mu$）之间的一只“灰箱”。灰箱的作用不是改变 $\Delta\mu$ 本身，而是调整原本存在于始末两个状态之间的过渡态能量势垒（$\Delta G^{\ddagger}$）。在这只灰箱的两侧是普通的反应物的结合和解离步骤。换言之，灰箱与外界的界面完全由灰箱针对底物和产物的两个 K_d 值决定；在反应物的结合和释放步骤之间，其他潜在的外界反应物对于灰箱的影响予以忽略。作为灰箱的内禀参数，酶反应能（ΔG_X）不随当前反应物的浓度而变化（暂时忽略可能存在的别构效应）；灰箱的进、出口之间的能量高度差已经被固化了。当然，如果同时还消耗外部能量，这只灰箱便可能从一根虹吸管升级为一台分子泵，被用于提升反应物的化学势。另外，将一个反应过程进行三级跳分解常常仅是概念性的。在实际的酶分子中，三者之间的边界或许很难在实验中加以严格界定。譬如，由于诱导契合现象的存在，底物的结合步骤与反应步骤之间可能是无缝对接在一起的。尽管如此，三级跳式分解，特别是 ΔG_X 和 ΔG_D 的引入，仍然可以为关于酶动力学的讨论提供直观的方便。

3.3.2 底物结合步骤的进一步分解

自由能景观图中每一个步骤往往又可以被继续分解。譬如，底物结合步骤可以被分解为（正向）结合流和（逆向）解离流；当结合速率大于解离速率时，底物与酶发生结合。从动力学角度来看，底物的自由状态与结合状态之间也存在一个过渡态。该过渡态的能量势垒常常远低于酶所催化的化学反应步骤的过渡态；也只有在这种情境下，底物结合才可以被视为一个非限速步骤。从热力学角度来看，底物结合的自由能（ΔG_L）可以分解为与结合焓有关的释能项（$\Delta H<0$），以及与结合熵（ΔS）有关的耗能项（$-T\Delta S>0$）；但两者是偶联于同一底物结合步骤之中的。一方面，结合焓包括人们常常提及的底物与酶之间的相互作用，如氢键、极性相互作用等。当然，在与酶分子结合之前，底物与环境之间也存在着某种“融洽”的相互作用（如水合能）；如果底物放弃与环境分子的结合转而选择与酶形成暂时的伙伴关系，酶分子就必须表现出比环境更强的亲和力。另一方面，在底物结合过程中，结合熵是与各类相关分子自由度变化有关的熵变化的总和。具体地说，底物分子在溶液中正好比海阔凭鱼跃；而当一个底物分子从宽畅自在的溶液进入一个勉强栖身的狭窄空间，甚至不得不采取某种并不舒适的体态时，底物分子是做出了某种牺牲的。不过，从溶液的熵变化角度来看，底物分子在进入酶分子的同时释放了底物界面及酶界面处的两部分溶剂分子，使这些溶剂分子变得更自由；再者，在细胞内高度拥挤的环境中，一个底物分子的结合往往导致其他竞争性分子的解离，后者也可能伴随熵增加。在底物与酶结合前后，上述各类分子总自由度的比值就定义了结合熵；系统自由度下降得越显著，负值的结合熵的绝对值就越大。负值的结合熵导致自由能上升，因而不利于底物结合。类似于增加城市中的人口密度，提升底物浓度将导致底物在溶液中的自由度下降。或者说，对于酶分子而言，有了更多的机会与底物分子相遇、结合；而对于一个给定底物分子而言，则出现了更多的竞争者。用更正式的热力学语言来表述：在与酶分子的结合过程中，提升底物浓度将降低与负熵相关的能耗（$-T\Delta S$），从而促进反应平衡向着两者结合的方向移动。不过，由于底物与酶分子的结合常常伴随着自由度的减小，结合熵不太可能完全变为正值。因此，在此过程中需要由结合焓来补偿结合熵所带来的能耗[①]。与结合熵类似，结合焓也是来自酶、底物、溶剂和竞争物之间的焓变化的总和。粗略地说，底物浓度（[S]）越高，单个底物分子的平均自由空间越狭小，结合熵越弱（ΔS 趋于 0），底物结合速率（k^0_{on}[S]）也就越高；而结合焓则拮抗解离速率（k_{off}）。如前所述，当结合速率大于解离速率时，底物表现为结合趋势；反之，则表现为解离状态。两个速率常数之比（k_{off}/k^0_{on}）正是我们经常用来定义亲和力水平的解离常数 K_d。它表示酶分子在热力学平衡态下以 50% 概率发生结合时底物分子的浓度。该比值越小，亲和力越强。如果读者将上述讨论反转，就不难理解产物分子的解离过程。

3.3.3 酶反应案例

酶如何降低化学反应的能量势垒呢？我们不妨做这样一个类比：设想一群即兴的旅行者，身处一片四面环山、丛林叠嶂的盆地里。假如他们完全缺乏该处的地理信息、而只能依赖随机地尝试，要想快速走出盆地将是一个小概率事件。这相当于一个化学反应中存在着很高的平均势垒，横亘在底物与产物所对应的状态之间。旅行者应该如何选择道路呢？神奇的造物主——进化成就了这样一类独特的景观，它有着通往某一山隙（或者隧道）的漏斗式山势地貌（图 3.3.2）。无论从盆地内什么地点出发，我们这群驴友只要心从地球引力的指引，即便是蒙着眼睛，也能一直被“吸引”到山口附近；此时，翻越不高的马鞍形山

3D自由能景观示意图

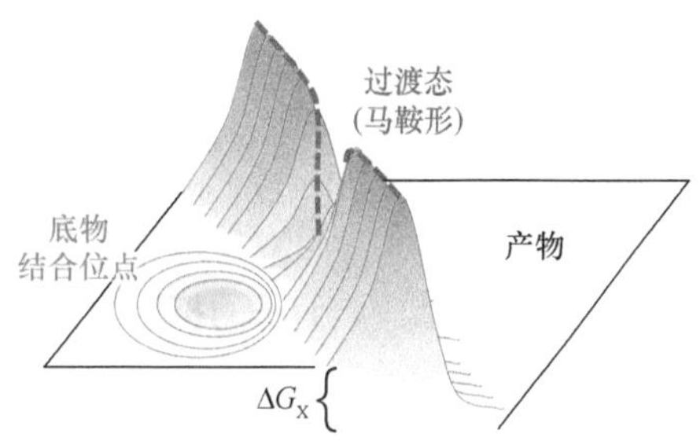

图 3.3.2 酶是进化打磨出的特殊景观

自由能的势垒用红色表示，而自由能的凹地用蓝色表示。反应过渡态对应着位于蓝色凹地附近、红色势垒上的一处缺口。我们的驴友将从左侧的山区“突围”到右侧的平原；驱动运动的能量来自山区与平原之间的重力势能差

① 酶与底物的结合是一个比较因果关系与目的论的有趣实例。当人们把“实现结合焓”设定为目标，而认为“提高负熵”是阻力（的一部分）时，结合过程可以看作一个为了达到“自由能最小化”的目的而克服“能量势垒”所进行的“目的论”过程（在“动力学”景观图中将“熵”置于“焓”之前）。当人们把焓作为驱动力，而将熵减小视为其结果时，该过程就表现出一种因果关系（在“热力学”景观图中将“焓”置于“熵”之前）。实际上，上述两种解释都是自然过程在我们大脑中的逻辑重构。哪一种解释显得更“合理”常常取决于我们审视问题的角度。

隙走出盆地的概率将大大增加。与之类似，各式各样的生物酶正是进化在生物圈中打造出的、通往反应过渡态山隙的一座座微型景观。它们利用结合能将底物分子驱使到比平均势垒低得多的过渡态附近。

以下几个案例说明可能用于提高酶反应速率的若干策略。

ATP 分子通常被用来驱动那些需要能量输入的生化合成反应。然而，研究者发现，藻类中某些酶可以不依赖于 ATP，而是直接利用蓝光驱动葡萄糖 - 甲醇胆碱氧化还原酶[93]。同时，这类酶分子提供了一条疏水性隧道，使底物分子的脂肪酸链能顺利地结合到辅因子——黄素腺嘌呤二核苷酸的附近。

在氧化型三羧酸循环（TCA）中，产生柠檬酸的步骤是一个自由能发生剧烈陡降的步骤；相反，在还原型 TCA 中，这个步骤一般需要 ATP 水解能量来驱动。然而，研究者在某种极具挑战性的生存环境中发现了一类细菌，它们不需要消耗 ATP 也能完成这一耗能反应[94]。热力学上如何实现这一“奇迹”呢？该类细菌使反应的产物迅速地向下游转化。采用这样一种策略使产物浓度趋近于 0，以便利用（有限的）底物浓度与（无穷小的）产物浓度之比所营造的巨大的化学势能差，来驱动这个看似耗能的反应。不难推测，这种奇葩的酶对于产物的亲和力远远大于对底物的亲和力，即 ΔG_D 远小于 0。该项负值的（释能的）结合能差将为反应步骤提供驱动力，而反应循环的可延续性则是由趋近于 0 的产物浓度来维持的。

进而，并非只有蛋白质分子能够催化生化反应。有报道称，人工设计的沸石（一种带有微孔的固态粉末材料）通过稳定过渡态可以选择性地催化某一类有机合成[95]。近年来，出现了一个新潮的名词——纳米酶；这类催化剂也使用相似的机理。所以，酶并不神秘。在原始生命阶段，岩石圈与海洋圈的界面很可能就曾经提供过类似的催化环境[1]。

3.4 双稳态模型

3.4.1 双稳态模型及其参数

在化学动力学中，双稳态模型具有重要的地位[77]。该模型既相对简单，又涵盖众多实验现象。譬如，蛋白质分子的折叠过程[3, 96]、转运蛋白的底物结合和释放步骤、受体蛋白的配体结合和跨膜构象变化等，均可以用双稳态模型来近似地描述。对于一个准平衡态热力学过程①，其自由能变化仅由起始和终止态决定，而与路径无关。这一热力学原理大大简化了有关“起始 - 终止”双稳态模型的讨论，并且拓展了该模型的应用范围。本节重点讨论一类特殊的双稳态系统，其中底物和产物为同一种化学物质，统称为配体（图 3.4.1）。与此相关的化学动力学概念将为以下各章具体膜蛋白类型（特别是转运蛋白）的动力学讨论架设一座共同的理论框架。

首先，我们对“构象”（conformation）和“状态”（state）做一个简单的区分：构象是一个结构生物学概念，可以通过实验加以测定。它与另一个结构生物学中的概念——构型（configuration）的区别在于，构象变化不涉及共价键的断裂和重组；而共价键的断裂和重组对于构型变化来说是必需的，如氨基酸分子的手性改变。构象变化所涉及的对象和尺度因

① 粗略地说，准平衡态热力学过程可以理解为非爆炸式的释能过程。

问题而异。举例来说，转运蛋白的内向 - 外向构象转换必然远大于局部残基侧链的二面角变化；而越大的构象变化，其速率就越低。状态则是一个化学动力学概念，它们常常作为实验条件出现（如酶处于酸性或者碱性的 pH）；状态是比构象更宽泛的概念，往往视情境而有所变化。譬如，我们可以说，图 3.4.1A 图中存在两种构象、4 种状态。

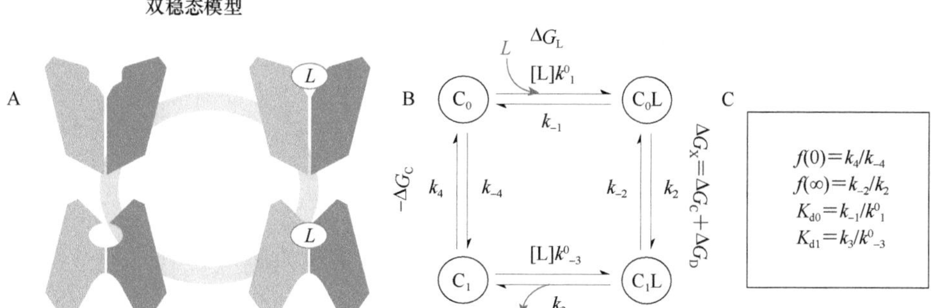

图 3.4.1　形式简单、内涵丰富的双稳态模型

A. 构象循环示意图；B.King-Altman 图；C. 动力学参数（k_1、k_{-1} 等）与热力学参数（f、K_{d0} 等）的关系式

我们以一种抽象的主体分子为例引入双稳态模型。基态（0）和激发态（1）所对应的构象简称为 C_0、C_1。由 C_0 到 C_1 的构象转换称为激发变构或者 0→1 变构；其反向变化简称为回归变构或者 1→0变构。C_0 与 C_1 的占有率比值被定义为 f[88]，即通常所说的双稳态的“平衡常数”，虽然一般而言这个无量纲量并非常数！实际上，作为一个实验可观测量，f 是配体分子浓度（[L]①）的函数[97]。当配体不存在时，该比值仅由空载蛋白的激发变构所对应的构象能差 ΔG_C 决定：

$$\Delta G_C \equiv G_1 - G_0 \tag{3.4.1}$$

$$f(0) \equiv \frac{P_0}{P_1} = \exp\left(\frac{\Delta G_C}{RT}\right) \tag{3.4.2}$$

函数 f 的值为 0～+∞。如果 f（0）趋于无限大，表示在配体不存在的条件下，C_0 出现的概率（P_0）远大于 C_1 出现的概率（P_1），亦即 C_0 所对应的能量（G_0）远低于 C_1 的能量（G_1）。在生理条件下，ΔG_C 常常可以用作输入能量的储存形式；而释放这一能量则是驱动蛋白质分子返回基态，从而维持功能循环的必要条件。通过改变实验条件（如结晶过程），研究者可以显著地影响 ΔG_C，并且促使蛋白质分子的构象变得整齐划一，即将 f 值定格于其极限值。②

此处，我们不妨做一点延伸讨论：对于蛋白质复合体而言，亚基之间的结合和解离也可以看作一类特殊的构象变化。复合体的解离可以将一部分结合能储存于分离形式中；这项解离势能可以被用于驱动复合体的再次形成。我们将这类与分子之间解离相关的构象变化简称为“AB<A+B”模型③；它可以看作一个涵盖更为广泛的“以能量换结构”原理的特例④[98]。譬如，

① 在许多有关膜蛋白的体外实验中，研究者常常不对 [L_0] 与 [L_1] 加以区分。

② 在单颗粒冷冻电镜结构研究中，膜蛋白分子常常表现出多种构象。而实验者则使尽浑身解数，将目标蛋白的构象分布驱往某一种人为的自由能最低状态。在此类“优化”实验条件的过程中，许多动力学信息被刻意地舍弃了。

③ 更确切地说，该模型中吉布斯自由能满足 $G_{AB} < G_A + G_B$，致使分子聚合成为主旋律，而复合体解离必然是耗能的。此类复合体系统与 ATP 等高能键储能系统的行为正好相反。

④ 北京大学白书农教授提出这样一种颇具洞察力的科学哲学观点：牛顿力学是以能量换取运动（$E=½mv^2$）；爱因斯坦的相对论是以能量替代物质（$E=mc^2$）；而生命现象的本质则是以能量产生动态结构，即信息或者负熵。

光合作用反应的化学方程式为

$$H_2O \rightarrow \frac{1}{2} O_2 + 2e^- + 2H^+ \tag{3.4.3}$$

该方程式的左侧对应于复合体的基态，而右侧代表高能的解离状态或者称激发态。这一反应的正向过程需要外界能量（如光能）的驱动；而其反向反应原则上是可以自发发生的。在第五章关于 P 型 ATP 酶和Ⅰ型 ABC 输入蛋白的讨论中，我们将看到借助复合体解离实现储能的应用实例。一般来说，在生化网络的各个层次都可以发现各类复合体在外界能量驱动下所发生的聚合（基态）和解离（激发态）之间的有序循环。

知识点（Box）3.1

关于双稳态模型中解离常数的测量

对于酶分子的两种构象而言，只要配体的 K_d 值不同，f（[L]）就会随配体浓度而变化。假设 $K_{d1}<K_{d0}$，即构象 C_1 的亲和力高于构象 C_0，配体的结合将有利于 0→1 构象的转换。进而，通过测量不同配体浓度下的 f 值，可以分别确定两种构象下的解离常数（K_{d0}、K_{d1}，即在给定构象下配体占有率为 50% 时的配体浓度）和表观解离常数（$K_{d,\,app.}$，即 f 值为 1 时的配体浓度）[88]：

$$K_{d0} = [L]\frac{1/f([L]) - 1/f(\infty)}{1/f(0) - 1/f([L])} \tag{B3.1.1}$$

$$K_{d1} = [L]\frac{f([L]) - f(\infty)}{f(0) - f([L])} \tag{B3.1.2}$$

$$K_{d,\,app.} = \frac{K_{d0}}{1+1/f(\infty)} + \frac{K_{d1}}{1+f(\infty)} = \frac{K_{d0}[1+1/f(0)]}{1+1/f(\infty)} = \frac{K_{d1}[1+f(0)]}{1+f(\infty)} \tag{B3.1.3}$$

式中，f（0）和 f（∞）分别为无配体和配体饱和条件下的 f 值；$K_{d,\,app.}$ 为 K_{d0} 和 K_{d1} 的加权平均值。因为与反应物浓度无关，f（0）、f（∞）、K_{d0}、K_{d1} 和 $K_{d,\,app.}$ 均可以被选作描述系统性质的特征参数；但其中只有三个参数是独立的。

我们再来分析一个更具普遍意义的例子。假设通过实验我们可以测量双稳态膜蛋白分子对于配体结合的响应（Y）；具体地说，C_0 状态的响应为 Y_0，而 C_1 状态的响应为 Y_1。进而假设该实验系统遵从以下线性叠加规律：

$$Y = Y_0P_0 + Y_1P_1 = Y_0 + (Y_1 - Y_0)P_1 \tag{B3.1.4}$$

式中，P_0 和 P_1 分别为 C_0 和 C_1 状态的概率，$P_0+P_1=1$。根据统计物理，P_1 可以写作

$$P_1 = \frac{\left(1+\frac{[L]}{K_{d1}}\right)}{f(0)\left(1+\frac{[L]}{K_{d0}}\right)+\left(1+\frac{[L]}{K_{d1}}\right)} \tag{B3.1.5}$$

将式（B3.1.5）代入式（B3.1.4），我们就获得了以配体浓度［L］为变量的响应函数 Y。从对于一组 Y-［L］实验测量值的拟合，实验者就可以确定蛋白质分子的 f（0）、K_{d0}、K_{d1}、Y_0 和 Y_1。

3.4.2 膜电位对双稳态模型的修正

每一个膜蛋白分子都处于不断的外界扰动之中。这些扰动将会如何通过双稳态模型中的各类基本参数影响膜蛋白的分子行为呢？从2.3节的讨论中我们获悉，对于膜蛋白分子来说，膜电位正是一个至关重要且变化多端的此类外界因素。由于带电基团的电场是这些基团的基本物理属性，当膜电位发生变化时，膜蛋白分子内部带电基团之间，以及与环境的静电相互作用的变化构成了该分子广义构象变化的重要组成部分。简言之，$\Delta\Psi$可以被划归为一类膜蛋白分子所特有的别构调控因素。

当添加膜电位时，上述双稳态构象能ΔG_C可以改写作：

$$\Delta G_C \equiv RT \cdot \ln[f(0)] \approx \Delta G_C^0 + Q_C \Delta\Psi \tag{3.4.4}$$

此处，状态占有率比值$f(0)$已成为$\Delta\Psi$的函数；而ΔG^0_C和Q_C均为独立于$\Delta\Psi$的常系数。数学上，式（3.4.4）可以看作以$\Delta\Psi$作为自变量的构象能ΔG_C的泰勒级数展开式中的前两项，即将$\Delta\Psi$对于双稳态的影响作为一种微扰来处理。一般而言，更高幂次的展开项对总构象能的贡献依次减弱（参考知识点3.2）。在式（3.4.4）中，Q_C为主体分子自身的门控电荷（gating charge）[①]，即酶分子构象变化前后一个假想中的发生全程跨膜位移的带电粒子所携带的电荷。如果$Q_C\Delta\Psi<0$，表示加载$\Delta\Psi$将促进0→1构象转换。由于电荷分布可能存在显著差异，不同类型膜蛋白分子的Q_C实际上可正、可负，数值变化则更为常见。不同主体分子对膜电位的响应也因此会明显不同。即使是一个净电荷为零的，即处于等电点的膜蛋白分子也可能表现出不为零的Q_C。此外，基态的选择也会人为地影响式（3.4.4）中各项的符号。

类似地，当$\Delta\Psi$不为零时，ΔG_D可以改写作

$$\Delta G_D \equiv RT \cdot \ln\left[\frac{f(\infty)}{f(0)}\right] \approx \Delta G_D^0 + Q_D \Delta\Psi \tag{3.4.5}$$

$$\Delta G_D^0 \equiv RT \cdot \ln\left(\frac{K_{d1}}{K_{d0}}\right)\Bigg|_{\Delta\Psi=0} \tag{3.4.6}$$

式中，$f(\infty)$也已成为$\Delta\Psi$的函数；而ΔG^0_D和Q_D均为独立于$\Delta\Psi$的常系数；Q_D并非必然是配体所带电荷，而是主体分子构象转换前后配体所产生的等效门控电荷。伴随主体分子在双稳态之间的构象变化，如果配体确实发生跨越整个膜电位的迁移，则该配体所携带的电荷将贡献Q_D的主要部分，甚至是全部。对于一个具有Q_D/F价位的配体而言，ΔG^0_D等价于一项电位差V_D（结合能差电压，differential-binding voltage），它在形式上类似于能斯特电压V_N，即

$$V_D \equiv \frac{RT}{Q_D} \cdot \ln\left(\frac{K_{d1}}{K_{d0}}\right) \approx \frac{25\text{mV}}{Q_D/F} \cdot \ln\left(\frac{K_{d1}}{K_{d0}}\right) \tag{3.4.7}$$

与能斯特电位不同之处在于，V_D是主体分子的特性，不直接随配体浓度变化。当Q_D等于配体所携带的电荷时，我们还可以引入V_L和V_R，分别对应于释能的（负值的）ΔG_L和ΔG_R：

---

① 请参见6.4节有关门控电荷的进一步讨论。在化学动力学中，Q_C也表示为γF，γ是以F为单位的电荷数量。

$$V_{\mathrm{L}} \equiv \frac{\Delta G_{\mathrm{L}}}{Q_{\mathrm{D}}} \tag{3.4.8}$$

$$V_{\mathrm{R}} \equiv \frac{\Delta G_{\mathrm{R}}}{Q_{\mathrm{D}}} \tag{3.4.9}$$

V_{L}、V_{D} 和 V_{R} 之和等于 V_{N}。然而，其中只有 V_{D} 对于酶分子的构象变化产生直接的影响；而 V_{L} 和 V_{R} 则分别转化为结合热和解离热。如果 $|V_{\mathrm{D}}| \gg |\Delta\Psi|$（如当配体趋于电中性时），对于酶分子构象变化而言，膜电位的影响就可以忽略不计。原则上，类似的讨论也适用于 ΔG^0_{C} 和 Q_{C}；不过，除电压传感器之外，膜蛋白分子的 Q_{C}/F 常常接近于零，可以忽略 $\Delta\Psi$ 对 ΔG_{C} 的影响。这也解释了，虽然许多关于膜蛋白的体外功能实验并不包含对于膜电位的考量，而结果却常常显得合情合理。从另一个角度来看，K_{d0}、K_{d1} 也可以视为随膜电位而变化。数学上，可以将式（3.4.5）中第二项（$Q_{\mathrm{D}}\Delta\Psi$）等价为一项对于 $K_{\mathrm{d1}}/K_{\mathrm{d0}}$ 值的修正因子（$e^{\frac{-Q_{\mathrm{D}}\Delta\Psi}{RT}}$）。引入 Q_{D} 或者认为 $K_{\mathrm{d1}}/K_{\mathrm{d0}}$ 值随膜电位变化是针对同一现象的不同描述方式，即当酶嵌入化学反应景观图时，膜电位将对偶联模式产生微扰①。在以下的讨论中为简便起见，我们规定 K_{d0}、K_{d1} 不随 $\Delta\Psi$ 变化，因此可以合理地使用常系数 Q_{D} 来描述膜电位变化所产生的效应。

值得强调的是，本质上，膜蛋白分子的构象能差 ΔG^0_{C} 和结合能差 ΔG^0_{D} 均属于电磁相互作用；除非以类似于 ATP 分子中高能化学键的形式储能，否则以微小的结构变化来储存大量能量是近乎不可能的。因此，较大的 ΔG^0_{C} 或 ΔG^0_{D} 幅值一般对应于膜蛋白分子较大的构象变化（虽然其反向命题未必成立）。在讨论各类借助强大 ΔG^0_{C} 或 ΔG^0_{D} 完成功能循环的转运蛋白时，这一概念将作为我们的基本公设。

一般来说，双稳态酶 0→1 变构步骤的变构能被定义为 ΔG_{X01}，在不引起歧义的情况下可简记作 ΔG_{X}：

$$\Delta G_{\mathrm{X01}} \equiv RT \cdot \ln[f(\infty)] = \Delta G_{\mathrm{C}} + \sum\nolimits_i w_i \Delta G_{\mathrm{D}}(L_i) \tag{3.4.10}$$

式中，$\sum$为对所有配体求和，包括底物或者产物。如果我们假设不同（正构）配体之间采取正协同性或者负协同性，作为配体 L_i 占有率的 w_i 取值 0 或者 1。从化学动力学的角度来看，“$\Delta G_{\mathrm{X01}} < 0$”是携带着配体分子的 0→1 构象转换可以自发进行的必要条件。根据玻尔兹曼分布，双稳态系统出现在 $\mathrm{C_1}$ 构象的概率为

$$P_1 = \left[1 + \exp\left(\frac{\Delta G_{\mathrm{X01}}}{RT}\right)\right]^{-1} \tag{3.4.11}$$

ΔG_{X01} 可以认为是给定双稳态系统的内禀性质。下文中我们将看到，当考虑别构效应时，ΔG_{X01} 常常随别构配体浓度而变化。根据基态的直观定义，当没有配体结合时，酶分子倾向于保持在基态（$\Delta G_{\mathrm{C}} > 0$）。对于每一类配体，我们总可以考察它的结合是否在能量方面有利于 0→1 构象转换；而系统的实际状态由酶分子和各类配体通过对 ΔG_{X01} 中的 w_i 加权贡献共同决定。一方面，ΔG_{X01} 与热力学力 Q_{X} 具有类似的性质：Q_{X}（$\geqslant 0$）是一个完整反应循环的耗散热；而 $-\Delta G_{\mathrm{X01}}$ 则是双稳态模型中的 0→1 激发变构步骤的耗散热。另一方面，与式（3.3.5）所定义的化学反应能相比，ΔG_{X01} 包含了一项附加的、将用于驱动后续回归变构的构象能 ΔG_{C}。在一轮功能循环之后，酶分子的 ΔG_{C} 将完成一次储存和释放的循环，对 Q_{X} 毫无贡献；只有那些仅仅参与一半循环的正构配体，其 ΔG_{D} 才可能通过 ΔG_{X01} 影响 Q_{X}。

---

① 对于酶分子（如转运蛋白）的底物而言，引入 Q_{D} 也等价于将膜电位的影响纳入 $\Delta\mu^0$。为了与 ΔG_{C} 保持形式上的平行，本书采用 ΔG_{D} 表示方法，而将被转运底物的标准化学势 $\Delta\mu^0$ 视为恒等于零。

上述所有关于膜电位对 ΔG_C 和 ΔG_D 施加影响的讨论也同样适用于其他可量化的外界因素的别构效应。广而言之，任何由自由能分解出来的“广延量与强度量”共轭因子对，如高度与重力、体积与压强，以及另一个膜蛋白所特有的共轭对——横截面（A）与张力（σ）等，均可以依照本节所讨论的门控电荷（Q）与膜电位（$\Delta\Psi$）关系范式进行类似的热力学处理。一般而言，上述广延量可以表示为实验观测量的差值；强度量则更经常地属于可控实验变量。只要式（3.4.10）中的广延量在两种构象下表现出参差不齐，则其右侧的求和就可能包含更多样化的来源。这类广延量差异越显著，由式（3.4.11）所给出的状态概率随强度量变化的双稳态曲线就越陡峭，调控也就越精准；相反，如果广延量差异（如门控电荷）趋于零，则状态对于强度量（如 $\Delta\Psi$）变化的响应将不再呈现阶梯形式，而在统计上表现为一种连续渐变，甚至微弱到可以忽略不计。式（3.4.11）反映了一个给定膜蛋白的功能可能同时受到诸多物理因素的共同调控。

知识点（Box）3.2

双稳态模型中的膜电位二次项——门控电容

在双稳态构象能的泰勒级数展开式中，膜电位（V）的二次项具有明确的物理意义：

$$\Delta G_C(V) \equiv G_1 - G_0 = \Delta G_C^0 + Q_C V - \frac{1}{2}\Delta C V^2 + \cdots \quad \text{(B3.2.1)}$$

$$\approx Q_C(V - V_{1/2}) - \frac{1}{2}\Delta C V^2 \quad \text{(B3.2.2)}$$

上述公式表示，当膜电位为 V 时，激发态构象 C_1 为相对于基态构象 C_0 的吉布斯自由能差。ΔG_C（V）越大，表示该电压下 C_1 状态越难以实现，C_0 状态也就越稳定。上述公式中，Q_C 称为门控电荷。[在电压门控通道领域，门控电荷（$Q>0$）一般表示 Q_C 的绝对值。] ΔC 表示状态 C_1 相较于 C_0 的电容增加量，我们称为门控电容。如果门控电容为零，则参数 $V_{1/2}$ 称为中位点电压；倘若 $\Delta C \neq 0$，则 $V_{1/2}$ 不再具有中位点电压的性质［真正的中位点是一元二次方程 ΔG_C（V）$=0$ 的两个根］。门控电容的物理本质是伴随膜蛋白分子构象变化，其内部电偶极矩（介电常数 ε）的改变，或者在垂直于膜法线方向上厚度（d）的变化。由于门控电容是一个相对值，ΔC 的取值可正可负；在这一点上，门控电容不同于绝对电容量，后者恒大于零。较大的电容量能够吸纳、储存更多的静电能，所对应的状态将更加稳定，所以存在二次项前面的负号；系数 1/2 则是由一般电容器储能公式决定的。根据波尔兹曼分布，状态 C_1 的概率 P_1（V）与 ΔG_C 的关系式为

$$P_1(V) = \left\{1 + \exp\left[\frac{\Delta G_C(V)}{RT}\right]\right\}^{-1} \quad \text{(B3.2.3)}$$

在谈及电压感受器时，研究者一致认同门控电荷至关重要，对应着式（B3.2.1）右侧中 V 的线性项系数。然而，在电压绝对值较高的情况下，二次项的存在将有利于电容量增大的状态。虽然在泰勒级数中高阶项的贡献一般弱于低阶项，在针对门控电流实验测量的解释中，该二次项却是无法回避的。膜电位不仅可以通

过门控电荷来调节电压敏感型膜蛋白的功能，而且可以借助门控电容影响双稳态切换。

为了方便讨论，我们假设高正电压对应 C_0 状态，高负电压对应 C_1 状态（参见第六章中去极化激活的电压门控离子通道）。测量门控电流的电生理实验的常规步骤如下：第一步，选定一个参考膜电位 V_0，它应该充分极端，以至于 C_0 状态占据绝对优势，即 $P_0(V_0)=1$。在此基础上，将电压继续增强并且确保 C_0 状态，由此可以估算出响应电荷（响应电流的时间积分）与 ΔV 的变化关系；该背景值与双稳态状态转换无关，而主要源自脂双层和 C_0 态膜蛋白分子的电容量相关的充放电。随后测量的所有响应电荷，在扣除这个背景值之后，被称为校准响应电荷（Q），它们完全源自双稳态膜蛋白分子的构象变化。注意：满足条件 $P_0(V_0)=1$ 是十分重要的；否则很难在实验层面区分双稳态相关的门控电容和来自基态本身的电容量。第二步，将系统设置到另一个极端参考电压 V_1；基于我们的假设，$V_1<V_0$。取值原则是使 C_1 状态呈现压倒式优势，即 $P_1(V_1)=1$。随后，在 V_0 与 V_1 之间取一系列 V 值，并且测量从 V_1 到 V 的电压跃迁所产生的 ΔQ-V 曲线。该校准响应电荷的变化量包括两部分：门控电荷（Q_C）和门控电容（ΔC）的充电电荷。充电电荷进一步分解为固定电容量条件下电压变化所引起的充电电荷，以及固定电压条件下门控电容（ΔC）所引起的充电电荷。在电生理实验中，实验者可以快速、精确地改变电压；因此固定电容量的充电电荷表现为一项快速的脉冲电流。相反，电容量的变化（ΔC）和门控电荷（Q_C）两者都是伴随构象转换而来的，相应的充电电流也因此表现得相对平缓[99]。根据上述双稳态模型，ΔQ-V 曲线满足以下方程式：

$$Q(V)\equiv(Q_C-\Delta CV)P_0(V)+\Delta CV=Q_CP_0(V)+\Delta CVP_1(V) \qquad \text{(B3.2.4)}$$

$$\Delta Q(V)\equiv Q(V)-Q(V_1)=\Delta C\Delta V+(Q_C-\Delta CV)P_0(V) \qquad \text{(B3.2.5)}$$

式中，$P_0(V)$、$P_1(V)$ 分别为当电压为 V 时状态 C_0 和 C_1 的概率，且满足 $P_0+P_1=1$；$\Delta V=V-V_1$。式（B3.2.5）右侧中的第一项对应快速充放电；第二项对应伴随构象变化的电荷迁移。由于在实验设计中已经扣除了 C_0 状态的背景电容量，在计算充电电荷时仅需考虑门控电容 ΔC。进而，门控电荷仅仅发生在 1→0 构象变化的过程中，因此在式（B3.2.4）中需要乘以 $P_0(V)$。通过实验数据对式（B3.2.5）进行拟合，便可以确定门控电荷 Q_C、门控电容 ΔC 和隐含于 $P_0(V)$ 中的 $V_{1/2}$（或者 ΔG^0_C）等参数。在一般情况下，式（B3.2.1）中的 ΔG^0_C 需要由 ΔG_{X01} 中所有与电压无关项之和来替代［参见式（3.4.10）］，如包括来自激动剂的结合能差（ΔG^0_D）等。上述公式中有关 ΔC 的修正项对于详细讨论双稳态与膜电位变化的响应关系十分重要。

3.4.3 化学势的别构驱动能力

别构配体本身不参与化学反应，而仅仅影响正构配体的化学反应，因此它们等价于酶学中的辅因子。别构配体的概念可以是相当宽泛的，并非一定是小分子。举例来说，一个受体膜蛋白分子（如 GPCR）的上下游相互作用蛋白均可以列入别构配体范畴；各类化学修饰（如磷酸化、质子化），甚至产生膜电位的静电荷也可以看作具有特殊结合和解离步骤的配体。它们都可能在正构位点（催化中心）之外，影响主体酶分子的平衡状态和正构配体（底物和产物）的反应动力学。

在许多情况下，作为正构配体的底物分子或者离子同时以别构方式产生影响。此时，底物可以通过正构和别构位点之间的互动，调控正构位点的反应动力学过程；相应地，底物浓度与酶活性之间往往呈现 S 形关系曲线。对于（同质）多亚基酶复合体而言，在结构方面，各亚基常常互补地形成多个活性中心；在功能方面，一个亚基中的正构位点可以表现为另一个亚基的别构位点。一个经典的例子是可溶性蛋白血红蛋白四聚体的载氧曲线所表现出的正协同性；后文中我们还将介绍更多膜蛋白分子亚基之间协同性的实例。原则上，此类亚基之间的协同性可以通过显性抑制（dominant negative）实验加以鉴定，即将野生型和失活的突变型亚基组合成混合型复合体，并且检测添加突变体后总的酶活性是否低于作为基准的纯野生型复合体的活性；如果活性降低，则说明亚基之间存在协同性，或者称为“木桶短板效应”。下面，我们讨论另一类底物别构调控现象，其中上述亚基之间的别构调控可以忽略不计，即各活性中心彼此独立地行使功能。

底物的自由能 $\Delta\mu$ 是酶化学动力学中的决定性因素，其重要性往往高于上述各类非底物别构调控因素。在某些生理条件下，释能的 $\Delta\mu$ 可以表现得远远强于膜电位相关的静电势能。譬如，有研究者认为，由于叶绿体中类囊体的体积 - 面积比很小，其膜两侧的质子电化学势的能量配分会呈现易变而强悍的 $\Delta\mu$ 以及相对稳定且平和的 $\Delta\Psi$。此时，由质子浓度梯度所决定的化学势应该如何发挥其驱动潜力呢？它们如何从与电“共舞”一跃取而代之呢？

首先，如式（3.3.1）所示，化学势可以以结合能和解离能的形式参与化学反应。底物浓度越高（或者产物浓度越低），释能的 ΔG_L（或 ΔG_R）就越强，相应步骤的速率也越高；酶学中的米氏方程唯象地反映了此类实验观察。当存在多底物竞争时，提高特定底物浓度的效果尤为明显（参见 4.1 节）。正如米氏方程所提示的，如果底物占有率已经接近当前系统参数所设定的最大限度（[S] 远大于 K_m），继续增大底物浓度所产生的增速效果将变得越来越小（参见知识点 3.3）。此时，酶分子又该如何进一步提高其速率呢？

酶的最大速率主要受限于过渡态跃迁速率常数。因此，对于一个可以忽略逆向反应的稳态循环而言，提高酶的总体速率的最优策略是：根据当前底物和产物的浓度，调节各步骤的正向速率常数使其趋于一致，从而消除单一的限速步骤[①]。实际上，这样一类魔术般的自我调节能力是可以在蛋白质单分子水平上实现的。为此目的，酶需要根据三级跳中各步骤的过渡态势垒的当前高度，将总驱动能量（Q_X，其中包含来自 $\Delta\mu$ 的、或正或负的贡献）动态地分配到各个步骤。然而，假如酶系统内禀参数是一套固定不变的特征常数，上述动态调控的目标将无从实现。解决刚性灰箱假设所带来的此类普遍矛盾的方法之一是使用别构调控；如上文所述，令底物分子在催化中心之外也发生结合，并且借此动态地调控变构能 ΔG_C、结合能差 ΔG_D 和活化能 $\Delta G^\ddagger$。

别构配体可能借助改变结合在正构位点的底物的亲和力（K_{d0} 和 K_{d1}）来影响“载物”的主体分子的双稳态平衡；有时也会进一步影响其他别构配体的结合。进而，当别构配体和底

---

① 参见后文 4.5.4 小节关于协同性的讨论。

知识点（Box）3.3

别构调控下的反应速率近似值

米氏方程（Michaelis-Menten equation）由下式给出[47]：

$$V = V_{\max}\left(\frac{[S]}{[S]+K_m}\right) \tag{B3.3.1}$$

式中，V 为反应速率（而非电压）。对于单底物化学反应，$V_{\max} \equiv k_{cat}[E]_{total}$。该公式的基本假设包括：①产物解离速率趋于无穷大；② K_m（略大于 K_{d0}）是独立于底物浓度的米氏常数；③酶反应速率常数 k_{cat}（状态 0 到状态 1 的转换速率）不随底物浓度变化，且为限速步骤。对于假设 1，事实上，实验中产物抑制常常使反应速率过早地趋于饱和。为了回避这一问题，人们在数据采集中只关注所谓初始速率；此时，产物浓度接近于零。假设 2 等价于一个准稳态假设，即底物与酶的复合体浓度不随时间变化。在许多酶反应实验中，上述假设是一种可以接受的近似。

在别构调控的情况下，为了在形式上保持式（B3.3.1），k_{cat} 可以作为底物浓度（和产物浓度）的函数进行泰勒级数展开：

$$k_{cat} = k^0_{cat}(1+\gamma_0[S]-\gamma_1[P]) \tag{B3.3.2}$$

式中，k^0_{cat} 为底物浓度以及产物浓度趋近于零时的速率常数；γ_0 和 γ_1 为无量纲常数。换言之，k_{cat} 有可能随底物浓度一路飙升，直到三级跳中各可变速率趋于一致。这种能量再分配的物理解释是，离子型底物在别构位点处的结合一方面减弱正构位点的亲和力，另一方面促进 0→1 变构。两者均可以在统一的静电驱动力原理框架之内加以阐述。

物是同一类分子或者离子时，别构调控机制常常被称为底物激活。下面我们以质子化为例讨论底物激活现象。与膜电位相比，环境 pH 的空间梯度和时间变化对于膜蛋白双稳态的影响更为错综复杂。实际上，前述针对配体正构结合位点，即直接参与反应的关键质子化位点的所有讨论都是在稳定 pH 梯度这一隐含假设下进行的；现在，让我们对于这种限制性前提进行修正。当膜内外 pH 发生变化时，由于表面可滴定残基的质子化状态的改变，膜蛋白分子的电荷分布也会随之发生变化。可以认为，不同 pH 条件下的蛋白质分子代表着已经发生了微扰形变的灰箱的双稳态系统是不同的，包括不同的基态、不同的激发态，以及不同的 ΔG_C 和 ΔG^0_D 等参数。然而，这种系统形变并不重塑自由能景观图的拓扑结构，而只是各状态的相对能级发生微扰漂移。为了简化讨论，我们可以将正构质子化位点之外的 pH 依赖型电荷变化一并考虑为别构调控。此类别构调控将通过膜蛋白分子内部的静电相互作用改变正构底物的亲和力及 ΔG_C。譬如，在某些转运蛋白中，底物离子的进口和出口附近分布着与底物电荷相反的带电基团所形成的配体结合位点，它们起着富集底物的作用，从而使膜蛋白分子更灵敏地感知底物的浓度及其梯度。此时，膜两侧离子型底物的全局性浓度梯度（能斯特电压 V_N）将以膜蛋白表面附近的局部浓度梯度的形式促进或者滞缓底物的跨膜物流。可以设想如下的反应序列：由于来自别构位点的电荷同性相斥的静电力，随着胞外侧底物阳离子浓度升高，正构位点的 K_{d1}/K_{d0} 值将减小（知识点 3.4），即 ΔG^0_D 朝着有利于 0→1 变构的方向变化；这一自由能变化等价于反应过渡态势垒（$\Delta G^‡$）的下降；进而依照阿伦尼乌斯方程，相应限速步骤的反应速率得到提升。一方面，在一轮给定 $\Delta\mu$ 的功能循环中，ΔG^0_D 的有利变化将以弱化底物结合能的方式来实现。譬如，在式（3.1.1）等方程中，当底物浓度升高导致 $\Delta\mu$ 朝着有利于正反应方向变化时，由于同时存在着别构调控，该部分能量变化量（$\Delta\mu<0$）往往被分配给 ΔG^0_D 而并非 ΔG_L。另一方面，在别构调控过程中，酶系统自身所发生的抽象形变（对于能量配分的调整）是由别构配体的结合能所驱动的。因此，酶分子通过减小 ΔG^0_D 所获得的在活化能方面的收益（$\Delta\Delta G^‡<0$）将不大于所有别构配体的结合能总和；否则，过度的反作用力将迫使别构配体解离。与 $\Delta\Psi$ 变化类似，别构调控应视为酶分子的外部因素。任何外部因素只能在能量守恒定律的约束下改变双稳态系统中各个稳态和过渡态的能量水平，从而影响酶分子在稳态循环中的状态分布，包括跃迁速率。在酶分子的功能循环中，别构配体的结合能并没有被消耗掉，因此不直接为酶循环提供驱动能量。

知识点（Box）3.4

别构式底物激活的可能分子机制

涉及别构效应的位点往往比正构位点要宽泛得多，相应的分子机制也更为复杂多变。进而，对于一组复杂的酶动力学数据，往往可以使用多种不同的别构调控机制加以拟合。因此一个正确机制的建立需要大量、来自多种实验数据的反复验证。以下是从点电荷静电相互作用的角度给出的一种对于别构调控的简化分析。对于双稳态中两个构象下、结合在正构位点处的底物离子而言，来自别构底物（点电荷）的静电斥力一般是不同的。根据库仑定律，距离越大，静电力越弱。不难设想以下情形：转运蛋白的底物浓度在输入侧升高（$\Delta\Delta\mu<0$）；底物在输入侧（状态 0）所受静电斥力一般将不小于在输出侧（状态 1）所受斥力。其结果是，K_{d0} 被升高（亲和力减弱）。但是，底物浓度本身的升高可以（部分地）弥补由 K_{d0} 升高所造成的结合能损失。与此同时，K_{d1} 也被提升，但是升高的比例小于 K_{d0} 的对应值。两者的综合结果导致 ΔG^0_D 下降（$\Delta\Delta G^0_D<0$），以及“产物”解离趋势加强（$\Delta\Delta G_R<0$），两者均有利于反应的正向循环。由于别构调控并没有提高底物亲和力，这类底物激活机制似乎是反直觉的。理解这一机制的关键在于：仅仅依靠增加底物结合位点的占有率是无法达到充分利用化学势以便提高限速步骤反应速率目的的。

让我们从另一个角度来审视别构调控所带来的“驱动效果”：在真空条件下（$\varepsilon=1$），由点电荷 e_0 所产生的库仑电场 $\left(\dfrac{e_0}{4\pi\varepsilon_0\varepsilon r^2}\right)$ 在 6.6nm 半径范围内将强于膜电位电场（约为 $\dfrac{100\text{mV}}{3\text{nm}}$）。考虑到溶液环境的屏蔽效应（$\varepsilon>1$），该静电场作用范围将在点电荷四周以因子 $\varepsilon^{-1/2}$ 发生不均匀收缩。尽管屏蔽效应严重地削弱点电荷的库仑电场，但这类屏蔽不可能是完全彻底的。与之比较，产生 100mV 膜电位的电荷面密度也仅仅为每 1000Å^2 表面 $0.04e_0$。不难理解，上述点电荷的库仑电场在膜蛋白分子内部（其 ε 为 2～5）仍然维持可观的强度，并且与膜电位电场发生矢量叠加。因此，出现在输入侧的别构离子将以牺牲结合能 ΔG_L 为代价，提高底物离子的有效静电势能，从而促进 0→1 变构。

简言之，当使用“灰箱”概念来描述一个膜蛋白分子时，我们不应忽略环境因素（包括底物化学势）以别构方式调控灰箱内禀参数的可能性。而这类变化，原则上讲，既可能是激励性的，也可能是抑制性的，其表观效果将取决于别构配体的电荷性质、结合位点的空间分布和亲和力，以及当前的膜电位等诸多因素。例如，哺乳动物来源的钠 - 钙离子交换泵（sodium-calcium exchanger, NCX）受到胞内侧底物浓度（$[Ca^{2+}]_{in}$）的别构调控；在胞内侧，NCX 的钙调蛋白调控结构域可结合多达 6 个 Ca^{2+}。相应的别构调控电荷量在 0～$12e_0$ 可变，并且将给予底物钙离子的外向流不同程度的助推力。此外，以下各类情况均可以纳入别构调控的范畴：①非离子型底物也可能通过别构调控影响酶的双稳态以及功能；不过，此时研究者需要对酶分子及其环境所共同组成的复合系统进行更具体的结构分析，以便发现导致活化能变化（$\Delta\Delta G^{\ddagger}$）的非静电形式的调控机制。②如果参与别构调控的配体属于非底物分子（如各类翻译后修饰），它们一般被称为激动剂或者（非竞争性）抑制剂。③由于未发生持续的底物跨膜转运，非循环型的双稳态系统（如细胞表面受体）对配体的响应均可以视为别构调控。综合而言，离子浓度梯度不仅可以有效而可靠地驱动双稳态系统的功能循环，而且其别构调控机制可以与膜电位在同一个双稳态物理框架内加以讨论。

小结与随想

- 酶分子提高化学反应速率的主要方法是降低过渡态能量势垒。
- 由于酶分子的存在，反应过程被自然地分解为底物结合、“灰箱”反应和产物解离三级跳。总反应自由能（Q_X）被分配到这三个步骤。
- 在“灰箱”内部，双稳态模型可以用来描述许多类型的膜蛋白功能循环。
- 酶分子的构象能差（ΔG_C）和配体的结合能差（ΔG_D）都可能受膜电位、底物化学势和其他物理化学因素的调控。
- 自由能景观图给出酶反应过程中自由能变化的直观图示。本书以下各章将努力用实例说明：基于化学动力学的自由能景观图方法是提出、梳理和分析膜蛋白工作循环中关键科学问题的行之有效的工具。实际上，它更应该成为我们以第二定律为基础的直觉系统（世界观）的一类可视化“语言”。

与生命现象密切相关且备受争议的物理学定律莫过于热力学第二定律。该定律否定了第二类永动机的可能性；换言之，使用有限的能量驱动无限的循环只能是海市蜃楼。科学的发展反复证明：在从分子、介观到宏观层次上，熵增加原理都是普遍适用的。譬如，单分子引擎实验已经验证了热力学在单分子水平上的正确性[100]。物理学家爱丁顿爵士①曾经说过：如果一种理论与热力学第二定律相违背，那么它将绝无成功之希望。实际上，第二定律与生

① 爱丁顿其人相当牛，自称是当时除爱因斯坦之外唯一懂得相对论的人。

命现象本身并无矛盾。局部的熵减少过程（信息量的增加）可以通过更大范围内的熵增加过程来驱动。信息不可以被制造，但可以被富集。生物体所表现的可持续复制就是一个典型的信息量不断耗散与聚集并存的过程；它需要自由能向热能的不断转换来维持。

在微观结构研究领域，将“眼见为实”奉为圭臬的人们很容易滑向唯分辨率论，仿佛功能的所有秘诀都隐匿在结构细节之中[①]。与之不同，化学动力学所采用的“粗犷式”分析方法则强调另一种科学哲学观点：对于生物圈而言，无论是在宏观还是微观状态下，由物理学基本定律所支配的因果关系始终存在。从这些已被科学发展反复证明了的普遍真理出发，研究者可以对其蛋白质研究对象进行分析、梳理，确定合理且富有意义的共性关键科学问题；而这些共性知识恰恰是理解具体系统特殊性的基础。在为结构生物学的最新成果而倍感欣慰之余，我们也应该清醒地意识到：无论一个膜蛋白分子看似多么复杂而精巧，不要期待从其中收获可能超越经典物理学、颠覆“三观”的惊喜。踏踏实实地掌握热力学统计物理、静电学和化学动力学，应该是我们理解这类微观分子机器更为有效的途径。

化学动力学就如同一柄寒光夺目的宝剑，令人梦回吹角连营。第四章中，我们将初试锋芒，用它来处理一大类在机制方面最富争议的膜蛋白——二级主动转运蛋白。

① 现代艺术中有一支超现实主义流派，他们的超细腻的表现手法让不少专业摄影家汗颜。与之形成强烈反差的是以至简至美为追求的所谓极简艺术：寥寥数笔，回味无穷。

第四章 二级主动转运蛋白

横看成岭侧成峰，远近高低各不同。不识庐山真面目，只缘身在此山中。

——苏轼，《题西林壁》

位于细胞膜上的转运蛋白使细胞得以完成吐故纳新的基本功能，如对营养物质的摄取、对有害物质的外排以及作为储能介质或信息载体的各类离子的定向泵浦。由跨膜电化学势驱动的转运蛋白习惯上被称为二级主动转运蛋白，它们构成最丰富的转运蛋白类型。

这些千变万化的二级主动转运蛋白是否具有独立于具体结构之外的、共性的结构特征和转运机制呢？对于二级主动转运蛋白而言，为什么膜电位常常比化学势更重要？诸如 ΔpH 的离子化学势能差如何与转运蛋白的构象变化相偶联以便驱动转运过程呢？

本章将主要以质子驱动的 MFS 家族成员为例，讨论二级主动转运蛋白的共性机制。人们对于 MFS 家族的结构特征已经知之甚详。这里我们将重点介绍膜电位驱动力原理，以及同向和逆向转运蛋白机制方面的共性与区别；强调膜电位驱动力在二级主动转运蛋白中的普适性。进而，我们将讨论包括 APC/LeuT、CPA/NhaA 和 RND/AcrB 在内的多种非 MFS 家族转运蛋白的能量偶联机制。

关键概念： 交替访问模型；初级和二级主动转运蛋白；载物变构和空载变构；同向和逆向转运蛋白、自转运蛋白；膜电位驱动力原理；电中性转运；底物与驱动物质之间的协同性或者竞争性；亚基间的协同性

4.1 转运蛋白的一般概念

转运蛋白的功能是"催化"跨膜的物质转运。然而与一般的酶有所不同，转运蛋白的底物和产物是同一个化合物（统称为底物，其 $\Delta\mu^0\equiv0$）；在"反应"过程中，底物的化学性质并未改变，而是其热力学状态，包括电化学势发生了变化。

转运蛋白可以分为被动转运（passive transport）和主动转运（active transport）。被动转运过程的驱动能量来自底物自身的跨膜电化学势（图 4.1.1A），而不需要转运系统提供额外的能量。对于电中性的底物而言，或者膜电位为零的情况下，跨膜电化学势只包含底物的浓度梯度这一项，底物作为一个集合只能从高浓度一侧向低浓度一侧运动。此时，转运蛋白的作用仅仅是对各类潜在配体进行专一性的筛选，降低底物在跨膜转运过程中的能量势垒，提高其转运速率；而对于非底物分子而言，跨膜能量势垒依然居高不下，无法穿越。与被动转运形成鲜明对照，主动转运蛋白借助来自驱动物质的自由能驱动底物分子的跨膜转运（图 4.1.1B）。在此类情况下，底物分子有可能逆着自身的浓度梯度方向被转运，而来自驱动物质的自由能可以被部分地转化为底物分子的自由能增加量。

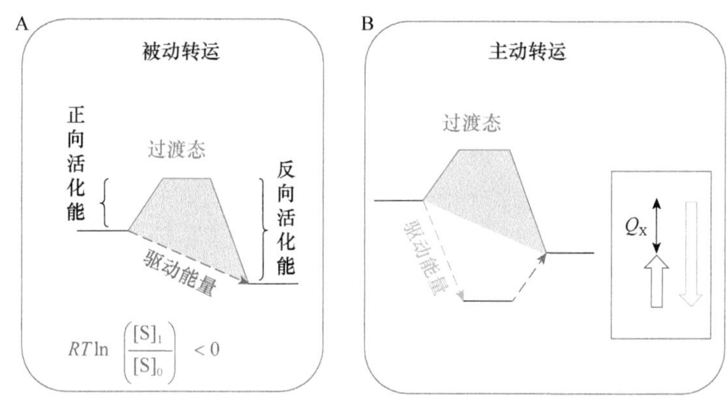

图 4.1.1 物质跨膜转运的驱动力

底物自身的电化学势用红色箭头标记。驱动物质的电化学势用绿色箭头表示。A．被动转运，驱动能量只能来自底物（S）的浓度梯度和静电势能。B．主动转运，驱动能量来自外部，而底物的电化学势能在转运过程中被升高

作为一个可以被循环使用的酶，转运蛋白可能同时存在许多潜在的配体（图 4.1.2）。由于这些潜在配体对转运蛋白的亲和力（$1/K_d$）不同，转运蛋白将被这些潜在底物以不同的概率（$[E_0S_i]/[E]_{total}$）所占据。这里我们姑且假设，除基态（0）和激发态（1）之外，并不存在稳定中间态。基于此，我们有下述公式：

$$[E_0]=\frac{[E_0S_i]K_{d0i}}{[S_i]} \tag{4.1.1}$$

$$[E_1]=\frac{[E_1P_j]K_{d1j}}{[P_j]} \tag{4.1.2}$$

$$[E_1]=[E_0]\exp\left(-\frac{\Delta G_C}{RT}\right) \tag{4.1.3}$$

式中，$[E]_{total}$、$[E_0]$、$[E_1]$、$[E_0S_i]$、$[E_1P_j]$ 分别为酶的总浓度、空载基态酶浓度、空载激发态酶浓度、酶与底物 S_i 复合体浓度、酶与产物 P_j 复合体浓度。对于一个给定底物而言，转运效率无疑与其占有率直接相关。式（4.1.5）告诉我们，该占有率与底物浓度呈正相关，与解离常数呈负相关；其他配体因素则只出现在被称为配分函数的分母中，后者等于所有可能状态相对概率之和。

转运蛋白的潜在底物

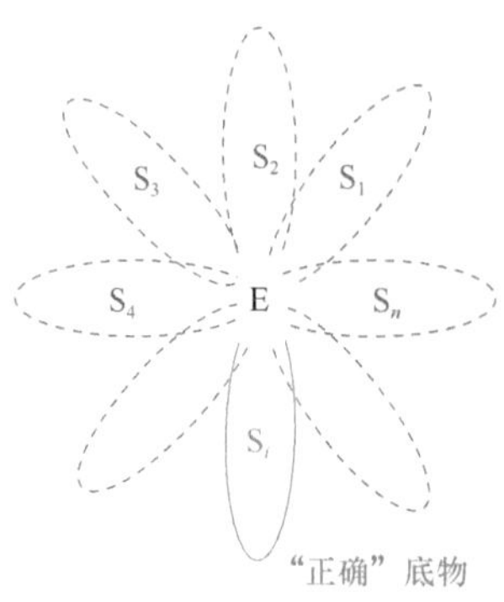

$[ES_i] = [E]_{total}\dfrac{[S_i]/K_{di}}{配分函数}$

配分函数=所有可能状态相对概率之和

图 4.1.2 多种配体分子竞争同一类酶

酶，E；n 种潜在的竞争性底物，$S_1 \sim S_n$。我们所关注的特定底物的占有率受到所有其他潜在配体的亲和力（$1/K_{dj}$）和浓度 $[S_j]$ 的共同影响

$$[E]_{total} = [E_0] + \sum\nolimits_j [E_0S_j] + [E_1] + \sum\nolimits_j [E_1P_j] \tag{4.1.4}$$

$$[E_0S_i] = [E]_{total}\frac{[S_i]/K_{d0i}}{1+\sum_j \dfrac{[S_j]}{K_{d0j}} + \exp\left(-\dfrac{\Delta G_C}{RT}\right)\left(1+\sum_j \dfrac{[P_j]}{K_{d1j}}\right)} \tag{4.1.5}$$

亲和力和转运速率是决定底物选择性的两个重要因素。只有那些既有较高亲和力又有较高转运速率的化合物才可能成为转运蛋白的有效底物。一个理想的底物能以其显著的亲和力，在与众多的其他配体竞争中脱颖而出。与底物不同，仅有高亲和力而转运速率极低的化合物则相当于抑制剂，它们可能过多、过久地占据转运蛋白，使其丧失转运真正底物的机会。实际上，任何表现出超高亲和力的配体都必然是抑制剂，因为它对应于深陷的能量势阱，一旦坠入其中，周围都是难以逾越的能量势垒，而结合能此时已经以热量的形式被耗散掉了。这很容易用自由能景观图加以分析、理解。在体外功能实验中为了简化问题，研究者常常刻意降低多种潜在底物相互竞争的可能性（如只使用一种底物）。在真实世界中，尽管问题可能会意想不到的复杂，但是对于一种给定的底物而言，其他竞争性配体的存在可以等价于转运蛋白有效数量的减小。在统计物理学中，酶的有效数量与实际数量之比称为调控系数[77]。譬如对于“真正”的底物而言，当强抑制剂出现时，酶分子如鲠在喉，其调控系数将变得很小。虽然酶分子的有效数量并不改变体外酶学实验的热力学平衡态结果，但在细胞中该有效值直接决定一个生化反应的快慢，从而影响相关生化网络的动力学性质。此外，对于主动转运蛋白而言，实现高转运速率的必要条件不仅包括较低的过渡态势垒，还需要具备有效的能量偶联机制。从结构方面阐明如何实现这些条件，属于相关结构生物学研究的核心内容。

转运蛋白并不像一座闸门，底物从来不可能透过转运蛋白从膜的一侧洞观到膜的另一侧。它更像是一扇转动门，底物在膜的一侧结合，门扉发生转动，使底物得以在膜的另一侧解离。随即，转运蛋白通过无底物的构象变化返回初始状态。这样一种机制模型被称作交替访问机制（alternating-access mechanism）[101]，我们将这一模型视为转运蛋白的基本属性。对于具有单一底物的双稳态转运蛋白而言，携带底物的构象变化称为载物变构；无底物的构象变化称为空载变构。图 4.1.3 中 B 图描述了一个由重力势能驱动的简单转运机器的交替访问模型。我们的科学问题是：在电化学势驱动的情况下，转运蛋白分子如何实现类似的交替访问转运过程？转运蛋白分别开向膜两侧的底物通道常常被描述为双半通道；在不同转运过程中，这两条通道以多种方式交替开关。鉴于两个热力学状态之间的自由能差与路径无关，转运蛋白这只灰箱中所可能包含的复杂过程，与交替访问模型之间并不产生冲突。譬如，虽然蠕动泵可能具有众多的中间构象，但仍然可以看作交替访问模型的一类变形。结构生物学研究中所捕捉到的多种反应中间态为人们勾画出了转运过程的可能途径。这些已知结果无一例外地支持了交替访问模型，即双向同时开启的通道是不可能出现在转运蛋白中的。我们不妨将这种限制视为转运蛋白的一种可检测性定义。由于转运蛋白的工作循环常常包含膜蛋白跨膜区较大的构象变化，它们的工作频率不会太高，其数量级为 1000 次 / 秒。

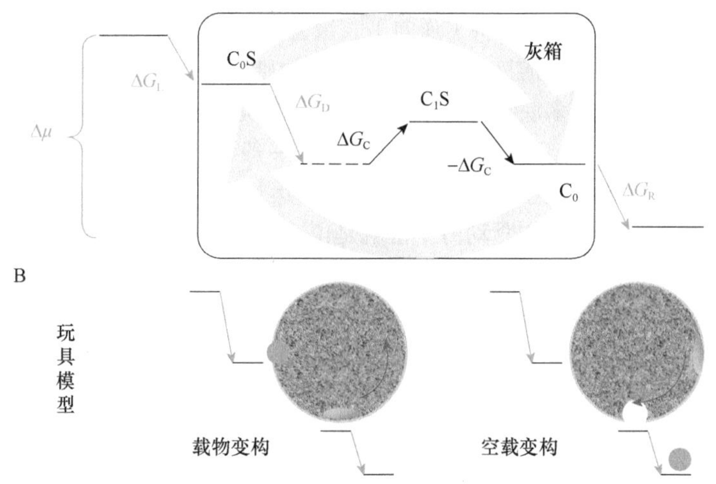

图 4.1.3 交替访问模型的自由能变化及其玩具模型

被动转运蛋白在 A 图中由一只灰箱表示；在 B 图中则由一只可转动的轮盘表示。底物的电化学势用重力场中的高度差来模拟。绿色小球表示底物；青色椭圆表示用于储存构象能（ΔG_C）的“压舱石”；红色箭头表示 C_0、C_1 之间的构象变化方向。在此灰箱内部，两个变构步骤直接和间接地被 ΔG_D 驱动。另外，对于转运循环而言，压舱石的位置和重量均发挥举足轻重的作用。值得特别强调，外部重力场的存在是压舱石发挥其功能的先决条件。这些类比对于理解双稳态跨膜转运蛋白的工作机理颇具启发意义

主动转运蛋白包含许多类型，主要分为消耗 ATP 或氧化还原势的初级主动转运蛋白和利用跨膜电化学势作为驱动力的二级主动转运蛋白（图 4.1.4）。本章主要讨论的二级主动转运蛋白叫作 MFS（major facilitator superfamily）①。MFS 蛋白家族涵盖同向转运蛋白（symporter）、逆向转运蛋白（antiporter）和自转运蛋白（uniporter）②。后面，我们将讨论它们

① 中文里 MFS 不妨读作“魔法师”家族。转运蛋白正好比穿墙过室的魔法师。

② uniporter 有时被翻译为单向转运蛋白。但是，该类蛋白质中的物流方向由底物浓度梯度方向决定，所以一般是可以双向工作的。uniporter 被译作单（底物）转运或者自转运蛋白似乎更为恰当。

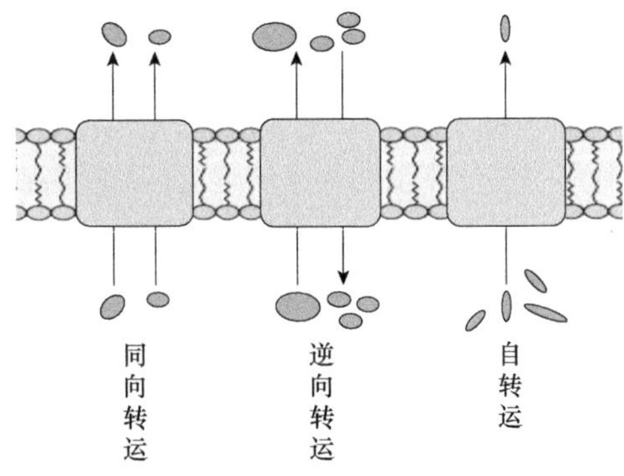

图 4.1.4 跨膜转运相关的二级主动转运蛋白

它们利用一类底物（驱动物质）的跨膜电化学势驱动另一类底物的电化学势升高。自转运蛋白是一个特例，即仅涉及唯一一类底物。MFS 家族是二级主动转运蛋白的一个范例，并且包含所有的三种类型

在机制方面的共性和区别。

大多数 MFS 家族主动转运蛋白使用跨膜质子电化学势作为驱动力。它们是最经济的一类转运蛋白；具体地说，对于 ATP 驱动的转运蛋白，每转运一个底物分子至少消耗一枚 ATP 分子；而每合成一枚 ATP 分子需要消耗 3～4 个质子。相比之下，在一轮转运循环中，MFS 蛋白一般只消耗一个质子。因此，直接消耗 ATP 的初级主动转运蛋白往往被用于转运特殊类型的底物（如较大的底物、浓度极低的底物）或者应激反应；而 MFS 这类二级主动转运蛋白则可能被更广泛地用来满足日常需求。

对于二级主动转运蛋白而言，跨膜电化学势是转运过程的驱动力。电化学势可能源自多种渠道，如底物自身的浓度梯度、提供能量的驱动物质（如质子）的浓度梯度和它们在膜电位作用下的静电势能等[102]。如果将（逆向）二级主动转运蛋白比喻为跨越三峡大坝的升降船闸，驱动物质就好比来自上游库区的水流，而底物则相当于驶向 170m 高的大坝上游的轮船。在细胞生理条件下，许多底物的浓度往往较低，转运蛋白又常常逆着底物的浓度梯度进行转运。因此，底物浓度对于转运过程所做的贡献一般是负向的，或者可以忽略不计。但是，在自转运过程中，即不存在驱动物质的被动转运情况下，底物自身的电化学势（$\Delta\mu+$静电能）就成为唯一可资利用的驱动力；也就是说，自转运蛋白是一类左右逢源的载体蛋白分子（carrier），底物的运动方向取决于自身的电化学势。此外，由于所有转运蛋白所介导的转运过程在微观上都是可逆的，当底物自身的电化学势远远强于“驱动物质”时（如在某些非生理性的实验条件下），许多二级主动转运蛋白往往也表现出沿底物电化学势的自转运能力。事实上，自转运蛋白普遍出现于阴离子沿膜电位上升方向（静电能下降方向）的转运过程中。譬如，神经突触前端细胞的 Glu 分泌囊泡膜中存在着一类 MFS 自转运蛋白——VGLUT1，它借助 V 型 ATP 质子泵所建立的内正 - 外负的膜电位①，向囊泡内部富集浓度梯度高达 20 倍的有机阴离子 Glu（腔体侧终浓度可达到 100mmol/L）[103]。严格地讲，由于驱动物质与被转运底物合二为一，自转运蛋白已经不再属于二级主动转运蛋白范畴；相反，它们可以看作一类遵从交替访问模型的特殊类型的慢速“通道”蛋白。

从第三章中可知，膜电位对于所有离子或者离子型化合物的跨膜运动都很重要；相应的离子可以用作驱动物质。此外，质子的跨膜浓度梯度 ΔpH，是生物化学家所始终不渝地钟爱着的自由能来源之一。质子的跨膜浓度梯度和静电势相关的自由能之和即跨膜质子电化学势，或者称为质子动力势（proton motive force，PMF，简记作 p）。类似于使用氧化还原电位描述电子转移的驱动力，p 常常用一个电压量来表示：

$$p \equiv \frac{2.3RT}{F}\Delta\text{pH} - \Delta\Psi \tag{4.1.6}$$

① 囊泡腔体侧在拓扑上等价于细胞质膜外侧（参见 7.1.1 小节）。

式中右侧第一项正是质子的能斯特电压。以生理条件下的细菌细胞为例，以其胞外为基准，$\Delta pH>0$，而 $\Delta\Psi<0$。此时质子动力势 $p>0$ 表示质子由胞外到胞内的跨膜运动是一个释放自由能的过程。如果从能量项 $p\times F$ 中扣除质子的结合能和解离能，所剩余的能量部分正是 $-\Delta G_D(H^+)$，即伴随构象变化的质子势能差。在真核细胞的线粒体内膜上，p 约为 220mV，其中以 $\Delta\Psi$ 的贡献为主[104]。

4.2 MFS 家族转运蛋白

MFS 家族是成员最众多、研究最广泛的二级主动转运蛋白家族。来自各种生物的逾 15 000 种基因已被预测编码 MFS 家族转运蛋白[105]。它们约占（原核）跨膜转运蛋白总数的 25%[106]。大肠杆菌、酵母和人类基因组均各编码 100 种左右的 MFS 蛋白。我们以其为模式蛋白引入关于二级主动转运蛋白共性机制的讨论。

尽管它们的氨基酸序列可能存在很大的差别，很难想象汗牛充栋般的 MFS 家族转运蛋白各自具有独特的转运机制。在结构动力学中，更受关注的研究对象正是它们的共性工作原理。一般来说，共性的机制与蛋白家族所具有的最保守氨基酸序列模体有关。然而，MFS 家族蛋白却离奇地缺乏这类承载明显功能的标志性模体。

在探讨共性机制之前，我们首先回顾一下 MFS 蛋白的研究历史。

- 1952 年，魏德斯（W. Widdas）提出葡萄糖转运中的“转运子”概念①，即该类跨膜转运过程不是由底物浓度梯度直接驱动的扩散，而是由蛋白质分子所介导的[107]。
- 1957 年，米歇尔（Peter Mitchell）提出二级主动转运蛋白的概念，即利用跨膜电化学势来驱动转运[108]。
- 1966 年，约德斯基（Oleg Jardetzky）提出转运蛋白的交替访问模型，以区别于通道蛋白[101]。这些都堪称有关细胞物质转运的原创性概念。
- 1984 年，卡贝克（H. Ronald Kaback）实验室在脂质体中重构了乳糖转运蛋白（LacY）的活性实验[109]。这是第一个有关转运蛋白的体外功能实验。
- 2003 年，乳糖转运蛋白和 3- 磷酸甘油转运蛋白的、内向型、近原子分辨率晶体结构被解析[110, 111]，揭开了二级主动转运蛋白结构研究的序幕。
- 2010 年，颜宁实验室发表了岩藻糖转运蛋白结构[112]。这是第一个被解析的外向型 MFS 蛋白的晶体结构。它从实验层面证实了该家族蛋白存在着内向、外向两类构象，从而支持了转运蛋白的交替访问模型。

4.2.1 MFS 家族转运蛋白的保守三维结构

MFS 家族转运蛋白的共性结构是由一条肽链形成的 12 根跨膜螺旋（TM；图 4.2.1）。它们构成两个 6TM 组成的结构域；每个结构域又各自含有两个 3TM 的结构单元，共存在 4 个这样的结构单元。它们之间由三个近似相互垂直的、赝二重对称轴彼此关联（所谓的 2-2-2 对称性）[113]。MFS 蛋白分子整体大致呈橄榄球形。在每一个 3TM 单元中，第一根跨膜螺旋

① 在早期生化发展阶段，某某“子”的概念曾经像今天某某“小体”或者某某“组学”的概念一样遍地开花。这种词汇的进化趋势反映了生物化学家所关注的问题复杂度的提升。

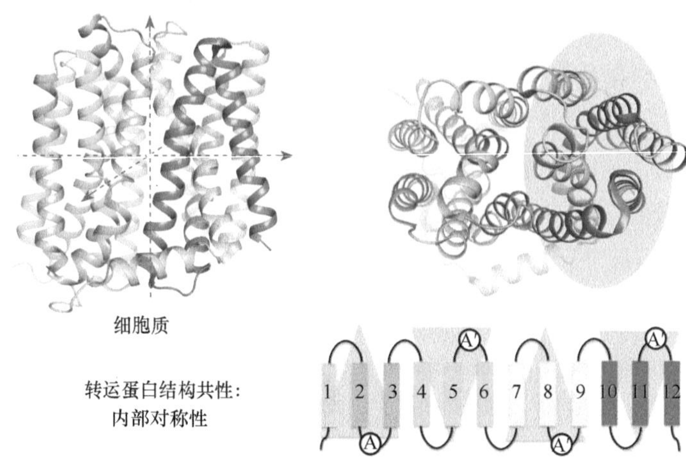

图 4.2.1 MFS 家族蛋白的内禀对称性（引自 Madej et al.，2013）

12 根跨膜螺旋分解为 4 组 3TM 重复结构。除去隐约可辨的 A 类模体（下图中用字母 A 标记），该家族成员之间已很难分辨出整体氨基酸序列保守性了

处于蛋白分子的核心，参与形成底物结合空腔。第二根跨膜螺旋较长且呈香蕉形，位于蛋白分子跨膜区短轴的两端。4 根此类螺旋在转运循环的构象变化中，两两成对，形成 N 端、C 端两个结构域之间的两组齿轮轨道。第三根跨膜螺旋与脂双层的厚度匹配良好，并且聚集在蛋白分子长轴的两端，在构象变化中主要发挥锚定作用。MFS 蛋白结构不含保守的螺旋断裂。这一结构特点很可能与如下事实有关：作为二级主动转运蛋白的 MFS 成员罕有以 Na^+ 等碱金属阳离子作为驱动物质。此外，由于 N 端、C 端肽段各自形成拓扑上独立的结构域，至少在 MFS 蛋白的一侧存在一条贯穿脂双层的狭缝。这类狭缝使得两亲性长分子的转运过程成为可能；在此过程中，底物的亲水性部分经转运蛋白内部发生跨膜迁移，而疏水长链则始终保留在脂双层的疏水部分。MFS 转运蛋白具有两个明显不同的构象，分别命名为内向型构象（C_{in}）和外向型构象（C_{out}）。它的转运机制被称为“摇柄开关”机制（rocker switch mechanism）[110]；就如同室内墙壁上的电灯开关，只有两个稳定构象。在某些非典型 MFS 成员中［如 monocarboxylate transporter 2（MCT2）］，完整的功能单位以具有上述结构的同质二聚体形式出现。两个亚基之间的二重对称轴垂直于膜平面，一个亚基的 N 端和 C 端结构域分别与另一个亚基的 C 端和 N 端结构域相比邻。在行使功能时，两个亚基同步地进行构象切换，并且在底物结合中表现出明显的正协同性[114]。

在几十种纷至沓来的 MFS 蛋白的晶体结构中（图 4.2.2），LacY 是一个被研究了半个多世纪的“明星蛋白”，积累了大量的生化实验数据。人们曾经怀揣梦想，其晶体结构一旦被解析就可以揭示 MFS 蛋白的所有秘密，也就是所谓的“crystal clear”。然而，在第一个 MFS 蛋白晶体结构被解析十余年之后，研究者依然被其共性机制所困惑，其中包括构象变化中的能量偶联等基础性的问题。人们无休止地期待着数量的积累将最终会导致认识水平上质的飞跃①。

① 正如 James Cleick 在他的《信息简史》中所争辩的，信息不等于知识，知识不等于启示或者智慧。过度的、缺乏综合的信息势必成为淹没人类智力的垃圾，姑且不论制造这些垃圾所消耗的各类自然和人类资源。事实是，信息正在变得越来越泛滥且廉价，而人们所能提供的关注力却越来越稀缺而昂贵。

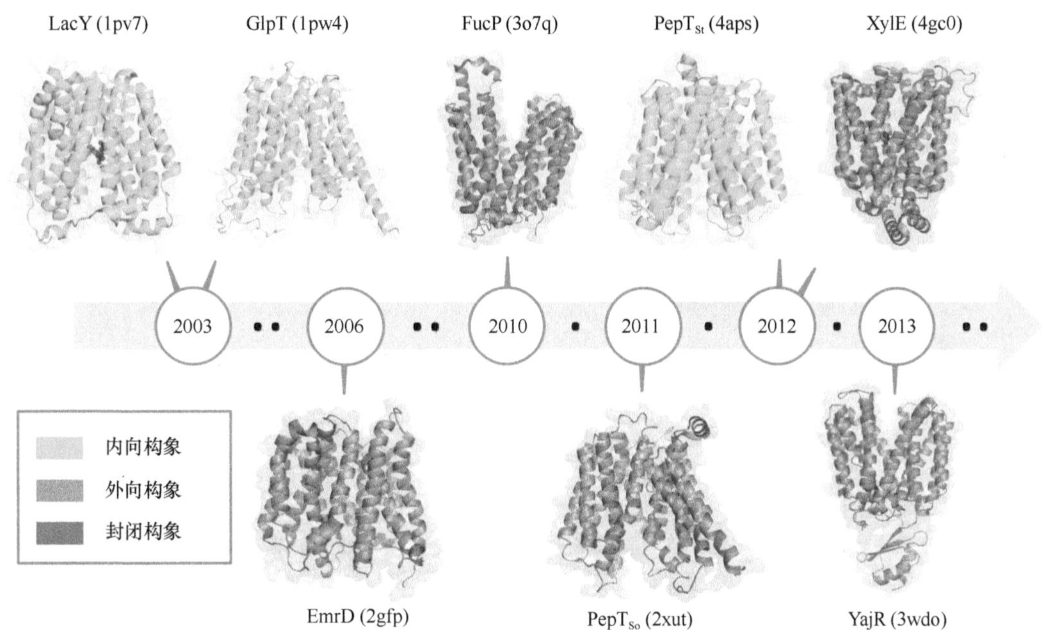

图 4.2.2 MFS 家族的早期代表性结构
相关研究在 MFS 家族中证实了转运蛋白的普遍交替访问模型

4.2.2 结合能差 ΔG_D——理解能量偶联的关键科学概念

1. 能量偶联的一般机制　主动转运蛋白所面临的一项挑战是迫使底物分子由浓度较低的膜的一侧迁移到浓度较高的一侧。这样一个过程应该如何实现呢?

在底物浓度较低的一侧，转运蛋白常常以高亲和力（对应于较小的解离常数 K_{d0}）结合底物，沿确定方向运动，并且在底物浓度较高的一侧以低亲和力（对应于较大的 K_{d1}）将底物释放。这种存在于底物结合态与解离态之间的亲和力差别对应着一项（耗能的）正值的自由能，即 ΔG_D；此时，它将构成过渡态能量势垒（$\Delta G^{\ddagger}$）的一部分。该项结合能差有利于底物的结合以及产物的释放，从而避免或者减弱酶学中的产物抑制现象。这就如同一只鼠夹，一旦将底物捕捉到，假如不消耗能量底物将无法重获自由（图 4.2.3）。在构象转换步骤中，转运蛋白可以通过多种方式降低底物亲和力，譬如：①减小结合口袋的几何体积，将底物直接挤压出去。②改变结合位点的化学性质，包括使氢键断裂、改变亲水 - 疏水环境等。③减弱静电吸引力，或者增大静电排斥力。对于质子结合位点来说，这类静电相互作用的弱化等价于降低 pK_a；而对于其他离子来说，变化包括破坏配位键、引入电性相同的基团等。任何上述降低底物亲和力的机械、化学或静电方式都需要外界的输入能量来补偿；而这一补偿过程正是人们所常说的能量偶联。简言之，转运蛋白不可能自发地由对底物的高亲和状态变成低亲和状态；相应的构象转化需要外界能量来驱动。

2. ΔG_D 如何驱动转运过程　并不是在所有情况下 ΔG_D 都需要外界能量补偿；相反，在某些情况下，底物自身的 ΔG_D 可以促进，甚至独立地驱动转运过程。譬如，对于介导被动转运的所谓自转运蛋白而言，驱动力就来自底物自身的跨膜电化学势，包括浓度梯度（图 4.2.4）。由于其底物常常在高浓度一侧结合，在低浓度一侧释放，这类转运蛋白不需要从高亲和力到低亲和力的变化；它们甚至可以利用（释能的）负值的 ΔG_D 来驱动转运过程中的

高亲和力到低亲和力构象变化是耗能过程

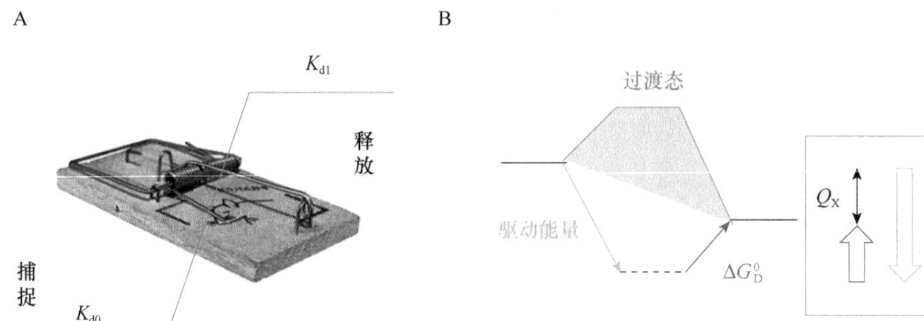

主动转运过程的自由能景观图

$\Delta G_D^0 \equiv RT\ln(K_{d1}/K_{d0}) > 0$

图 4.2.3 转运过程中转运蛋白对底物亲和力的降低需要外界能量的驱动

A 图中，我们聚焦在酶反应三级跳中的“反应”步骤，而暂时忽略了底物结合和产物解离步骤（假设结合能和解离能均为零）

浓度梯度驱动的被动转运过程：低亲和力到高亲和力

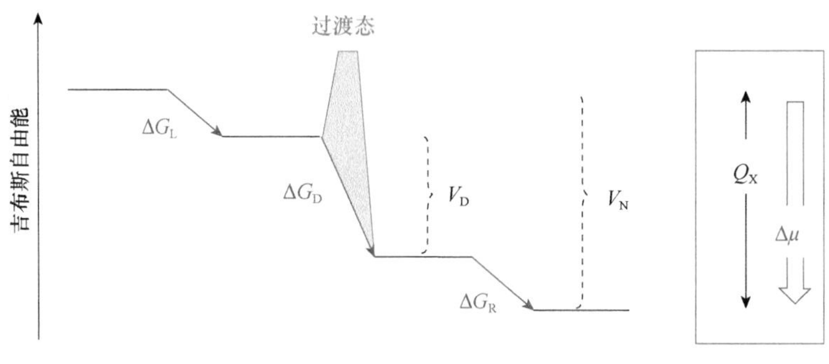

能斯特电压：$V_N \equiv \dfrac{RT}{zF}\ln\dfrac{[S_1]}{[S_0]}$

结合能差电压：$V_D \equiv \dfrac{RT}{zF}\ln\dfrac{K_{d1}}{K_{d0}}$

图 4.2.4 单转运蛋白所介导的“三级跳”转运过程

在此类过程中，一般需要满足 $\Delta G_D<0$

载物变构。这类被动转运过程又称为受助扩散（facilitated diffusion），即转运蛋白仅仅为底物提供了一条低速的跨膜扩散通路。再如，在某些细胞器（如植物细胞的类囊体）的膜上，ΔpH 所对应的自由能变化（$-2.3RT\Delta\text{pH}$）有可能强于膜电位所对应的自由能。此时，与质子结合相关的负值的 ΔG_D（H^+）可以充当主动转运蛋白的主要驱动能量。

3. *两类极端的转运蛋白* 对于给定的底物 - 驱动物质组合，常常存在两类表现出相反极端行为的同工酶转运蛋白。第一类是高亲和力、低速率转运蛋白，它们负责在底物浓度极低的条件下进行转运。这里所使用的策略就是利用（耗能的）高正值的 ΔG_D^0，使底物由低到高浓度的转运成为可能。由于驱动能量主要被用于补偿 ΔG_D，可用于克服载物变构中剩余的过渡态势垒的能量就可能少得可怜了（相应的 Q_X 也较小）。因此，此类转运蛋白的转运速率一般比较低；即便是在实验条件下人为地提供较高的底物浓度，也不能彻底改变这种属于转运蛋白本身的特性。第二类是低亲和力、高速率转运蛋白，它们只负责在底物浓度较高的条件下进行转运。这类转运蛋白不具有高正值的（耗能的）ΔG_D^0，甚至可以利用强负值的（释能的）ΔG_D^0 来克服转运过程的过渡态势垒，因此可能实现高转运速率，正如酶学中的诱导契合机制所描述的现象。由于 ΔG_D 具有方向性，在体外功能实验中一类给定转运蛋白所表现出的上述性质与其相对于膜的取向密切相关。如果调转取向，给定转运蛋白可以从上述一个极端情况变为另一个极端情况[115]。

在体外转运功能实验中，研究者经常使用重组表达的转运蛋白构建功能型脂质体；其目的包括还原目标蛋白在生理条件下的各项动力学参数。此时，膜蛋白分子本身的性质，如膜外水溶性部分与跨膜部分的相对大小和相对位置，将导致它们在脂质体膜上的取向偏好性。进而，膜蛋白分子的非生理性取向可能严重地干扰实验结果。作为一个被过度使用的简化方案，人们用米氏方程来描述膜蛋白分子所催化的反应，并给出一套表观米氏参数，即 K_M 和 k_{cat}。然而，此时作为酶的转运蛋白分子的正、反取向将对应两套完全不同的米氏参数，相当于两类功能相似，但动力学性质截然不同的酶。来自脂质体功能实验的直接观测数据实际上是两类膜蛋白功能的加权平均；而确定其中的相对权重并进而解析两类酶分子各自的动力学参数，无疑将大大增加实验的复杂程度。当实验中继续添加膜电位时，两类酶分子对膜电位不同的响应将进一步增添实验数据分析的难度。因此，提高膜蛋白分子在脂质体膜上取向的一致性，是该类功能实验可行性的关键因素之一。

如前所述，如果底物是离子或者离子型化合物，底物的跨膜浓度梯度就对应于一个能斯特电压（V_N）。同理，ΔG_D^0 也等价于一项电位差 V_D［式（3.4.7）］。可以认为，在转运蛋白这只"灰箱"内部，V_D 以加强或者抵消 $\Delta\Psi$ 的方式影响载物变构。在这一描述之下，驱动物质的浓度梯度（如 ΔpH）通过结合、静电互作、解离三级跳参与驱动过程。结合和解离步骤仅仅以影响占有率［式（4.1.5）］和贡献耗散热的方式参与转运循环［阻碍逆向反应，参见式（3.2.1）］；除此之外，两者与转运过程中的能量偶联并无直接关系。

4. MFS 共性功能循环　有关 MFS 蛋白的共性功能循环，有几点值得强调（图 4.2.5）：

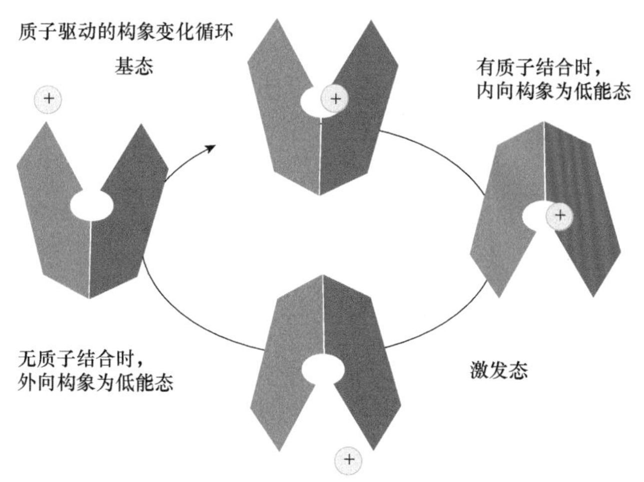

图 4.2.5　质子驱动的 MFS 转运蛋白的共性功能循环

外向型构象为基态；内向型为激发态。N 端、C 端结构域分别用蓝色、红色表示

（1）MFS 蛋白具有左右对称（N 端、C 端两结构域之间的对称性）和上下对称（各结构域内部的二重对称性）。

（2）MFS 蛋白一般拥有一个内部比较亲水的中央空腔。它是针对（亲水性）底物的识别位点和转运的通路。膜蛋白的四周与膜接触的部分则是疏水的，借助疏水匹配将膜蛋白分子约束在脂双层内。

（3）根据已知三维结构，人们确认所有 MFS 蛋白都表现出双稳态构象——外向型和内向型，并且形成一个工作循环。作为驱动力，质子结合所引起的附加静电力可以引发外向型的基态到内向型的激发态的转化。这应该是此类由阳离子驱动的、MFS 蛋白的共性特征。

这一研究领域一个长期悬而不决的问题是：两种构象之间的转换机制是怎样的？具体地说，1/Da 质子的结合是如何成为压垮骆驼的最后一根稻草，牵动一个 50kDa 的蛋白质分子发生如此巨大的构象变化呢？从热力学角度来看，由质子驱动的转运过程并不难理解，就好比只要有水流便可以发电。但是，由质子驱动的底物转运需要怎样的结构元件来实现呢？尽管 MFS 家族蛋白表现出相似的三维整体结构，保守的氨基酸序列模体却少之又少。迄今为止，人们尚未在 MFS 蛋白三维结构内部鉴定出与质子驱动明显有关的、标志性的序列模体。这类关键保守残基的缺失是研究 MFS 蛋白的一个长期令人困惑的领域。

多年以来，MFS 蛋白结构研究中的主流趋势是，在多种可能构象下，反复解析高分辨率、多种配体复合体的晶体结构。人们所关注的对象往往是在某一构象下氢键网络的结构细节。这就好像在说，看呀，这个钟表的齿轮多么精致，还有这么多钻石的轴承，它们一定就是钟表能报时的原因[①]。其实，这样一种“精益求精”的思维方法的误区是：分析结果往往缺乏普适性；常常混淆原因和结果；没有真正解决蛋白质转运过程中的能量偶联这类基本的问题。或许人们不应该钻进蛋白质分子结构内部去寻找它的驱动力，就如同不应该把船拉到岸上来研究它的流体动力学性质一样。

5. 什么是驱动物质　为了解决上述困惑，我们首先来尝试回答这样一个更为基本的问题：什么样的配体应该称为二级主动转运蛋白的驱动物质呢？驱动物质之于转运蛋白，就如同风之于风力发电机或者水之于水轮机一样（图 4.2.6）。风是什么？风是具备一定动能的空气；空气本身不是驱动物质，运动的空气才是。这里，空气仅仅作为能量的一种载体；它与驱动汽车前进的汽油之间存在着本质的不同。

图 4.2.6　驱动物质的概念
驱动物质在相关过程中不发生化学变化，而利用“物理”状态变化所释放的自由能驱动该过程

如前所述，作为驱动物质的质子所感受的跨膜电化学势由两部分组成，一部分来自质子浓度梯度，另一部分来自膜电位。在 MFS 家族转运蛋白的主流研究中，人们过多地讨论质子浓度梯度所起的作用。虽然质子浓度梯度确实很重要，但是多数情况下它既不是全部，也不是最主要的能源。具体地讲，细菌质膜两侧的质子浓度梯度一般只有 0.6pH 单位；胞外侧为 pH 7.0，偏酸；胞内侧为 7.6，偏碱（存在着大约 4 倍的质子浓度梯度）。相应的自由能只有 1.4 倍 RT。然而，一个典型的 MFS 蛋白（如 LacY）可以使被转运的底物产生 100 倍的跨膜浓度梯度，相当于 4.6 倍 RT。从热力学角度来看，质子浓度梯度本身仅能提供完成这项

① 弗洛伊德称之为：人类心理上对微小差异的自我陶醉。对于原始实验观察者来说，这种追求差异的渴望几乎是不可避免的，因为差异赋予“新”观察更多的意义。

任务所需自由能的不足 1/3。因此，在生化宠儿 ΔpH 之外，一般还需要其他能源。

6. MFS 转运蛋白与 ΔΨ　在 MFS 蛋白研究中，人们曾经忽略了生物膜的另一个重要特性，这就是膜电位。在 1mol 质子的跨膜转运过程中，−100mV 的膜电位可以提供 4～6 倍 *RT* 的自由能，与底物转运所需能量相当，并且大于 ΔpH 的贡献。细胞内 - 外质子浓度梯度大约为 4 倍，对应于 *RT*ln（4）的化学势；在极限情况下，该化学势全部用于驱动其他底物分子，也只能使后者发生不高于 4 倍的浓缩①。但是，与膜电位一起，ΔpH 便可以驱动底物分子形成超过 250 倍的浓度梯度。打个比方，假如这里的质子是被用来发电的水，它不是一般的、放在漏斗中的潺潺流水，而是一只高压水龙头。因此，将膜电位作为主要能源来考虑，有其理论上的必要性，并且不乏充分性。

事实上，早在 1984 年研究者在第一个 LacY 体外功能实验中就发现，膜电位对于该蛋白的转运速率发挥着重要的促进作用（图 4.2.7）[109]。当膜电位存在时，转运活性与没有膜电位时相比提高近 30 倍。该结果说明：在转运过程中不仅发生了质子的运动，而且这些质子在电场力的驱动下运动。

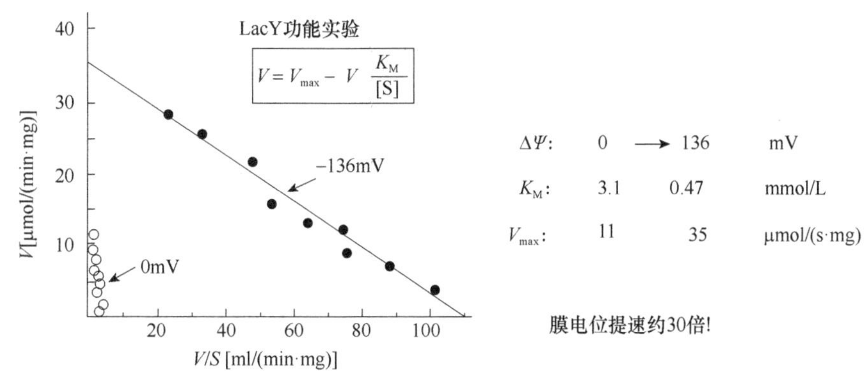

图 4.2.7　膜电位可以显著地提高乳糖转运蛋白的转运速率（引自 Vitanen et al.，1984）

图中所示是第一个 MFS 转运蛋白体外功能实验的结果。当添加膜电位时，转运速率显著提高。在所示经典酶学的倒数作图法中，直线的斜率越平缓，对应的催化活性（V_{max}/K_M）越高

7. 关于转运蛋白的化学动力学研究　作为一类特殊的酶，转运蛋白以一种循环的方式行使其功能。“反应”前后，底物的化学性质不改变，而化学势发生变化。为了描述反应过程中各个步骤的先后顺序及动力学关系，人们使用酶反应的金 - 奥尔特曼（King-Altman）图（图 4.2.8）。譬如，一个同向转运蛋白从基态出发，在胞外先装载底物分子，再结合质子；在膜电位驱动下，发生外向型（C_{out}）到内向型（C_{in}）的载物变构，进入激发态，并且储存构象能（ΔG_C）；随即，先卸载底物，再释放质子；在所释放的构象能（$-\Delta G_C$）的作用下，发生 C_{in} 到 C_{out} 的构象反转，返回基态[88]。

在动力学方面，人们可以把转运蛋白的循环设想为一个正向反应与一个反向反应共存的稳态。如果两个方向的圆圈具有不同的流量，则系统消耗驱动能量，完成底物的定向转运。在任何情形下，转运蛋白都不是，也不可能是一台分子永动机。这就引出了以下有关转运蛋

① 此处，我们假设质子与被驱动底物之间的化学计量比为 1∶1。化学计量比决定转运蛋白能量偶联的潜能。譬如，假设质子与底物的计量比是 2∶1，4 倍的质子浓度差本身就有可能导致高达 16 倍（4^2 倍）的底物浓度差。与化学计量比不同，转运蛋白分子的有效数量只可能影响转运的速率，而不改变反应平衡态下的底物浓度分布。

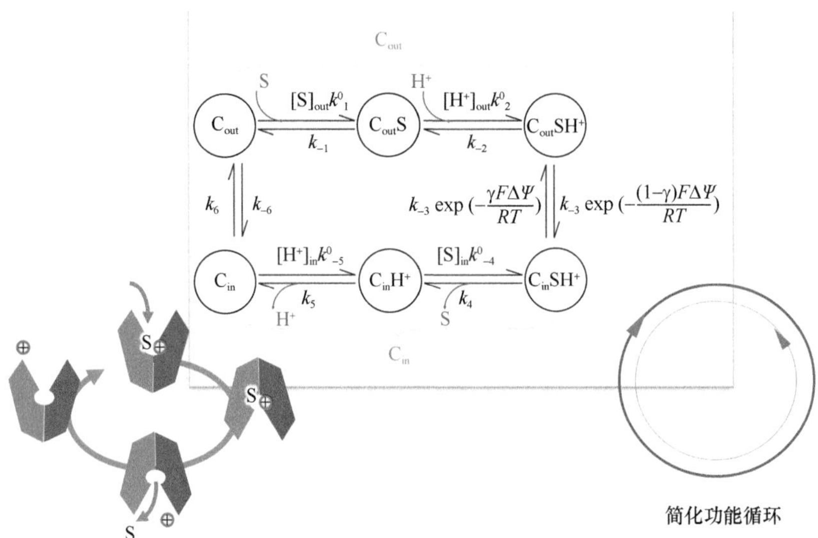

图 4.2.8　三种表示同向转运蛋白共性功能循环的方法：关于转运机制的卡通示意图（结构生物学）、抽象循环（热力学）和 King-Altman 图（化学动力学）

白自由能景观图的讨论。

转运蛋白中关于驱动物质与底物之间的热力学偶联关系，早在 20 世纪 70 年代就被详细地从理论角度讨论过。譬如，美国科学院院士希尔（Terrell Hill）在这方面的专著曾被多次再版（图 4.2.9）①。在 Hill 的时代，人们对于转运蛋白的结构可以说是一无所知。但是，他在

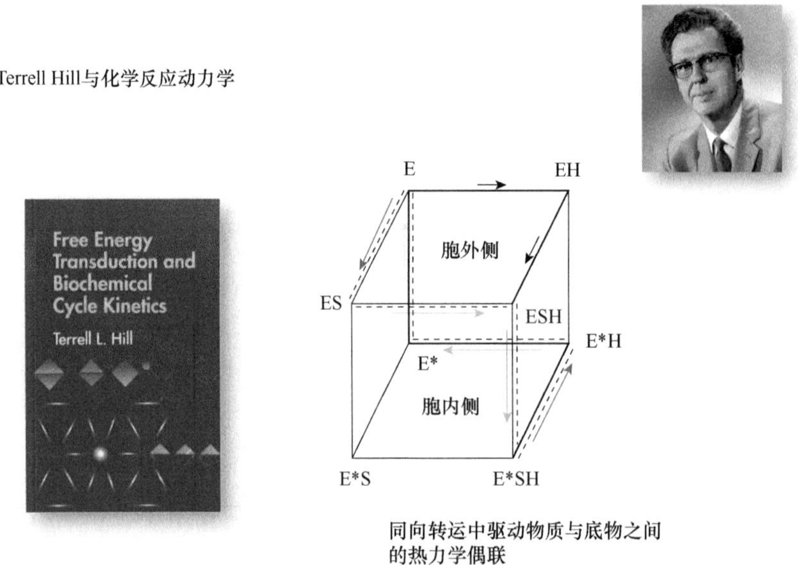

图 4.2.9　转运蛋白化学动力学研究的先驱——Terrell Hill

① T. Hill 教授在俄勒冈大学创建了世界上第一个以分子生物学命名的研究所。笔者曾就读于该研究所，师从 Brian W. Matthews 教授，以 T_4 溶菌酶为模式蛋白进行关于蛋白质结构的稳定性研究。因此与 Hill 这位理论生物物理学前辈还是颇有情结的。

许多热力学方面的讨论对于人们今天的研究依然有着高屋建瓴的指导意义。只可惜，这些早期的工作多年来被人们淡忘了，特别是被许多结构生物学家（也包括笔者在内）所忽略。而这些理论正是帮助我们解决结构动力学中各种能量偶联问题的一把万能钥匙。

下面，以同向转运蛋白为例，我们看一看如何使用自由能景观图来描述一个转运过程（图 4.2.10）：首先，底物化学势分解为底物结合、转运、解离等三个步骤。其中，结合和解

A 同向转运蛋白自由能景观图

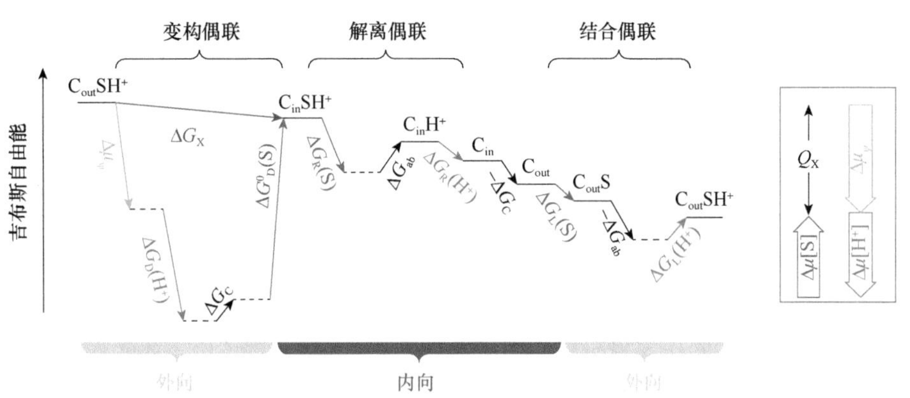

B 逆向转运蛋白自由能景观图

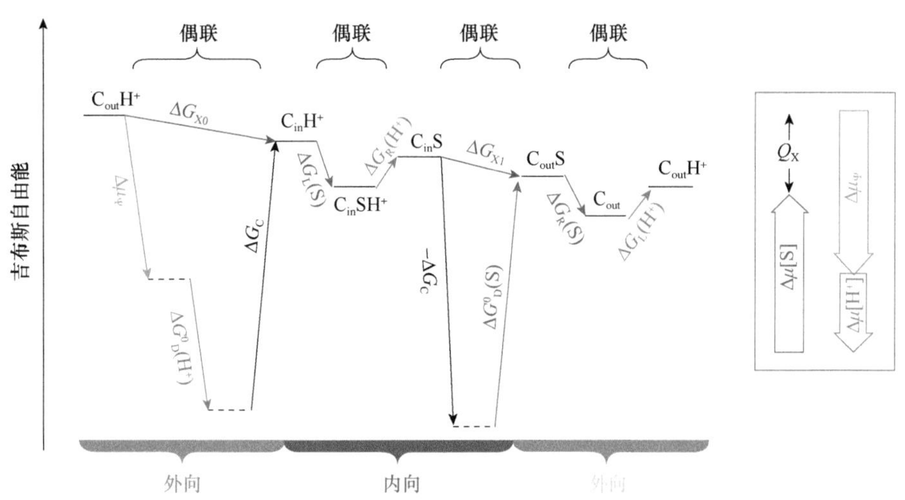

图 4.2.10 同向（A）和逆向（B）转运蛋白自由能景观图

同向转运中，来自驱动物质的自由能直接用于补偿底物的 ΔG_D。而在逆向转运中，驱动能量首先转化为"酶"的 ΔG_C，再由后者补偿底物的 ΔG_D。①与底物结合、转运和解离相关的化学势变化由红色箭头标记。②膜电位相关的质子静电能量（$F\Delta\Psi$）由绿色箭头标记。③质子浓度梯度相关的驱动力由蓝色箭头标记。④在同向转运中，底物与驱动物质的正协同性结合由二者之间的相互作用能（$-\Delta G_{ab}$）介导。该能量项在底物解离时需要被全数补偿，因此不可能成为驱动能量。⑤A 和 B 图中右侧附图（矩形框）表示驱动能量与底物化学势增量和耗散热之间的守恒关系（热力学第一定律）。左图中的每一组彩色细箭头的纵向分量的代数和应等于附图中相应颜色的宽箭头所表示的自由能项；即前者是后者的分解，而各项的配额视具体转运蛋白和底物所组成的系统而定。⑥每一组偶联的步骤对应下降的自由能，以保证该组合步骤可以顺利自发发生（热力学第二定律）

离步骤常常是平淡无奇的；但它们也可能通过某种协同性机制（如以相互作用能 ΔG_{ab} 的形式），促进质子的结合和解离。结构动力学更为关注的是转运步骤，即载物变构和空载变构。底物结合能差 ΔG_D^0（S）既是底物化学势［$\Delta\mu$（S）］的一部分，又是转运蛋白特征参数 ΔG_D 的一部分。可以说，ΔG_D^0 是有关转运蛋白中能量偶联最基本的概念，没有“之一”。其次，驱动物质质子的跨膜电化学势也分解为结合、转运、解离等三个步骤。在扣除结合和解离能之后，质子的剩余电化学势 ΔG_D（H^+）（$F\Delta\Psi-2.3RT\Delta pK_a$）正是在膜电位电场中质子对于载物变构步骤所能够提供的驱动能。

从自由能景观图可见，自由能上升的（耗能）步骤一般与“相邻”的自由能下降的（释能）步骤相偶联；而在实际过程中，这些相互偶联的步骤是同时发生的。此外，当转运蛋白在驱动能量的作用下进入激发态时，存在一项伴随构象转换的自由能变化——ΔG_C。换言之，部分驱动能量以构象变化的形式被储存起来；而当驱动力解除之后，ΔG_C 被释放，转运蛋白好像受力变形后被释放的弹簧一样得以返回基态。

8. *膜电位驱动力原理*　为了实现作用于各类 MFS 蛋白的质子动力势，细胞需要一个封闭的膜系统来维系跨膜电化学势。因此，人们对于 MFS 蛋白功能的讨论也不应该脱离这一必要前提。携带正电荷的质子沿化学势的运动方向应该是由胞外侧指向胞内侧。为了把这种势能转化为静电力，MFS 蛋白需要一个作用位点（图 4.2.11）。作为驱动物质的质子不应该以游离的方式存在于底物通道附近，而需要被固定在 MFS 蛋白上，即质子的解离速率必须远远小于转运蛋白构象变化的速率（后者在毫秒量级）。事实上，在几乎所有由质子驱动的 MFS 蛋白的中央空腔内，人们都发现了可质子化（可滴定）的氨基酸残基，尽管其位置并不保守，但几乎无一例外地是酸性残基。这些可质子化的氨基酸残基在特定微环境下（如当附近出现其他酸性或者电负性基团时），其 pK_a 值升高，导致发生质子化。对此，最简洁的解释是：库仑相互作用影响了伴随质子化的能量变化。质子化事件为转运蛋白提供了一个静电力的稳定作用位点。

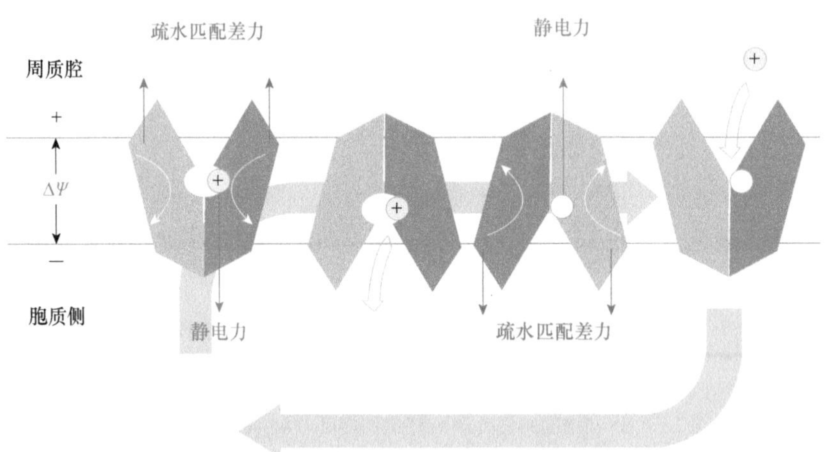

图 4.2.11　质子的跨膜静电势能驱动 MFS 转运蛋白的共性功能循环示意图

上方为胞外侧；下方为胞内侧。质子由标有正号的小圆圈表示。静电力和疏水力分别由蓝色、紫红色箭头表示；转动力矩由白色弧线箭头表示。图中左起第二、第四状态处于力学平衡

无论是在外向型还是内向型构象之下，MFS 蛋白都呈现一个纵深 15～20Å 的半空腔，腔内充满高介电常数的溶液。根据前文有关聚焦化电场的讨论（参见 2.3 节），MFS 蛋白所处的膜电位实际上是加载在封闭的且较薄的膜蛋白部分。从静电势能的角度来看，在外向型结构中被质子化的残基是处于带正电压的高能量一侧；而在内向型结构中，则处于带负电压的低能量一侧。构象变化过程中，膜电位电场与质子化位点之间发生了全程的相对位移。因此，质子即使不改变其绝对空间位置，系统的整体能量变化也将有利于从外向型到内向型的构象变化。

与许多研究者所笃定的信念不同，驱动构象变化的能量来源并不是来自某一组氢键的形成或者断裂，因此其不依赖严格的氨基酸残基分布。姑且不论来自氢键的约 $2.3RT$ 的能量是否足以驱动转运蛋白的构象变化，在一轮功能循环中，形成一根氢键所释放的能量必然需要在之后的氢键断裂步骤中被偿还，因此不可能产生任何驱动能量。这也解释了为什么迄今为止人们试图鉴定提供驱动能量的高度保守的结构元件时均铩羽而归。实验已经证实：对于某些 MFS 蛋白而言，可质子化的残基可以通过点突变在中央空腔内更换位置，而并不妨碍转运功能[116]。

根据这一膜电位驱动模型，在质子化和跨膜电化学势的共同作用下，转运蛋白发生基态与激发态之间的构象转换。从力学角度来看，转运蛋白分子的中间部分受到一股指向细胞内部的力（5pN 或更大）；而蛋白质分子与周边脂双层发生疏水相互作用，受到一系列指向（上方）细胞外部的力。鉴于蛋白质分子维持在脂双层中，这个疏水失配力与静电力必然大小相等、方向相反。然而，两组力并非作用在同一位点，一般也不在同一条直线上，因而会导致力矩的形成，使两个结构域之间发生相对旋转，并且稳定到内向型构象。此时，如果把内向型构象看作一个新的参考状态，其后所发生的去质子化将导致一个与激活过程相反的、由负 ΔG_C 驱动的空载变构，从而完成转运蛋白的构象循环。

综合上述讨论，质子化和去质子化代表了由质子驱动的二级主动转运蛋白功能循环中有关共性机制的最关键的两个事件。值得强调的是，上述模型只依赖驱动物质的阳离子性质和二级主动转运蛋白的双稳态性质。因此，同样的原理也适用于各类不同的、由其他阳离子驱动的二级主动转运蛋白[117]。我们将这一模型命名为关于二级主动转运蛋白的膜电位驱动力原理（$\Delta\Psi$-driving principle）。

9. MFS 转运蛋白的玩具模型　如果读者感觉上述膜电位驱动力的讨论还不够直观，不妨设想另一款由重力驱动转运蛋白的玩具模型（图 4.2.12）。处于平衡状态、开口向上的蛋白模型将在底物重力作用下完成一轮工作循环。重力具备方向性，因此保证小铅球的转运只朝一个方向发生。这里我们看到：①重力只在小球与玩具模型接触的一瞬间产生效应。②只要小球的质量足够大，所受的重力足够强，玩具模型的构象变化就是一桩必然事件。③小球离开之后，玩具模型可以自动恢复到它的初始平衡状态。

对于膜电位作用于转运蛋白所产生的效应，一种常见的质疑是：膜电位不是对所有电荷都施加静电力吗，为什么我们在讨论转运循环时却只考虑某个特殊的质子呢？这不能不说是一个一语中的的质疑；其大前提、小前提都完全正确，所以结论也极可能是正确的，我们确实应该考虑浸没于电场中的所有电荷。使问题得以简化的原因在于：在添加质子之前，膜电位和膜蛋白分子都已经存在；在质子解离之后，两者也依然存在。在质子化之前，膜电位所施加的静电力已经使我们的转运蛋白处于那个被称为基态的平衡状态，而质子化破坏了这种平衡。同理，在质子化之后，静电力使转运蛋白处于新的平衡；而去质子化再次破坏了这一平衡。对于双稳态反应模型来说，转运蛋白分子中许多“背景”带电基团的运动自由度可以简化为刚体，甚至单一的点电荷。我们曾经用海面上的船只来比喻膜蛋白分子；在这里一架

“重力驱动”转动蛋白的玩具模型

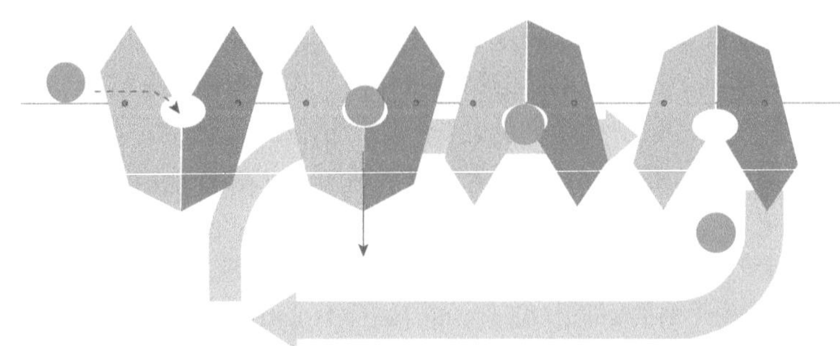

图 4.2.12　由重力驱动的二级主动转运蛋白的玩具模型

该模型的静息状态构象为向上开口；构象变化的驱动力来自蓝色小球的重力势能。蓝色小点标记两个刚体部分的转动轴位置（相当于疏水失配力）。小球的重力产生刚体对于转轴的力矩。假如我们将这个玩具模型平摊到桌面上，它是否还能完成预期的工作循环呢

老式的等臂天平也许是一个更为贴切的类比：重力场对天平的每一部分都施加重力，但我们依然确信天平可以准确地称量比其自重轻微得多的物品。

有些读者仍会心存疑惑，跨膜静电势真的有那么强大吗？第一，有关生物膜的研究告诉我们，细胞膜上的静电场强度一般是很强大的；有时会达到脂双层所能承受电压的极限。第二，质子在电场中所受的静电力是超强的。为此，我们来设想一款更为复杂的玩具模型（图 4.2.13）。首先，我们将 MFS 蛋白分子的广延量按如下比例放大：每道尔顿物质放大至 1g 的质量，MFS 转运蛋白就成为一个约 50kg 的物体；同时，蛋白的线性尺度每埃被放大到 1cm，以保证蛋白质的质量密度基本不变[①]，那么这个 MFS 蛋白就相当于一只大约 45cm×55cm×80cm 大小的塑料模型。如果我们将它抱起，这个模型的 N 端和 C 端两个结构域之间可以自由地发生构象变化。

静电力有多强大?

- **电场强度** $E = 100\text{mV}/(30\text{Å}) = 3.3 \times 10^7\text{V/m}$
- **放大：**

  分子质量：50kg；
  尺寸：约50cm；
  力：约33 000N

图 4.2.13　以 10^8 比例放大的 MFS 转运蛋白模型

这个名为 YajR 的 MFS 转运蛋白略显古怪，其胞内侧带有一个附加的酸性结构域。解析这个蛋白结构的道华博士不愧是一名篮球运动员，抱起这个 50kg 重的模型，毫无难色；而我们真正关心的是，当发生质子化时，该模型所受静电力究竟有多大

① 建议读者想一想为什么这样的尺度放大会保持质量密度基本不变。

此时，在蛋白质模型中再添加一个质量为 1g、并且携带 1“法拉第”电荷的超级质子①，情况似乎依然没有变化。但是，如果加载上仅仅每 30cm 0.1V 的静电场②，戏剧性的变化随即发生。这个在宏观世界里被弱化得连青蛙腿都不屑一动的跨膜电势对于 MFS 分子模型的静电力将会是多大呢？答案是令人瞠目的 3t③。假设我们的实验者是一名吉尼斯纪录保持者，可以徒手提供 3t 的疏水失配力，稳稳地将模型抱在怀里；那么，在这两组力的共同作用下，我们的转运蛋白模型可否发生构象变化呢？

4.2.3 转运蛋白分类及机制差异

根据驱动物质与底物两者的运动方向的异同，二级主动转运蛋白可以分为同向转运和逆向转运（参考图 4.1.4）。我们假设驱动物质和底物共用双稳态转运蛋白的同一组通道；本章中所讨论的所有单模块转运蛋白都自然而然地满足这一假设④。此时，对于同向转运蛋白而言，激发变构等同于载物变构；回归变构即空载变构。与之相反，对于逆向转运蛋白而言，激发变构等于空载变构（无底物，但存在质子结合）；回归变构等于载物变构。那么，膜电位驱动力原理对于这两类转运蛋白各有什么要求，或者说有怎样的预期呢？在质子驱动的同向转运蛋白中，底物的结合必须与质子化相偶联，或者说正协同（多底物酶学中的顺序机制）；相反，在逆向转运蛋白中，底物的结合必须与质子化相竞争，或者说负协同（多底物酶学中的乒乓机制）。其中的正协同性可能源自两类底物分子（底物与驱动物质）之间的亲和力或者几何互补；值得强调的是，结合步骤中两类底物分子之间所释放的亲和能需要在解离步骤中以额外的能量加以补偿。相反，负协同性则往往源自两类底物分子之间的静电力或者几何排斥力。

一般来说，如果从热力学（而非动力学）角度看，一类分子或者离子可能自发地发生跨膜迁移，那么它就可以视为驱动物质；否则属于被驱动的底物。在 MFS 家族二级主动转运蛋白中，驱动物质一般为质子。存在两类特殊情况：首先，如果两者的自由能下降基本相同，则无所谓底物与驱动物质的区别。此时，一类底物是另一类底物转运的辅助因子；相应的逆向转运蛋白常常被划归交换泵（exchanger）。譬如，在体外转运实验中，人们往往使用放射性标记的底物与非标记底物进行对冲转运实验（counter-flow assay）。非标记底物相当于标记底物的辅助因子；辅助因子的主要作用只是降低构象反转时的过渡态能量势垒（避免空载变构），而不是提供驱动能量[115]。由于两种底物的化学性质可以认为是完全相同的，该转运反应将不会释放反应热。那么，使反应得以持续定向发生的驱动能量来自哪里，又消失到哪里呢？事实上，该反应的耗散热 Q_X 恰好完全被两类底物各自的稀释过程所吸收，因而在实验中无法被观测到。然而，对于同向转运蛋白的携带异性电荷的离子型底物而言，或者对

---

① 善于脑筋急转弯的某些读者可能会问：是否可以利用这一原理设计出某种类似电磁炮的宏观装置？理论上是可行的。然而，其中添加电荷的要求将是整个假想实验中最不现实的步骤。如果用 1A 的电流来输入电荷，1F（≈10^5C/mol）需要持续充电 2h 50min。此外，将如此多的同种电荷压缩在一个狭小的空间里，其静电能之大是超乎想象的。

② 作为强度量的电压维持在 100mV，以保证能量单位从 k_BT 变为 RT。

③ 静电力＝电压 × 电荷 / 位移＝100mV×1F/（30cm）＝3.3×10^4N。上述推理一方面提醒我们：企图依靠类似的简单设计构建一部强大的能量转化梦幻机器根本是毫无希望的。另一方面，它也提示了：一个质子所携带的电荷电量、抑或与它所承受的 5pN 静电力相拮抗的微观结构机械力（如共价键），实际上要比我们凭借直觉所设想的水平强大得多。

④ 对于多模块转运蛋白，驱动物质和底物常常使用分立的物流通道。虽然每个模块都具有双稳态，但模块之间可能并不保持相同相位（如相差 180° 相位）。在此类情况下，相关讨论需要做出修正。

于逆向转运蛋白的携带同性电荷的离子底物而言，上述驱动力等同的情况不可能在膜电位存在的条件下发生；沿静电势能下降方向运动的底物总是驱动物质。第二种特例：如果一个底物的转运并不以辅助因子作为必要条件［例如，在驱动物质不存在的情况下，底物分子也能依靠自身的电化学势（负值的 ΔG_D）进行跨膜运动］，则相应的转运蛋白属于自转运蛋白［115］，如曾经蜚声鹊起的葡萄糖转运蛋白 GLUT1［118］。

1. *同向转运蛋白实例*　作为一个质子 - 寡肽同向转运蛋白（proton-oligopeptide transporter，POT），大肠杆菌 YbgH 蛋白的晶体结构及其功能研究为同向转运蛋白中底物 - 质子的协同结合机制提供了一个令人信服的范例（图 4.2.14）［59］。这个 MFS 家族成员利用跨膜质子电化学势向细胞内部转运小肽，如二肽或者三肽。在外向型构象下，底物的结合将其主链羧基端置于一个保守的可质子化残基侧链附近，诱导这个酸性氨基酸残基的羧基侧链发生质子化。相反，在内向型构象下，底物的释放则导致去质子化。这里，转运蛋白的质子化依赖于底物分子的结合；底物分子的部分结合能将被用于提升质子化位点的 pK_a。来自拟南芥固氮系统的硝酸 -H^+同向转运蛋白 NTR1.1（PDB 代码：4OH3［119］）也使用非常类似的机制。显然，底物、质子的结合顺序和释放顺序与转运蛋白的效率密切相关。

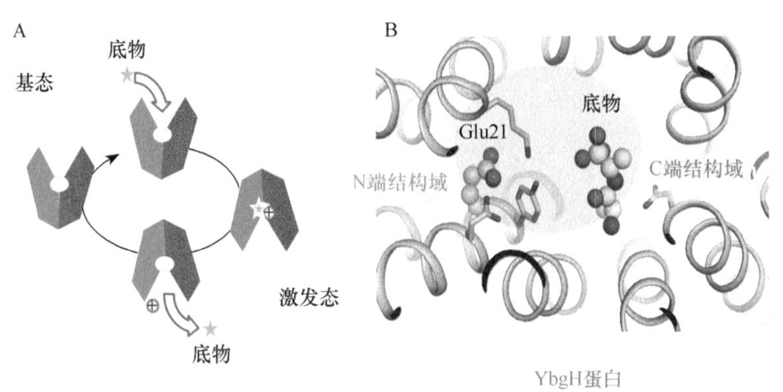

图 4.2.14　质子驱动的寡肽输入蛋白 YbgH——同向转运蛋白的机制模型

A 图为功能循环示意图。B 图所示是底物结合位点附近的结构细节。其中 Glu21 是 POT 家族中保守的可质子化残基。底物小肽的结合诱导 Glu21 发生质子化

2. *逆向转运蛋白*　另一个 *E. coli* 广谱抗药转运蛋白 MdfA 对逆向转运蛋白中底物与质子的竞争结合机制给予了合理的诠释（图 4.2.15）［120］。各种逆向转运蛋白常常利用进入细胞的质子流驱动有害化合物的外排。首先，质子在胞外侧的结合驱动转运蛋白由外向到内向的构象转换，并且稳定在内向型构象守株待兔，等待底物的结合。随即，底物的结合诱导去质子化。与同向转运蛋白类似，质子化和去质子化也是逆向转运蛋白构象变化的两个触发性事件。但是，这里质子化与底物结合采取一种竞争关系。譬如，底物氯霉素在 MdfA 中的结合位点正好是可以发生质子化的关键 Asp34。电中性的氯霉素以其一个氢键供体基团与 Asp34 结合，促进转运蛋白的去质子化（丢失一个正电荷）。也就是说，底物和质子两者不可能同时与转运蛋白结合。两者之间存在的这种竞争关系正是逆向转运蛋白的一个共性特征。

长期以来，人们被转运蛋白介导的广谱抗药性所困惑。譬如，已知有数十种小分子可以被细菌的 MdfA 转运蛋白外排，包括多种抗生素。这些潜在底物的共性特征止步于疏水性；

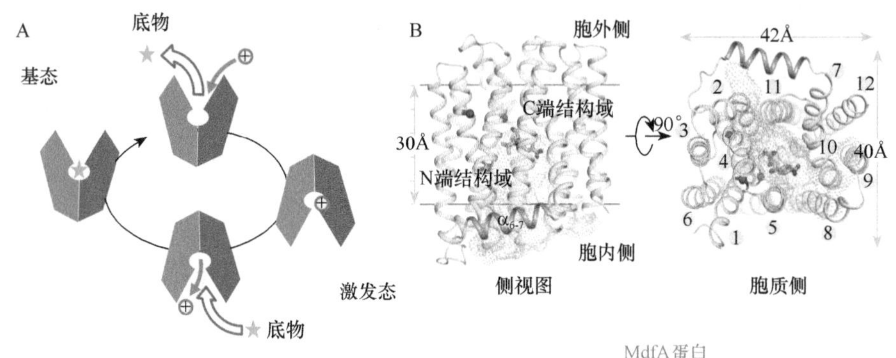

图 4.2.15 质子驱动的抗药性输出蛋白 MdfA

A 图为功能循环示意图；B 图为 MdfA 晶体结构的侧视图和（胞内侧）底视图。底物氯霉素结合在结构中央，与质子竞争同一个关键酸性氨基酸残基

而在结构细节方面则缺乏可辨认的相似性。进而，多数底物并非像氯霉素那样直接与质子竞争同一个可质子化残基。通过对 MdfA 转运蛋白与另外两个底物类似物的复合体晶体结构进行研究，研究者发现它们的结合方式与氯霉素明显不同[120]。

那么，不同类型底物的结合是如何触发共同的、从内向型到外向型的载物变构呢？研究者提出了这样一种机制（图 4.2.16）：在 MFS 逆向转运蛋白的 4 号跨膜螺旋中，常常存在一个以碱性氨基酸残基为功能核心的保守序列模体 B——“RxxQG”①。虽然该模体本身不具备可质子化位点，但它可以为存在于中央空腔内的可质子化位点提供一个可变化的正电场。当无底物结合时，模体 B 的电场被空腔中的溶液所屏蔽。因此，该电场对可质子化位点的影响较弱，使后者得以在外向型构象下顺利发生质子化，并且在内向型构象下继续保持质子化状态。反之，当一个疏水性底物分子从胞内侧结合时，底物置换了空腔中的溶液。空腔内的介电常数降低，正电场得到加强，从而降低 Asp34 的 pK_a 值（降低其质子结合能力）。这将导

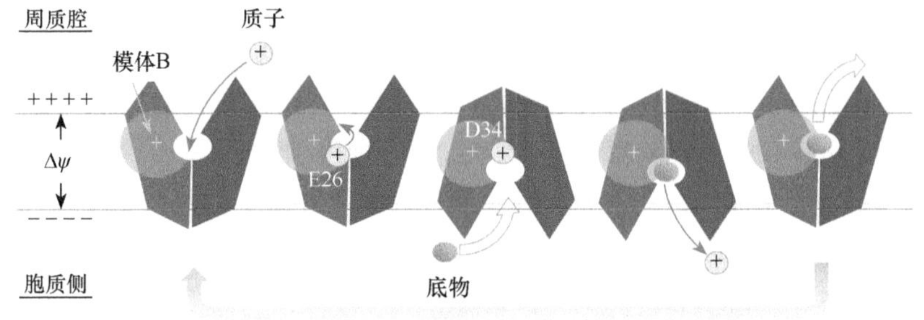

图 4.2.16 MFS 家族蛋白模体 B 及产生交变 pK_a 的机制

当转运蛋白发生构象变化时，模体 B 中关键碱性残基的外环境发生变化，导致其静电场强度改变。进而，MFS 蛋白中关键可质子化残基的 pK_a 随之变化

① 给定内负 - 外正的膜电位，在 C_{out} 至 C_{in} 构象变化中，模体 B 中的正电荷发生相对于跨膜电势的位移，对应于门控电荷 $Q_G>0$（参见 6.3.2 小节）。换言之，模体 B 的存在有利于 C_{out} 至 C_{in} 构象变化。

致 Asp34 去质子化，进而引发转运蛋白从内向到外向的载物变构。研究者发现，对于这类质子驱动的逆向转运蛋白而言，模体 B 中的关键碱性氨基酸残基不能承受突变替换。

利用正电荷电场调控可质子化位点 pK_a 的类似策略已在多种非 MFS 抗药性二级主动转运蛋白（如 MATE、SMR 家族）中被发现[117]。由于质子的体积极小，转运蛋白无法通过机械挤压来迫使质子从转运蛋白上解离。因此，改变质子所受来自微环境的静电力应该是调控 pK_a 唯一有效的机制。上述机制假说可以对多抗药转运蛋白的底物广谱性给出一个合乎逻辑的解释。

3. 电中性转运过程　当一个底物携带着与驱动物质（如质子）等量的正电荷时，逆向转运过程被称为电中性的；其自由能景观图如图 4.2.17 所示。其中，泵浦底物的步骤需要抵抗膜电位的静电力。此时，底物定向型外排过程又该如何发生呢？

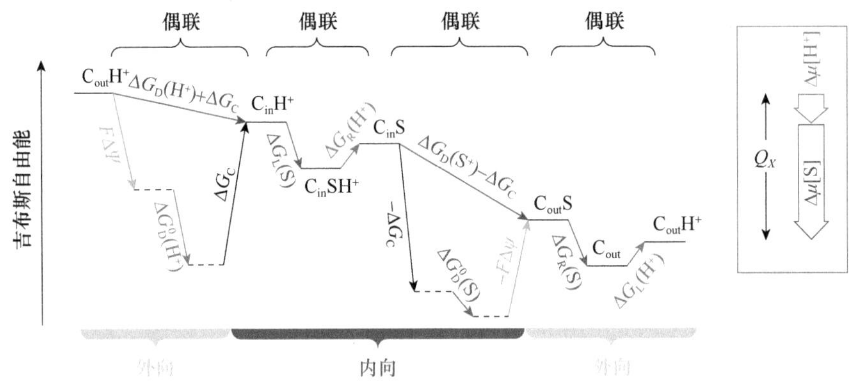

图 4.2.17　电中性逆向转运过程的自由能景观图

该类转运过程中，驱动物质与底物的静电能相互抵消。①与底物结合、转运、解离相关的化学势变化由红色箭头标记。②质子浓度梯度相关的驱动力由蓝色箭头标记。③被抵消的与膜电位相关的静电能量（$F\Delta\Psi$）由绿色箭头标记。④构象能由黑色箭头标记

当无阳离子结合时，这类转运蛋白以更大的概率呈现外向型构象。一旦质子结合，它们很可能处于内向型与外向型构象两者的某种动态平衡中（$\Delta G_X \approx 0$）。例如，以 50∶50 概率在两种构象之间徘徊。底物与质子的置换并未改变那部分由静电力所介导的动态平衡。底物与驱动物质发生置换之后的转运蛋白仍然以相似的概率在两种构象之间发生切换，从而为底物的外排提供了可能性。进而，在这类电中性转运过程中，质子可以利用 ΔG_D^0（H^+）为外向型到内向型的空载变构提供驱动能量；类似地，底物则可能利用 ΔG_D^0（S）为内向型到外向型的载物变构提供驱动能量。在两项 ΔG_D^0 能量的共同作用下，转运循环的变构步骤得以依次发生。此外，虽然在电中性转运过程中并未发生净电荷的跨膜转移，膜电位仍然可以借助转运蛋白分子本身的门控电荷 Q_C 来影响双稳态构象之间的热力学平衡及底物转运的动力学过程。例如，在构象变化的过渡态下，如果转运蛋白分子瞬时地减小其有效厚度，相应的电容量将增大。它可能从两个方面提高构象变化的速率：一方面，在静电场作用下，增加电容量将导致瞬时的充放电，而其中的充电过程将降低正向限速步骤的能量势垒；另一方面，增加电容量导致其中的静电场加强，带电底物因此在该瞬时聚焦化的电场中受到更大的脉冲式静电力。

原则上，电中性转运也可能发生在底物与驱动物质携带等量但相反电荷的同向转运过程

中，如由质子驱动的阴离子摄入。

4\. *多配体的结合 - 解离次序* 在所有二级主动转运蛋白的机制研究中，最核心的共性科学问题是，驱动物质的顺势（释能）转运如何与底物的逆势（耗能）转运高效地偶联起来。对于质子驱动型转运蛋白而言，膜电位驱动力原理做出以下推论：在同向转运过程中，质子的结合不应该先于底物的结合。否则，质子会自发地在细胞外结合，导致空载变构，然后在细胞内释放并且返回基态。这类脱离了底物转运的自我循环将是对细胞能量资源的一种无谓的浪费；相关的蛋白质既不会受到进化的青睐，也很可能不会被人们作为二级主动转运蛋白来加以研究。化学动力学中，这种能量浪费的现象叫作滑扣（slippage），类似于齿轮之间打滑、去偶联。

如图 4.2.18A 所示，在正常的同向转运循环中，状态变化过程由蓝色途径表示。三个维度分别表示构象变化（上下方向）、质子结合 - 解离（水平方向）和底物结合 - 解离（前后方向）。一轮完整的转运循环必须经历所有三个维度上的往复变化。譬如，从空载的转运蛋白（C_{out}）出发，底物（S）首先与酶结合，反应矢量向外。然后，质子作为驱动物质被结合，向右；转运蛋白发生载物变构（C_{in}），向下；释放底物，向里；释放质子，向左。最后，转运蛋白构象通过空载变构返回初始状态。图 4.2.18B 是这条路径的二维表示。

转运过程中底物和质子的结合顺序

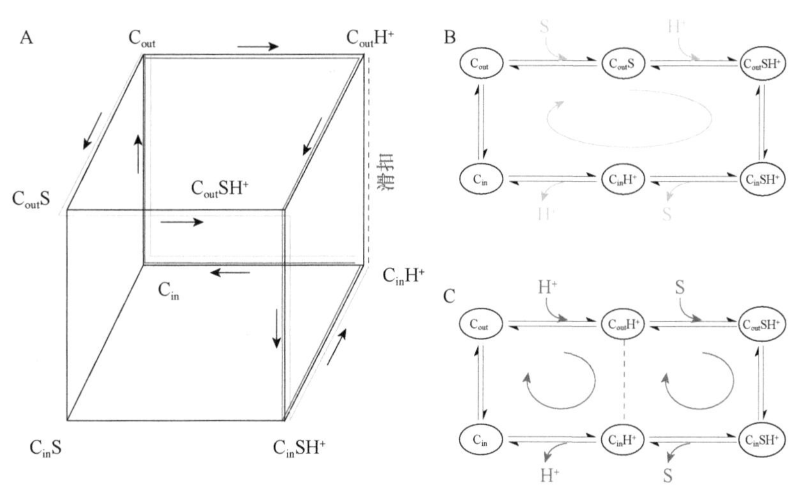

图 4.2.18 同向转运蛋白的三维 King-Altman 图

B、C 图分别表示两种底物和质子的结合顺序所对应的降维投影。结论：结合顺序对于避免滑扣现象是至关重要的

假如转运蛋白颠倒底物和质子的结合顺序，转而使用红线所示的途径，也可能完成一轮循环。但是，这条途径存在滑扣的危险，即质子经竖直的品红色虚线做无效循环，而放弃与底物转运过程之间的偶联。在图 4.2.18C 中，两个子循环彼此无法保证 100% 的偶联。化学动力学理论计算指出，此时的转运效率可能会变得非常低，除非发生以下情况：①品红色虚线所代表的步骤具有很高的过渡态能量势垒，以至于发生空载 - 激发变构的概率趋于零；并且②与之平行的、载物变构步骤表现出很低的势垒，即底物的后续结合奇迹般地降低之前的高势垒。在同一个转运蛋白中实现这两条要求是一项颇具技术挑战的任务[①]。某一条反应通路

① 在讨论 GPCR 激活机制时，我们将看到一个配体结合如何降低质子跨膜运动势垒的复杂而精致的例子。

是否被实际地采用取决于它是否在诸多可能路径中具有最低的能量势垒。因此，我们强调，底物与驱动物质的结合顺序对于保持转运蛋白的高效率是至关重要的。

在上述同向转运的情况下，当底物分子尚未结合到基态构象时，作为驱动物质的质子，其结合能 ΔG_L（H^+）[$\equiv 2.3RT$（$pH_0 - pK_{a0}$）] 一般应该大于零，即较难自发地与转运蛋白分子结合。此时，底物分子的结合诱导质子结合位点发生微环境变化，即利用其结合能 ΔG_L（S）（<0）的一部分或者借助底物分子与质子之间的亲和力，使 pK_{a0} 升高到 pH_0 以上；ΔG_L（H^+）变得小于零，从而允许质子结合，并且启动载物激发型的 0→1 构象变化。类似地，在底物分子未从激发态构象解离之前，质子的解离能 ΔG_R（H^+）[$\equiv 2.3RT$（$pK_{a1} - pH_1$）] 也应该大于零，即较难自发地解离。此时，底物的解离能 ΔG_R（S）（<0）部分被用于使 pK_{a1} 降低到 pH_1 以下（或者拆解底物分子与质子之间的亲和力）；ΔG_R（H^+）变得小于零，从而允许质子解离，并且启动空载型的 1→0 构象变化。在整个循环中，底物和驱动物质相辅相成：底物分子利用自身的结合能和解离能为驱动物质提供所需的结合能和解离能，而驱动物质利用自身的 ΔG_D（H^+）为底物分子提供跨膜转运所需的能量 ΔG_D（S）。这正是一幅同向转运循环中能量偶联相关的自由能景观图；同理，我们不难推演出逆向转运中类似的能量偶联关系。原则上，在极端情况下，由质子驱动的二级主动转运蛋白有可能介导质子的泄漏；譬如，将上述 pH_0 下调到初始 pK_{a0} 以下，质子就可能不依赖于底物分子的结合，而直接与转运蛋白结合并且驱动无效循环。在体外转运实验中，如果底物或者驱动物质的浓度选择失当，此类无效循环将会给结果分析带来不必要的困扰。为避免无效循环对正常生理过程造成的扰动，真核细胞中的二级主动转运蛋白往往附带错综复杂的别构调控机制。

5. MFS 转运蛋白中的模体 A　　读者可能已经注意到，在前文关于 MFS 转运蛋白机制的讨论中，几乎没有涉及晶体结构的细节。从二级主动转运蛋白的共性功能出发（甚至使用“零智商”玩具），我们已经对它们的机制获得了一套简洁且自洽的解释。这就如同欣赏一幅印象派油画，站到一定距离之外方能品味到它的美感。

那么，是不是所有结构细节都不重要呢？细节肯定是重要的，关键在于哪些细节对于我们理解机制是更重要的。每一支蛋白质家族都拥有自己的标志性序列模体，使人们在解析其三维结构之前就已经可以鉴定它们的家族归属关系。它们常常也是这支家族的共性机制的结构基础。

在 MFS 家族中最保守的序列模体叫作模体 A（motif-A，“GxxxDRxGRR”，图 4.2.19）。几乎所有发生在这个标配模体中的突变都能使 MFS 转运蛋白丧失活性。在三维结构中，模体 A 位于两个结构域的界面处[121]。通过其 N 端结构域中的模体 A 酸性残基① 与 C 端结构域的一根跨膜螺旋的电偶极矩（该螺旋 N 端的正电荷）之间的静电相互作用，模体 A 可以稳定外向型构象。此时，模体 A 不仅需要自身的保守序列，还依赖于分散在一级结构中的其他保守氨基酸残基（如螺旋紧密堆积所要求的、结构域界面处的短侧链残基）。这类分散的保守残基在一级结构中被鉴别比较难；而外向型构象下的高分辨率晶体结构则可以清晰地揭示它们的功能，因为此时它们聚集成为一组完整的功能性元件。

由于 MFS 蛋白分子的内禀对称性，同类模体可以出现在 4 个不同的地方，统称为 A 样模体[88]。其中，位于 TM2、TM3 之间的“正版”模体 A 最为保守。研究者发现，在细胞膜内侧由模体 A 处的突变所酿成的失活可以通过发生于细胞膜外侧 A 样模体的类似突变得到

① 实属巧合的是，模体 A 含有 acidic（酸性）残基，而模体 B 的核心残基为 basic（碱性）残基。

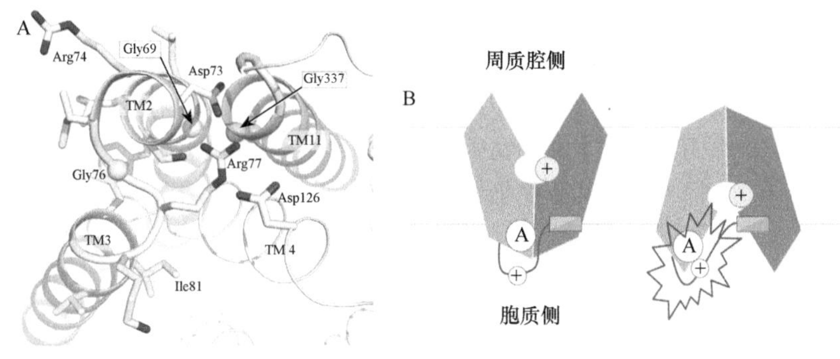

模体A：GxxxDRxGRR

图 4.2.19　MFS 蛋白家族的模体 A——维持双稳态的基本结构元件

A 图所示是 YajR 外向型晶体结构中胞内侧模体 A 附近的结构细节。其中左侧两条螺旋来自 N 端结构域，右侧螺旋来自 C 端结构域；模体 A 在两者之间形成搭扣锁，从而稳定外向型构象。B 图为模体 A 机制示意图。其中黄 - 蓝双色小矩形表示两个结构域之间的一根两亲螺旋。当受到外力作用时，该螺旋将扰动模体 A 处的搭扣锁

回补[122]。这类 A 样模体相关的结构元件类似于一种搭扣锁，分别稳定转运蛋白的内向型和外向型构象。对于转运功能而言，两种构象之间的平衡是不可或缺的。破坏这种平衡将改变 ΔG_C 及过渡态势垒，转运蛋白也因此可能失活。如果在膜的两侧同时破坏这类模体时，平衡又可能部分地得到恢复。模体 A 及其对称性相关联的伙伴共同构成保证 MFS 蛋白双稳态特性的必要结构元件。由此可以推断，双稳态是 MFS 超家族最基本的共性功能要求。

不难推测，模体 A 的功能可以受到胞内侧 pH 的别构调控。随着胞内 pH 的降低，不仅结合在中央空腔内的充当驱动物质的质子由于变得不易释放而逐渐降低其驱动能力，而且质子化将使位于内侧表面附近的模体 A 丧失部分稳定外向构象的静电相互作用能力。值得指出，虽然含有保守的酸性残基，模体 A 与质子驱动之间并无直接关系。事实上，模体 A 同样出现在几乎所有 MFS 自转运蛋白中，而后者完全不依赖于质子驱动。

在膜内侧模体 A 附近，MFS 蛋白还拥有一根两亲螺旋，连接着 N、C 两个结构域，并且与 TM7 直接衔接。当转运蛋白受到垂直于膜的、指向胞内方向的静电力时，该两亲螺旋会沿膜的表面滑动；不仅制约 TM7 的运动，而且牵动一组极性残基，使模体 A 的搭扣锁结构受到扰动，并且解锁[123]。然而，鉴于类似的两亲螺旋并未出现于其他 A 样模体附近，它很可能并不是模体 A 的内禀组分。此外，在某些 MFS 家族成员中（如上述 POT 转运蛋白），该两亲螺旋由一对与主体蛋白缺乏紧密堆积的跨膜螺旋替代；后者很可能仍然发挥锚定 TM7 的作用，因而除疏水性之外对于氨基酸序列没有其他特殊要求[59]。

4.2.4　关于膜蛋白驱动原理的普适性

在前文对 MFS 家族转运蛋白的分析中，我们提出了膜蛋白驱动原理。由于主要讨论并未涉及转运蛋白的结构细节，我们有理由相信：这一原理对于所有由离子驱动的二级主动转运蛋白来说都是普适的①。

① 若干年前的一次工作汇报中，笔者曾冒言“对于由离子驱动的所有二级主动转运蛋白来说，膜蛋白驱动假说是放之四海而皆准的”。立即受到了一位老先生的批判。我自然虚心接受：在过去，“放之四海而皆准”可不是一个能够任性派用的形容词呀。

尽管 MFS 是一支人丁兴旺而且多才多艺的庞大家族，生命演化仍然为其他类型的二级主动转运蛋白保留了一席之地①。一种可能的解释是：典型的 MFS 蛋白不具备直接利用 Na^+ 等金属阳离子充当驱动物质的能力。一般而论，由阳离子充当驱动物质的转运蛋白以外向型构象为基态；相反，由阴离子充当驱动物质的转运蛋白则以内向型构象为基态。细胞内部最常见的无机阴离子是 Cl^-（但是其浓度仍然低于胞外侧，见表 2.3.1）；以其作为驱动物质的转运蛋白与以 H^+或 Na^+为驱动物质的转运蛋白相比更罕见。

几乎所有的转运蛋白都具有某种内部对称性[117, 124, 125]。底物结合位点不仅总是位于可以发生相对运动的两个结构域界面上，而且一般位于相应的局部对称轴附近。这种结构对称性反映了基因复制、突变演化的进化过程；同时也是生物膜脂双层基本对称性的产物。不难设想，在非常原始的细胞中，由底物浓度梯度所驱动的被动转运是主要的转运形式。当时，可以作为驱动能量的稳定跨膜电化学势甚至还未出现。转运蛋白本身也极可能非常简陋，仅由几条短肽链拼凑而成。它们的基因也相对简单。由于尚未出现稳定的膜电位，膜蛋白分子的取向也不受“正电在内规则”的约束；组成转运蛋白的肽链可能以相似的概率正向或反向地嵌入脂双层。其后，在漫长的进化过程中，基因的复制、融合、突变使转运蛋白变得越来越复杂，效率和专一性都不断攀升。事实上，某些类型的转运蛋白仍然保持着这种“原始”的对称性。譬如，属于二级主动转运蛋白 SMR 家族的 *E. coli* EmrE（PDB 代码：3B5D），由同质的两个亚基以反式赝二重对称方式组成，即彼此以一根平行于膜平面的二次轴相联系。每个亚基中没有显著的电荷极性分布，因此不受“正电在内规则”约束[126, 127]。值得指出，二重对称性绝非二级转运蛋白唯一的结构模式。譬如，线粒体内膜上的 AAC（ATP/ADP carrier）家族成员就呈现三重对称性[128]。据称，该类转运蛋白构成人类基因组所编码的最大的转运蛋白家族。在其三维结构中，每个对称单元包含两根跨膜螺旋，以及作为连接部的、一根位于线粒体基质侧膜表面的两亲短螺旋；两根跨膜螺旋之间呈现氨基酸序列和三维结构水平上的弱二重对称性。三个串联的单元环绕着三重对称轴；6 根跨膜螺旋围拢出一条具有双稳态的底物转运通路。从膜的任一侧观察，底物结合空腔的开口处就好像小兔子的一张乖巧的三瓣嘴；而两侧出入口则表现出反向协同性。对于 AAC 蛋白来说，交换转运过程的驱动能量源自两个底物阴离子（ATP^{-4} 与 ADP^{-3}）的静电势能差值，也许还包括它们各自的跨膜浓度梯度。尽管花样繁多，上述种种相对于经典 MFS 转运蛋白的变异特性，均不会妨碍膜电位驱动力原理的应用。以下几个小节中，我们将讨论更多的此类实例。

4.3 APC 家族

亮氨酸转运蛋白（LeuT）是一个已被详细研究的转运蛋白。其同源蛋白构成了一支具有底物多样性的二级主动转运蛋白家族——APC，主要负责转运氨基酸（amino acid）、多胺（polyamine）和有机阳离子（organic cation），如参与多种神经递质从神经突触间隙到前侧神经细胞的及时回收。LeuT 的功能是利用 Na^+的电化学势，驱动多种氨基酸的摄入。作为驱动物质，Na^+的运动方向与前述质子相同，是由胞外指向胞内，与底物（如 Leu）的摄入方向相同。因此，LeuT 属于同向转运蛋白，并且底物与 Na^+的结合状态之间应该具有协同关系。

---

① 与之类比，在生物圈进化历程中，各类眼睛独立出现过 40~60 次；人类文明史中，质地不同的车轮曾被独立地发明过至少 6 次。

尽管 LeuT 家族与 MFS 家族之间不存在可检测的同源性，LeuT 仍然具有 12 次跨膜螺旋（TM1～TM12，图 4.3.1）[129]。其中螺旋束 1～5 与 6～10 之间表现出反式赝二重对称性，即二重对称轴平行于膜平面。在这 10 根跨膜螺旋之外，TM11、TM12 看起来好像是附加的，常常参与跨膜区的、较为松散的二聚化[130]。此外，在膜内侧，LeuT 拥有两亲螺旋；它们将跨膜螺旋的末端锚定在膜表面，只允许其沿该表面滑动。上述对称性以及两亲螺旋都是跨膜转运蛋白的结构共性。然而，在肽链折叠方式上，LeuT 家族蛋白与 MFS 家族蛋白结构迥异。

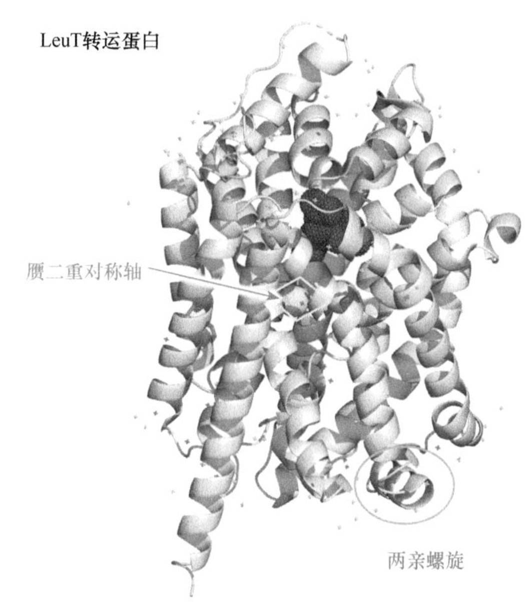

图 4.3.1　LeuT 家族转运蛋白的晶体结构（PDB 代码：2Q6H）

驱动物质 Na^+的结合位点位于蛋白质分子中央的螺旋断裂处。胞内侧两亲螺旋位置由蓝色椭圆标记。红色的球状模型表示针对 LeuT 的抑制剂。它能够有效地将转运蛋白锁定在某一个构象，阻止过渡态的发生。对于结构研究而言，这类抑制剂往往是便利的，甚至是必需的

LeuT 的工作循环不是由质子驱动的，而是每次由一或两个 Na^+所驱动。Na^+和质子是两类最常见的二级主动转运蛋白的驱动物质。与质子一样，在膜电位的作用下，每个 Na^+受到一股约 5pN 的静电力。在每个工作循环中，被消耗的并非 Na^+本身，而是它的电化学势。这部分能量可能从两方面驱动转运过程：①在动力学方面，克服过渡态势垒以提升转运速率；②在热力学方面，提升底物的电化学势。在质子驱动的二级主动转运蛋白中，质子一般结合在酸性氨基酸残基上（质子化偶尔也可能出现于组氨酸或者半胱氨酸残基）。与之不同，Na^+的结合一般需要来自多个极性基团的配位，常常也包括酸性氨基酸残基。研究者在 LeuT 晶体结构中发现，在其跨膜区正中间，对称相关的 TM1 和 TM6 都在保守的 Gly 残基处发生断裂①。一个 Na^+就结合在赝二重对称轴附近的螺旋断口处（图 4.3.2）[129]；其所携带的正电荷与两个半螺旋的负电 C 端之间均存在电荷 - 电偶极矩相互作用。在许多由离子驱动的或者以离子为底物的转运蛋白中，这类离子结合方式颇为常见[131]。

作为转运蛋白，LeuT 家族蛋白也存在内向、外向两种构象；所使用的机制也属于交替访问模型。当然，由于 LeuT 肽链的拓扑结构与 MFS 蛋白不同，它们的构象变化细节也会有所不同。LeuT 的构象变化机制被比喻为摇摆门（swinging gate）。在 LeuT 结构中，由内禀对称性关联的 TM1 和 TM6，以及它们的紧邻螺旋（TM2 和 TM7）共同构成一扇可以摇摆的、轻便的弹簧门（称为可变结构域）；而其余部分则比较厚重，相对固定（称为支架结构域）。这扇门平时向外侧开放；而当与 Na^+结合时，它受到一股静电力，转而向内侧开放。此时，那些位于膜表面的两亲螺旋提供一组转动支点，并且将垂直于膜平面的静电力分解为水平方向的运动。因此，基于受静电力作用的结构元件具有可变的构象这一基本观察，膜电位驱动力原理应该也适用于 LeuT 蛋白。

在许多二级主动转运蛋白的晶体结构中存在封闭态（occluded state），即中央空腔向膜两

① 无论是否出现在膜蛋白中，主链柔性最强的甘氨酸（Gly）和主链刚性最强的脯氨酸（Pro）残基均不利于形成 α 螺旋。特别是，由于无法提供氢键供体，α 螺旋中的 Pro 残基之前必然发生螺旋断裂。

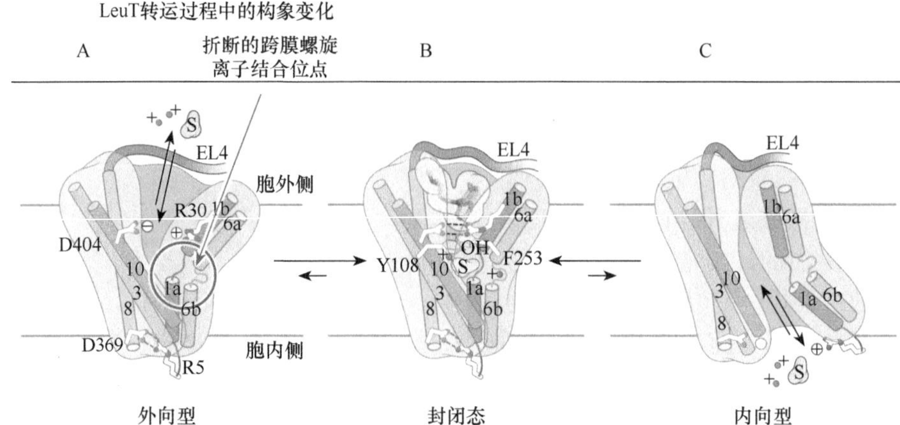

图 4.3.2 LeuT 转运蛋白的交替访问机制（引自 Singh et al.，2007）

通过可变结构域的摇摆，底物结合位点切换其与胞内和胞外环境的通路。从左到右，三个子图分别表示开放外向态、抑制剂结合的外向态及内向态构象。跨膜螺旋的断裂处用红圈标记

侧方向均为封闭的。这类构象很可能代表一种被晶体堆积所稳定的过渡态结构。而在生理条件下，这类构象不太可能是稳定的；否则，其存在将降低转运速率，甚至妨碍转运过程的进行，因为这类过度稳定的状态将占用转运蛋白太多的时间。而膜电位和生物膜的其他性质很可能是导致封闭状态在生理条件下失稳的重要因素。

许多研究者曾经将关注重点聚集在，底物和驱动物质如何通过某种诱导 - 契合机制来引发 LeuT 转运蛋白的构象变化。然而，在这类转运蛋白的结构 - 功能研究中，真正具有共性意义的科学问题应该包括：①底物（如 Leu）的结合如何提高驱动物质（如 Na^+）的亲和力；②底物的解离如何造成驱动物质的释放。只要能回答这类关键问题，其他与转运机制有关的困惑也就迎刃而解了。

略做结构调整，上述 APC/LeuT 折叠方式也可以实现逆向转运。此时，向胞内侧迁移的底物和向胞外侧迁移的底物往往具有相似的分子骨架，因而彼此对同一底物结合位点呈现一种竞争关系。尤为重要的是，沿膜电位电场方向迁移的底物一般比反向迁移的底物具有更多的正电荷。一个经典的 APC 交换泵例子是为细胞提供抗酸能力的 AdiC 交换泵[132]，其活性最适 pH 为 2.5[133]。它的内迁底物是精氨酸（+1 价），而外迁底物是胍基丁胺（+2 价）。在胞内脱羧酶（AdiA）的催化下，精氨酸发生脱羧反应，即消耗质子生成胍基丁胺和二氧化碳；后者自行扩散出细胞，从而避免胞内 pH 随环境 pH 不断下降。对于 AdiC 介导的逆向转运蛋白而言，在一轮功能循环中存在净正电荷向胞外的迁移。与正电荷流动方向相适应，在强酸环境中，细菌膜电位电场由胞内指向胞外侧，恰恰与中性 pH 条件下的电场方向相反。

与 APC/LeuT 家族类似，在多种二级主动转运蛋白中，单体内部发生相对运动的两个部分并非彼此对称；这一特点与 MFS 转运蛋白形成鲜明对照。即便如此，底物的转运通路总是出现在两者的界面附近。在非对称结构中，发生电荷改变的部分往往具有较小的质量（如 LeuT 的可变结构域），但是其跨膜螺旋一般较长而且弯曲。在静电力的作用下，这些长螺旋通过改变相对于膜平面的倾斜角实现内向与外向之间的切换。此类变构功能是较难在与周围膜环境匹配良好的、疏水区长度适中的跨膜螺旋中实现的。另外，质量较大的部分（如 LeuT 的支架结构域）相对稳定。为了进一步提高稳定性，支架部分还常常参与形成寡聚体核心，而将轻便的变构部分置于寡聚体的外周（如二聚体长轴的两端）。在此类寡聚体结构

中，宽大的中央部分可以凭借其相对于膜电位电场的平移不变性，减弱瞬时的电荷涨落所带来的负面影响。这就好比，一名游泳者在水中的搏击将以四肢运动为主，而躯干部分则多呈现被动式运动并且负责维持整个身体的平衡。

4.4 CPA 家族钠 - 氢交换泵

在抵抗来自环境的酸、碱、盐胁迫时，微生物往往依赖一类 Na^+-H^+逆向转运蛋白，或者称为钠 - 氢交换泵。再者，真核细胞中的诸多生理过程，如蛋白质合成、细胞周期调控、糖酵解等，都有赖于胞质的偏碱环境；而维持细胞的 pH 稳态也离不开此类转运蛋白[5]。多数已知的钠 - 氢交换泵属于 CPA（monovalent cation-proton antiporter）超家族，其成员具有共同的进化起源。基于氨基酸序列的亲疏，该家族主要分为两个分支[134]。其中已鉴定的 CPA1 分支成员均介导电中性转运，即 Na^+与 H^+的化学计量比为 1 : 1。有关电中性转运循环中一般的能量偶联机制已在 4.2.3 小节中讨论过，其中以 ΔG_D 概念最为关键。在动物细胞中，属于 CPA1 分支的多个 NHE 蛋白家族（特别是其代表性成员 NHE1）是维持 pH 稳态的常备转运蛋白，其最佳工作条件为胞内侧酸性环境（如 pH 6.0）[135]。它在多种肿瘤细胞中大量表达，以清除后者在无氧糖酵解中所过量产生的胞内质子，从而建立起明显不同于正常细胞的跨膜 pH 梯度。进而，这一梯度提高了肿瘤细胞的增殖、扩散转移及入侵的能力。因此，NHE 家族已成为一类颇受关注的诊断和治疗癌症的靶点蛋白质分子。当其充分发挥功能时，NHE1 可以维持一个内碱 - 外酸的 pH 梯度，外加内负 - 外正的膜电位的存在，所以质子本身无法为 NHE1 所介导的转运循环提供任何驱动能量。在此条件下驱动物质只可能是 Na^+。利用 Na^+的化学势，CPA1 类型的交换泵可以在不影响膜电位的情况下进行 H^+外排，防止细胞质的自我酸化，从而维持细胞内的 pH 稳态。由于需要 Na^+浓度梯度提供驱动力，CPA1 成员经常与 P 型 ATP 酶钠 - 钾泵同时富集在质膜中。此外，理论上 CPA1 类的电中性转运蛋白可以将钠离子电化学势与质子电化学势进行互换①，从而在同一封闭膜系统中实现分别由 Na^+和 H^+驱动的不同类型的二级主动转运。

与 CPA1 有所不同，CPA2 分支成员介导生电转运，即在钠 - 氢交换过程中出现净电荷沿膜电位方向的跨膜迁移；其主要功能可以理解为抵抗细胞外侧碱性环境，并且维持胞质侧 pH 稳态。具体而言，CPA2 转运蛋白向胞内输送两个 H^+，同时向胞外转运一个 Na^+。作为微生物抵抗盐碱胁迫的利器，CPA2 的最佳转运活性出现在碱性 pH 环境。在动物细胞（包括其膜被细胞器）中，研究者证实了某些 CPA2 成员的转运功能依赖于 V-ATPase 类型的质子泵所建立的质子电化学势。

另一类基于功能相似性被归入 CPA 超家族的钠 - 氢交换泵蛋白称为 CPA3；仅含有一类奇葩的转运蛋白复合体，即 Mrp（multiple resistance and pH antiporter），并且与前两个分支均无序列同源性。CPA3 具有与 CPA2 蛋白类似，甚至更为显著的抵抗盐碱胁迫的能力。

4.4.1 NhaA 及其同源蛋白

一个已被深入研究的 CPA2 成员是 NhaA（Na^+-H^+ antiporter-A），其同源蛋白的内向型

① 关于 CPA1 蛋白的能量转换效率，即 $\mu(H^+)$: $\mu(Na^+)$，可参考 3.2 节中有关耗散热 Q_Y 的讨论。

和外向型晶体结构均已被解析（图 4.4.1）[136, 137]。该类蛋白功能循环的化学计量比为 $2H^+$：$1Na^+$。与 LeuT 相似，以单体为功能单位的 NhaA 也具有 12 根跨膜螺旋，以及平行于膜平面的赝二重对称轴，并且借助断裂的跨膜螺旋结合脱水之后的 Na^+。随着更多同源蛋白结构的解析，研究者发现，NhaA 的拓扑结构相当于在下文所讨论的、更为普遍的 13 次跨膜螺旋结构中缺失了 N 端第一根跨膜螺旋。

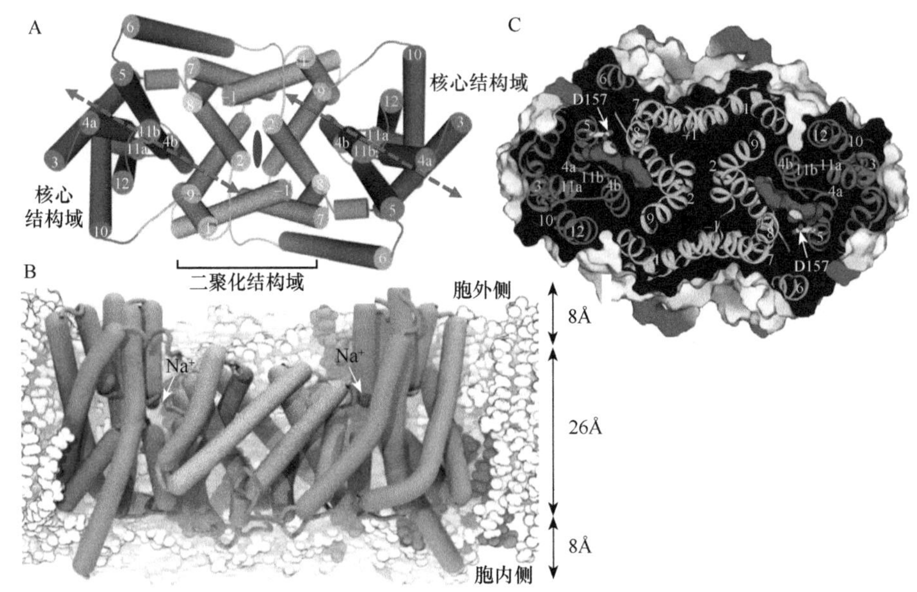

图 4.4.1　NhaA 的同源蛋白 NapA 二聚体的晶体结构（引自 Lee et al.，2013）

A、B 图分别为俯视和侧视卡通图。核心结构域以蓝色标记，支架结构域以麦色标记。A 图中，亚基之间的二重轴用红色椭圆表示；单亚基中的（反式）赝二重对称轴用红色虚线表示。C 图表示分子表面电势图（横截面）与结构的叠合。亚基内部的负电性腔室标记为红色。PDB 代码，4BWZ；来源，嗜热菌（*Thermus thermophilus*）；分辨率，3Å。原始文献中，N 端第一根被称为（－1）号螺旋，其余螺旋依照 NhaA 中的命名方式，被称为 TM1～TM12。正文中为叙述方便，将其重新命名为 TM1～TM13

1. CPA1/2 蛋白的共性结构　在 NhaA 同源蛋白 NapA 结构中，功能单位为同质二聚体；每个亚基含 13 根跨膜螺旋（TM1～TM13）。其中 TM1～TM6 与 TM8～TM13 之间存在对称相关，两部分由一条长而倾斜的跨膜螺旋 TM7 相连[137]。N 端与 C 端肽链相互交织，形成两个大小近似、彼此非对称，并且可以彼此发生构象变化的螺旋束，或称结构域。这两个结构域之间正是发生逆向转运的两类底物离子相互竞争的结合位点和转运路径。对应于基态（C_{out}）和激发态（C_{in}）之间的变构，两个结构域之间发生约 20° 的转动。它们分别形成朝向脂双层不同侧的漏斗形半开放腔体结构。其中，漏斗的狭窄部分呈现负电性和疏水性，后者发挥防止泄漏的作用；而较开放的玄关入口处往往拥有多个电负性基团，用于富集阳离子底物，与此同时对阴离子构成一道静电屏障。

CPA1/2 类型的转运蛋白的变构机制被称为“升降机”（elevator）模型[137]，与 LeuT 蛋白的“摇摆门”机制的差别更多地仅是取名不同。这里，“升降机”机制强调两个结构域之间所发生的相对滑动，而以 MFS 为代表的“摇柄开关”机制则突出两个结构域凸起弧形界面之间相对滚动这一特点。与 LeuT 结构类似，CPA 中支架结构域（TM1～TM3 和 TM8～TM10）形成一条跨膜的浅凹槽，而可变结构域（TM4～TM6 和 TM11～TM13）则沿此凹槽做上下滑动和摆动。支架结构域中的螺旋长度明显短于可变结构域，或者高度倾斜。

底物离子就结合在可变结构域与支架结构域的界面附近，从而使单个亚基得以感受垂直于膜平面的来自 ΔG_X 的力，随即发生两个结构域之间的构象变化。具体地说，彼此反平行的 5 号和 12 号螺旋属于可变结构域；它们均在中间位置发生断裂，并且在“水平”二重轴处彼此相互交叉。其中，两根半螺旋的负电性羧基端（C 端）在膜中间层附近彼此相对，另外两根半螺旋的正电性氨基端（N 端）也以类似方式彼此相对；这些看似处于高能量状态的局部构象提示了其重要的生物学功能，包括形成底物结合位点。跨膜螺旋 6 中两个高度保守的 Asp 残基定位于邻近螺旋的断裂 - 交叉处附近，并且被指认直接参与质子化以及 Na^+结合。符合转运蛋白的一般特征，NhaA 等转运蛋白的胞内侧也配置了两亲螺旋和两亲性 β 发夹结构[136]，用于锚定那些可能参与变构的跨膜螺旋的末端。譬如，一根保守的、位于两个结构域之间的、连接在 TM4 螺旋 N 端的短螺旋，在此处可能扮演着与 MFS 中连接两结构域的那根两亲螺旋相类似的功能。

2. CPA1/2 蛋白的二聚化及其作用　许多 CPA1/2 家族成员蛋白形成对称的同质二聚体[137]；这一组装形式比 NhaA 所示的单亚基形式更为普遍。在二聚化情形中，转运蛋白的同质二聚体往往呈现椭圆形截面。其中心部分由支架结构域构成，而椭圆长轴两端由可变结构域构成。由于支架结构域直接参与二聚化，它们也被特别地称为二聚化结构域。与 LeuT 类二聚体有所不同，CPA 二聚体的中心部分比两端更薄。进而，位于二聚体两端的跨膜螺旋（TM11）的膜内外两侧各持有一个保守的 Trp 残基（参见 2.3.3 小节）①。类似地，与 TM11 对称相关的 TM4，在其胞内侧的 N 端连接着那根保守的两亲短螺旋，并且这一螺旋肘关节与脂双层内小叶中的脂分子发生特异性的相互作用。这些结构特征都提示了，两端的“可变”结构域垂直于膜平面的、像飞鸟翅膀一样的上下煽动将是相当耗能的，因而属于一类在系统自由能方面必须受到课罚的行为。原则上存在着这样一种可能性，较薄的中心部分发生相对于膜的构象变化，并且协调两侧活性中心的构象变化；而位于二聚体两端的、厚重的、所谓“可变”结构域则保持相对于脂双层的稳定性。在转运蛋白 - 纳米盘（nanodisk）复合体系统的单颗粒冷冻电镜结构研究中，这一修正版升降机模型已经得到实验支持。譬如，NHE 二聚体的可变结构域在内向和外向构象下具有相对于脂双层的相似的锚定位置。通常，结构生物学家更关注蛋白质分子各部分的相对运动。当把膜蛋白分子从脂双层中分离出来进行结构分析时，人们往往抱持着一种思维定式，不自觉地将膜蛋白在某一先入为主的构象中的质心视为不动的原点②。而事实上，统一地考虑膜蛋白和环境脂双层共同组成的复合系统才是更为合理的视角。对于循环地发生大幅度构象变化的膜蛋白分子或者复合体而言，我们需要分析究竟哪些部分与脂双层之间具有更广泛的相互作用，因而与脂双层保持更稳定的几何关系。其中，具有较多相互作用的部分对应于较小的相对于膜平面的运动。按照这种比例关系将构象变化分解到各个运动部件，而不是集中于某个人为指认的单一部分，无疑是解决膜蛋白动力学问题时更可取的方案。让我们再次借用飞鸟的比喻，假定将两侧翼端加以固定，那么煽动庞大翅膀的后果将表现为相对轻巧的中央躯体的上下抖动。

进而，位于 CPA 二聚体左右两个亚基内部的转运活性中心，可以借助它们之间较薄的

① 基于遗传密码表，色氨酸（Trp）随机出现的概率仅约为 1/60；在同一跨膜螺旋的两端随机地同时各出现一个色氨酸残基的概率约为 1/3600。在进化上相隔十几亿年的多个原核和真核生物膜蛋白保持同样的色氨酸定位的随机概率则更是微乎其微了。因此，此类现象提示这些色氨酸残基发挥着难以替代的重要功能。

② 谈到思维惯性，地心学说曾经在上千年间顽固地统治着人类的宇宙观。曾经，人们丝毫不去质疑太阳需要以怎样的速度运动才能完成每天一周的绕地运动。

刚性二聚化部分，以一种跷跷板的方式实现两个亚基之间的反向协同，即以相反的相位切换于内向和外向构象之间，从而提高整体转运速率（参见下文有关 AcrB 三聚体协同性的讨论）。在这种更为动态的升降机模型中，二聚体中心附近较薄的支架结构域部分不仅表现为变构过程中的升降机，而且是两部彼此反向协同的升降机。在 CPA1 功能实验中，当添加底物钠离子之后，转运过程的启动需要一段弛豫时间，并且在该时间段内每个蛋白二聚体仅结合一个 Na^+[138]。这一现象提示，结构研究所展示的对称构象可能仅仅是体外实验条件下的低能态构象，而并非该蛋白二聚体的即取即用的功能构象。有趣的是，许多 CPA1/2 的结构性质都是具有反式赝二重对称性结构的二级主动转运蛋白所共享的。譬如，在 2- 羟基羧化物转运蛋白（2-hydroxy carboxylate transporter，2-HCT）家族中，研究者反复地观察到同质二聚体中两个转运蛋白亚基之间的反向协同构象变化[139]。此类现象为二聚化的必要性提供了进一步的物理解释。我们在第六章所要讨论的 ClC 蛋白将展示另一个转运蛋白二聚体的实例。

3. CPA1/2 中的 pH 感受器　　敲除 NhaA 的细菌表现出对盐碱敏感的表型。与之相对应，NhaA 工作的最佳 pH 约为 8.0。一般认为，当胞内侧 pH 较低时，NhaA 转运蛋白被锁定，因而失活；而当胞内 pH 升高时，该抑制机制被解除。此时，在膜电位的驱动下，作为驱动物质的两个质子流入胞内，换取一个底物 Na^+向胞外迁移。所以膜电位对驱动能量的净贡献是 1 倍 $F\Delta\Psi$。这类转运蛋白不仅需要可质子化的酸性氨基酸参与转运过程，还需要存在于胞内侧的 pH 传感器。那么，这类传感器应该如何工作呢？一种可能的机制是：在低 pH 条件下，胞内侧某些可滴定的氨基酸残基（如酸性氨基酸或者组氨酸残基）被质子化，即添加正电荷。在内负 - 外正的膜电位作用下，该正电荷将 NhaA 拉向胞内方向，以静电力的方式影响 ΔG_C，即以别构调控方式阻碍其构象转换，最终将蛋白质分子锁定在内向型构象。虽然由于溶液中的离子屏蔽效应，表面电荷变化所产生的静电效应相较于内埋电荷的效应显得微弱一些，但只要质子化位点附近的结构具备一定的柔性，可以对外部静电力发生响应形变（包括电荷跨越静电势能等高面的位移以及电容量的扩增），此类别构调控型的 pH 传感机制就可以实现。对于抑制机制的另一种更为直截了当的解释是：当胞内 pH 低于 NhaA 内向型构象下的 $pK_{a,\ in}$时，被转运的两个质子将难以从结合位点解离，从而导致转运循环以一种正构位点自我调控（产物抑制）方式自动地减速、刹车。

4. 三聚体“升降机”　　上述有关二聚体型转运蛋白升降梯机制的讨论，同样适用于一大类同质三聚体型的二级主动转运蛋白。其典型代表是由钠离子内向流驱动的、以 Glu 等氨基酸为底物的同向转运蛋白，如哺乳动物的 EAAT（excitatory amino acid transporter）家族[140]以及它们的原核同源蛋白 Glt_{Ph}[141]。不难理解，它们在诸如突触间隙的神经递质清零、肾脏中营养成分的吸收等生理过程中扮演着重要的角色。此外，在某些非生理性实验条件下，这类转运蛋白还表现出受调控的氯离子通道的性质。

每个 Glt_{Ph} 类型的转运蛋白亚基具有 8 根跨膜螺旋（TM1～TM8）以及两对“半跨膜”的螺旋发夹（HP1、HP2），后者分别从膜的两侧嵌入脂双层的内、外小叶。这些二级结构形成一个“支架”结构域（TM1、TM2、TM4、TM5）和一个“转运”结构域（TM3、TM6～TM8 以及 HP1、HP2）。两个结构域各自表现出可辨认的内部二重对称性，其对称轴大致平行于膜平面，提示转运过程中构象变化相对于膜环境的对称性。每个亚基形成一条独立的转运通路，底物结合位点就位于 HP1 和 HP2 的顶端交汇处附近。在交替访问式功能循环中，每一个亚基的两个结构域之间发生近 20Å 的相对运动，因此该转运过程也采用“升降机”机制。进而，来自三个亚基的支架结构域形成一个中央三角形复合体，其三重轴平行于膜法线。三角形内部呈现一只近乎封闭的小空腔，并且容纳着一些疏水性小分子。转运结构域则伸向外周，形成三聚体的三只触手。事实上，转运结构域的大部分跨膜区表面与脂双层直接接触，因此更容易在功能循环中发挥膜锚定作用。相反，跨膜区较薄的核心三聚体则可能发生更为显著的、相对于膜的运动，并且提供亚基之间协同转运的可能性。这里“锚定”一词并非暗示转运结构域相对于膜将保持静止；而是表述这样一个事实，该结构域的疏水部分难以发生远离脂双层的垂直运动。相比之下，转运结构域在脂双层中的运动，以及相对于核心三聚体的运动所受到的疏水失配约束则小得多。

4.4.2　CPA3 分支的唯一成员 Mrp

对于生长在强碱和高盐并存的极端环境下的细菌来说，以 $2H^+:1Na^+$ 的化学计量比驱动的转运蛋白是不足以维持细胞内 pH 稳态。这类细胞需要由非质子型的离子泵（如 ATP 水解驱动的 Na^+ 外排泵）来维持强大的膜电位；其值约为－180mV，明显强于中性细菌的膜电位（例如，大肠杆菌质膜上的膜电位约为－130mV）[67]。嗜碱细胞正是利用这个膜电位将极度稀薄的胞外质子捕捉并且输入细胞内，以维持胞内侧的 pH 稳态环境。事实上，存在一类由 $nH^+:1Na^+$（$n>2$）化学计量比驱动的多亚基二级主动转运蛋白——Mrp 复合体，它是目前已知结构上最复杂的一类钠 - 氢交换泵。其功能是输入两个以上的质子，以换取一个 Na^+ 的外排[142, 143]。该复合体借助质子有限的跨膜电化学势，以质子的内向流驱动 Na^+ 的外向流。Mrp 复合体在原核生物中广泛分布，特别是对于生活在极端条件下的微生物的耐盐、耐碱能力至关重要。Mrp 复合体一般含有 7 个亚基，命名为 A～G（在某些种属中，亚基 A 和 B 已发生融合）；其总分子质量为 220kDa，令其他钠 - 氢交换泵相形见绌。一个耐人寻味的问题是：为什么一个看似普通而简单的转运过程需要如此独特而复杂的蛋白质复合体来完成呢？

在 Mrp 复合体中，驱动物质 H^+ 和底物 Na^+ 的转运被认为是分别借助不同亚基模块来完成的。基于转运蛋白的交替访问模型，Mrp 复合体中每个转运模块都应具有双稳态，即基态 C_{out} 和激发态 C_{in}，并且在功能循环的任何步骤中都不应发生内向半通道与外向半通道彼此的直接连通。下面，我们来分析 Mrp 复合体的能量偶联机制。首先，基于一般的逆向转运蛋白的底物竞争原则，Na^+ 与 H^+ 的结合事件之间似乎应该呈现某种乒乓机制。然而，由于在 Mrp 中两类底物通过不同模块进行转运，而并非共享同一条通路，因此还可能存在第二种类似于前述同向转运蛋白的协同工作模式；但是此处协同性以一种反向方式发生。具体地说，两个转运模块分别交替地处于 C_{in} 和 C_{out}。只有当底物 Na^+ 结合到其转运模块的 C_{in} 状态之后，处于 C_{out} 状态的质子转运模块才结合驱动物质 H^+。后者驱动两个模块同时向着相反方向进行激发变构，从而导致 Na^+ 的外排。关于 Mrp 转运机制的第三种可能是上述乒乓机制和模块之间的反向协同两者的杂交型。此处，一个钠 - 氢交换泵模块使用乒乓机制，介导较为常规的低化学计量比（如 $2H^+:1Na^+$）的逆向转运；而另一个转运模块介导剩余质子的转运，并且将所释放的自由能传递给交换泵模块，以补足交换泵的能量短缺。两个模块之间则使用上述反向协同机制进行能量偶联。此类混合型机制的优点之一是将自由能更均匀地分配到循环的各个步骤，从而避免了“纯粹”逆向转运中可能危及结构稳定性的、储存过量构象能的苛求。研究者已经鉴定出可以将钠离子转运与质子转运相分离的若干单点突变，从侧面为上述混合型机制提供了支持。无论采用乒乓模式，还是反向协同模式，抑或是它们的混合形式，不同模块彼此必须保持良好的结构默契，以便实现高效的信息交流和能量偶联。

以下，我们以竞争模式为例讨论 Mrp 的可能转运机制。在 C_{out} 下，n 个 H^+ 由胞外侧结合到转运蛋白上。随后发生“空载”（无底物 Na^+）的、C_{out} 至 C_{in} 激发变构，同时储存大量的构象能（ΔG_C）。此时，激发能量来自跨膜质子电化学势［约等于 $|n\Delta G_D(H^+)|$］，并且满足关系式：

$$0 < \Delta G_C < -n \cdot \Delta G_D(H^+) \tag{4.4.1}$$

当 Mrp 复合体参与抗碱时，在上述变构步骤中质子是由低浓度区间向高浓度区间运动的，即 $\Delta pH < 0$；所对应的 H^+ 化学势变化必然是升高的（耗能的）；其主要部分，质子结合能差 $\Delta G_D^0(H^+)$ 极有可能也是升高的（耗能的），即

$$\Delta G_D^0(H^+) \equiv -2.3RT \cdot \Delta pK_a \geqslant 0 \tag{4.4.2}$$

在耐碱情况下，驱动能量只可能来自静电能 $n \cdot F\Delta\Psi$。反之，在 pH 接近中性的环境中，细胞质膜内外的 ΔpH 将有利于质子的内向转运。但是，一项具有正值的 $\Delta G_D^0(H^+)$ 可能妨碍有效地利用质子浓度梯度，因为一大部分化学能以结合能和解离能的形式被释放掉了。那么，一个给定的 Mrp 复合体是否有可能根据外界 pH 环境调节自身的 $\Delta G_D^0(H^+)$ 呢？答案在原则上是肯定的。譬如，借助表面别构结合位点的质子化等因素，膜电位可以影响膜蛋白的构象平衡（进而改变 ΔpK_a 值），导致 $\Delta G_D^0(H^+)$ 由耗能转变为释能；这类别构调控机制的结构基础是 Mrp 研究领域一个亟待解决的问题。

另外，在 C_{in} 状态下，Na^+ 以强亲和力结合，置换 n 个 H^+。随后发生 C_{in} 至 C_{out} 载物变构；该步骤的驱动能量来自构象返回基态时所释放的构象能，即 $|\Delta G_C|$。在 C_{out} 下，Na^+ 以弱亲和力被释放，借此 Mrp 复合体可以参与抗盐过程。在该转运步骤中，Na^+ 的化学势升高，即该钠离子的输出步骤属于一个耗能过程：

$$\Delta\mu(Na^+) \equiv RT \cdot \ln\left(\frac{[Na^+]_{out}}{[Na^+]_{in}}\right) > 0 \tag{4.4.3}$$

作为 $\Delta\mu(Na^+)$ 的主要部分，结合能差 $\Delta G_D^0(Na^+)$［$\equiv RT \cdot \ln(K_{d,out}/K_{d,in})$］极有可能也是升高的（耗能的）。此外，底物 Na^+ 还需要消耗能量以抵抗膜电位所带来的静电势能增加量。

知识点（Box）4.1

Mrp 钠 - 氢交换泵的化学计量比

我们分析一下 Mrp 复合体究竟需要多少个质子才能在碱性环境中驱动转运循环。对于嗜碱菌 *B. pseudofirmus* OF4 来说，细胞内外的 pH 分别为 8.3 和 10.5，而膜电压 V_m 为 180mV [67]。同时，底物离子 Na^+ 沿着膜电位递增方向运动，并且假设细胞内外存在 10 倍的浓度梯度（ΔpNa ＝1）[144]。显而易见，质子的驱动能量必须强于 Na^+ 的阻力，即

$$n(FV_m - 2.3RT\Delta pH) > (FV_m + 2.3RT\Delta pNa) \tag{B4.1.1}$$

$$V_m > \frac{2.3RT}{F} \times \frac{2.2n+1}{n-1} \approx 59 \times \frac{2.2n+1}{n-1}(mV) \tag{B4.1.2}$$

由于驱动能量全部来源于膜电位，看起来 V_m 似乎是越强越好。然而由于生物膜的性质以及非质子型离子泵的泵浦能力对膜电位强度所施加的限制，嗜碱菌的膜

电位不可能被任性地加强。由此我们不难得出结论，在抗碱情况下，H^+与Na^+的化学计量比（n）需要超过 4 才可能维持 Mrp 的正向功能循环。这样一种近乎极端的化学计量比是无法借助前述的 NhaA 类型的简单钠 - 氢交换泵来实现的。那么，在模块化的 Mrp 复合体中，一个质子转运模块是否可能以每次循环转运一个质子的方式，分多次递进地驱动 Na^+转运模块完成一轮功能循环呢？现有的结构分析结果并不支持此类机制。另外，同一个质子转运模块在一次功能循环中转运 4 个质子，同样也是难以想象的；其中的静电排斥力将过于集中、强大。因此，将多个质子分散到两个或者多个模块驱动整个复合体的转运循环或许是一个更为切实可行的方案。

Mrp 复合体所表现出来的超凡的抗盐碱能力实际上主要依赖于它们的宿主细胞的整体特性。譬如，一类存在于朝鲜泡菜中的迪茨氏细菌可以利用 Mrp 抵抗高达 1mol/L 的 NaCl 或者 pH 10.0 的强碱胁迫。然而，同样的 Mrp 复合体在大肠杆菌变体中的异源表达却不能赋予新宿主同等的抗盐碱能力[143]；正所谓江南为橘，江北为枳。其症结在于，在原宿主细菌中，强大的膜电位很可能是由 V 型 ATPase 这类钠离子泵来维持的；而大肠杆菌并无法提供此类 Mrp 充分发挥功能所必需的膜电位等最适条件。

Mrp 复合体的主要部分与由氧化还原反应驱动的初级主动转运蛋白——膜结合氢化酶（membrane bound hydrogenase，MBH[145]）以及硫烷硫化酶（membrane bound sulfane-sulfur reductase，MBS[146]）之间存在明显的氨基酸序列和三维结构相似性[143]。MBH 利用来自铁氧还蛋白的电子生成氢气，而 MBS 利用类似来源的电子降解硫烷；所释放的氧化还原能量则用于驱动 Na^+的外排，从而参与膜电位的建立和维持。不难推理，Mrp 与 MBH（或者 MBS）复合体之间关键的不同之处在于：Mrp 中一个质子驱动模块替代了 MBH 中一个氧化还原驱动模块。由 Mrp 转运的 4 个质子所释放的跨膜电化学势能等价于 MBH 复合体中一对电子所释放的氧化还原电势能。此外，Mrp 复合体中的质子驱动模块与 Na^+转运模块的一部分也具有同源性，并且这些同源部分被认为是 MBH、MBS 和呼吸链复合体 I 中转运模块的进化原型；后三个初级主动转运复合体分别含有一个、两个、三个同类的 Mrp 模块。

关于 Mrp 复合体的机制讨论仍未有定论，但可以归纳出以下几点：①以 MrpA 和 MrpD 亚基为核心形成两个转运模块。每个模块均具有微观可逆性。②一个 Na^+转运模块同时具有以 H_3O^+为中介的质子转运潜能。因此，每个 Na^+转运模块原则上具有钠 - 氢交换泵的潜能。在孤立的实验条件下，此类交换泵的转运方向由两类底物（Na^+、H^+）的电化学势共同决定。③当多个模块组合成复合体时，模块的功能会发生异于孤立状态的特化。譬如，MrpD 模块保持 Na^+ : H^+交换功能，而 MrpA 转化为质子专一性的自转运模块。两者功能上的偶联使 MrpA 模块能够为 MrpD 模块提供驱动能量；此类能量偶联对于细胞抵抗高盐、高碱双重环境胁迫是至关重要的。相关的双稳态构象变化，我们将在第七章中进一步讨论。

4.5 RND 转运蛋白以及 AcrB 的协同性

下面，我们讨论一类重要的广谱抗药型转运蛋白——AcrB[147]。许多来自细胞外的、对细菌有害的化合物（如抗生素）被截留在周质腔；同时，许多被细胞外排的胞内的废物和有毒物质也积累在周质腔。譬如，前文所讨论的 MdfA 转运蛋白的出口就在周质腔。从周质腔向细胞外进一步转运这批有害物质就依赖于 AcrB 这类转运蛋白。对于革兰氏阴性菌的存活而言，这类转运蛋白是非常重要的，以至于同时存在多个功能重叠的转运系统。由于其底物相当广谱，包括许多亲脂性或两亲性小分子，AcrB 有周质腔吸尘器之称。但是，在周质腔里既没有稳定的 ATP 来源，细胞外膜上也不存在可利用的电化学势。AcrB 转运过程的能量来源是什么呢？这类转运蛋白以一种颇为独特的方式利用细胞质膜所承载的质子电化学势来驱动跨越外膜的底物转运[148]。因此，AcrB 系统属于二级主动转运蛋白。它的核心部分由三个同质且彼此协同的转运蛋白构成，而每个转运蛋白内部具有平行于膜法线的赝二重对称轴。

4.5.1 AcrB 复合体的三维结构

首先，让我们浏览一下这个转运蛋白复合体的总体结构（图 4.5.1）：作为向胞外排放物质的泵浦蛋白，该复合体需要一条通往胞外的非选择性管道。TolC 同质三聚体就提供了这样一条中央排污管道，它包括外膜上的一只 β 桶和位于周质腔的一组中空的 α 螺旋束。镶嵌于内膜上的蛋白是 AcrB 转运蛋白。它以同质三聚体的形式行使功能，包括捕捉底物、利用驱动能量排挤底物将其送往外排管道。之后，底物便可以通过梯度扩散向胞外运动。在 TolC 与 AcrB 之间存在一个由 AcrA 衔接蛋白组成的同质六聚体；其作用是连接上、下两部分。这一跨越内、外膜的复合体的总体高度约为 200Å，远小于周质腔与内外膜厚度之和的平均值。此类周质腔中局部变得狭窄的区域称为拜耳连接。

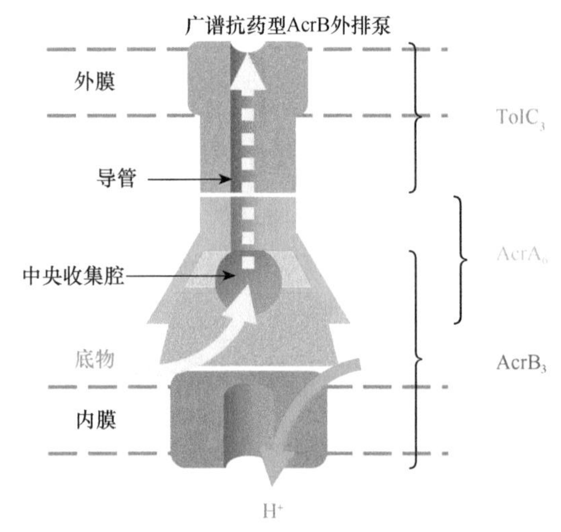

图 4.5.1　AcrA/B-TolC 转运系统示意图

底物转运泵和质子驱动部分（AcrB）分别由粉红色、玫瑰红色标记；跨外膜的底物外排通道（TolC），橙色；衔接蛋白（AcrA），青蓝色。底物和质子的运动方向分别由黄色、绿色箭头表示

每一个 AcrB 的亚基构成一个相对独立的功能单位。其单体结构虽然相当复杂，但表现出明显的内部对称性（图 4.5.2）。跨膜区含有 12 根跨膜螺旋（TM1～TM12），分成两个 6TM 的子结构域，分别叫作 N 端跨膜子结构域（N_{TM}）和 C 端跨膜子结构域（C_{TM}）。中间由一条定位于胞内一侧的两亲螺旋连接。这个跨膜区负责将跨膜的质子电化学势转化为驱动构象变化的机械能。

进而，在周质腔侧，每个跨膜子结构域被嵌入了两个水溶性“搬运工”结构域（porter domain）。4 个这样的小结构域（PN1、PN2、PC1 和 PC2）在氨基酸序列上是同源的，具有同样的 β-α-β-β-α-β 折叠，并且定位于跨膜结构域附近。它们共同形成横向的底物转运通路，负责底物收集以及向中央管道排送。这里所发生的底物转运功能循环由跨膜结构域中两个子结构域之间的相对构象变化所驱动。

在距离膜更远处，上述 4 个膜外侧结构域中的两个（PN2、PC2）又各自拥有一个嵌入的小结构域（DN、DC）。这两个小结构域与中间层的 4 个膜外侧结构域也具有序列同源性。来自三个亚基的 DN 和 DC 结构域共同形成一个赝六重对称的、与中央管道的接口。

这里，我们可以看到结构域的嵌套、同源结构域的重复利用、分子内部的对称性等常见的蛋白质的组装现象。貌似繁杂的结构往往可以被分解、化简。

图 4.5.3 所示是 AcrB 的三聚体晶体结构[149]。每一个亚基含有上文历数过的 8 个结构域。三个亚基一起构成 AcrB 复合体中（下部的）跨膜层、（中间的）近膜外层（转运层）和（上部的）远膜外层（对接层）。黄色的两亲螺旋位于（最下方）细胞膜内侧、三聚体的外周。

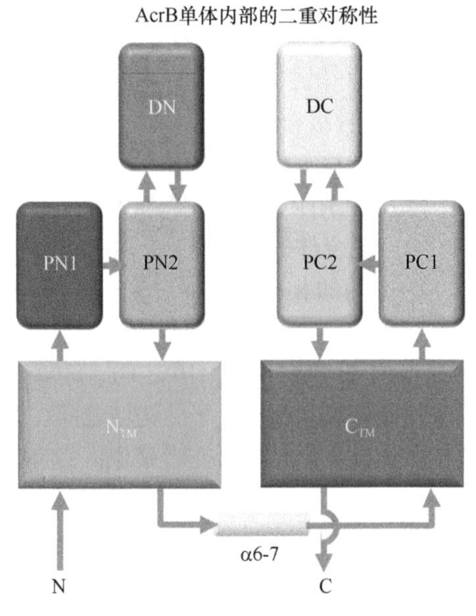

图 4.5.2　AcrB 单亚基中结构域的模块化示意图

跨膜区位于图中下方。两主要结构域之间具有明显的二重对称性。该对称性的基础是绿色的 N_{TM} 和蓝色的 C_{TM}。胞内侧携带一根黄色两亲螺旋

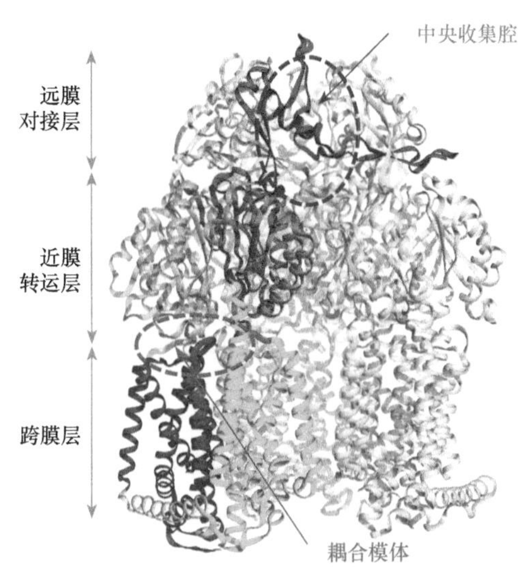

图 4.5.3　AcrB 三聚体的晶体结构（PDB 代码：4DX5）（引自 Murakami et al.，2002）

该三聚体具有明显的上、中、下三层结构。三重旋转对称轴位于三聚体中央、竖直方向。其中一个亚基以彩色标记（着色方式与图 4.5.2 相同）；其余两个为灰白色

由于呈现对称三聚体结构，AcrB 蛋白非常容易发生结晶。从 *E. coli* 中重组表达其他膜蛋白并进行结晶实验时，稍不留心就可能得到 AcrB 晶体，从而干扰目标蛋白的研究。一般来说，一个蛋白复合体的内部对称性越高（如 2 重、3 重、4 重或者 6 重对称等），就越容易结晶。此时，晶体堆积所引起的与熵减小有关的自由能增加量相对较小。

4.5.2　AcrB 的三冲程机制

有趣的是，研究者发现，在较高分辨率的晶体结构中，这三个 AcrB 亚基的构象并非完全相同。三个亚基分别处于转运循环的三个不同阶段，或者叫作 A（access，收集）、B（binding，结合）和 E（extrusion，外排）三个相位[150-152]。

AcrB 使用蠕动泵机制，将周质腔中或者结合到内膜外小叶的底物收集起来，并且向中央管道方向输送（图 4.5.4）[149]。在这三个亚基中，处于 A 相位的亚基，其底物通路向外围、周质腔开放，负责收集底物；处于 E 相位的亚基，其底物通路向中央管道开放；而处于 B 相位的亚基，其底物通路向两端都是关闭的。

在底物转运过程中，近膜层中的来自同一亚基的 4 个模块之间发生构象重排，将底

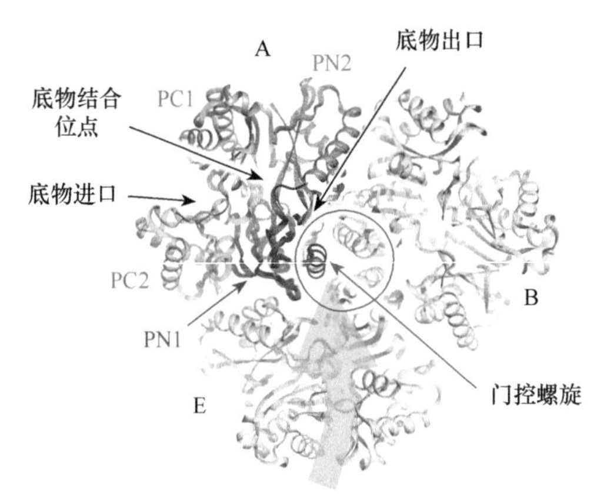

图 4.5.4 AcrB 三聚体中的底物转运层
(引自 Murakami et al.，2002)
4 个彩色标记的结构域对应近膜层中来自同一亚基的 4 个模块。蓝色箭头表示底物分子在一个给定亚基中的运动方向。中央管道位置用红圈标记。最为重要的是，三个亚基分别处于 A、B、E 三个不同的相位

物推送到中央管道。这种构象重排的驱动能量的唯一来源是质子跨膜迁移所释放的电化学势能。另外，底物的结合、转运和解离必然与跨膜结构域中所发生的质子化和去质子化事件之间存在着信息交流和能量偶联。对于一个有着多种潜在底物的转运蛋白而言，各类底物的共性是能够诱导近膜层中蠕动泵结构域之间的初始构象重排，进而触发跨膜结构域中质子化状态的改变。人们发现，某些抑制剂结合到蠕动泵结构域之间，阻碍它们的构象重排[153]。

AcrB 利用质子的跨膜电化学势驱动转运。该复合体的三个跨膜区结构域也分别处于不同的相位（图 4.5.5）[149]。只有处于 E 相位的亚基能够结合质子。质子结合位点位于 TM4 和 TM10 之间，也就是对称分布的 N_{TM} 和 C_{TM} 子结构域之间。

不难发现，在三个跨膜结构域之间存在一条宽大的空洞。曾经有研究者猜测，这里是底物分子的跨膜转运通路。当人们将 AcrB 与某些疏水性小分子共结晶时，也确实发现有疑似底物的分子结合在空洞中。但是，后续的研究迫使人们放弃了这种猜想，转而承认这个空洞与底物转运无关，而只是被脂等疏水分子随机填充。事实上，AcrB 的底物根本就不发生跨内膜转运，而仅仅是由周质腔向胞外排放。

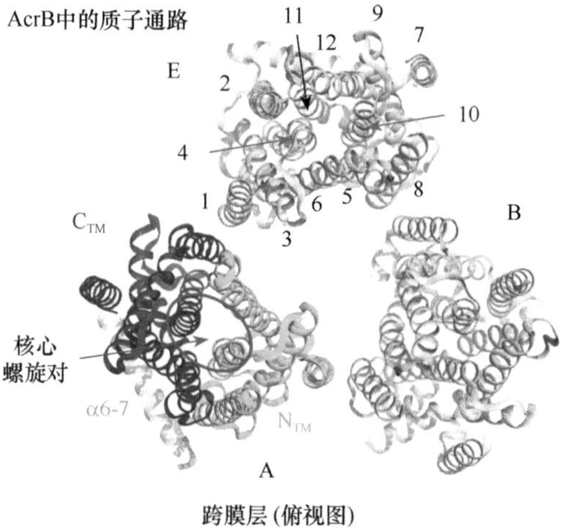

AcrB 三聚体就好比一部 3 缸 -3 冲程发动机（图 4.5.6）。底物的结合伴随着 A 到 B 的构象变化。质子结合触发 B 到 E 的构象变化。伴随 E 到 A 的构象变化，底物和质子分别向胞外和胞内方向释放。注意：底物与质子并非共享同一条通路，它们彼此不存在直接的竞争关系。因此，AcrB 并非传统意义上的逆向转运蛋白。

AcrB中的质子通路

跨膜层(俯视图)

图 4.5.5 AcrB 三聚体中质子转运部分
(引自 Murakami et al.，2002)
在处于 A 相位的亚基中，N_{TM} 和 C_{TM} 子结构域分别用绿色和蓝色标记。胞内侧两亲螺旋（黄色）位于图中结构的背后。在处于 E 相位的亚基中，12 根跨膜螺旋以数字 1～12 标记。处于亚基核心的 4 号和 10 号螺旋之间的界面包含了质子化位点及质子导线。三个跨膜结构域彼此疏松的堆积有助于各自在静电力驱动下的相对独立的构象变化

4.5.3 质子化事件和能量偶联

与 MFS 转运蛋白相似，AcrB 外排泵中质子化和去质子化是利用跨膜质子电化学势的两个关键步骤。在非质子化状态下，两个关键酸性氨基酸残基侧链之间出现了一个 Lys 侧链所携带的正电荷，导致该酸性氨

基酸残基 pK_a 降低，使质子化不易发生（图 4.5.7）。相反，当跨膜结构域变成可质子化状态（E 状态），Lys 侧链发生转动，远离其中一个酸性残基（Asp408），导致该酸性残基的 pK_a 升高，质子化随即发生。此时，这个亚基的 N_{TM} 子结构域在膜电位的作用下受到一股指向胞内方向的静电力[154]。

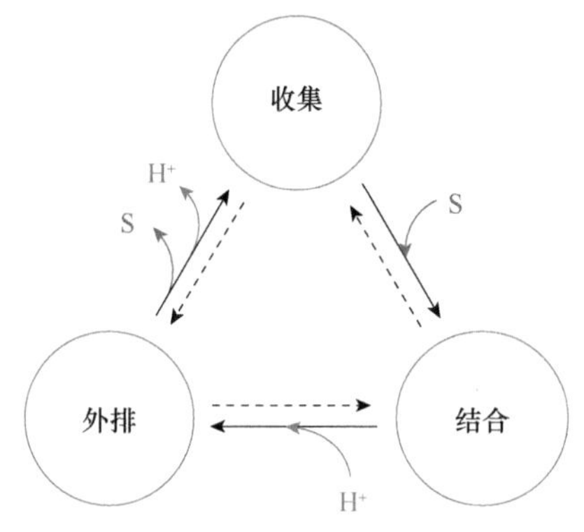

图 4.5.6　AcrB 亚基的 3 冲程机制
在 AcrB 功能循环中，三个亚基依次轮番通过 A、B 和 E 相位

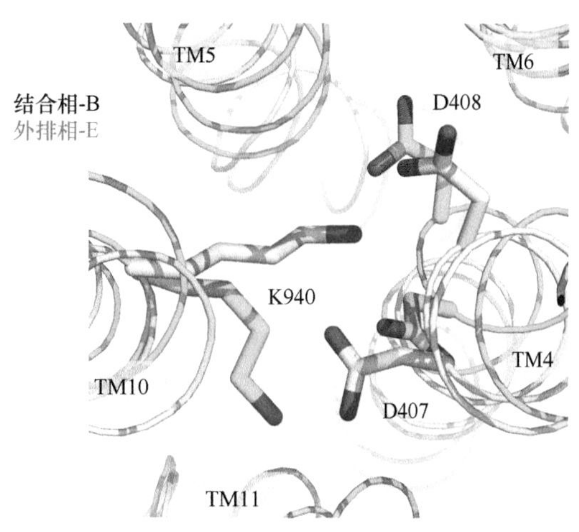

图 4.5.7　AcrB 跨膜区 pK_a 调控机制
在结构比较中，非质子化状态为灰白色；质子化状态为青蓝色。由底物结合触发的螺旋 4、10 之间的相对转动导致螺旋 4 中关键酸性残基质子化状态发生改变

另一个耐人寻味的科学问题是：底物在膜外侧的结合如何引发跨膜区的构象变化呢？在 AcrB 三聚体结构中间层与跨膜层之间，研究者发现了一组保守的氨基酸残基（图 4.5.8）。它们可以将底物结合的信号，由近膜层转导到跨膜区，使其中 TM4 和 TM10 彼此发生相对的旋转，进而引起图 4.5.7 中所示的质子化状态的改变。针对这些信号转导元件所进行的点突变研究证实了 AcrB 抗药性因突变而丧失[155]。

上述讨论支持了如下关于 AcrB 转运机制的模型（图 4.5.9）：底物在周质腔侧的结合诱导跨膜区的质子化，后者所引起的静电力驱动周质腔侧蠕动泵中的底物向中央管道运动。

跨膜层与近膜层之间的结构连接既是底物结合信息从外向内的传递者，也是驱动力从内向外的传导中介[154]。在这个模型中，细胞膜内侧的两亲螺旋发挥着转动

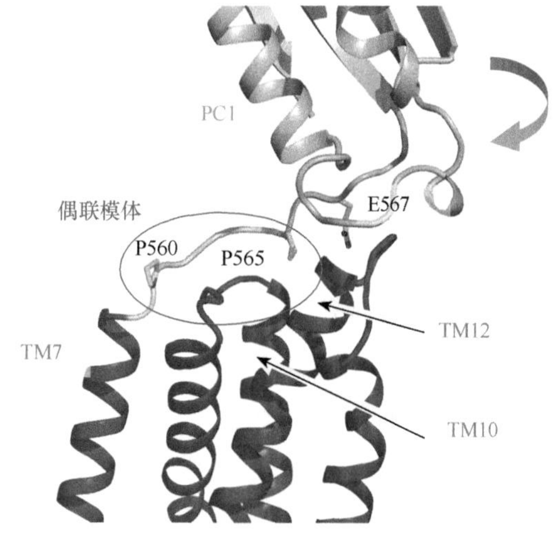

图 4.5.8　AcrB 膜外区与跨膜区的偶联
这一 RND 家族中保守的模体将膜外区（粉红色）中底物结合的信息转化为跨膜区中子结构域（蓝色）之间的构象变化。图中仅显示了 C_{TM} 子结构域与膜外层之间的连接；而与之对称的 N_{TM} 子结构域也具有相似的信号转导元件

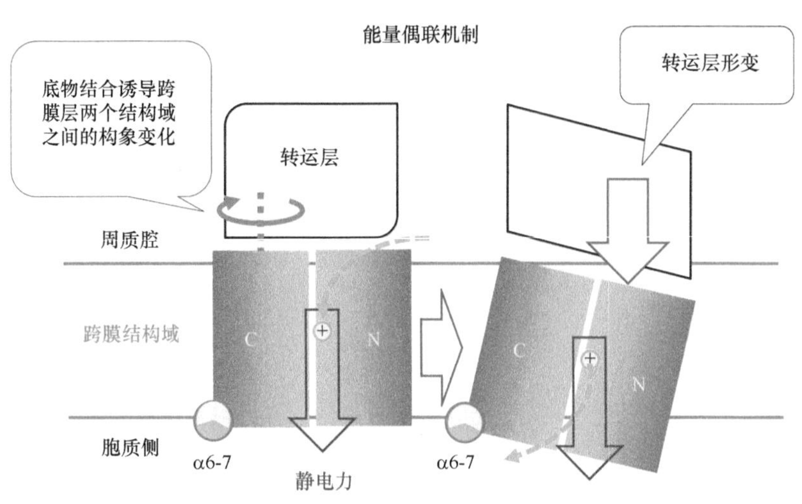

图 4.5.9　AcrB 外排泵的能量偶联机制

两亲螺旋用黄 - 蓝双色圆圈表示。质子运动轨迹用蓝色虚线表示

支点的作用。突变这一螺旋，也导致 AcrB 转运功能的丧失[155]。

4.5.4　AcrB 复合体三个亚基之间的协同性

正如在下面将要讨论的，某些单体形式的 RND 蛋白是可以独立完成转运功能的。那么，我们不禁要问：在 AcrB 转运复合体中，三聚体形式可能带来哪些优势呢？在忽略底物结合和释放步骤相关的能量势垒的情况下，每一个亚基的工作循环各含有三个过渡态，即 A→B、B→E 和 E→A。在单个 AcrB 蠕动泵亚基中，实现这三个过渡态与跨膜质子驱动模块的双稳态之间的偶联，具有一定的技术难度；此时，亚基之间的协同性可以有效地解决这一挑战。假设单独亚基可以独立工作，那么三个过渡态的速率（k_1、k_2、k_3）就很可能是快慢不同的。某些过渡态能量势垒较高，难以逾越，成为反应循环的限速步骤；而总速率由此类限速步骤制约。可以证明①，对于给定总驱动能量的反应循环而言，最大总速率发生在各步骤速率相等的条件下。而环式协同多聚体是实现这一条件的可靠方式。

知识点（Box）4.2

AcrB 三亚基之间的协同性

为了实现三个亚基以相同速率工作，三个过渡态必然具有同样的高度，对应于相同的速率常数（图 4.5.10）。因此，除需要驱动能量之外，还要求三个亚基彼此相互分享能量（cooperative work）。对一个给定亚基的三个过渡态而言，构象能（ΔG_{C1}、ΔG_{C2}、ΔG_{C3}）和被分享的能量（W_{C1}、W_{C2} 和 W_{C3}）分别满足以下公式：

$$\sum_i^N \Delta G_{Ci}=0 \text{（对于 AcrB 三聚体，}N=3\text{）} \qquad \text{（B4.2.1）}$$

① 在逆向反应可忽略的前提下，对正向反应总时间$\frac{1}{k_0}(ae^X+be^Y+ce^Z)+\lambda(X+Y+Z-C)$求 λ 极值。其中变量 C 是以 RT 为单位的守恒的输入总能量，X、Y、Z 是其能量配分。

AcrB三聚体内部的协同性

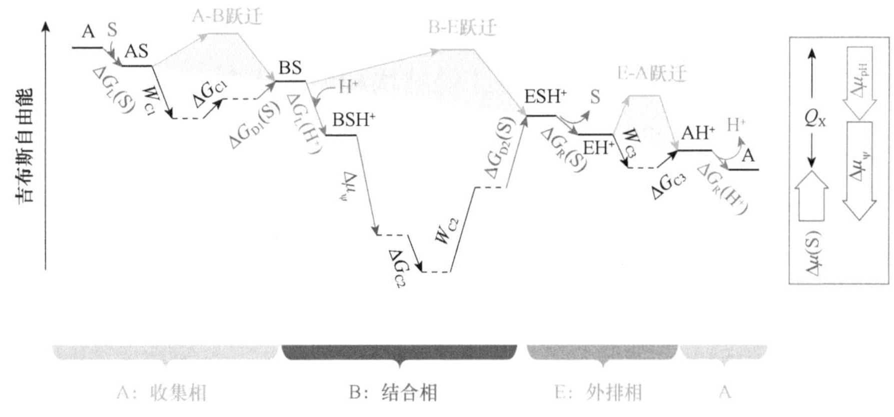

图 4.5.10 AcrB 转运蛋白三聚体的自由能景观图

通过三项协同性能量项 W_{C1}、W_{C2} 与 W_{C3} 之间的自我调节，三个过渡态所对应的速率达到一致。实际上，W_{Ci} 与 ΔG_{Ci} 之和可以视为调整后的表观构象变化能（i=1、2、3）

$$\sum\nolimits_i^N W_{Ci}=0 \tag{B4.2.2}$$

协同性使得三个过渡态的速率保持一致（k_C），慢的加快，快的变慢。每个亚基完成三个步骤的总速率，由（$k_1^{-1}+k_2^{-1}+k_3^{-1}$）$^{-1}$ 变为三个速率 k_1、k_2、k_3 乘积的立方根的 1/3；而这种速率的提升是通过协同性做功来实现的。产生过剩能量的步骤向需要能量的步骤进行能量输送。k_C 满足下式：

$$k_C \equiv k_i \exp\left(\frac{-W_{Ci}}{RT}\right), i=1, 2, 3 \tag{B4.2.3}$$

$$W_{Ci}=\frac{-RT}{N}\ln\frac{\prod_j^N k_j}{k_i^N}=RT\ln\frac{k_i}{k_C} \tag{B4.2.4}$$

$$k_C=\left(\prod\nolimits_j^N k_j\right)^{\frac{1}{N}} \tag{B4.2.5}$$

式（B4.2.3）表示：基于阿伦尼乌斯方程，在有能量补充（$W_{Ci}<0$）的情况下，速率常数 k_i 会升高。由于协同性的约束条件［式（B4.2.2）］，可以推导出方程式（B4.2.4）和（B4.2.5）。上述协同性与速率变化的关系式对于环式、协同性、N 聚体酶系统具有普适性［154］。

综上所述，来自革兰氏阴性菌的 AcrB 及其所参与形成的转运复合体提供了一个利用内膜质子电化学势实现跨外膜转运的范例①。AcrB 复合体所使用的蠕动泵式转运过程代表了一种特殊的交替访问模型实施方案。在这类转运蛋白复合体中，同质亚基之间的协同性是提高

① 后文 5.4 节中，我们将讨论另一个利用胞内 ATP 水解能量驱动由周质腔向细胞外转运两亲性底物的实例。

转运速率的有效途径，并且以结构对称性为基础；此时，驱动物质与底物之间的关系究竟属于正协同性还是负协同性（竞争性）可能会变得模糊不清。由于亚基之间的强协同性，不难推测：某一个亚基的故障将可能导致整个复合体的失活，即所谓的显性抑制或者短板效应。

4.5.5 单亚基 RND 转运蛋白 MmpL3 的结构和转运机制

除三聚体转运蛋白之外，RND 家族还包括许多以单亚基形式发挥功能的成员。譬如，结核分枝杆菌基因组编码 13 种 MmpL（mycobacterial membrane protein large）蛋白，均属于该二级主动转运蛋白家族。其中，单亚基 MmpL3 可以在跨膜质子电化学势的驱动下将质膜外小叶中的分枝菌酸前体——单甲基海藻糖（trehalose monomycolate，TMM）抽提出来，并且转运到细胞壁外侧促进细菌被膜的合成。因此，该蛋白是多种类型分枝杆菌生存所必需的，并且已被锁定为抑制结核分枝杆菌的重要药物靶标。在 MmpL3 晶体结构中[156]，以赝二重对称性方式相关联的两个跨膜子结构域（TM1～TM6 所形成的 N_{TM} 和 TM7～TM12 所形成的 C_{TM}）各自在周质侧嵌入了一个同源结构域（PN、PC）；后者是在 AcrB 中的“搬运工”结构域核心折叠基础上演化而成的。具体地说，N_{TM} 中的 2 号跨膜螺旋直接与 PN 相连，而 C_{TM} 中的 8 号跨膜螺旋与 PC 相连；此外，类似于图 4.5.8 中的跨膜层与近膜层之间的偶联 β 片层也分别存在于 MmpL3 中 N_{TM} 和 C_{TM} 子结构域的上方。进而，一个底物 TMM 的类似物分子就结合在 PN 与 PC 结构域之间（而非 N_{TM} 与 C_{TM} 之间），上述刚性连接使底物的结合或者解离信息得以传递到跨膜结构域。与 AcrB 类似，质子流经跨膜子结构域界面处 4 号与 10 号螺旋之间，这里也是多种 MmpL3 抑制剂的已知结合位点。在晶体结构中该界面处，两对高度保守的 Asp-Tyr 残基（$D256^{TM4}$-$Y646^{TM10}$ 和 $D645^{TM10}$-$Y257^{TM4}$）被指认为质子化位点；突变这些氨基酸残基可能导致分枝杆菌无法生长。不难推测，当这两对 Asp-Tyr 残基形成两条彼此平行的氢键时，由酚羟基提供的质子将导致该质子化位点处于去质子化的外向型基态（C_{out}）。

那么，由质子驱动的底物转运的机制可能是怎样的呢？显然，作为二级主动转运蛋白，MmpL3 只可能采用底物与驱动物质质子之间的正协同和负协同机制之一。根据底物与质子之间的正（或负）协同机制，在底物结合（或解离）的推动下，N_{TM} 与 C_{TM} 彼此将会发生相对转动，导致两个关键 Asp 残基彼此靠拢，pK_a 升高；此时，其中一个羧基侧链将发生质子化，进而抑制另一个羧基侧链的质子结合能力。在质膜内负 - 外正的膜电位作用下，发生质子化的残基受到指向胞质侧的静电力；相应地，跨膜结构域发生 C_{out} 至 C_{in} 的构象变化并且进入激发态（C_{in}），驱动胞外区结构域的构象关闭（或者开放），从而促使底物在胞外侧的转运（或者结合）。随之，质子化位点发生去质子化；由于维持激发态的静电力消失，系统返回基态。在胞质侧，N_{TM} 和 C_{TM} 的 N 端各连接一根两亲短螺旋，辅助跨膜区两个子结构域之间的相对构象变化。

4.5.6 胆固醇转运蛋白 NPC1

另一个名气不凡的、出自 RND 家族的单亚基转运蛋白是定位于溶酶体（以及其上游的晚期内吞体）膜上的胆固醇转运蛋白 NPC1［C 类尼曼 - 皮克病（Niemann-Pick disease）蛋白 1］[157]。溶酶体是动物细胞中外源性胆固醇的主要物流集散地；它接收来自胞外低密度脂蛋白颗粒的、经内吞途径收集的胆固醇酯，并且水解生成胆固醇。这些胆固醇分子首先与可溶性呈递蛋白 NPC2 结合。在溶酶体腔体侧（拓扑上等价于细胞外空间），NPC1 接受来自 NPC2 的胆固醇分子，并且将其转运到溶酶体膜上，以便进一步输运到其他膜系统。无论是 NPC1 还是 NPC2 的功能缺失都将导致胆固醇在溶酶体中的病理性积累。譬如，多种糖脂代谢蛋白的先天性功能缺陷均可能导致尼曼 - 皮克病（又称鞘磷脂沉积病）的发生。由于溶酶体膜的腔体侧覆盖着厚厚的一层多糖包被（glycocalyx），NPC2 实际上无法直接将胆固醇分子传递给溶酶体膜；况且，NPC2 所表现的高亲和力是否允许胆固醇自发地向脂双层扩散也冠以一个巨大的问号。因此，NPC1 所介导的依赖驱动能量的接力就成为上述物流过程的必要步骤。不难看出，NPC1 与 MmpL3 相比，底物的物流方向正好相反。

从三维结构总体上讲，NPC1 与 MmpL3 十分相似[158]；所不同的是，在腔体侧，NPC1 添加了一个 N 端 A 结构域①，负责从 NPC2 承接胆固醇分子（图 4.5.11）[157]。NPC1 具有在膜法线方向上伸展的苗条结构，长度约为 140Å；与 AcrB 单亚基类似，NPC1 可分为跨膜、近膜和远膜等三层。处于远膜层的 A 结构域经由一条伸展的环及一根附加的跨膜螺旋（TM0）连接到胞质侧 TM1 螺旋的 N 端。对应于 MmpL3 中的 PN 和 PC，NPC1 具有同源的、定位于近膜层的 C 和 I 结构域，且均采用 RND 家族特征性“搬运工”结构域的 $(\beta\text{-}\alpha\text{-}\beta)_2$ 折叠。PN 与 PC 之间存在着一条物流通道。与 MmpL3 类似，NPC1 中 TM2 与 PN 结构域相连；TM8 与 PC 结构域相连。A 结构域结合在 PC（也称 I）结构域的上方，即穿过多糖包被，并且探入溶酶体腔体。另外，只有结合着底物分子的呈递蛋白 NPC2 才能有效地结合到 PN（也称 C）结构域的上方（远膜层），并且以“口口相传”的方式将胆固醇传递给 A 结构域[158]。由于底物的自发转移只可能发生在从低亲和力到高亲和力的物流方向上，我们不难推测，A 结构域具有比 NPC2 更强的胆固醇亲和力；其结合能主要来自疏水相互作用，相应

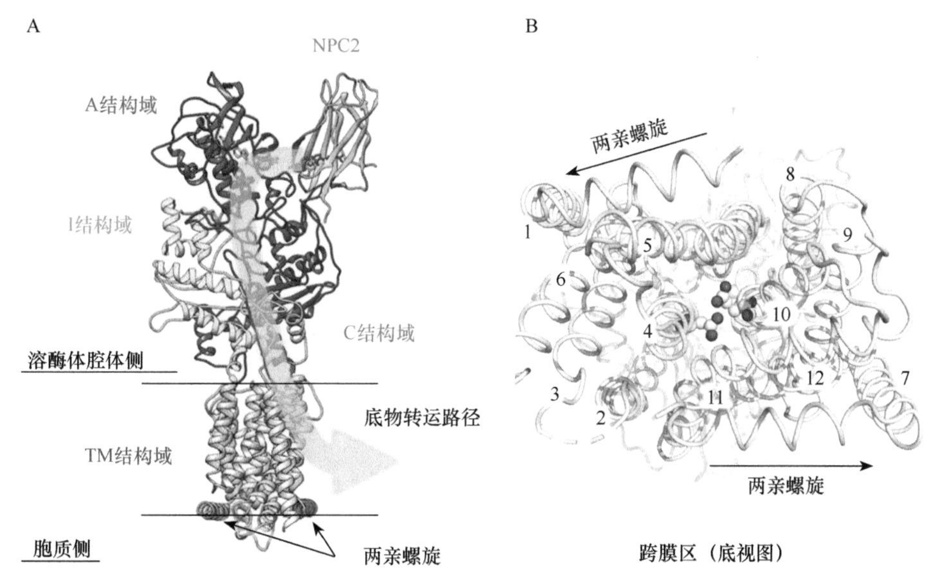

图 4.5.11 NPC1-NPC2 胆固醇转运蛋白复合体结构（引自 Pfeffer，2019）

A. 跨膜结构域、PN（C）、PC（I）结构域以及 NPC1 特有的 N 端 A 结构域分别用麦色、蓝色、黄色、红色标记；NPC2 为绿色。底物分子的转运路径用蓝色箭头表示。B. 跨膜区胞内侧投视图（PDB 代码：5U74）。保守酸性残基 Asp700^{TM4} 和 Glu1166^{TM10} 由球状模型表示

① NPC1 中非跨膜区结构域的命名相当混乱。其中之一是基于其所在的环出现的顺序按字母排列（A…C…I…）。

的结合口袋简称为 A 位点。失去底物的 NPC2 很可能自行解离，为 A 结构域进一步向近膜层呈递底物腾出空间。随之，结合着底物的 A 结构域与近膜层顶端物流通道的入口处进一步结合；相应的结合能必然强于底物对于 A 位点的结合能，否则后续的能量偶联将只能导致 A 结构域从近膜层解离而不是底物从 A 位点解离。这一结合事件将成为触发下游转运步骤的开关。进而，NPC1 中其他部分的功能就是克服 A 位点的强结合能，将胆固醇分子送往脂双层。NPC1 的 N_{TM} 子结构域的侧向表面称为固醇敏感区（sterol sensing domain，SSD）；SSD 常常出现在各类与胆固醇代谢和转运有关的膜蛋白分子中。NPC1 的固醇敏感区正是底物从膜外经跨膜区向脂双层横向扩散的中继站；其亲和力应适当地大于提供底物的膜外区，但也不应过大以避免底物的滞留。在高底物浓度的实验条件下，SSD 自然会表现出结合胆固醇分子的能力。当底物从 A 位点被抽提并且进入近膜层通道时，PN 与 PC 之间的相对运动将触发 N_{TM} 与 C_{TM} 之间的质子化状态变化。反之，跨膜结构域中的构象变化，又可以通过 TM2 和 TM8 等偶联元件驱动底物沿 PN 与 PC 界面的下行转运。

以一种自由能瀑布的方式，底物在越来越强的亲和力驱动下被一路呈递到近膜层通道入口。这一过程在自由能的局部极小点戛然而止，其后续的转运步骤仍难以自发地进行，而需要外界能量来驱动。依赖于 V 型 ATP 水解酶所驱动的质子泵，溶酶体维持着腔体内部的低 pH 状态及内正 - 外负的膜电位。这一跨膜质子电化学势为上述一连串的胆固醇转运步骤提供必需的驱动能量。其中最为重要的是借助 PN 与 PC 之间的构象变化，降低结合于近膜层上表面的 A 位点的底物亲和力；换言之，以更强大的能量将 A 结构域这只紧紧闭合的“蛤蚌”撬开。该部分能量实际上也隐含了上游步骤中释放 NPC2，将其重置到自由状态所需的能量，从而使下一轮搜索和呈递底物的过程可能实现（参见 3.4 节有关“AB ＜A＋B”模型）。与其他 RND 转运蛋白类似，人源 NPC1 跨膜螺旋 TM4 和 TM10 的中间部位各含有一个酸性氨基酸残基，分别是 $Asp700^{TM4}$ 和 $Glu1166^{TM10}$。在 3.3Å 分辨率的晶体结构中[159]，这两个关键酸性残基的侧链彼此靠拢并且形成氢键；这一结构细节与前述 MmpL3 的基态结构截然不同。这种结构差别可以解释两类蛋白中的物流方向彼此相反这一事实。在 NPC1 晶体结构中，上述两个关键酸性残基已经处于质子化状态，并且以氢键形式共享该质子。假如该构象发生于溶酶体膜中，NPC1 的跨膜区将处于由质子结合所引发的激发态；此时，质子结合位点向胞质侧（溶酶体外侧）开放，但可能仍然保持高 pK_a 并且等待来自 A 位点的底物信号。伴随跨膜结构域的构象循环，Asp^{TM4} 与 Glu^{TM10} 之间的距离，以及相应位点的 pK_a 做周期性变化；与之同步，质子从腔体侧结合，随后在胞质侧解离。另外，跨膜螺旋 TM1 和 TM7 的 N 端各自连接一根长度为 5 圈的两亲螺旋；它们均定位于脂双层的胞质侧表面，并且彼此平行地分布于跨膜结构域两侧。其功能包括，作为滑动支点介导 N_{TM} 与 C_{TM} 之间的相对转动，从而使垂直于膜平面的静电力转化为构象变化能（ΔG_C），用于驱动后续的底物转运步骤。

关于能量偶联，NPC1 更可能使用类似于逆向转运蛋白的、底物 - 质子负协同的乒乓机制。至于该机制的具体细节仍有待进一步结构 - 功能实验予以澄清，其中包括：跨膜结构域的激发变构和回归变构中如何实现质子导线的重组？ A 位点结合胆固醇分子之后如何触发质子在胞质侧的解离？以及跨膜结构域的回归变构如何驱动底物从结合于近膜层之外的 A 位点向跨膜层中 SSD 的转运？一般有关机制的问题还包括：NPC2 蛋白为什么不是像后文中 I 型 ABC 输入蛋白的辅助蛋白（SBP）那样直接将胆固醇底物分子传递给 NCP1 的近膜层结构域，而采用接力方式并且借助 A 位点中介呢？人们至今为什么还没有获得 A 结构域向近膜层呈递底物的“快照”呢？

小结与随想

- 对于转运蛋白分子结构的基本描述包括跨膜螺旋的数目、拓扑关系、结构对称性、发生变构的核心位置和界面、两亲性结构元件的配置等。
- 一般而言，转运蛋白都表现出双稳态特征；并且底物与驱动物质常常共用同一条物流通道。
- 二级主动转运蛋白借助驱动物质的电化学势（包括浓度梯度和静电势能）驱动底物的跨膜转运。在此过程中，驱动物质的电化学势下降，而底物的跨膜电化学势往往得到提升。
- 对于驱动物质的结合和解离而言，激发变构和回归变构交替出现；而伴随底物的转运循环，则载物变构和空载变构均存在。
- 同向转运中，底物与驱动物质之间具有（正）协同性；逆向转运中，两者表现出竞争性（负协同性）。
- 在载物变构步骤中，对应于降低的底物亲和力，转运蛋白具有特征性的、升高的结合能差（$\Delta G_D > 0$），后者需要消耗驱动物质的电化学势来补偿。
- 膜电位驱动力原理指出：驱动物质一般是带电离子；它们在膜电位电场中受力驱动转运蛋白的构象变化。在大多数情况下，这是二级主动转运蛋白的主要驱动力。膜电位驱动力原理批判了试图在膜蛋白结构内部寻找驱动力的传统结构生物学观点，转而强调膜蛋白分子与外界环境之间的相互作用及其共性的结构基础。

转运蛋白形式上的万千变化仅仅是进化过程中众多偶然事件的产物，而我们在这里所关注的则是贯穿于偶然性之中的必然性，以期窥一斑而知全豹。在转运蛋白结构中，二重旋转轴平行于膜平面的对称性（反式对称）源于脂双层的对称性，并且常常构成交替访问机制的结构基础。而旋转轴平行于膜法线的对称性更可能源于其在膜蛋白进化和组装动力学方面的优势。不具备后一类对称性的转运蛋白亚基常常形成以膜法线为对称轴的同质寡聚复合体，以便提高结构稳定性，进而可能导致亚基之间协同性的出现。

虽然本章强调二级主动转运蛋白的共性结构特征和共性驱动机制，但转运蛋白的功能受到多种细胞内外因素的调制，这也是相关结构生物学内容的丰富性和趣味性之所在。事实上，许多真核细胞转运蛋白往往拥有附加的、较大的胞内调控部分。在理解了共性驱动机制的基础上，具体的、特殊的调控机制及底物选择性将成为针对转运蛋白的结构生物学研究的耕耘之地。

在讨论二级主动转运蛋白的同时，热情的读者一定在跃跃欲试、登高远眺，欲将初级主动转运蛋白也尽收眼底。第五章将导览最常见的一大类初级主动转运蛋白——ATP 驱动的转运蛋白。

第五章 ATP 驱动的跨膜转运

白日依山尽，黄河入海流。欲穷千里目，更上一层楼。

——王之涣，《登鹳雀楼》

由 ATP 水解能量驱动的转运蛋白是转运蛋白大家族中的特种兵，具有比二级主动转运蛋白更强大的攻坚能力。

这类初级主动转运蛋白与二级主动转运蛋白之间具有怎样的进化关系呢？ ATP 水解循环与底物的转运循环彼此应该如何偶联呢？

本章重点讨论两类 ATP 水解驱动的转运蛋白，即 P 型 ATP 酶和 ABC 转运蛋白家族；并且以细菌脂多糖转运系统为例，讨论由 ABC 转运蛋白驱动的更复杂的转运系统。

关键概念：ATP 水解三级跳中的能量分配；Post-Albers（波斯特 - 阿伯斯）循环；解离态储能机制；两亲性分子的长程转运

5.1 ATP 水解酶的共性和多样性

ATP 是细胞中最常见的储能分子，被誉为生命世界的“通用能量货币”。除了直接参与生物大分子合成之外，ATP 在物质转运、磷酸化信号调控及维持膜电位等过程中也发挥着中流砥柱的作用。ATP 的水解过程一般是不可逆的。这种不可逆性背后的原因在于，在生理条件下，ATP 水解伴随 30～50 kJ/mol 的能量释放，该能量的很大一部分来自三个串联的负电磷酸基团之间的静电斥力。在一个给定实验系统中，由于 35kJ/mol≈14RT［代入式（3.2.1）得到 $e^{14}>10^6$］，ATP 水解的速率为合成速率的 100 万倍以上。许多需要能量注入的生化反应可以利用 ATP 水解能量来驱动；当缺乏 ATP 供给时，这类被偶联的反应一般不会自发地进行。

常见的 ATP 水解酶类型包括：P 型（也称 E_1-E_2 型，双稳态型转运蛋白）、F 型（也称 F_O-F_1 型，转动式质子泵）、ABC 型（如转运蛋白和 Hsp90 分子伴侣）、RecA 型（如 DNA 解旋酶、线性分子马达及蛋白酶体）等。除 P 型 ATP 酶之外，上述各类均含有 AAA（ATPase associated with diverse cellular activity）家族的标志性结构元件①；在功能方面，该家族的一个共性特点是，伴随 ATP 水解，催化中心附近发生较大的构象变化，从而将储

① AAA 家族进一步拓展后还可以包括多种类型的 GTP 水解酶（G 蛋白），并且统称为 AAA^+超家族。

存于 ATP 的化学能直接转化为机械能。在下面的讨论中，读者将会体会到：在某些情况下直接使用 ATP 水解能量来驱动物质转运更为方便，甚至成为必需。这类转运蛋白属于初级主动转运蛋白。

对于 ATP 水解驱动的酶或者转运蛋白而言，一个重要的概念是能量的分配。ATP 水解的总能量（$\Delta\mu_{ATP}$）无例外地可以分解为底物 ATP 的结合能（ΔG_L）、水解步骤释放的化学能（ΔG_X）和产物的释放能（ΔG_R）。各能量项分别由以下公式定义：

$$\Delta\mu_{ATP} \equiv -RT\cdot\ln\left(\frac{K_{eq}\cdot[ATP]\cdot[H_2O]}{[ADP]\cdot[P_i]}\right)=\Delta G_L+\Delta G_X+\Delta G_R \quad (5.1.1)$$

$$\Delta G_L \equiv -RT\cdot\ln\left(\frac{[ATP]}{K_{d,\,ATP}}\right)-RT\cdot\ln\left(\frac{[H_2O]}{K_{d,\,H_2O}}\right) \quad (5.1.2)$$

$$\Delta G_X \equiv -RT\cdot\ln\left(K_{eq}\frac{K_{d,\,ATP}\cdot K_{d,\,H_2O}}{K_{d,\,ADP}\cdot K_{d,\,P_i}}\right) \quad (5.1.3)$$

$$\Delta G_R \equiv RT\cdot\ln\left(\frac{[ADP]}{K_{d,\,ADP}}\right)+RT\cdot\ln\left(\frac{[P_i]}{K_{d,\,P_i}}\right) \quad (5.1.4)$$

$$K_{eq} \equiv \frac{[ADP]_0\cdot[P_i]_0}{[ATP]_0\cdot[H_2O]_0} \quad (5.1.5)$$

式中，[ATP]、[ADP]、[P_i]、[H_2O] 分别为反应体系中 ATP、ADP、无机磷酸根，以及同为反应物的自由水分子的摩尔浓度；ΔG_X 为一个给定 ATP 水解酶的特征性参数，不同的 ATP 水解酶则可能具有显著不同的 ΔG_X；无量纲量 K_{eq} 为 ATP 水解反应中底物、产物的平衡常数（一般取标准实验条件下的测量值），与酶存在与否无关［参见式（3.3.5）］。在由 ATP 到 ADP 的转化步骤中，DGX 等于与 K_{eq} 相关的 ATP 水解能（Dm0）在扣除同步出现的结合能差（DGD）之后的剩余自由能。人们往往忽略这样一件事实：ATP 结合能和产物解离能都来自 ATP 总水解能。在 ATP 水解反应序列中，一个步骤中自由能的下降以其他部分自由能的升高为代价。如何分配三部分能量才能达到反应循环总速率的最大化是一个有趣的化学动力学思考题。一种“懒惰”的方式是将总能量平均分配到 ATP 水解三级跳的三个步骤；而这显然不会是一个普适的最佳方案，因为三个释放能量的步骤所偶联的反应步骤的能量势垒并不一定相同[90]。进而，当底物和产物浓度因供需关系发生变化时，ATP 水解反应的能量分配比例也会随之改变。速率最大化的可行方案是将输入能量的分配与各个偶联步骤的活化能（$\Delta G^\ddagger$）相匹配，即给予那些有着较大 $\Delta G^\ddagger$ 的反应限速步骤更多的输入能量配额，以期在总能量守恒的制约条件下使各步骤的速率达到大致相等①。

我们可以换用一种读者已经较为熟悉的方式来叙述 ATP 水解三级跳。式（5.1.3）可以参见式（3.3.5）改写作：

$$\Delta G_X = -RT\cdot\ln(K_{eq}) - RT\cdot\ln\left(\frac{K_{d,\,ATP}\cdot K_{d,\,H_2O}}{K_{d,\,ADP}\cdot K_{d,\,P_i}}\right)=\Delta\mu^0+\Delta G_D \quad (5.1.6)$$

---

① 忽略逆向反应速率，多步骤反应的总速率为 $k=(\sum k_i^{-1})^{-1}$。根据阿伦尼乌斯方程，各分步骤速率受输入能量调节，即 $k_i=k^0_i\exp(E_i/RT)$。在总能量 $\sum E_i=\Delta\mu_{ATP}$ 的约束条件下对 k 求 λ 极值，随即可得出各分步骤速率相等的结论。参见 4.3 节有关协同性的讨论。

$$\Delta\mu^0 \equiv -RT \cdot \ln(K_{eq}) \tag{5.1.7}$$

$$\Delta G_D \equiv RT \cdot \ln\left(\frac{K_{d,\,ADP} \cdot K_{d,\,P_i}}{K_{d,\,ATP} \cdot K_{d,\,H_2O}}\right) \tag{5.1.8}$$

如前所述，K_{eq} 是一个实验可测量量；而 $\Delta\mu^0$ 是它的理论导出量。可以认为，发生在活性中心处的 ATP 水解步骤所释放的能量正好等于在自由溶液中 ATP 水解的标准化学势（$\Delta\mu^0$）；但是，在发生水解的同时，$\Delta\mu^0$ 中的一部分能量被用于即时地补偿底物 - 产物的结合能差（ΔG_D）。对于不同类型的酶来说，由于 $\Delta\mu^0$ 是一个常量，水解步骤对外所释放的能量（ΔG_X）将随着 ΔG_D 变化而改变。例如，当 ΔG_D 向正值方向增大时，亦即当底物变得更易于结合，而产物变得更易于解离时，理应具有负值的 ΔG_X 的幅值将趋于零。换言之，作为酶分子的一项特征量，ΔG_D 的变化反映了 ATP 水解能在不同酶分子三级跳中的能量重新分配情况。我们的最终结论是：ATP 结合能和产物解离能都来自 ATP 总水解能。

从前一章我们已经获悉，在二级主动转运蛋白的工作循环中，质子的结合和解离必须与底物的结合、解离紧密偶联。与之类似，由 ATP 水解驱动的酶也应该将 ATP 水解三级跳与底物的结合、转化、解离恰到好处地偶联起来，以避免细胞能源的无谓浪费。这类能量供给方与消费方之间的信息交流和能量偶联是所有 ATP 水解酶所面临的共同挑战，也是人们在理解每一个具体 ATP 水解酶的特征性功能机制时都必须解决的关键科学问题。以主动转运蛋白为例，ATP 水解三级跳与底物转运三级跳之间的对应关系，取决于转运蛋白功能循环的构造。原则上，任何一个 ATP 水解反应步骤（例如 ATP 结合）可以与底物的任何一个转运步骤（例如底物结合）相偶联。这样一对同时发生的反应步骤，对应着能量偶联总体机制中或大或小的一部分。为了保证该偶联步骤得以在热力学上顺利进行，其组份的 ΔG 之和一般应该小于零。相反，假如该能量项显著地大于 $+RT$，相应的偶联步骤则成为一个限速步骤。虽然热力学并不禁止此类限速步骤的存在，然而可以预见：整个转运循环将被滞缓，导致转运蛋白的工作速率远低于其最佳值。

虽然体外 ATP 水解实验被常规地用于验证各类膜蛋白类型的 ATP 水解酶的生化活性，这类实验结果所给出的水解速率（k_{cat}）很少超过 10 次 /min，远低于人们对其体内活性的预期水平①。事实上，所有科学实验的设计都是在试图减少可能影响结果的变量数目；而实验设计的优劣之分，在于能否正确地选取关键变量，以便梳理变量与结果之间的因果关系。显然，在体外实验中，某些影响 ATP 水解酶活性的关键因素（包括影响膜蛋白状态的膜电位）被实验者有意无意地忽略了；而它们或许正是人们解锁相关转运蛋白中能量偶联机制之谜的钥匙。

5.2 P 型 ATP 酶——ATP 驱动的离子泵

P 型 ATP 酶是一类重要的由 ATP 驱动的初级主动转运蛋白[160]。其主要功能是利用 ATP 水解能量向胞外转运阳离子②，进而建立并且稳定跨膜电化学势。事实上，该类 ATP 酶组成了一支分布广泛、成员众多、功能多样、在进化上保守的蛋白质超家族。其成员在氨基酸序列及三维结构上的高度保守性充分说明：P 型 ATP 酶家族具有悠久的历史，其所承载的生物学功能对于细胞的生存至关重要（图 5.2.1）[161]。

---

① 当不得不对这类 ATP 水解的低速率做出“解释”时，实验者几乎无例外地使用“援引案例”的辩论技巧，而很少探究其背后的物理原因。

② 在膜电位存在的生理条件下，向胞外转运阴离子的过程往往可以自发地进行。至少它们无须消耗 ATP 水解能量来驱动。

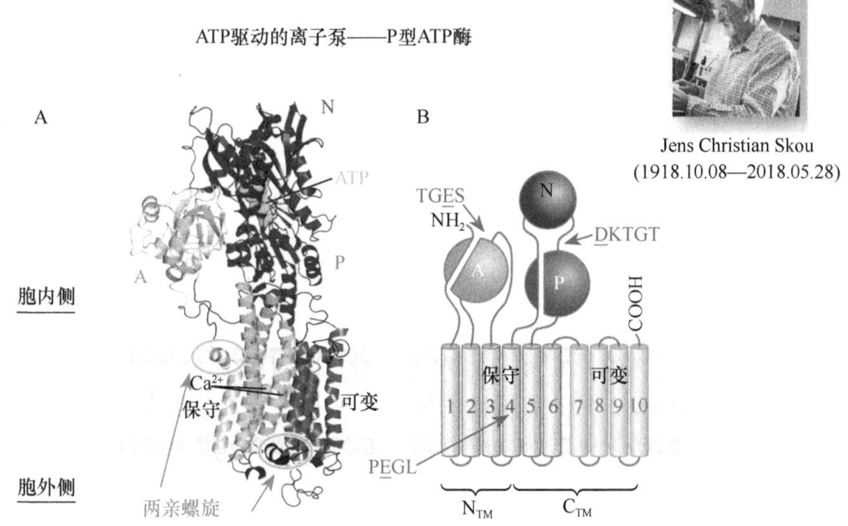

图 5.2.1 P 型 ATP 酶的结构示意图（引自 Palmgren and Nissen，2011）
左图用晶体结构的飘带表示；右图用其卡通图表示。下部为跨膜区；其上方为胞质侧。保守序列模体以红字表示。两亲结构元件用蓝色椭圆环标记

在第二章中，我们在讨论膜电位时所介绍过的钠 - 钾泵就是一类经典的 P 型 ATP 酶。该酶是 1957 年由丹麦科学家斯科（Jens Skou）发现的[162]，1997 年 Skou 为此荣获了诺贝尔化学奖。大多数真核细胞的表面含有 100 万个以上的这类钠 - 钾泵，占据大约 3% 的细胞表面，并且消耗细胞内约 1/3 的 ATP[163]。在细胞三大能源系统之间，它们直接负责 ATP 能量向跨膜电化学势的转化。毫不奇怪，这类钠 - 钾泵的工作速率受到膜电位的调控；膜电位越弱，阻力越小，则转运速率越高。

再譬如，存在一类特殊的 P 型 ATP 酶，每消耗一枚 ATP 分子，向胞外泵浦一个质子，并且向胞内侧转运一个 K^+。从表面上看，这个“电中性”转运循环的能量转换效率貌似并不高；其实不然，这类交换泵被特意用来维持超强的酸性外环境（如我们的消化系统）。该类质子泵可以产生 10^6～10^7 倍的质子浓度梯度（维持 6～7 单位的 ΔpH）；所需能量为 2.3*RT* 的 6～7 倍（约合 15*RT*），外加克服“外弱 - 内强”的 K^+浓度梯度所需的能耗。所以，对于这类质子泵而言，ATP 水解所释放的能量（16～20 倍 *RT*）成为其驱动能源的最佳选择。

在真核细胞生理条件下，携带负电头部基团的脂分子磷脂酰丝氨酸（PS）被桎梏在质膜的内小叶中。由于膜电位和浓度梯度的存在，PS 的这种取向对应于高能态，因而是不稳定的。这种脂分子在脂双层中的不对称性分布需要一类专一性的 P 型 ATP 酶——翻转酶（flippase）①，借助 ATP 水解能量来主动地维持。PS 在胞外侧的暴露反映了胞内 ATP 的匮乏，因此被机体免疫系统视为一类细胞凋亡信号。胱天蛋白酶（caspase）甚至直接降解 PS 翻转酶，进而借助 PS 的被动扩散触发免疫细胞对凋亡细胞的吞噬过程。与大多数 P 型 ATP 酶的共性功能一致，从膜外侧向膜内侧转运一枚 PS 阴离子等价于向胞外输送一个＋1 价的阳离子[161]。作为两亲性的底物分子，PS 的亲水头部被翻转酶识别，并且通过转运蛋白跨膜部分的双稳态构象之间的转换被推送到膜内侧；而其脂链部分在转运过程中仍游动在脂

① 向膜外侧转运阳离子脂分子的任务由一类输出型 ABC 转运蛋白 floppase 完成。

双层的疏水环境中[164]。这种“各行其道而又齐头并进”的拉纤式转运代表了跨膜转运两亲性长分子时一种常见的策略。之所以需要动用 ATP 驱动的主动转运（而不是更节能的二级主动转运蛋白）来完成这一转运，目的在于维持膜内 - 外侧之间极高的 PS 浓度梯度（$\Delta G_D/RT \gg 1$），从而严格地控制作为凋亡信号的 PS 分布。

真核细胞的内质网是多数膜蛋白分子主要的合成场所，其腔体内部在拓扑上等价于细胞外侧；因此，新生膜蛋白肽链在内质网腔体侧携带较多的负电荷（参见 2.3.1 小节）。如果一条跨膜螺旋（特别是信号肽螺旋）被反向插入膜内，则可能引起后续膜蛋白的错误折叠。这一类问题需要由质量控制机制及时地予以矫正。执行此功能的“宪兵”蛋白是一类 P 型 ATP 酶，称为 P5A-ATPase。它们专一性地识别在腔体侧携带正电荷的跨膜螺旋，并且将其正电端拽回胞质侧；该客户蛋白的跨膜螺旋也因此获得了一次重新嵌入内质网膜的机会。在这一纠察过程中，客户跨膜螺旋的疏水部分仍保留在脂双层中，而其正电头部则被 P5A-ATPase 中呈负电性的底物结合口袋拖拽。此类利用 ATP 水解能量矫正肽链错误折叠的能力属于典型的分子伴侣功能。类似地，P5A-ATPase 还被用于纠正误入内质网膜的线粒体外膜蛋白[165]。

许多 ATP 水解酶（如分子马达）直接利用 ATP 水解能量产生机械力，以驱动构象变化[166]。而 P 型 ATP 酶则不同，它借助一个中间步骤，即通过一个保守 Asp 残基的磷酸化，实现构象变化；也正因此，这类 ATP 水解酶被命名为磷酸化（phosphorylation，P）型 ATP 水解酶。类似的 ATP 水解机制也常见于激酶、磷酸酶这类阴阳伴侣对所介导的磷酸化信号系统中。

5.2.1 P 型 ATP 酶的共性结构

P 型 ATP 酶通常含有 4 个结构域，分别为核酸结合（nucleotide binding）、磷酸化（phosphorylation）、执行器（actuator）和底物跨膜转运（TM）结构域。其中，N、P、A 结构域均位于胞质侧（图 5.2.1）。

在 TM 结构域中，10 根跨膜螺旋（TM1～TM10）以一种非对称方式连接到胞内侧的 A 和 P 结构域上。借此，跨膜螺旋之间的构象变化与胞内结构域之间的重排相偶联。TM1～TM6 在氨基酸序列上高度保守。螺旋 4 在其中间的一个保守序列模体“PEGL”处断裂，局部肽链变得伸展，并且分解为 4a 和 4b 两段。TM6 中也存在类似的断裂。TM1～TM4a 形成跨膜区的 N 端子结构域（N_{TM}），并与 A 结构域相连；而 TM4b～10 形成 C 端子结构域（C_{TM}），并且与 P 结构域相连。底物离子的结合位点位于两个子结构域之间，由 4、5、6 号跨膜螺旋组成，但主要嵌入 C_{TM} 中；其中，螺旋 4 和螺旋 6 的中间断裂处直接参与离子配位。TM7～TM10 与底物特异性有关，因此其氨基酸序列并不保守；其功能还包括为跨膜区 C_{TM} 添加可观的质量，以便提高其动力学上的稳定性。因此，P 型 ATP 酶提供了转运蛋白结构普遍对称性的一个罕见例外。此外，两个跨膜子结构域都各自含有一根两亲螺旋。当跨膜结构域构象改变时，这类两亲螺旋作为可滑动支点，将所相连的螺旋末端约束在膜表面。

P 结构域从胞质侧嵌入 4、5 号跨膜螺旋之间，呈现一个由 7 条 β 链组成的 Rossmann 折叠①。进而，负责结合和呈递 ATP 分子的 N 结构域在一级结构上嵌入 P 结构域。N、P 两结构域共同组成一种卤酸脱卤酶式的蛋白质折叠。

---

① Rossmann 折叠是一种以平行 β 片层为骨架、两侧辅以 α 螺旋的 α/β 型折叠。它以曾对蛋白质结构生物学做出过巨大贡献的 Michael Rossmann 的姓氏命名。

5.2.2 肌质网钙泵

肌质网（sarcoplasmic reticulum，SR）膜上的钙离子泵（SERCA）是从结构角度研究得最为透彻的一类 P 型 ATP 酶（图 5.2.2）[167]。肌质网是一类包裹在肌原纤维周围的、特化的内质网，其膜上 90% 的膜蛋白都是 SERCA。这些钙泵所建立的 10^4 倍的钙离子浓度梯度，对于动物的肌肉运动来说是至关重要的。大名鼎鼎的青蒿素可以特异性地抑制疟原虫的钙泵[168]。至今，P 型 ATP 酶的结构已经被批量化解析，这主要得益于对 SERCA 的系统性研究。（据 2019 年 PDB 统计，仅 SERCA 的各类晶体结构就累积超过 100 个。）基于这些已知结构，研究者已经勾勒出 P 型 ATP 酶的大致功能循环。与钙泵相比，维持膜电位的钠 - 钾泵的结构更为复杂一些；一般由 α、β 两个亚基组成，其中 α 亚基与这里所讨论的钙泵结构同源[169]。

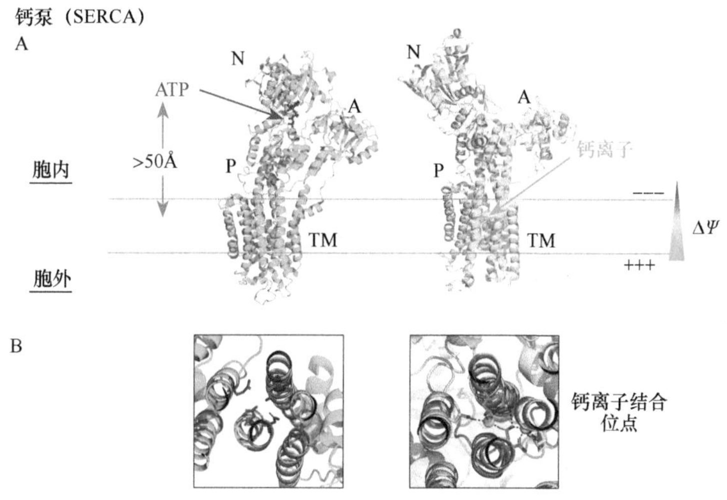

图 5.2.2　肌质网钙泵不同状态的结构比较（引自苏晓东等，2013）

A 图为整体结构；B 图显示底物离子结合位点附近的结构细节。绿色的结构（1IWO）不含 Ca^{2+}，但是结合着一枚红色标记的 ATP 分子；黄色结构（1SU4）结合着以绿色小球表示的 Ca^{2+}，而不含 ATP。两个配体结合位点相距 50Å 以上

SERCA 中，4 个酸性氨基酸残基组成两个 Ca^{2+}的结合位点，并且位于螺旋 4 和螺旋 6 的断裂处附近（图 5.2.2B）。当钙离子没有结合时，这些酸性残基彼此离得太近，会导致 pK_a 升高和质子化的发生。随着质子化的发生，相邻残基的 pK_a 会降低；因此，这 4 个酸性残基不太可能同时全部被质子化。基于此，钙离子结合与质子化状态之间形成相互竞争的关系，并且存在着一个单位以上的电荷差别。这一电荷差别对于触发 ATP 结合和磷酸化事件很可能是有益的。此外，两个钙离子的结合是依一定顺序进行的[170]。第一个结合位点完全由来自 C_{TM} 的残基提供，其结合可能不直接触发两个子结构域之间的构象变化，而是促进底物在第二个位点的进一步结合。与之不同，第二个结合位点由来自两个子结构域的残基共同构成，所以其结合更可能触发两个子结构域之间的结构变化。

毋庸置疑，对于 P 型 ATP 酶的正常功能而言，磷酸化 - 去磷酸化循环必须与底物的结合 - 解离事件相偶联。事实上，存在着某种调控蛋白，它们使磷酸化循环与底物转运循环彼此发生去偶联；其后果是，P 型 ATP 酶可以被用来产生热量，维持恒温动物的体温。那么，在“正常”情况下，底物的结合信息怎样被传递到 50Å 距离之外的 ATP 水解活性中心呢？触发磷酸化发生的机制究竟是怎样的？有一种猜测，两种底物离子的竞争性替换将诱发底物

结合口袋发生较大范围的构象变化，并且传播到 P 结构域，引发后者的磷酸化或去磷酸化。然而在晶体结构中，研究者并未看到这类发生在底物结合口袋附近的大尺度构象变化。这一结构观察结果令人费解。

人们普遍接受这样一种观点，P 结构域的磷酸化 - 去磷酸化事件导致跨膜结构域中内向、外向之间的构象切换，并且同时改变底物结合位点的亲和力（$1/K_d$）。在磷酸化和去磷酸化这两个反应步骤中，磷酸根基团的转移都使用典型的 Sn2 催化机制。图 5.2.2A 中，上方的核酸结合（N）结构域与其下方的磷酸化（P）结构域相接触。与绝大多数 ATP（或者 GTP）水解酶不同，P 型 ATP 酶不具备 P 环等典型的 AAA^+模体，而使用类似于 DNA 聚合反应中的双金属离子催化中心；即在磷酸基团的供体侧和受体侧的酯键附近各设置一个 Mg^{2+}，以降低置换反应的活化能。该催化中心将 ATP 分子末端的 γ 磷酸转移到 P 结构域中保守的序列模体“DKTGT”中的 Asp 侧链上。换言之，ATP 水解通常以水分子充当 γ 磷酸根基团的受体；而 P 型 ATP 酶中的磷酸化反应则由 Asp 残基充当临时受体。另外，在去磷酸化步骤中，一个来自 A 结构域的保守序列模体“TGES”构成新的催化中心。其中的 Glu 残基呈递一枚水分子充当磷酸根基团的末端受体，并且发动共轴亲核攻击。综合而言，N 结构域相当于 P 型 ATP 酶所自带的蛋白激酶（E_1）；而 A 结构域则相当于蛋白磷酸酶（E_2）。P 结构域充当这两个便携式酶的共同底物。

鉴于细胞内膜系统的拓扑关系，多数细胞器的腔体侧（如肌质网内部）等价于细胞外环境。据此，我们简称钙泵的两个主要构象为内向型和外向型；并且胞质侧与“胞外侧”之间，钙离子浓度梯度可达 10^4 倍。在面向胞质侧的、内向型、E_1（激酶）构象下，钙泵对钙离子必然具备很强的亲和力。相反，在外向型、E_2（磷酸酶）构象下，底物离子的亲和力应该很低。这种亲和力的差别（K_d 值之比）至少要达到 10^4 倍，才有可能实现钙离子浓度梯度的目标值。为此，每摩尔 Ca^{2+}所对应的 ΔG^0_D 将超过 9（2.3×4）倍 RT。这样的转运过程必然是耗能的。问题的复杂程度还不止于此：每个工作循环中，钙泵从胞质侧向肌质网腔体内转运两个 Ca^{2+}。仅从浓度梯度角度来看，一轮工作循环就需要消耗近 $20RT$ 的能量，相当于水解 1mol ATP 所能释放的绝大部分能量。此外，两个 Ca^{2+}携带 4 个正电荷；假如肌质网承载着膜电位的话，这些被转运的钙离子还需要逆着膜电位方向运动。因此，这类离子泵似乎还需要其他能量来源作为 ATP 水解能的补充。

额外的能量来自反向离子（counter ion）。例如，钠 - 钾泵以三个 Na^+交换两个 K^+，因此 K^+就成为 Na^+的反向离子。而在钙泵的一轮循环中，两或三个质子充当反向离子被用来交换两个底物 Ca^{2+}。质子化所添加的正电荷有利于 Ca^{2+}在胞外侧的释放，以及转运蛋白从外向型 E_2 恢复到内向型 E_1 构象的切换。有实验指出，肌质网膜对于 H^+而言基本上是自由通透的[171]。这种通透性将降低部分膜电位，使其维持在 H^+的能斯特电位附近。可以说，质子的参与并未直接提供额外的能量，而是润滑钙泵构象变化步骤（降低 ΔG_C），以保证 Ca^{2+}转运的高速率——动物的肌肉纤维需要快速地恢复其静息态，以备下一轮神经触发。

在一个颇具创意的实验中，研究者采用一种溶剂相衬技术在多种构象的不同晶体中观察到了 SERCA 蛋白与脂双层的相对位置（图 5.2.3）[172]。该项研究从而在实验层面描述了，P 型 ATP 酶胞内结构域的“摇滚”姿态如何伴随跨膜区双稳态构象的改变而变化。在晶体结构中，膜蛋白分子的溶液部分与跨膜部分彼此的边界一般难以准确地确定。相衬技术利用碘苯六醇（iohexol；常用于小角散射实验）置换溶液，而脂分子部分不易被置换。由于碘元素的电子密度较高，根据置换前后的电子密度的对比，便可以确定脂分子（更确切地说是去污剂微团）结合到蛋白质分子表面哪些部分。研究者发现，相对于膜的位置，跨膜区 N_{TM} 在不同构象之

SERCA'S Rock & Roll

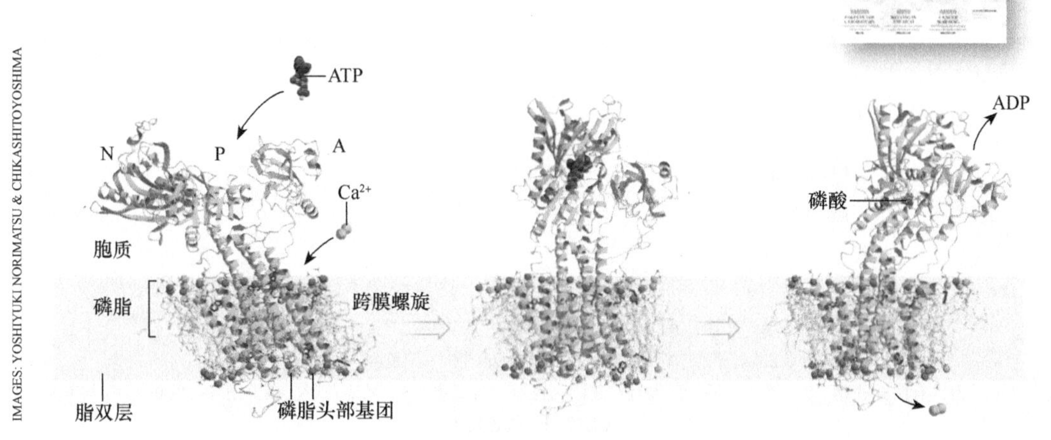

图 5.2.3　P 型钙泵胞质区的“摇滚”运动以及跨膜区的构象响应（引自 Norimatsu et al.，2017）
取自 2017 年 *Nature* 杂志的一期封面故事

间变化不大，它与胞质侧的 A 结构域之间的连接比较柔软。另外，C_{TM} 与胞质区的 P 结构域彼此基本上是刚性连接；对应于 P 结构域大约 20° 的摇摆，C_{TM} 发生明显的构象变化。C_{TM} 在膜内的构象变化进一步导致 N_{TM}、C_{TM} 两个子结构域之间发生内向 - 外向之间的构象切换。

至此，我们分别讨论了 P 型 ATP 酶中底物离子的结合和置换、ATP 水解驱动的磷酸化和去磷酸化及驱动能量等问题。目前尚在争论中的关于钙泵的科学问题包括：Ca^{2+}结合如何被感知，并且与磷酸根基团的转移（ATP 水解）相偶联呢？ P 结构域的磷酸化如何进一步驱动跨膜区的构象切换呢？

5.2.3　Post-Albers 循环以及解离态储能机制

基于功能实验研究，波斯特（Post）和阿伯斯（Albers）在 20 世纪 70 年代前后提出了钠 - 钾泵的功能循环（图 5.2.4）[173，174]。作为一个转运蛋白，P 型 ATP 酶表现出内向、外向两种构象，分别从胞质侧结合底物离子 S_1 或者从“胞外”侧结合反向底物离子 S_2。在内向型 E_1（激酶）构象下，消耗 ATP 使 P 结构域发生磷酸化；在外向型 E_2（磷酸酶）构象下，发生去磷酸化。数十年中，这一模型一再为实验数据所支持。人们甚至证实了该循环的可逆性——当底物离子的跨膜电化学势足够强大时，P 型 ATP 酶可以转而合成 ATP，从而提示了 Post-Albers 循环中能量转换的高效率和可逆性。

与 MFS 逆向转运蛋白中底物与驱动物质之间的负协同关系相类似，在钠 - 钾泵中，底物 Na^+和反向底物 K^+对于结合位点也存在着竞争关系，即所谓乒乓机制。正如二级主动转运蛋白中驱动物质所为，反向离子的存在的确部分补偿了底物离子所做的静电功，从而促进底物离子的转运。底物置换的速率和方向由膜两侧离子浓度比值及亲和力比值共同决定。对于大多数已知的 P 型 ATP 酶而言，每个循环向胞外方向转运一个正电荷。（据称，电中性的 H^+/K^+-ATP 水解酶是一个仅有的例外。）出于讨论的方便，我们可以将底物离子在胞内、胞外侧

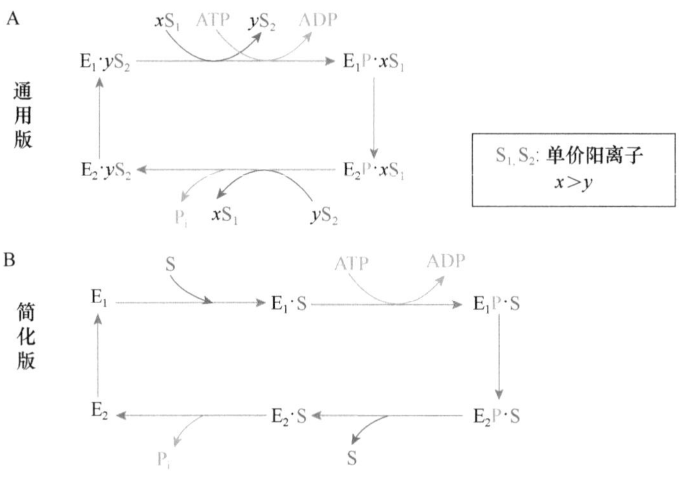

图 5.2.4 P 型 ATP 酶的 Post-Albers 循环（King-Altman 图）

A 图为具有两种底物（S_1、S_2）的原始版循环；B 图为仅有一种底物（S）的简化版。该类循环的要点是 E_1 与 E_2 状态之间的构象转换

的交换事件分别简化为单一的单价阳离子底物的结合和释放（图 5.2.4B 给出了该简化循环）。

能量偶联和触发机制无疑是所有主动转运蛋白中最普遍、最基本的科学问题之一。只有正确地解决好这类问题，转运蛋白才能避免空转和能量浪费。而且，钠 - 钾泵是一个被广泛使用的能量转换元件。它的能量转换效率对动物细胞的生存具有尤为重要的意义；任何微小的效率缺陷都可能产生广泛的不良后果。通过结构分析不难发现，绝大部分与底物离子结合的残基都来自与 P 结构域相连接的跨膜螺旋 4、5、6。而且 4b 和 5 号跨膜螺旋在胞质侧的延伸，直接构成 P 结构域的一部分。这就使得离子结合所引起的静电力变化有可能被直接、方便地传递到胞内 P 结构域①。定性地说，一粒结合到底物位点的正电荷将有利于 50Å 之外发生磷酸化（添加负电基团）；反之亦然。

相对于 P 结构域而言，N 结构域呈现两种构象，即解离态和结合态（绕垂直于膜平面的轴旋转大约 90°[171]）。类似地，A 结构域也具有解离态、结合态两种构象（相差约 120° 旋转）。因此，A、N 两结构域彼此存在着一种针对 P 结构域的竞争关系。只有在与 P 结构域的结合构象下，它们才能分别行使各自的激酶或磷酸酶功能。ATP 水解能量主要分配在 γ 磷酸根基团的转移（磷酸化）步骤和去磷酸化步骤。为了提高 ATP 水解能量的利用率，磷酸化和去磷酸化这两个潜在释能事件必须分别由底物的结合和解离来触发。以下，我们将论证：主要的能量释放更可能发生在底物解离所触发的去磷酸化步骤（图 5.2.5）。

在内向型 E_1（激酶）构象下，P 结构域被磷酸化，并且两类底物离子完成竞争交换。磷酸化促使 N 结构域与 P 结构域解离；随后，P、A 两结构域彼此发生重排。在 P、A 之间存在着一项很强的潜在结合能；但在磷酸化发生之前，由于来自 N 结构域的空间位阻及缺乏 P-A 互补界面而无法释放该项潜在的结合能。重排使 P、A 之间的结合成为可能，从而为释放 P-A 结合能开放绿灯。这个结合能将驱动从 E_1 到 E_2 的载物变构，并且为底物转运提供所需的

① 对于典型 P 型 ATP 酶来说，这种静电力介导的长程信号转导机制，与特定底物结合所引起的构象变化之类的转导机制相比，具有更明显的普适性。对于电中性 P 型 ATP 酶而言，外向流与内向流的不同底物离子，其结合方式有所不同；在底物交换过程中，这种差别有可能导致 N_{TM} 和 C_{TM} 之间发生静电力分配的变化，进而触发 P 结构域中磷酸化状态变化。

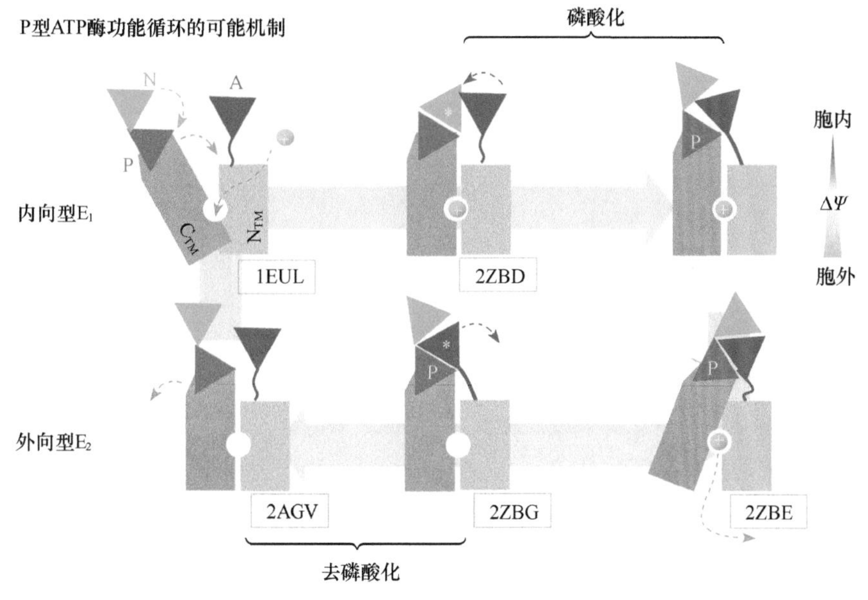

图 5.2.5　P 型 ATP 酶的能量偶联机制

对应于 Post-Albers 循环，图中上方为一组 E_1 构象；下方为一组 E_2 构象。N、P、A 结构域分别用绿、蓝、红色三角形表示。N_{TM}、C_{TM} 子结构域分别用麦黄色、橙色表示。底物阳离子用青蓝色小球表示。各状态所对应的晶体结构由 PDB 代码表示。处于活性状态的激酶（N）和磷酸酶（A）结构域用星号标记，发生磷酸化的 P 结构域用字母 P 标记。各结构域的运动方向用弧形箭头表示

能量（ΔG_D）。此外，载物变构还积累了一部分构象能（ΔG_C）以备后续之需。人们迄今为止尚未获得在 E_1 构象下、结合着磷酸根基团的晶体结构。这一实验现象很可能与该构象的高能态有关——这个构象处于自由能陡降的滑坡之中，极不稳定，难以在结构研究中被捕捉到。

在外向型 E_2（磷酸酶）构象下，当两类底物离子完成第二次竞争交换之后，转运蛋白的 C_{TM} 又一次出现电荷变化；这一次等价于失去一个净正电荷。相关的静电力改变，使得 N_{TM} 和 C_{TM} 彼此进一步发生相对构象变化，并且释放剩余的 P-A 结合能。胞内 P、A 两结构域彼此进一步发生重排（20°～25° 旋转）；特别地，导致磷酸酶活性中心的形成，包括一个充当亲核基团的氢氧根离子渗入活性中心。P 结构域随即发生去磷酸化，P、A 两结构域之间由强结合变为解离态。这类结合能所发生的迅速、大幅度减弱的过程，无疑需要外界能量的驱动；而该能量项自然来自 ATP 水解的总能量。磷酸根基团的解离将 P-A 系统推送到一个高能解离态，为下一轮工作循环储备能量。同时，在此前的 P-A 结合状态中所积蓄的那一小部分构象能将在此刻被释放，用于驱动跨膜区从外向型 E_2 至内向型 E_1 的构象切换，从而完成当前的功能循环。正如质子化和去质子化是二级主动转运蛋白功能循环的两个标志性事件一样，磷酸化和去磷酸化是 P 型 ATP 酶功能循环中最保守、最重要的两个分子事件[160]。

图 5.2.6 所示是 P 型 ATP 酶的简化版 Post-Albers 循环所对应的自由能景观图。其中，①我们将 ATP 与 ADP 的交换和磷酸根基团的转移等步骤合并，简化为一个磷酸化步骤，相应的自由能变化表示为 ΔG_{ph}。②将磷酸根基团从 P 结构域的水解、P_i 的最终释放等表示为一个合并的去磷酸化步骤，相应的自由能变化表示为 ΔG_{deph}。③将两类底物离子在内向型 E_1（激酶）构象下的交换简化为底物结合，相应能量项为 ΔG_L（S）；而将两类底物离子在外向型 E_2（磷酸酶）构象下的交换简化为底物解离，相应能量项为 ΔG_R（S）。在物理建模过程中，类似的简化手段叫作粗粒化。ΔG_L、ΔG_R 共同决定着 P 型 ATP 酶处于“功能”状态的概率［参见式

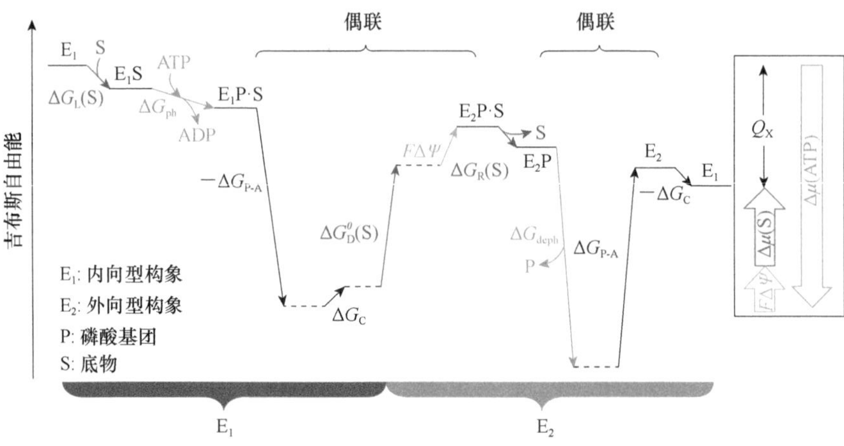

图 5.2.6 P 型 ATP 酶的自由能景观图（简化版）

① ATP 水解相关的能量项由绿色箭头标记。②与底物结合、转运、解离相关的化学势变化由红色箭头标记。③底物静电势能相关的能量项由蓝色箭头标记。④ P-A 结构域重排以及跨膜区构象转换相关的构象能由黑色箭头标记。其他图注请参考图 4.2.10

(4.1.5)]。进而，伴随一粒正电荷逆着膜电位和离子浓度梯度、从胞内到胞外方向的运动，底物离子的电化学势被升高。

根据能量守恒原理，ATP 水解的总能量被分解到磷酸化和去磷酸化两个步骤上。体外功能实验发现，磷酸化步骤本身（磷酸根基团由 ATP 分子到 Asp 残基的转移）所对应的能量下降并不明显；或者说，这个步骤所连接的两个状态基本上是可逆的。因此，这部分能量不足以直接驱动 E_1-E_2 状态转换。相反，去磷酸化步骤消耗 ATP 水解能的绝大部分，用于破坏 P、A 两个结构域之间的强相互作用。这个步骤等价于 ATP 直接水解时 γ 磷酸根基团的解离。实际上，在前一轮的去磷酸化步骤上，ATP 水解能量被储备于 P-A 系统的解离状态（$\Delta G_{\text{P-A}}$）。当底物离子的结合事件再次触发磷酸化、致使 P 与 A 两结构域之间的结合得以再次发生时，这部分能量（$|\Delta G_{\text{P-A}}|$）立刻被释放，并且驱动从 E_1 到 E_2 的载物变构（ΔG_C）以及底物的跨膜转运（ΔG_D）。上述机制假说被称为 P 型 ATP 酶的解离储能模型[160]；它是“AB <A+B”模型的一个实例（参见 3.4 节）。用一个通俗的比喻，P 型 ATP 酶就好比一架气锤机：冲击锤首先在外界输入能量的作用下被缓慢地提升；一旦储能过程完毕，蓄势待发的冲击锤随时可以在触发装置的指令下完成它的预定任务，将冲击锤的重力势能转化为下方工件的状态变化。

5.3 ABC 转运蛋白

在 P 型 ATP 酶之外，另一大类 ATP 水解驱动的转运蛋白叫作 ABC 转运蛋白（ABC 表示 ATP-binding cassette，ATP 结合盒），也是已知成员最多的蛋白质超家族[175, 176]。譬如，人类基因组编码了 48 个 ABC 转运蛋白。像血红素这类体积较大的化合物的跨膜转运常常依赖于 ABC 转运蛋白[177]。ABC 转运蛋白又可分为多种亚型，如向胞内运送底物的输入蛋白（importer）、向外部运送底物的输出蛋白（exporter，图 5.3.1）[178]等。在真核细胞中，迄今所鉴定出的 ABC 转运蛋白多为输出型，而输入型 ABC 转运蛋白则鲜有报道。这种分布与对原核细胞的分析结果明显不同；而这一差异是分子进化研究中的一个未解之谜。

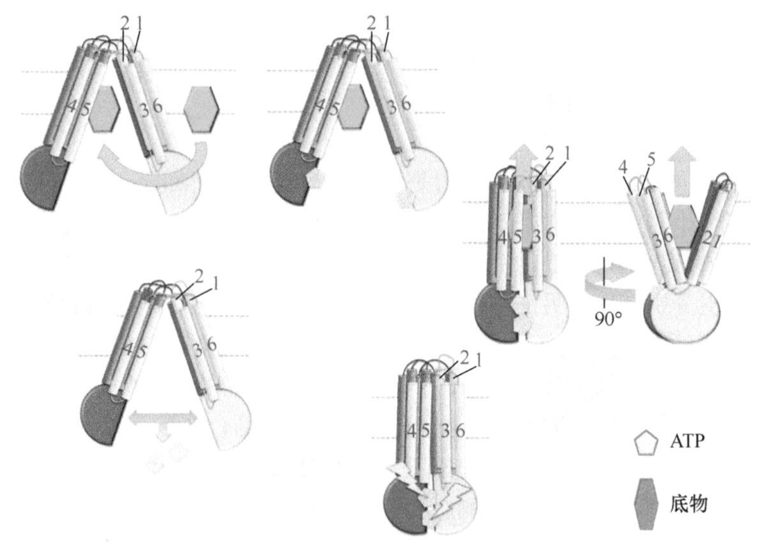

图 5.3.1 Ⅰ型 ABC 输出蛋白功能循环中的构象变化示意图（引自 Zolnerciks et al.，2011）
每个结构的上方为其胞外侧；下方为胞质侧。两个同源亚基分别用红、蓝色表示。
底物用绿色六边形表示。ATP 等核苷酸用黄色标识

ABC 转运蛋白一般以二聚体形式发挥功能。其跨膜区左、右两个对称亚基（或者结构域）共同形成内向、外向两种构象。由于 ABC 转运蛋白在结构上的对称性，它们的变构转运机制比较容易理解。基于一般转运蛋白的交替访问模型，构象之间的转换导致底物的跨膜转运。事实上，许多 ABC 转运蛋白是由二级主动转运蛋白进化而来的；两者的区别仅在于驱动能量的来源不同[179, 180]。

在 ABC 转运蛋白中，ATP 分子的结合位点位于胞内侧、亲水性、高度保守的核酸结合结构域（nucleotide binding domain，NBD）同源二聚体的动态界面上。类似的 NBD 同源二聚体也存在于由 ATP 水解驱动的分子伴侣 Hsp90 中，为客户肽链提供去折叠所需的能量[181]。通常，两枚 ATP 分子以三明治形式结合在 NBD 同源二聚体的对称界面内，并且 ATP 结合步骤与 NBD 二聚化相偶联。下面将要讨论的两类 ABC 转运蛋白属于所谓常规型 ABC 转运蛋白，其结构特点是两个跨膜区结构域各与一个 NBD 结构域准刚性地连接在一起。以一种“衣服夹”机制，NBD 的解离形式与跨膜区的内向型构象相对应；而二聚化形式则与外向型构象相对应。因此，ATP 分子在两个 NBD 界面处的结合与跨膜区从内向型基态到外向激发态的激发变构相偶联；而 ATP 水解和产物释放则与反方向的回归变构相偶联。此外，在少数非常规 ABC 转运蛋白（如Ⅱ型输入蛋白）中，跨膜区结构域与 NBD 结构域之间以铰链连接；并且，NBD 的解离形式与跨膜区的外向型构象相对应，而二聚化形式则与内向型构象相对应[176, 182]。人们对于此类转运蛋白机制的理解尚有待深化；此处不做进一步推测。有关 ABC 转运蛋白机制的共性、关键科学问题是：底物结合、转运、解离等步骤如何与 ATP 的结合、水解、解离等步骤相偶联？

为了完成艰巨的转运工作（如推送分子质量较大的底物分子），ABC 转运蛋白一般会产生强大的机械力。正如谚语所说“打铁还需自身硬”，转运蛋白因此必须具备较高的机械强度；“以柔克刚”的哲学在物理上是行不通的。其二聚体中的左右两部分往往相互紧密连接，以免被 ATP 水解所释放的巨大机械能拆散。譬如，在Ⅰ型 ABC 输出蛋白中，跨膜区的两个结构域通过螺旋互换维持结构的稳定性；而在输入型 ABC 转运蛋白中，两个核酸结合结构

域往往通过辅助性的桥连结构元件维持彼此的物理连接。

5.3.1 Ⅰ型 ABC 输出蛋白

一个颇有名气的Ⅰ型 ABC 输出蛋白是多抗药转运蛋白 P-glycoprotein（P-gp）[183]。这类转运蛋白的跨膜区包含由 12 根螺旋组成的两个同源结构域。两个跨膜结构域彼此互换（2×2）4 根跨膜螺旋（图 5.3.1）。每个结构域呈“人”字形，胞外侧连接，形成人字的头部；而胞内侧分支分别与来自另一结构域的两条分支形成两个螺旋束。螺旋束中的多条螺旋一直延伸到胞内侧约 50Å 距离处，并且通过高度保守的结构元件与提供驱动能量的 NBD 结构域实现机械偶联[184]。在内向型构象下，跨膜区两个头部从胞外侧彼此靠拢；而跨膜结构域的胞内侧在两个 NBD 连线方向上彼此分开，形成底物结合口袋，并且使 ATP 水解酶活中心解聚、失活。与之相反，在外向型构象下，与 NBD 结合的胞内侧两条分支彼此靠拢，使 ATP 水解酶活中心激活，同时关闭内侧底物通道；与此同时，胞外侧两个头部在与 NBD 连线近似垂直的方向上彼此分离，形成底物释放通道[178]。此类跨膜结构域的双稳态很大程度上与跨膜螺旋长度超过脂双层疏水区厚度有关。具体而言，为了实现疏水失配的最小化，这些螺旋需要采取倾斜的方式；加之螺旋之间的几何约束，跨膜区不太可能具有除内向和外向之外的其他稳态构象。如此，这类输出型 ABC 转运蛋白以一种独特的方式，表现出转运蛋白普遍具有的内禀对称性以及相对于脂双层的对称性。另外，这种构象变化模式也对底物转运过程施加了一定的制约：物流通道由一只不随构象变化而改变的拓扑学封闭环围成。因此，底物分子必须完整地穿过中央通道；类似于前述 P 型 ATP 酶转运两亲性脂分子 PS 的过程是不可能在Ⅰ型 ABC 输出蛋白中发生的。

发生在跨膜区的底物识别、结合是如何通过长距离相互作用触发 NBD 二聚化的呢？一种可能的机制是：底物的结合能直接诱导跨膜区的初步构象变化，导致两个 NBD 结构域彼此靠拢，进而形成 ATP 水解催化中心。可以肯定，在 NBD 二聚化之前，ATP 是无法为转运过程提供任何能量的。随后，通过“衣服夹”机制，ATP 结合能驱动跨膜区的载物变构。此外，许多 ABC 转运蛋白在其胞内侧左右两端拥有两亲螺旋[185-188]，一般称为 N 端肘关节螺旋（elbow helix）。作为转动支点，它们将作用在跨膜区螺旋束的横向力转化为转动力矩，从而实现 NBD 二聚化与跨膜区构象转换之间的能量偶联。

即便是以 ATP 水解为驱动能量，在此类 ABC 转运蛋白中，膜电位的存在依然影响着带电底物的转运。譬如，对于多种阳离子型小分子①或者重金属离子而言，其逆着膜电位方向的输出转运需要电负性的谷胱甘肽充当共轭辅助因子[176, 189]。多种呈现广谱抗药性的 ABC 转运蛋白正是利用这一机制，对具有细胞毒性的药物分子进行外排。

5.3.2 Ⅰ型 ABC 输入蛋白

下面，我们简单地讨论一类出现在原核生物中的Ⅰ型 ABC 输入蛋白（图 5.3.2）。其中，两个同源跨膜亚基各含有 5～8 根跨膜螺旋。它们彼此互换结构元件，形成彼此近似对称的跨膜结构域；底物转运通路就位于这两个结构域之间。这类输入蛋白需要的一类辅助蛋白，称为

---

① 许多已知药物分子属于（两亲性）阳离子型小分子范畴。与电负性的小分子相比，阳离子型小分子在膜电位的作用下更容易渗入细胞内。而从细胞中直接外排它们，则比阴离子型小分子更为困难。

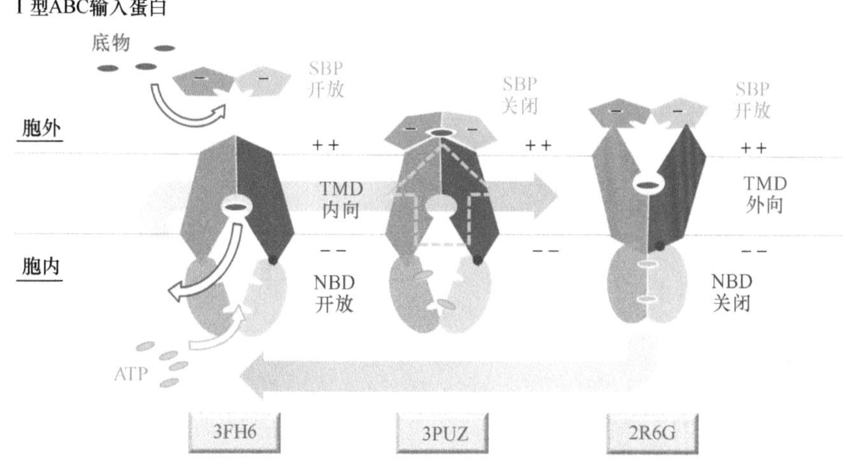

图 5.3.2 Ⅰ型 ABC 输入蛋白功能循环示意图

每个结构的上方为胞外侧。携带负电荷的辅助蛋白 SBP 用胞外侧墨绿色多边形表示。底物用红色椭圆颗粒表示。ATP 等核苷酸用绿色椭圆颗粒表示。此功能循环的关键点是 SBP 的结合引起跨膜区的上移，从而促进胞内侧 ATP 结合位点的形成。SBP-ABC 转运蛋白复合体所受静电力由青蓝色箭头表示。各状态相关的参考晶体结构用 PDB 代码标注

底物结合蛋白（substrate binding protein，SBP）[190]；其等电点 pI 在 6.0 左右，因此在生理条件下携带负电荷[176]。一个经典的例子来自 *E. coli* 麦芽糖转运蛋白 Mal-F/G/K_2/E 复合体，其 SBP 称为 Mal-E（pI ≈5.5）[191]。当未与 SBP 结合时，ABC 转运蛋白部分毫无 ATP 水解酶活性。

ABC 转运蛋白常常被用于转运那些浓度极低的底物，因而需要在底物输入端一侧具备超强的亲和力。这种对底物的超强亲和力由辅助蛋白提供，它们能够较为自由地游荡，捕捉底物，并且将其呈递给 ABC 转运蛋白。在革兰氏阴性菌中，SBP 在周质腔中独立运动；而在革兰氏阳性菌中，SBP 借助酯酰化锚定在质膜外侧。两种情况下，只有结合了底物分子的 SBP 才能与 ABC 转运蛋白有效地结合，并且激发 ATP 水解酶活性。

一个重要并且有趣的科学问题是：SBP 在胞外侧的结合是如何触发胞内侧 ATP 水解的呢？研究者提出了一种可能的分子机制：由于辅助蛋白携带负电荷，它与转运蛋白的结合将使整个复合体受到一股指向细胞外侧的静电力。这个力足以促使胞质侧 NBD 二体彼此靠拢，随即形成 ATP 分子的结合位点。随后释放的 ATP 结合能驱动二聚体从内向型到外向型构象的转换。胞外部分打开，迫使 SBP 发生构象变化，并且将底物释放到转运蛋白的中央空腔内，进而激活 ATP 水解酶的活性。ATP 水解的能量使跨膜区构象再次翻转，底物被释放到胞质侧。所有此前与捕捉和呈递底物有关的相互作用能量（包括底物分子与 SBP 的结合能差 ΔG_D^0）被 ATP 结合和水解能量一次性地补偿。基于“AB<A+B”模型，ATP 水解能量的一部分被储存在辅助蛋白 SBP 的解离形式，使得下一轮的底物结合成为可能；这一点与前述胆固醇传递蛋白（NPC2）和转运蛋白（NPC1）之间的关系十分类似。值得注意的是，Ⅱ型 ABC 输入蛋白的 SBP 普遍具有偏碱性的等电点（pI>7.5），因而常常带正电。这一配置可能与前文提及的该类型 ABC 转运蛋白所表现的、反常规型的 NBD 二聚化与跨膜区变构关系有关。一个经典的Ⅱ型 ABC 输入蛋白例子来自 *E. coli* 维生素 B_{12} 转运蛋白复合体 BtuCD-F，其 SBP 称为 BtuF（pI≈8.8）[192，193]。

图 5.3.3 所示是一幅简化版的、Ⅰ型 ABC 输入蛋白的自由能景观图。尤为重要的是，在转运循环中，能量必然保持守恒，并且总自由能持续下降。图 5.3.3 中，对于Ⅰ型 ABC 输入蛋白来说，很独特的步骤是 SBP 针对底物由高亲和力到低亲和力的状态转换，

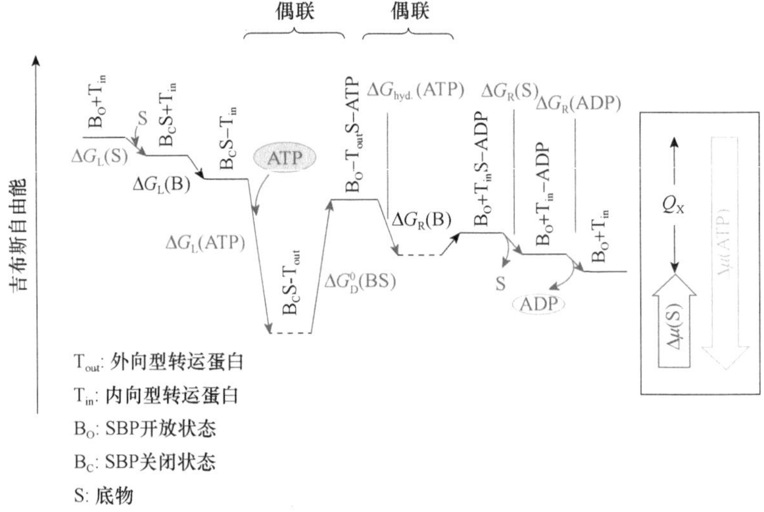

图 5.3.3 Ⅰ型 ABC 输入蛋白的自由能景观图

① ATP 水解相关的能量项由绿色箭头标记。②与底物（S）结合、转运、解离相关的化学势变化由红色箭头标记。SBP 对于底物的高亲和力和低亲和力构象分别标记为 C（close）和 O（open）。其他图注请参考图 4.2.10

对应自由能变化 ΔG_D^0（BS）。它相当于前文中一再提及的 ΔG_D^0（S）；不过，在Ⅰ型 ABC 输入蛋白中，底物结合能的下降发生在 SBP，而不是转运蛋白本身。值得强调的是，在这一模型中，ATP 水解能的释放主要发生在 ATP 的结合步骤，驱动 SBP 向转运蛋白移交底物。

如果我们将 ATP 的结合和水解类比于二级主动转运蛋白中驱动物质的结合和解离，输出型 ABC 转运蛋白更类似于同向转运型 MFS 蛋白；即底物从胞内侧的结合直接触发驱动物质 ATP 的结合，两个事件之间表现出一种有序的正协同关系。与之不同，输入型 ABC 转运蛋白则需要上述的附加步骤，即由一个辅助蛋白来呈递底物。辅助蛋白的结合触发 ATP 结合，而底物从辅助蛋白到转运蛋白的呈递过程（底物结合事件）触发 ATP 水解。因此，Ⅰ型 ABC 输入蛋白更类似于逆向转运型 MFS 蛋白；即底物结合触发驱动物质 ATP 的水解（以及产物的解离）。此时，底物与驱动物质两者之间表现出一种竞争（负协同）关系。输入型 ABC 转运蛋白之所以需要一个附加的底物呈递步骤，其原因在于：ATP 结合的状态是一个不稳定的高能状态，转运蛋白较难长时间地维持这样一个激发态以便等待稀有底物的光临；而 SBP 可以有效地解决这一难题。

至于每一轮工作循环中，究竟是水解一枚或者两枚 ATP 分子仍然是 ABC 转运蛋白领域中存在争议的问题。譬如，在某些 ABC 转运蛋白中，两个 NBD 结构域是同源但非同质的，并且只能通过二聚化形成单一的（而不是一对）ATP 水解催化中心[182]。这说明在此类情况下，水解一枚 ATP 所释放的能量就足以驱动一次功能循环。由于底物的结合模式一般不具有严格的对称性，即便对于同质 NBD 二聚体来说，在 ATP 水解过程中仍然有可能出现结构上的对称性破缺，导致每个转运循环只水解一枚 ATP 分子。对于回归变构中阻力较大的功能循环来说，NBD 二聚体将有更长的时间处于催化活性较高的状态，因此更可能连续水解两枚 ATP 分子，从而提供更多的驱动能量。原则上讲，此类问题可以通过检验是否存在（突变）显性抑制现象予以解答。

5.4 脂多糖转运系统

本节我们将讨论一类 ATP 水解驱动的、多个转运蛋白所组成的、较为复杂的转运系统——脂多糖转运系统（LptA～G）（图 5.4.1）[194]。它提供了一个利用来自胞内的 ATP 水解能量，驱动跨周质腔、跨外膜连续转运两亲性分子的经典实例。

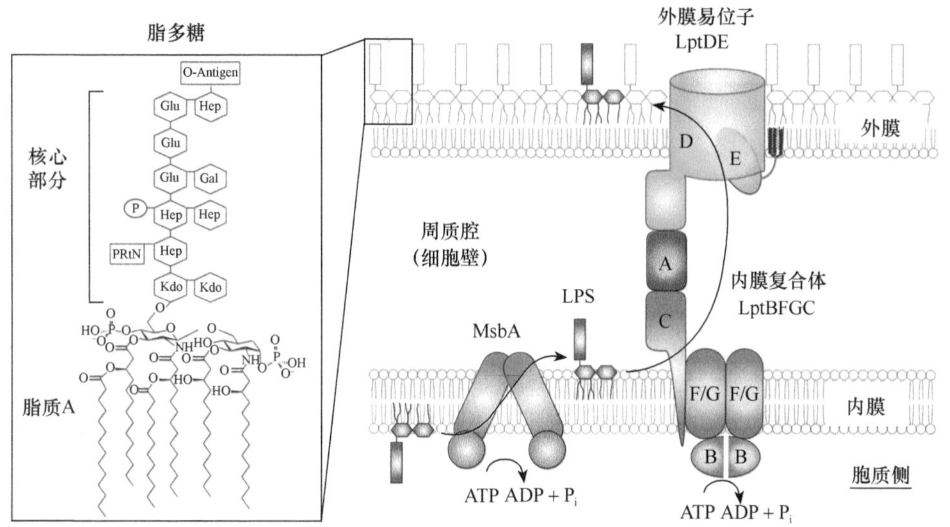

图 5.4.1 脂多糖转运系统示意图（引自 Simpson et al.，2015）

上方为革兰氏阴性菌的外膜；下方为内膜。脂多糖分子在内膜周质腔侧完成合成，经 Ltp 转运系统（蓝、绿色）转运到外膜外侧。转运过程的驱动力来自细胞质中 ATP 的水解能量。内膜上两个独立的 ABC 转运蛋白分别负责脂多糖前体的跨膜转运和脂多糖的跨周质腔转运

革兰氏阴性菌外膜外小叶的主要成分是一种叫作脂多糖（lipopolysaccharide，LPS）的两亲性分子（分子质量≈10kDa），而内小叶则由常见的磷脂分子组成。在缺乏能量供给的外膜上如何主动地维持这样一种不对称的脂分子分布稳态，仍然是一个谜。然而，人们对于脂多糖的转运机制已经取得了较为完整的认识。脂多糖的疏水端含有 6 条脂链，亲水端则是一条很长且带有分支的多糖链。对于人类的免疫系统而言，细菌的脂多糖是很强的免疫原，能够引起剧烈的免疫反应（包括细胞焦亡乃至败血症）[195]。因此，脂多糖也叫作内毒素。

在细菌胞质侧被合成之后，含有 6 条脂链的脂多糖前体［称为脂质 A（lipid A）］首先由 ABC 输出蛋白（floppase）MsbA 转运到内膜外小叶。在这里，脂多糖完成其合成，并且被输送、组装到外膜的外表面。这类两亲性分子从内膜到外膜的转运，需要克服周质腔的亲水性势垒和外膜的疏水性势垒。驱动这一转运过程的能量来自内膜上的一个 ABC 转运蛋白。脂多糖分子首先被这个 ABC 转运蛋白从内膜外小叶中抽提出来，然后被注入一条疏水性传送带，最后被挤压进入外膜上的一个两亲性通道蛋白中。

这个脂多糖转运系统中的 ABC 转运蛋白——Lpt-F/G/B_2 复合体的晶体结构已被解析（图 5.4.2）[196]。其中，Lpt-B_2 是胞质侧的 NBD 同质二聚体，负责结合和水解 ATP 分子。Lpt-F/G 同源二聚体则贯穿内膜脂双层，利用 ATP 水解所释放的能量从内膜的外小叶抽提 LPS 分子，并且将其注入周质腔中的那条传送带。因此，这个 ABC 转运蛋白并不是经典的

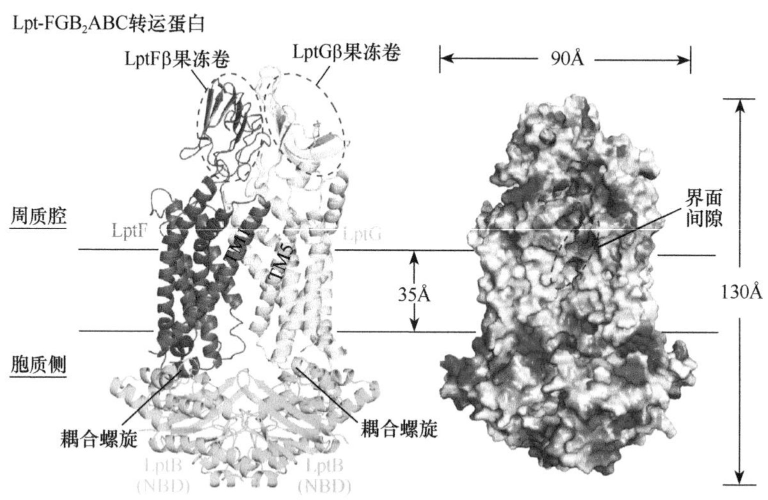

图 5.4.2　ABC 转运蛋白 Lpt-F/G/B_2 复合体晶体结构（PDB 代码：5X5Y）（引自 Luo et al.，2017）

左侧为飘带模型。下方青、绿色为 NBD 结构域，负责在胞质侧结合和水解 ATP 分子；其上方是玫瑰色、黄色的 Lpt-F/G 同源异型二聚体，负责将脂多糖分子从内膜中抽提出来送往跨周质腔的传送带

跨膜转运蛋白；但是从结构角度来看，与一类非典型的输出型转运蛋白很相似。

在外膜上，转运脂多糖的物流通道叫作 Lpt-D/E 复合体（图 5.4.3）[197]。这个复合体的主体部分——Lpt-D 亚基形成一只跨膜的 β 桶，由 16 条 β 链组成。从胞外侧观察，肽链走向为顺时针旋转。与 1.5 节中介绍的、负责外膜蛋白组装的 Bam 复合体相类似，在 Lpt-D 亚基第一条和最后一条 β 链之间，存在一条狭缝。此外，Lpt-E 亚基形成一只亲水性的单向栓塞，定位于 β 桶的内部，防止 β 桶发生上下方向的泄漏。

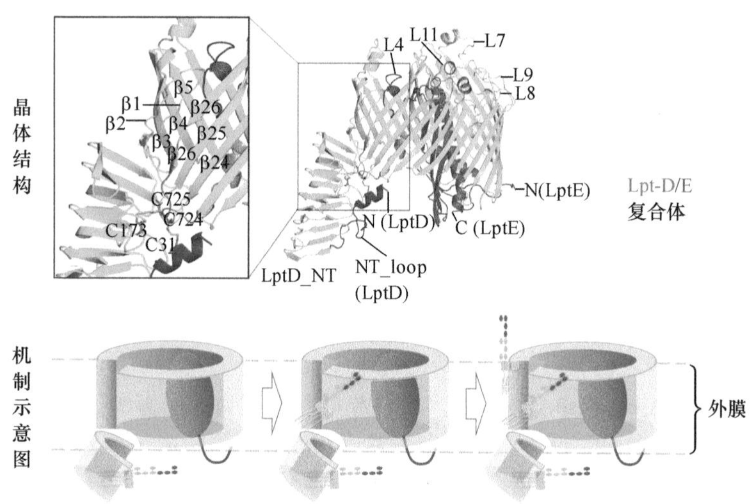

图 5.4.3　脂多糖转运蛋白 Lpt-D/E 复合体晶体结构（PDB 代码：4Q35）（引自 Qiao et al.，2014）

D 亚基，绿色；E 亚基，紫红色。该复合体接收来自跨膜传送带的脂多糖分子，并且将其转运到外膜的外侧

Lpt-D 亚基在膜内侧形成一小段传送带，它与 Lpt-A 亚基组成的两亲性传送带对接。不仅 Lpt-A 和 Lpt-D 的传送带表现出相似的结构，内膜上的 ABC 驱动蛋白 Lpt-F/G 也带有类似的结构域，它们共同形成一条完整的跨周质腔传送带。传送带中各个亚基都具有一条由 β 片层弯折

而成的纵向凹槽结构（称为 jellyroll 结构）。该长条形凹槽的横截面为“V”字形，槽的内部是疏水性的。脂多糖的疏水部分结合在槽内，而亲水性的多聚糖部分则暴露在槽的外面。

基于结构分析，研究者提出了如下的脂多糖跨膜转运机制（图 5.4.4）[197]：两亲性的脂多糖分子被 ABC 转运蛋白挤压进入传送带疏水内槽，向外膜方向运动。当到达 Lpt-D 亚基的狭缝时，亲水性的部分进入 β 桶的亲水性内部；而疏水性部分则沿着 β 桶的狭缝被继续挤压进入 β 桶外侧的脂双层。最后，在外膜的外小叶处，脂多糖的亲水性多糖部分离开通道蛋白；而疏水性的脂分子部分仍锚定在外膜的外小叶，并且在那里组装成外膜。整个转运过程就如同往一只（没有底的）子弹夹中装填子弹一样。

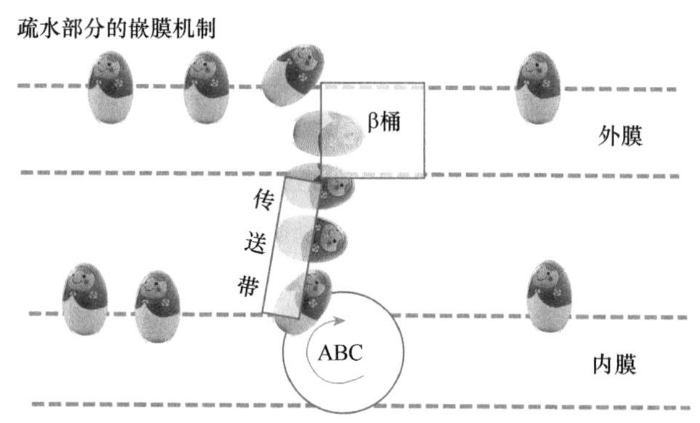

图 5.4.4　脂多糖转运机制示意图

两亲性脂多糖分子用不倒翁表示，其疏水底部倾向于嵌入膜的脂分子层或传送带的疏水凹槽。脂多糖分子运动的驱动力来自 ABC 转运蛋白水解 ATP 所释放的化学能

这样一套机制解决了脂多糖长途转运过程中所遇到的驱动能量来自哪里以及如何克服多道能量势垒等问题。有趣的是，同一架转运机器还被革兰氏阴性菌用来转运某些在细胞内膜外小叶完成脂化的蛋白质分子，使其定位到细菌外膜的外表面。这类脂蛋白在定位过程中面临着与脂多糖类似的挑战，因而共享相同的转运机器。这里所采用的“逢山开路、遇水搭桥”的转运策略与 β 桶型膜蛋白分子的折叠过程在概念上是相通的（参见 1.5 节）。

小结与随想

- 在电化学势不充足，甚至不存在的环境中，由 ATP 水解能驱动的转运蛋白使跨膜主动转运成为可能。
- ATP 的结合、水解以及水解产物的释放应该与被转运底物的结合、转运、释放等步骤相偶联。
- P 型 ATP 酶使用一种“结构域解离储能”的机制将 ATP 水解能与转运过程相偶联。动物细胞质膜上常见的、建立和维持膜电位的关键离子泵属于这一家族。
- ABC 转运蛋白可能起源于二级主动转运蛋白，并且辅以 ATP 水解结构域（NBD）作为驱动模块。

作为细胞三大能源系统之一，ATP 水解过程具有不可替代的优势：更新速度快，运输简便，应用范围宽泛，并且输出功率可以远胜于跨膜电化学势系统。ATP 水解驱动的各类跨膜转运过程，正是这些优势的生动体现。

如果说转运蛋白是在一招一式地行使功能，我们在第六章将要看到的通道蛋白则更为洒脱，颇有行云流水的意境。

第六章 通道蛋白

朝辞白帝彩云间，千里江陵一日还。两岸猿声啼不住，轻舟已过万重山。

——李白，《早发白帝城》

因为将毛细管电极插入枪乌贼的巨轴突细胞中，成功地记录到动作电位并且提出了神经科学领域著名的 H-H 模型，牛津大学三一学院校友霍奇金（Alan Hodgkin）和赫胥黎（Andrew Huxley）荣获了 1963 年诺贝尔生理学或医学奖。在所有这些奠基性发现的背后是构成细胞信号网络重要组成部分的各类跨膜离子通道。承载着生化信息的各类离子在电化学势的驱动下穿过通道蛋白，实现跨膜信号转导，并且相互调控，赋予细胞深奥非凡的信息“代谢”能力。

为什么进化选择了阳离子作为主要的跨膜信号转导的介质呢？由跨膜离子浓度梯度决定的能斯特电压如何驱动离子的跨膜转运？

本章主要从结构和动力学角度探讨离子通道与膜电位的关系、通道与转运蛋白的本质区别、通道的通用结构组件（包括闸门和过滤器）、各类门控机制（包括机械力门控、电压门控、配体门控等），以及离子通道的快失活和慢失活现象及其背后的分子机制。

关键概念：闸门的干 - 湿状态转换；电压传感器的滑动 - 摇滚机制；门控电荷；通道慢失活现象的脂分子栓塞机制

6.1　离子通道的一般概念

通道蛋白为特定的底物提供一条受调控的跨膜转运通路。在其开放状态，通道蛋白允许底物离子或者分子在自身电化学势的驱动下做定向运动。基于底物偏好性，通道蛋白可以划分为选择性和非选择性类型。对于给定类型的离子型底物，穿过通道蛋白孔道的电流与跨膜电压的比值称为电导率，它是通道蛋白的特征性参数。

非选择性通道的孔道直径一般较大（20～50Å），因此其单通道电导率也很大，为

100～500pS 量级①。非选择性通道不仅可以放行几乎所有几何尺寸小于其直径的底物，而且很可能允许多种底物同时转运，甚至不排除双向物流的可能性。虽然这类通道对于底物的带电性质没有特殊要求，但是与电中性底物相比，离子型底物可以获得膜电位所赋予的额外静电驱动力，并且更适于进行电生理研究。由于较大的孔道直径以及相伴而来的对跨膜电化学势的迅速消耗，非选择性通道只在某些应激情况下才可能被短暂开启，或者被限制在狭小的诸如细胞间隙等空间隔室附近[198]。

与非选择性通道不同，大多数种类的通道蛋白能够特异性地转运某类离子，因此一般称为离子通道。它们的单通道电导率在 5～50pS 量级，即单个通道在 0.1V 的膜电压下可以产生大约 10^{-12}A 的电流②。通道的选择性又分为通透率选择性（permeability selectivity）和电导率选择性（conductance selectivity）[199]。通透率选择性提示，当多种底物竞争同一通道时，究竟鹿死谁手。一般而言，具有较低水合能的底物离子更容易脱水，从而以更高的亲和力（$1/K_d$）与通道结合；当然，通道的某些结构细节也可能有助于某一类底物脱去结合水。电导率选择性则指，当不同底物分别进入通道之后，谁受到的阻力更小，更容易在外电场作用下穿过通道。一般而言，在通道内部结合力较弱的底物具有更大的电导率。粗略地说，通透率选择性是一个热力学概念，而电导率选择性则是一个动力学概念。

虽然通道被视为一大类与物质跨膜转运有关的膜蛋白，但是从本质上说，离子通道是细胞信号网络的组成部分。各类离子、分子永远不会仅纯粹地作为物质在细胞中流动。在前述转运蛋白的例子中，底物和驱动物质均扮演着能量载体的角色，或吸纳能量，或释放能量。与之不同，在离子通道情况下，被转运的各类离子实际上充当着信息的载体。这些信息可以采取化学的或者静电的形式。譬如，通过调控下游蛋白的活性，瞬时变化的胞内 Ca^{2+}浓度常常表现为一类化学信号；而神经细胞中的动作电位则可以划归电生理学的范畴。进而，两类信息经常地处于相互转换的过程中。譬如，膜电位的变化导致各类离子浓度在脂膜内外侧的改变；而化学信息则可以通过控制离子通道来影响膜电位。在神经细胞的突触间隙处，此类信息形式之间的相互转换表现得最为典型。几乎所有离子在完成信息传递的功能之后，又被耗能的转运蛋白恢复到原有的状态。这就好比电子线路中的电子，人们所需要的并不是电子本身，而是电子脉冲所编码的信息。信息处理需要消耗能量③，每个离子的跨膜运动所需的物质和能量都是以消耗等数量级的 ATP 分子的水解能为代价来维持的。在讨论离子通道网络时，人们常常在潜意识里认为细胞拥有无限的能量资源，以便有效地维持膜电位和离子供给；然而事实上，局部膜电位会伴随着离子通道的开放而变化。神经细胞的轴突甚至由绝缘髓鞘细胞包裹，以缩小胞外离子自由扩散的缓冲空间，从而确保局部膜电位的短暂响应，这正是 H-H 模型所描述的神经细胞中动作电位的物理基础。

当研究离子通道的结构时，研究者所关注的是传导信息的硬件，而不是离子流所承载的信息本身。在未来，人们也许能够通过理解离子网络所承载的信息流来解析和预言细胞的行为；就如同通过对语言的理解来破解声波所承载的信息。再譬如，味觉信号回路的形

① 电导率的单位为西门子（S），即等于安培 / 伏特（A/V），即电子学中更常用的电阻单位欧姆（Ω）的倒数。电生理实验中经常以 pS（10^{-12}S）为实用单位。当电导率随电压而变化时，出现绝对电导率［及电流（I）/ 电压（V），也称弦电导率或者简称电导率］与微分电导率（$\frac{dI}{dV}$，也称切线电导率）之分。绝对电导率永远不小于零。相反，在电压门控的情况下，微分电导率则可以表现得小于零；即随着电压增强，电流反而减小。

② 电生理中的典型电流单位 1pA 约合 $6\times10^6 e_0$ 电量 /s。

③ 击败围棋天才李世石的 Alpha Go 超级计算机每小时耗电量约合 3000 美元，或者 60 000kW · h 的电能；而作为人类棋手的李世石大概仅需要一份石锅拌饭。

成不仅与味觉细胞所产生的信号峰值强度有关，而且受到信号时间波形的调制[200]。然而，这些信息处理过程都不是目前结构生物学所关注或者说能够关注的问题。结构生物学仅仅研究细胞信号网络中单个开关器件的结构和开关机制。这些器件相当于逻辑电路中各类逻辑门；细胞膜则相当于一只插件板，不仅使多种器件得以组成变化无穷的逻辑网络，而且为后者提供驱动能量。

毋庸置疑，细胞之所以选择离子充当一类重要的信号载体，与膜电位的存在密切相关。与转运蛋白相类似，离子通道的驱动力包括膜电位和底物离子的浓度梯度。与转运蛋白的不同之处在于，离子通道可以向膜两侧同时打开；因此，一个通道蛋白只可能消耗而永远无法像转运蛋白那样提升底物离子的电化学势。离子通道的离子转运速率可以高达 10^7～10^8/s（pA 量级）①。如此高速的定向运动并非是一个自由扩散过程，而是一个由能量驱动的过程；正如前文所说，这不是小溪中的潺潺流水，而是一只高压灭火栓。我们不妨估算一下②：假设真核细胞是一只直径为 10μm 的圆球，10mmol/L 的离子浓度相当于每个细胞 2000 万个离子；100mV 的膜电位，仅相当于 10^6 个表面电荷。所以，细胞很难承受哪怕是稍微延长一点的通道开放时间。特别是膜电位，有可能瞬间就消失殆尽；与此同时，通道转运的驱动力也将不复存在。因此，离子通道必须受到严密的调控；相关的机制叫作门控机制（gating mechanism）。通道一次开启的时间，一般限制在毫秒数量级。相应地，状态转换（门控）时间应该远小于毫秒，可以认为是即时的，而不太可能是一个拖泥带水的渐变过程。因此可以设想，离子通道的开关一般不会像 MFS 转运蛋白那样涉及较大的构象变化。

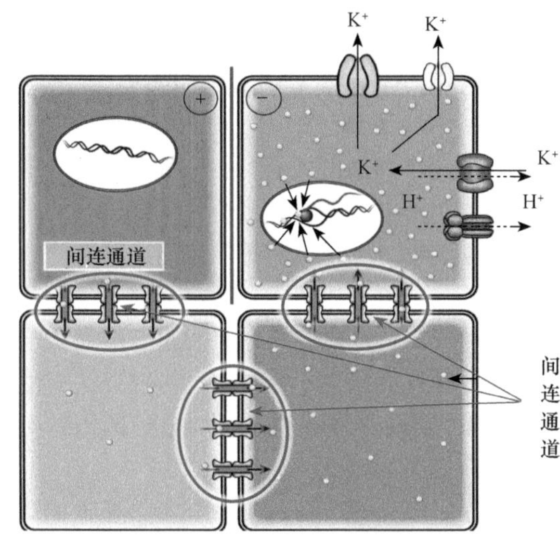

图 6.1.1　间连通道在细胞之间建立极性（引自 Levin，2012）

颜色代表细胞之间的相对电位。处于不同电位的细胞将在基因表达等方面表现各异。因此，改变相邻细胞之间的膜电位可以影响细胞命运

通道不仅出现在细胞与外环境之间，也可能出现在细胞与细胞之间，此类通道被命名为间连通道（gap junction）。借助于间连通道，相邻细胞之间的膜电位变化可以引起离子流动，影响细胞的命运，如导致图 6.1.1 中以颜色渐变所代表的极性分化[73]。这类间连通道在细胞之间建立起化学和静电信息交流形式，其很可能是一种远比神经介导的电信号通信更古老的细胞间信息交流形式。因此，它们也被称为静电突触（electrical synapse）。

在个体发育过程中，细胞的命运受到膜电位的强烈影响；而离子通道是影响膜电位的重要结构元件[75]。譬如，抑制 K^+ 通道导致膜电位的减弱（去极化），并且使细胞的增殖过程停滞在 G_1 期。如果在不正确的组织强行表达某一类离子通道，就可能导致异常发育（图 6.1.2）[201]；此

---

① 与之对比：转运蛋白的速率一般约为 1000 次 /s。

② 估算方法当属科学原创思维的基本工具之一。此处，向大家推荐一本茶余饭后的“闲”书，L. Weinstein 和 J. A. Adam 所著的 *Guesstimation*。它包含了许多让人脑洞大开的估算技巧。

时穿过通道的离子种类，而不是通道本身的类型，决定细胞的命运。

细胞中存在着不胜枚举的各类门控通道。同一个通道蛋白可能同时受到多种类型的调控，形成复杂的逻辑门元件。目前离子通道的结构研究主要关注各类调控机制；而通道开关本身的结构和机制应该说已经研究得比较清楚了。底物选择性是通道蛋白的另一个特点。在以下各小节中，我们主要讨论有关开关过程和底物选择性的共性机制；调控部分，只做简要的介绍。

图 6.1.2 通道在发育过程中扮演重要角色（引自 Pai et al.，2012）
红色箭头标记的是一只异常定位的蝌蚪眼睛，而其起因则是通道蛋白在该处的异常组织特异性表达

6.2 离子通道的结构和开关机制

离子通道种类众多。其中央孔道部分常常具有 3 重、4 重或更高的局部对称性。大多数已知的离子通道的核心结构呈现四聚体形式。此类通道蛋白复合体具有共性的结构特征和通道开关机制。

6.2.1 四聚体水通道

我们首先介绍一个非离子型的通道——水通道的结构。这不仅因为该结构的解析是一项斩获诺贝尔奖的定鼎之作，而且该结构本身具有多种与离子通道相同或者近似的结构元素和功能机制。这个水通道是一个同质四聚体（图 6.2.1）。

水通道的功能是维持细胞的渗透压。水分子转运的驱动力来自渗透压本身。所以，这类通道很可能是一条双向通道。譬如，当细胞内盐分过高，需要众多的结合水，这就导致自由水分子的密度远小于胞外。内外两者的密度之比就给出了渗透压有关的自由能。水通道属于为数不多的电中性通道；然而，可以认为，电中性通道不是为维持信息网络而存在的，而主要用于维持细胞物理稳态。

水通道虽然听起来简单，但它需要解决一个关键问题，即选择性，避免质子化水或者其他离子的通透。在水中，自由质子的浓度很低，而质子主要以水合氢离子（H_3O^+）的形式存在。假如 H_3O^+能够自由地通过水通道，它们将可能在膜电位的作用下优先与水分子穿过此类通道；细胞赖以生存的跨膜质子电化学势也将荡然无存。

为了实现底物选择性，水通道的共性结构元件包括每个亚基中一对内外侧对称的半跨膜螺旋；即组成通道的关键螺旋只嵌入脂双层的一半，然后分别向膜两侧方向折回。折回的部分形成伸展肽链，其主链羰基氧原子形成选择性过滤器（selection filter），只允许水分子通过。一个保守的序列模体“NPA”定位于半螺旋的弯折处，其中具有刚性侧链的 Pro 残基决定着主链回折的位置，而 Asn 残基则在跨膜环境下为螺旋终端提供氢键基团。另一组保守的 Arg 残基定位于通道的入口处，利用其正电荷阻止阳离子（包括 H_3O^+）通过。

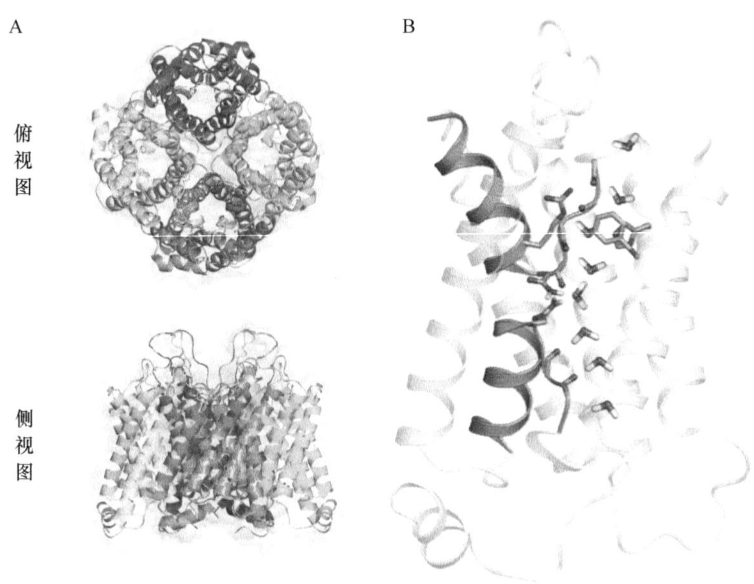

图 6.2.1　水通道四聚体晶体结构（PDB 代码：1J4N）

A 图是水通道的俯视图和侧视图。组成通道的 4 个亚基用不同颜色标记；此类对称四聚体结构在通道蛋白中不断重现。每个亚基具有内部赝二重对称性。B 图显示中央孔道的结构细节。“半螺旋＋伸展肽链”构成一类通道蛋白选择性过滤器的基本结构单元；其中伸展肽链的主链羰基氧基团贡献极性或者离子型底物的结合位点。在此水通道中，半螺旋与伸展肽链之间的弯折处存在一个保守碱性残基，阻止阳离子（包括 H_3O^+）的渗透

6.2.2　Ksc 钾离子通道

1. 四聚体通道的基本结构　　K^+通道是最经典的一类离子通道（图 6.2.2）。相关的 Ksc 通道晶体结构解析也是一项诺贝尔奖工作，其基本结构特征是同质四聚体。选择性过滤器位于膜外侧；而膜内侧部分则形成一个称为闸门（gate）的结构元件。在这个最简单的 K^+通道中，每个亚基仅含有两条完整的跨膜螺旋。内侧长螺旋形成一个漏斗形结构；其上方较宽的

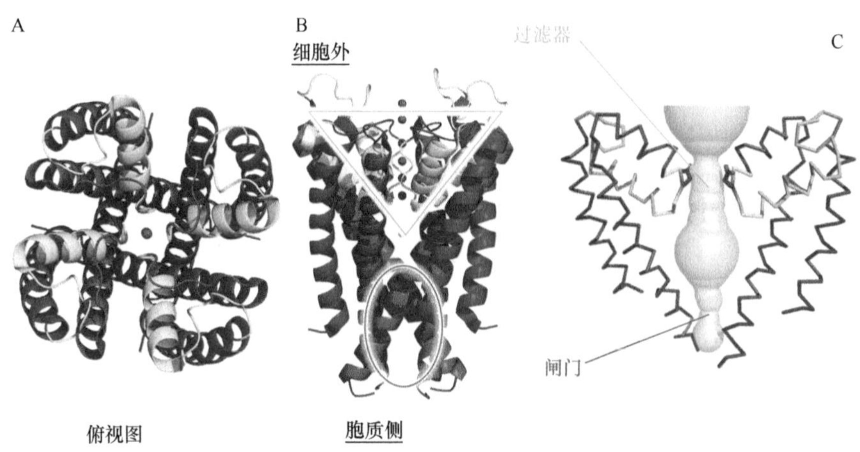

图 6.2.2　钾离子通道四聚体晶体结构

PDB 代码 1K4C。A 图和 B 图分别表示飘带模型的俯视图和侧视图。每个亚基仅含有两根跨膜螺旋。其中，外周螺旋用蓝色标记；内部螺旋用红色标记；过滤器用黄色标记。过滤器位于胞外侧；闸门位于胞质侧。C 图显示中央孔道的部分细节。孔道的内部形状由灰色表面模型描述

部分容纳锥形的选择性过滤器；而下方狭窄的部分即闸门。绝大多数四聚体形式的离子通道的核心区域都采用相同的结构蓝本；进而，四聚体型离子通道构成最大的通道超家族[202]。有趣的是，某些转运蛋白家族成员（如 ABC 家族的 CFTR）呈现通道性质，而某些四聚体型通道家族成员（如 Trk）却行使转运蛋白的功能[202]。

2. 关于离子通道中自由能的讨论　图 6.2.3 所示是处于开启状态的 K^+通道的自由能景观图。由于通道在离子转运的过程中始终保持开启状态，该过程不涉及构象变化，即 $\Delta G_C = 0$。但是，在结合与解离的步骤之间，底物离子（K^+）常常会发生状态改变；ΔG_D（$\equiv \Delta G^0_D + Q_D\Delta\Psi$）可以不为零。因此，转运步骤的变构能 ΔG_X 中只保留了 ΔG_D 一项。值得注意的是，通道与转运蛋白的一个关键区别在于：通道具有多个底物的结合位点，并且这些位点可以以分组方式（如 1-3-5 或者 2-4-6）结合多个底物离子。为了简化问题的讨论，景观图中各步骤彼此仍然保留了互不相容性；通道仅具有进口和出口两个结合位点，而将其他位点及其所结合的底物离子视为通道的组成部分。这一假设隐含着，底物的进口和出口处位点不能被同时占据。该假设的有效性依赖于底物离子之间的静电互斥，因此不适用于电中性底物。

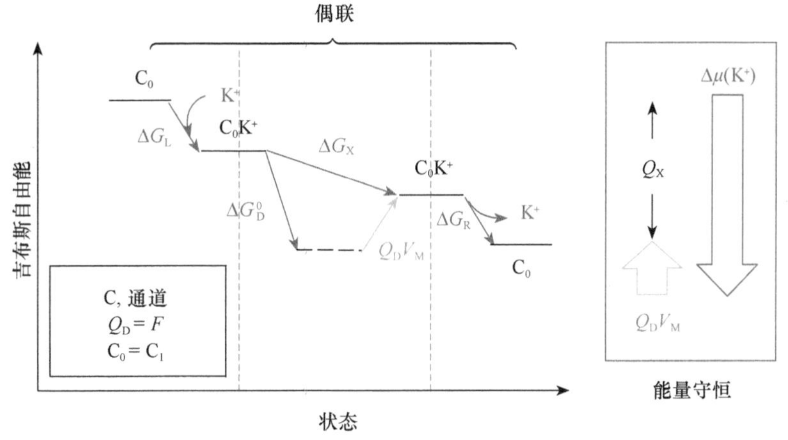

图 6.2.3　钾离子通道自由能景观图

此处，K^+由浓度梯度驱动；相关的能量项由红色箭头表示。K^+逆着膜电位运动，并且强化膜电位；相关的能量项由青蓝色箭头表示。在通道开启状态下，底物跨膜运动的过程并不伴随通道蛋白的构象变化。由于多个底物离子依序发生结合、转运、解离，以及它们之间的静电排斥力，转运过程三级跳是高度偶联的。其他图注请参考图 4.2.10

虽然离子在通道中的转运过程仍然可以分解为结合、转运和解离三级跳，但是由于占据不同位点的多个底物离子彼此的静电排斥力，三个步骤之间存在着极强的偶联。结合和解离步骤将不再仅仅影响通道端口处的占有率，而是更直接地推动或阻碍底物离子的转运步骤。譬如，一个离子在通道一端的结合将促使另一个离子在通道另一侧的解离①。与之相关，虽然 ΔG^0_D 和 ΔG_X 仍然影响着转运速率，但它们不再是影响转运步骤热力学过程的唯一因素。此时，结合能和解离能都直接参与对于转运过程的驱动，而不是像转运蛋白那样直接地转化为耗散热 Q_X 用于减小逆向反应流。对于补偿膜电位变化的 K^+通道而言，转运的驱动能量来自离子浓度梯度相关的化学势［$\Delta\mu$（K^+）<0］或者能斯特电压。同时，在此类转运中，底物离子跨越整个膜电位进行逆向运动，因此膜电位不再是驱动力而成为阻力②。化学势（绝对

① 此类隔山打牛的现象在转运蛋白中一般是不会发生的；但可参见 3.4 节中关于 pH 效应的讨论。

② 当底物阳离子逆膜电位运动时，$\Delta\Psi \equiv V_1 - V_0 > 0$，门控电荷 Q_D 等于法拉第常数（F）乘以底物离子的电价数，因此 $\Delta\Psi Q_D > 0$，即从静电力角度来看是一个耗能的过程。

值）与静电势能增量之差是此类 K^+通道的耗散热 Q_X。当膜电位与能斯特电压相互抵消时，系统处于平衡态，Q_X 等于零。另外，Q_X 与充当驱动力的化学势（绝对值）之比是能量转化效率。K^+通道的功能常常是补偿膜电位的变化；此时，较高的转化效率对于细胞的稳态维持是有利的。

与图 6.2.3 中所示的 K^+通道不同，其他类型的离子通道往往是利用膜电位作为驱动能量来源。它们的功能侧重于快速信号转导，因此能量转化效率的重要性显得并不突出，该效率甚至可以趋近于零，即驱动能量全部转化为耗散热。

3. 选择性过滤器　所谓通道的选择性就是降低特定底物离子的过渡态能量势垒，进而改变通道蛋白的动力学性质（而不是热力学性质）。所有离子通道的共性之一是利用电荷异性相吸的原理，进行初步筛选。阳离子通道入口处（所谓前厅）一般呈现负电性；而阴离子通道前厅则往往呈现正电性。据此，底物离子在一定程度上富集在通道前厅附近的缓冲区；而对于携带着与底物相反电荷的离子而言，该区域则形成一道静电势垒。

通道的底物选择性最终由过滤器决定（图 6.2.4）。与水通道具有上、下两组过滤器不同，离子通道的过滤器仅由一组半螺旋构成。半螺旋的回折部分形成伸展肽链；4 列平行的主链羰基氧原子形成锥形过滤器的选择性通道。该通道的选择性由周围的氨基酸残基的几何和物理化学性质间接地决定。在某些 Na^+通道中，氨基酸残基侧链也直接参与决定过滤器的选择性。过滤器结构是决定开启状态下单通道电导率的主要因素。可以认为，在通道开关过程中，过滤器本身保持固定的构象，因此其电导率基本上维持在一个内秉常数值；而通道多变的表观电导率是受到闸门开关概率调制之后的过滤器电导率。实际上，当闸门部分呈关闭状态时，讨论过滤器的电导率是缺乏可操作性的。

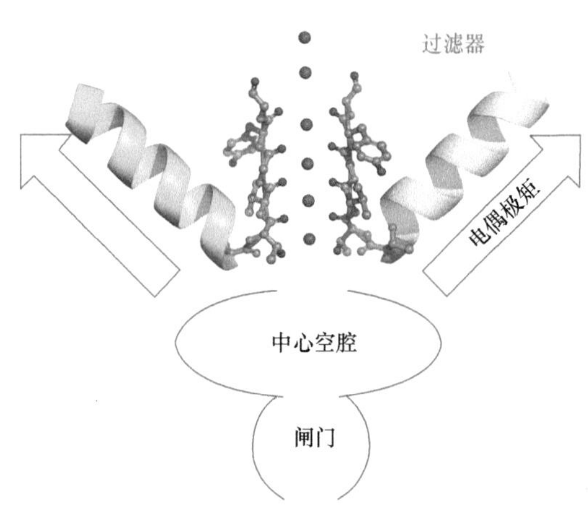

图 6.2.4　钾离子通道的选择性过滤器结构

该过滤器具有典型的“半螺旋＋伸展肽链”四聚体结构（图中只显示了两个结构单元）。其胞质侧依次分布着中心空腔和闸门。在过滤器与中央空腔的接口处，半螺旋 C 端的负电荷集群形成一道阻碍阴离子自由穿行的屏障

溶液中的离子主要以水合离子的形式存在；即离子的周围动态地结合着多个部分极化的水分子。不同类型的水合离子的表观半径明显不同；譬如，水合钾离子的半径为 2.7Å，而水合钠离子的半径为 2.3Å。如果要通过过滤器，K^+首先需要脱去结合着的水分子。这个脱水过程必然是一个耗能的过程。一只匹配良好的过滤器能够使脱水过程与结合过滤器的过程在能量和几何方面实现无缝衔接。因此，无论是比 K^+更小的离子还是比 K^+更大的离子，都更难以通过这个选择性过滤器。

离子通道的过滤器内部存在多个分立的底物结合位点。无论在通道开或关的状态，中央通道的过滤器部分总是结合着若干底物离子。离子在过滤器中的运动表现为从一个结合位点到下一个位点的跳跃；这种运动在某种程度上类似牛顿摆（图 6.2.5）。由于通道的这种对于能量和信息的低损耗性，底物离子在一侧的结合信息（即浓度信息）可以通过静电排斥力被另一侧即时地感知到。

对于离子通道而言，膜两侧的底物浓度之比可以换算成一个等效的膜电位，即前文已经多次提及的能斯特电压 V_N（图 6.2.6）。由于牛顿摆效应（底物离子彼此的静电斥力），通道

过滤器的长度变得不再重要。离子在通道末端的驻留时间取决于通道两侧的离子浓度。一旦底物离子在通道进口端结合，其电荷所产生的电场将影响通道内部的电荷运动，以及底物离子在出口端的解离。此时，对于通道内部的底物离子而言，究竟是存在一个等效膜电压还是存在一个浓度梯度是无法或者无须区分的。一般来说，能斯特电压发挥作用的必要前提是膜两侧能够快速达到热力学平衡，即存在跨膜的选择性通道（或者转运蛋白）。可以粗略地认为，能斯特电压仅对于离子“流”发挥作用；与之不同，膜电位对于静止的或者运动的点电荷均施加静电力。

图 6.2.5　牛顿摆（Newton’s cradle）
其反直觉之处在于，发生于一端的钢珠之间的碰撞可以即时地导致另一端钢珠的解离。动能从一端传导到另一端，仿佛中介并不存在

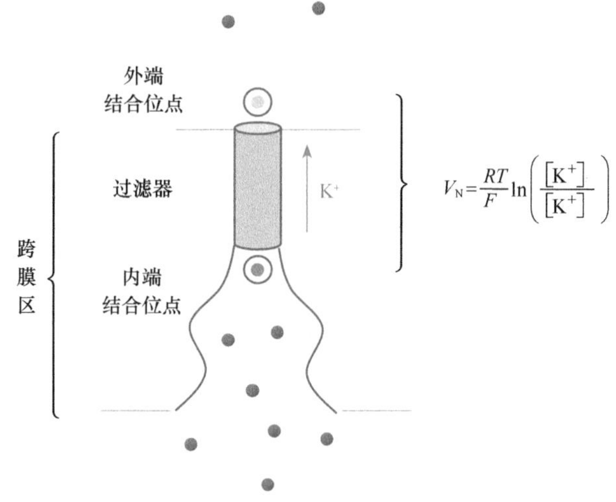

图 6.2.6　钾离子通道过滤器两端之间的能斯特电压
由于底物离子的静电性质以及伴随而来的牛顿摆效应，底物离子的跨膜浓度差等价于一个跨膜电压降，即能斯特电压

6.2.3　离子通道的疏水闸门

在离子通道中除了过滤器之外，另一个最狭窄的部分叫作闸门（图 6.2.7）。它的构象决定通道的开关状态。闸门由跨膜螺旋的疏水部分组成；事实上，为了避免离子泄漏，特别是质子泄漏，任何通道都需要一段疏水闸门。这个疏水孔道使两端溶液彼此连通成一种局部的高能状态。特别是在闸门的关闭状态，其内部不存在水分子或其他离子；也可以认为，孔道内部存在一个低气压气泡（真空栓塞）。此时，闸门所处的状态称为干燥状态。反之，当闸门开启时，通道中的气泡体积先逐渐增大，随后突然破裂；闸门变成一种湿润状态。干燥与湿润状态之间的转换构成了闸门的双稳态模型[203]。

闸门与过滤器形成一条串联电路。通道开关过程的关键在于膜电位的加载部位：如果闸门处于干燥状态，串联电路的总电阻达到最大值，并且几乎全部来自闸门的贡献。此

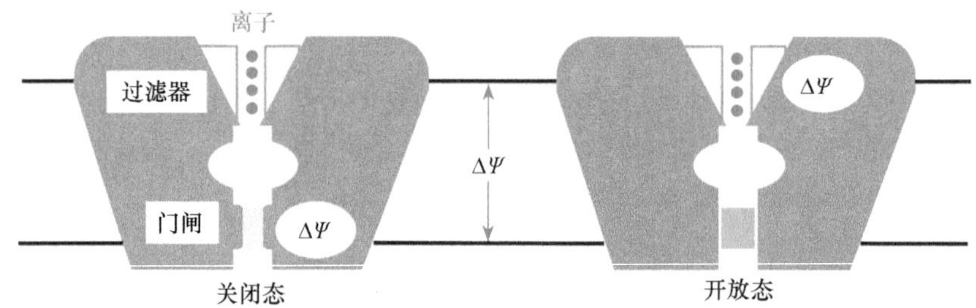

- 通道开关的关键在于膜电位的加载部位
- 闸门和过滤器

图 6.2.7　离子通道疏水闸门示意图

左图为通道的关闭状态；右图为开放状态。上方为过滤器以及胞外侧；下方为闸门以及胞质侧。闸门处黄色矩形表示“真空栓塞”；蓝色小矩形则表示溶液。“ΔΨ”标记聚焦化膜电压加载的位置

时，膜电位将全部加载在闸门两侧；而选择性过滤器感受不到任何膜电位。反之，当闸门处于湿润状态时，闸门两端的溶剂是彼此连通的。由于水分子容易被极化，即其介电常数很大，此时闸门处的电阻远小于干燥状态。相对而言，过滤器的部分所承受的膜电压将迅速增强。此时，在膜电压的作用下，过滤器通道中的带电离子将像机关枪子弹一样做快速的定向运动。这种四两拨千斤式的调控机制与电子线路中的场效应管颇为相似，即以微小的电压变化控制巨大的电流变化。

已有的晶体结构表明，闸门的疏水通道即使处于干燥状态，其通道直径也可能在 8Å 左右，大于水分子的直径（约 4Å）。此时，为什么水分子不占据闸门处的通道呢？维持闸门的干燥状态需要在通道两端各形成一个气 - 液界面。而维持这类气 - 液界面是耗能的：面积越大，耗能越多（图 6.2.8）。此时，相关自由能与通道半径的平方成正比，即该项自由能随孔

门控开关只在“毫厘”之间

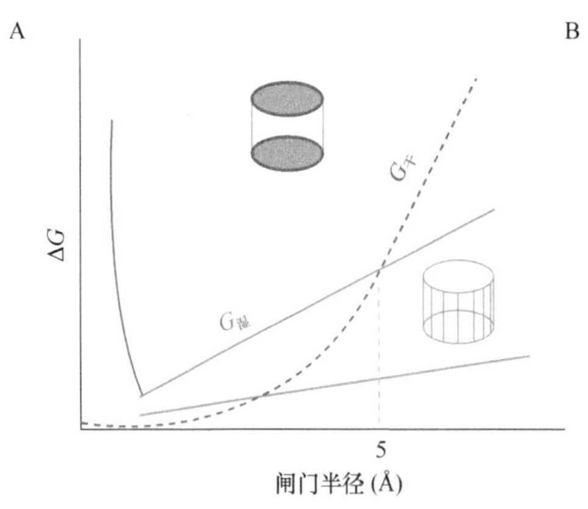

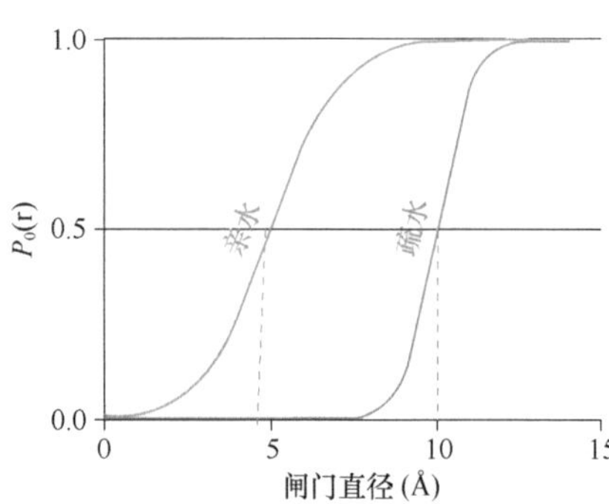

- 闸门：亲水残基，容易打开；疏水残基，容易关闭
- 干燥（关闭）状态，$\Delta G_{干} \propto r^2$
- 湿润（开启）状态，$\Delta G_{湿} \propto r$

图 6.2.8　疏水闸门的门控机制

A 图显示两种互斥状态所对应自由能与闸门半径之间的函数关系。其中，与维持气 - 液界面有关的自由能用红色虚线表示；与形成水柱表面有关的自由能用蓝色实线表示。在临界半径附近，发生状态转换，具有较低自由能的状态取代另一状态。当增加闸门内部亲水性时，蓝线变化为绿线；通道变得更容易开启。B 图为闸门开启概率与半径之间的函数关系；它是将来自 A 图中双稳态自由能变化量代入玻尔兹曼关系式得到的。当闸门内部变得亲水性更强时，概率曲线向左侧移动

径的二次方而发生变化。另外，维持闸门的湿润状态同样也是耗能的，因为需要在一个微小的疏水环境里形成水柱的表面，而任何固 - 液界面都对应于熵减小。该项自由能与通道孔径的周长之间呈现线性的正比关系。闸门的长度及其内部疏水性越强大，湿润状态越难以实现（图 6.2.8A 图中蓝色直线的斜率）[204]。

闸门究竟会处于何种状态取决于上述两项自由能中哪一项更低。当孔径很小时，红色二次曲线所表示的干燥状态具有更低的自由能，通道里面没有水。当孔径增大到一定程度时，红色曲线超越蓝色直线，蓝色的湿润状态所对应的自由能变得相对更低，水分子会充盈通道。两种状态彼此的切换发生在两项自由能基本相等的条件下。此时，通道的直径被定义为中位临界直径（$2r_{½}$），一般约为 10Å[204]。

闸门要么处于干燥状态，里面存有真空栓塞；要么处于湿润状态，里面存有水柱。微观上不存在半开 - 半关的状态。但是从统计意义上讲，当直径在 10Å 左右时，闸门处于 50：50、半开 - 半关、半干 - 半湿的状态。在此条件下，如果考察单个给定的通道足够长时间，人们会观察到：通道在两种状态之间不断切换，并且处于全开和全关状态的时间基本相等。构象变化的过渡态势垒越低，变化频率越高。

如果闸门内部的疏水性氨基酸残基被突变为亲水性残基，水分子将更容易占据闸门处的通道部分，真空栓塞较难形成；闸门将更容易开启。在这类突变体蛋白中，只要通道的直径大于水分子的直径，通道将总是开启的。这类突变体的通道性质已为实验所验证。事实上，在某些离子通道中，对于闸门的调控不仅依赖于改变闸门的几何直径，而且借助于螺旋的旋转来调节闸门内侧的氨基酸残基侧链的亲水性[205, 206]。为了使微小的构象变化（Δr）能够更精准地控制通道的开关状态，由玻尔兹曼分布所定义的开关概率曲线应该更陡峭。这就需要闸门具备更强的疏水性；即图 6.2.8A 图中蓝色的直线斜率变得更大，因此在红、蓝两条曲线交叉处的能量差随闸门直径的变化率也将变得更大。在各类门控通道中，闸门直径可以受到多种物理环境变量的调控（如膜电位、膜张力、温度等）；使闸门直径处于中位临界值的环境变量（X）称为中位点（$X_{½}$），该强度值定义通道开启曲线在 X 轴方向上的位置。增强闸门内部的疏水性将导致通道开启概率与闸门孔径的变化曲线在中位点附近的斜率增大，直至趋于阶梯函数。

在某些通道蛋白中，并不出现选择性过滤器和疏水闸门的结构分离。此时，单通道的电导率常常可以随环境变量连续变化，闸门的开启概率也并非阶梯函数。它们更可能在维持细胞稳态中发挥作用，而并不直接参与信号转导。

6.3 通道蛋白的门控机制

通道的开关可以受到膜电位变化、膜张力变化、配体结合（如 pH 或者钙离子浓度变化）、辅助蛋白结合、磷酸化和其他化学修饰等多种因素调控，从而参与形成错综复杂的动态计算网络。就效果而言，存在两大类调控，即双稳态调控和连续性调控。许多前述别构调控属于连续性的或者称为剂量依赖型的（dose-dependent），而本节关注的是几类针对通道蛋白的双稳态调控机制。

6.3.1 机械力敏感通道

设想在一个充满液体的气球表面扎上一个针孔，随后将会发生什么现象呢？气球会发生泄漏以减小内部压力。细胞表面的机械力敏感通道就相当于这样一类针孔。它们是细胞膜上的压力感应器或者减压阀。不过，这类减压阀是受调控的；它们感受由胞质压力所造成的膜表面张力，并且只有全开、全闭两种可能的构象，形成一个双稳态系统。更一般地说，每一种膜蛋白分子（包括各类通道蛋白）都会以增加横截面的方式对细胞膜张力升高做出响应，从而（部分地）改变其功能状态；但是相应的构象变化有可能是连续的。机械力敏感通道的与众不同之处在于：它们以双稳态通道的形式对细胞膜表面张力变化做出负反馈响应[207]。

植物捕蝇草提供了一个妙趣横生的、机械力敏感通道功能方面的例子。与动物不同，植物细胞的膜电位（约为−200mV）是由质子泵所建立的跨膜质子电化学势主导的①，并且远高于动物细胞的膜电位。这个膜电位借助钾离子通道，维持着植物细胞内部钾离子的高浓度，以便保持植物体中的水含量。在捕蝇草这类植物叶片表面，微小的触摸信号可以通过机械力敏感通道产生细胞膜上的动作电位（膜电位的局部、瞬时降低），从而在毫秒时间尺度内开启邻近的另一组电压门控型钾离子通道。进而，细胞内 K^+浓度的降低将会导致细胞内水分子的外流，引发叶片组织在宏观水平上的快速机械形变[208]。

除膜张力调控的通道之外，还存在许多其他类型的机械力敏感通道。例如，与我们听觉有关的多种离子通道，将机械压力或者震动信号转化为跨膜离子流，进而产生神经电流脉冲。它们往往感应所在的生物膜与细胞内外基质的相对运动。相关的机械力敏感通道是一个相当活跃且富有挑战性的研究领域，许多通道结构有待解析。此外，还存在着一大类机械力敏感受体，它们并不感受膜内张力，而是以间接方式启动其他通道。这类受体一般与其他属于Ⅰ型膜蛋白类的辅助蛋白分子形成异源多聚体，利用一种称为倒钩键（catch bond）的机制感受细胞之间的切向力，触发细胞内侧的磷酸化信号通路。此类机械力敏感受体在免疫突触中颇为常见[21]。

1. Piezo 通道　Piezo② 通道家族代表一类新颖的、同质三聚体形式的机械力敏感阳离子通道蛋白。在哺乳动物细胞中，包含 Piezo1 和 Piezo2 两个成员，分别由 2500 及 2800 多个氨基酸残基组成。Piezo 通道蛋白在多种细胞组织中广泛表达，涉及血管和淋巴管发育、血压调节、红细胞体积调控、骨质生成与重塑、触觉、痛觉、本体感觉及内脏感觉等诸多生理过程。

结构研究显示，Piezo 通道以每个亚基包含 38 根跨膜螺旋、三聚体共计 114 根跨膜螺旋的方式，组装成一类含跨膜螺旋数最多的已知膜蛋白复合体。该类通道整体呈现三叶螺旋桨形状（图 6.3.1）[209]。中央孔道由 6 根（3×2TM）跨膜螺旋组成。虽然属于非选择性通道，但 Piezo 复合体仍然表现出一定程度的对于 Ca^{2+}的偏好性。除两根直接形成孔道的螺旋之外，每个亚基还贡献 9 组 4TM 重复跨膜螺旋单元，共计 36 根跨膜螺旋，形成一只螺旋桨叶片。每只桨叶的中心轴线具有明显的曲率、挠率和扭率，总体呈现左手超螺旋型扭曲。在通道的静息关闭状态，这些从中央孔道向外围盘旋放射的叶片向胞外方向上翘。此时，三只叶片形成一个直径为 280Å、深度为 100Å 的碗状（或称倒置穹顶）结构；一部分膜面积被限制在叶片之间，如同一把半开半闭的雨伞。三聚体通道所呈现的这种非平面型三维结构无疑会导致周围膜的局部形变以及脂双层的挫伤现象。此外，每只叶片的胞

① 质子电化学梯度相关的膜电位对于细胞渗透压的影响较小；相反，其他离子多以水合离子的形式存在，因而直接影响渗透压。

② Piezo 的希腊语词源的意思是压力。

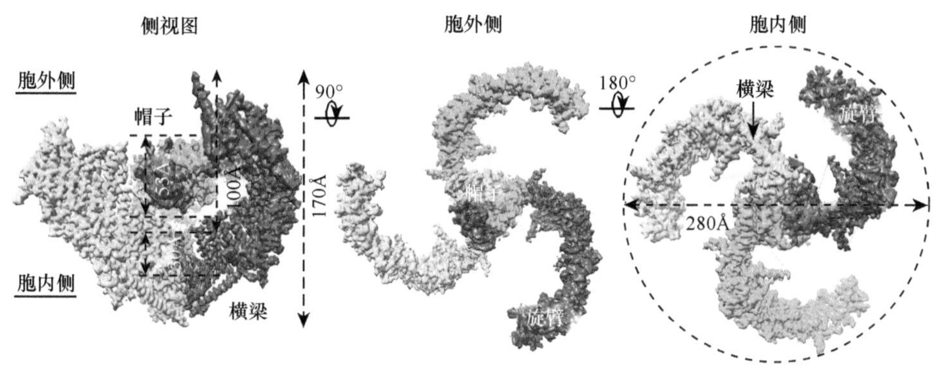

图 6.3.1　机械力敏感通道 Piezo2（关闭状态）的 cryo-EM 结构（引自 Wang et al.，2019）

PDB 代码 6KG7。从左到右分别为侧视、俯视、底视图。组成通道的三个同质亚基由不同颜色标记。每个亚基具有由头尾相接的跨膜螺旋束重复序列所组成的弧形结构，其一端参与中央孔道的形成；另一端向外周辐射，感受膜张力等机械力变化

质侧分布着头尾衔接排列的一组两亲螺旋；同时，胞外侧的环也形成一条连续的长条带结构。这些结构约束不仅稳定着静息态叶片的镰刀状结构，而且赋予叶片某种弹性。在膜张力的作用下，叶片弹性将储存一定量的构象能；该弹性势能在张力消失之后被释放，并且驱动通道关闭。

基于 Piezo 通道独特的结构特征，研究者提出了一种称为穹顶机制（dome mechanism）的假说，用来描述 Piezo 通道感知、度量膜张力的结构基础。该假说认为，当通道响应细胞膜张力变化而处于开放状态时，叶片变得更为伸展，并且更平行于膜平面。就如同雨伞完全撑开，叶片之间的膜面积得以释放，从而增大了细胞膜的有效面积（增大细胞的“面积：体积”值）。正是这种细胞膜的有效面积在两种构象之间的变化（ΔA），使叶片的构象可以对膜表面张力做出响应。

研究者进一步发现，中央孔道区包含了两处可能的闸门位点：跨膜疏水闸门以及位于胞内部分的狭窄颈区。结构分析和电生理实验证明，跨膜闸门可以被位于胞外侧的帽子结构区的旋转运动所控制。而胞内部分的狭窄颈区被推测作为另一闸门位点，可能受桨叶形变的影响，并且经由一根长约 90Å 的螺旋长杆结构以类似杠杆运动机制进行调控。据此，研究者形成了 Piezo 通道行使机械门控的双门控加杠杆门控机制假说[209]，它反映了真核细胞通道蛋白的相关调控机制的复杂性。

2. MscS 和 MscL 通道　作为机械力敏感通道更为经典的例子，细菌中主要存在两类机械力敏感通道，分别应对不同等级的渗透压。粗略地说，当细胞内渗透压升高时，表面张力也随之增加；当张力超过某一阈值时，通道突然开放。两类机械力敏感通道在关闭状态和开放状态的结构均已经被解析（图 6.3.2）[210-216]。其中一类叫作小电导通道（michanosensitive channel-small，MscS），仅需比较小的张力就可以开启。在开启状态下，通道直径大约为 10Å。它们主要是作为膜张力感应器，启动胞质侧的下游生理响应。另一类称为大电导通道（michanosensitive channel-large，MscL），并且需要较大的膜张力才能开启。当其开启时，该通道内部直径约为 30Å，对底物的选择性主要取决于分子的几何尺度不得超过一定限度。这类通道的主要功能是直接充当负反馈型细胞减压阀；一旦开启，各种各样的细胞内容物将会被释放。这使细胞膜所承受的压力迅速减轻，膜的表面张力减小，进而使通

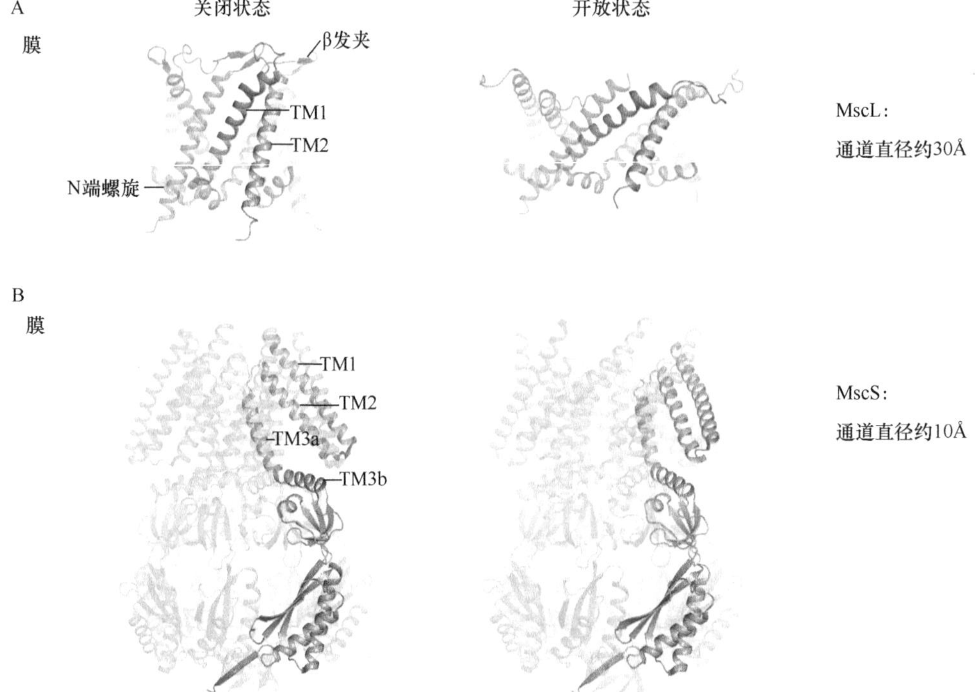

图 6.3.2 MscL 和 MscS 晶体结构比较

A 图为大电导通道；B 图为小电导通道。左侧为各自的关闭状态；右侧为开放状态。同质多聚体中的一个亚基被高亮为橙色。在 MscS 通道的胞质侧可溶性蛋白区存在较大的调控结构域。它们既可以受到细胞内部各类生化信号的调控，也可能进一步将通道的开关状态以构象变化的形式展示给下游蛋白

道又恢复到关闭状态。除表面张力之外，机械力敏感通道一般不直接对压力变化、膜曲率①或者脂双层中的脂分子成分做出响应[217]。

细菌机械力敏感通道以同质对称多聚体的形式存在，并且利用其外周的两亲螺旋（或β发夹等）与脂双层表面保持密切偶联。MscS 通道的每个亚基含三根跨膜螺旋；而 MscL 通道的每个亚基仅含两根跨膜螺旋。当膜张力变化时，通道蛋白通过改变跨膜螺旋的倾斜角，以一种类似于机械照相机快门的方式，改变中央孔道的开关状态；而驱动螺旋倾斜角变化的动力则源自细胞膜张力对跨膜螺旋所施加的净力矩[207]。根据双稳态模型，机械力敏感通道随张力（$\sigma \geqslant 0$）变化的开启概率 $P_{\text{open}}(\sigma)$ 为

$$P_{\text{open}}(\sigma)=\left[1+\exp\left(\frac{\Delta G_{\text{C}}-\sigma\Delta A}{RT}\right)\right]^{-1} \tag{6.3.1}$$

① 根据拉普拉斯定律（Laplace law），张力（σ）、压强（P）和膜曲率（$1/r$）三者的关系满足：$2\sigma=P\times r$。该公式提示，液泡内部压力与表面张力的关系受到局部曲率这一变量的制约。对于细胞而言，压力是一个三维空间中的全局性变量；而在细胞骨架约束条件下，表面张力常常呈现二维空间中的局域性。具体地说，改变液泡内部的压力（如挤压细胞）一般会导致表面各处的张力出现不同程度的变化。相反，由于曲率响应形变的局部独立性，某一处表面张力的变化并不能保证产生全局性的压力变化。因此，作用在二维曲面上的局部张力往往不会借助三维空间中的压力向其他膜表面区域传播。

其中，广延型参数 ΔA 大于 0，表示开启状态下横截面的增加量；ΔG_C 大于 0，表示当张力为零时由关闭到开启状态转换的自由能增加量。ΔG_C 也可表示为 $\sigma_{1/2}\Delta A$，其中强度型参量 $\sigma_{1/2}$ 为膜张力的中位点，即开启概率为 50% 时的张力值。

在对小电导通道的体外实验研究中，研究者发现了一种脱敏（desensitization）现象，该现象曾经长期令人困惑不解。当实验者迅速地施加张力时，通道可以立即开启。但此后，如果长时间维持张力，通道会慢慢地关闭。更为奇怪的是，如果缓慢地增加张力，通道并不开启。在大电导通道中，这种现象并未被发现。

通过对比两类通道的结构，研究者发现，组成小电导通道外壁的螺旋之间存在着许多缝隙（图 6.3.3）；而在大电导通道中，由于跨膜螺旋倾斜角较大并且螺旋层与层之间相互覆盖，则不存在此类缝隙。具体地说，小电导通道由三层跨膜螺旋组成。其中最内层的螺旋决定闸门孔道的有效直径，并且执行“干 - 湿”双稳态开关机制。当通道开启时，缝隙宽度会增大，允许脂分子缓慢地渗入通道内部，进而从几何和疏水性两方面堵塞中央孔道[207]。但如果通道被迅速地打开，脂分子还未来得及扩散进去，因而会表现出短暂的正常开启。显然，脂分子本身的性质会影响其向通道内部的扩散速度，进而影响脱敏现象。这已为实验所证实。

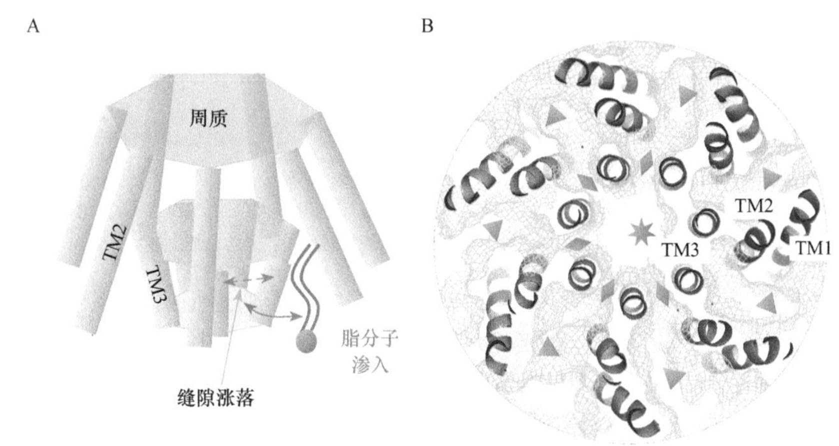

图 6.3.3　机械力敏感通道 MscS 的脱敏机制

A 图为七聚体中央孔道示意图。其内层 TM3 是直接构成闸门内层的螺旋。当闸门开启时，脂分子可能通过螺旋间缝隙渗入中央通道。B 图为结构截面图。其中，绿色表示蛋白质分子表面（探针小球半径：1.4Å）；蓝色多边形标记潜在的脂分子通路：外周的三角形表示脂分子的驻留位置；菱形表示脂分子出入中央通道的渗透通路；星形则标记疏水性的中央通道

6.3.2　电压门控机制

下面我们讨论一类极为普遍又极为重要的通道门控机制——电压门控。顾名思义，这类离子通道的闸门开关过程受到膜电位的调控。由于膜蛋白分子常常或正或负、或多或少地携带电荷，几乎所有的离子通道都能够不同程度地对膜电位变化做出响应，改变其表观电导率。而且由于具备特化的电压传感器，电压门控离子通道以双稳态方式对膜电位变化做出响应[203]。严格地讲，电压门控与电导率随膜电位的变化是不同的概念。前者表示通道的开启呈现为一个 0-1 阶梯函数；而后者相当于一项连续式微调。

Shaker 家族离子通道是一类经典的电压门控型离子通道。最初它在果蝇的神经细胞中被发现，其突变导致果蝇在被乙醚麻醉时表现出激烈的震颤行为。该通道由 4 个同源亚基组成

（图 6.3.4）[218]。每个亚基的跨膜部分由 6 条螺旋组成（命名为 S1～S6）。其中 S1～S4 组成电压传感器（voltage-sensor），S5～S6 组成中央通道；后者与前文讨论的 Ksc 四聚体通道十分相似。底物离子从中央通道选择性地通过；而电压传感器所感受的环境信号来自由所有类型离子共同决定的膜电位。当膜电位发生相对于静息电位的变化（常常是去极化）时，传感器就会牵动闸门处螺旋，使闸门的孔径在中位值（2 倍 $r_{½}$）附近出现微小的增加，甚至降低该中位值，进而开启通道。

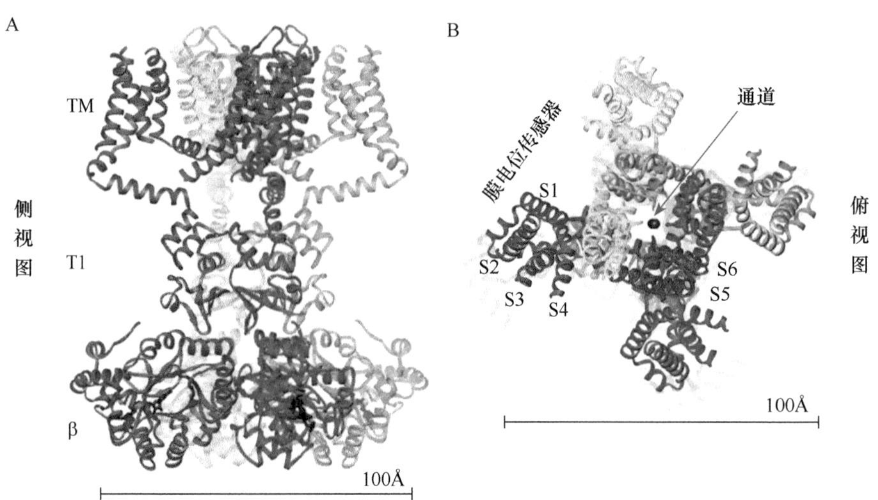

图 6.3.4　Shaker 家族四聚体钾离子通道的晶体结构（PDB 代码：2A79）（引自 Long et al.，2005）

4 个亚基使用不同着色，每个亚基含 6 根跨膜螺旋。A 图侧视图中上部为跨膜区，下方为胞内结构域；B 图俯视图中，中央部分为通道孔洞，四周为电压传感器。亚基之间存在明显的结构互嵌

1. 电压传感器的滑动 - 摇滚机制　　一条电压门控离子通道是如何感受膜电位变化的呢？组成电压门控型离子通道的每个亚基都含有一个呈现双稳态构象的电压传感器结构域（voltage-sensing domain，VSD）。其中跨膜螺旋束 S1～S3 与 S4 之间彼此可以发生显著的相对构象变化（图 6.3.5）。螺旋 S4 富集了多达 4～5 个碱性残基，因而携带正电荷。此外，S4 呈现弯曲状 3_{10} 螺旋结构，导致所有正电荷都排列到螺旋的同一侧表面[218]。在内负 - 外正

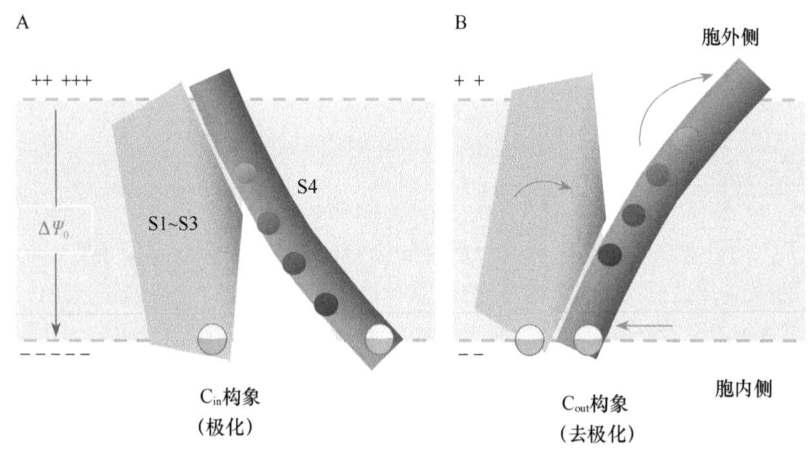

图 6.3.5　电压传感器的滑动 - 摇滚机制示意图

胞质侧位于下方。螺旋 S4 上携带正电荷的碱性残基用蓝色小球表示。两亲螺旋用黄 - 蓝双色圆圈表示。A 图为内负 - 外正“静息态”膜电位下的基态构象；B 图为膜电位去极化条件下的“激发态”构象。品红色箭头表示各结构元件的运动方向

的静息膜电位作用下，这些电荷受到一组指向胞内侧的静电力。这组力与疏水失配力共同作用，将电压传感器稳定在内向型构象（C_{in}）。当膜电位减弱，甚至反转时，静息态的力学平衡受到破坏，电压传感器切换到外向型构象（C_{out}）。这一机制模型被命名为滑动 - 摇滚机制（sliding-rocking mechanism）[203]①；在转运蛋白中，类似的变构模型也称为升降机模型。

在每个电压传感器的胞内侧存在着两根两亲螺旋。它们发挥滑动支点的作用，将垂直于膜的静电力转化为平行于膜平面的运动。连接 S4 和 S5 的那根两亲螺旋会进一步牵动离子通道的闸门，控制其开关。此处，电压传感器只作为一个控制通道开关的元件；其本身并不构成通道，因此只能感受膜电位变化，而不可能感受能斯特电位。

电压传感器与膜电位驱动的转运蛋白相比存在着不少相似之处，特别是双稳态构象。然而，在转运蛋白工作循环中，膜电位保持不变，电荷发生变化（如质子化或者去质子化）；而在电压传感器中，电荷保持不变，膜电位发生变化。在这一点上，电压传感器与转运蛋白的工作原理显然是泾渭分明的。另外，由于膜电位是一个描述生物膜物理状态的介观量，它不太可能通过孤立的化学反应事件（如修饰某一个化学基团）来改变。尽管如此，个别带电基团（如胞内侧 Ca^{2+}）的结合仍然可能对通道附近的静电场造成局部的但显著的形变，从而实现对电压传感器的别构调控。

2. 门控电荷　对于电压传感器而言，一个关键的参数是门控电荷（图 6.3.6）。在电压门控离子通道研究领域，人们习惯于只强调 VSD 中 S4 螺旋上线性排布的正电荷对于门控的贡献。从静电学角度来看，上述观点是否有失偏颇呢？我们没有理由忽略传感器中任何相对于膜电位电场运动的带电基团，无论它是正电荷还是负电荷，也无论它处于哪一根跨膜螺旋。

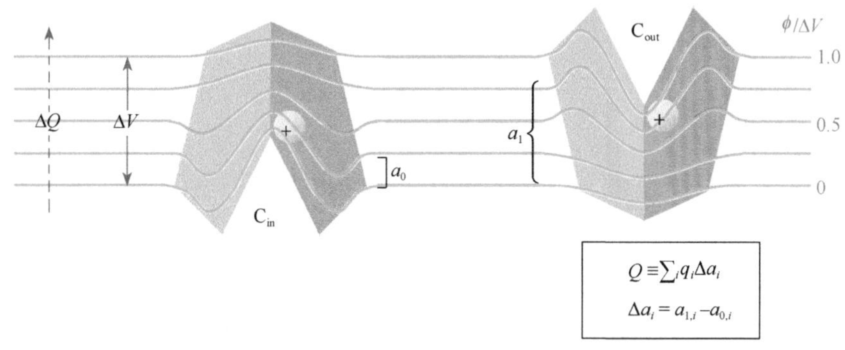

图 6.3.6　双稳态模型中门控电荷的定义

每条绿色的曲线代表给定跨膜静电势能函数（ϕ）的一个等高面；ΔV 为总的跨膜电压。左右两图分别表示，在一个给定 $\Delta\Psi$ 条件下，双稳态蛋白质分子的两个构象所对应的各自的电场分布。某一个点电荷（图中黄色小球）在两个构象下分别处于不同的等高面 a_0 和 a_1；两者之差被定义为在构象变化前后该电荷相对于膜电位电场的位移

门控电荷常用 Q 来表示，等同于我们在 3.4 节讨论一般双稳态膜蛋白时引入的 Q_C。基于该双稳态模型，电压传感器只有两种构象，即内向（静息态，C_0）和外向（激发态，C_1）构象。当膜电位为零时，两者之间的 0→1 构象变化能被定义为 ΔG_C^0，其值可正可负。门控电荷 Q 表示，当传感器从 C_0 切换到 C_1 构象时，有多少单位的等效电荷从膜电位的一侧全程地迁移到另一侧。在弱电压一级近似下，Q 是一个独立于膜电位的常数参量。

① Tom Cruise 在其 1983 年的电影 *Risky Business* 中曾秀过一组滑动 - 摇滚动作，堪称经典。

当电荷在同一等高面内运动时，并不伴随静电能变化；而在等高面之间移动时，将伴随有静电能的改变。因此，我们只关心一个电荷将在哪些等高面之间移动。一般来说，在 0→1 构象切换前后，一个给定电荷并未真正发生从膜的一侧到另一侧的全程迁移，而只发生部分位移。我们用一个 0～1 的无量纲数字 Δa 来表示这个垂直于等高面的位移：这里，0 表示完全不发生垂直于等高面的位移；而 1 则表示发生从一侧到另一侧的全程迁移。据此，总门控电荷 Q 被定义为对所有带电基团（q_i）与其相应位移（Δa_i）的乘积进行求和[203]：

$$Q=\sum_i q_i \Delta a_i \tag{6.3.2}$$

它等价于将所有发生部分位移的电荷（包括正电荷和负电荷）集中到同一个发生全程迁移的假想基团。在上述 Shaker 通道的例子中，S4 所富集的正电荷是电压传感器门控电荷的主要贡献者。如果适当地改变传感器的构造，一组富集的负电荷同样可能充当电压门控电荷。然而，较之携带正电荷的碱性氨基酸残基而言，酸性氨基酸残基更容易受到环境 pH 的影响，进而发生质子化状态的变化。因此，碱性氨基酸残基是更可靠的膜电位传感器，而酸性氨基酸残基则常常充当 pH 传感器。Q 与当前膜电压的乘积表示此时 C_0 与 C_1 之间的静电能差值。我们来设想：电压传感器在某个静息电位（V_0）下稳定在 C_0 构象，说明 0→1 构象变化很难自发地进行；即 Q 沿着 V_0 运动所释放的能量（$-QV_0$）将不足以抵消，甚至可能加强 ΔG_C^0。此时，如果膜电位突然变化到 V_1，我们的电压传感器是否应该发生构象转化呢？在新电压 V_1 下，如果 Q 沿着 V_1 运动所释放的能量（$-QV_1$）与 ΔG_C^0 之和接近，甚至小于零，0→1 构象变化就变得有可能自发地进行。构象变化可否发生仅仅取决于当前的膜电位，而与历史（膜电位的变化量）无关。综合起来，门控电荷 Q 将出现在电压门控通道的开启概率方程式中：

$$P_{\text{open}}(V)=\left[1+\exp\left(\frac{(V_{1/2}-V)\,Q}{RT}\right)\right]^{-1} \tag{6.3.3}$$

实验中，通过测量开启概率曲线 [$P_{\text{open}}(V)$]，研究者可以利用式（6.3.3）计算出门控电荷的值。门控电荷的值越大，开启概率随电压变化的曲线就越陡峭，表示电压对通道的调控越精准，直至趋于 0-1 阶梯函数。基于此，每个传感器所贡献的门控电荷是由式（6.3.3）所给出的总门控电荷的 1/4。对于去极化激活的电压门控通道来说，其实验值约为三个标准电荷，这与 S4 上镶嵌的正电荷相当吻合[219，220]。

从式（6.3.3）可知，通道的电压传感器具有一个强度型参量——中位点电压（$V_{1/2}$），其共轭广延量为门控电荷。$V_{1/2}$ 表示通道开启概率为 50% 时的膜电位。多数电压门控通道在从内负 - 外正的静息电位减弱的过程中开启，即所谓去极化激活（depolarization activation）；此时，Q 的符号取为正。当膜电位比 $V_{1/2}$ 更强、更负时，此类通道的电压传感器的构象 C_0（C_{in}）比构象 C_1（C_{out}）能量更低，因此统计上表现为关闭状态。相反，膜电位比 $V_{1/2}$ 更正时，构象 C_1 比构象 C_0 能量更低，因此统计上表现为通道开启。换一个角度来看，门控电荷 Q 与 $V_{1/2}$ 的乘积正是构象能 ΔG_C^0，也就是当膜电位为零时，4 个电压传感器同时发生 0→1 构象变化所对应的自由能改变。如果 $V_{1/2}$ 具有正值，当膜电位为零时，通道仍处于关闭状态；反之，如果 $V_{1/2}$ 取负值，当膜电位为零时，通道已处于开启状态。（注意：对于常见的电压门控离子通道而言，电压为零时的平衡构象并非构象 C_0。相反，强极化的静息态被取为参考状态，即构象 C_0。）进而，式（6.3.3）中的能量项 $Q(V_{1/2}-V)$，正是 ΔG_C［式（3.4.4）］的变形。由于此处不考虑配体门控，我们的讨论未涉及 ΔG_D。

使式（6.3.3）成立的前提是，四只电压传感器以协同方式控制通道的开启。定量分析指出，假如各个传感器彼此完全独立地感受电压，并且通道的开启需要所有传感器同时处于激发状态，拟合同样一条实验曲线将需要 3 倍于协同传感模型的门控电荷，而这一预测与已知的结构分析结果不符[203]。至于电压门控如何实现多个传感器彼此之间的协同性，以下模型可以给出一种简洁且自洽的解释：假如没有传感器的约束，中央孔道的闸门将处于一种“常开”的低能量构象；而通道在静息状态下的高能“常闭”构象则由 4 只处于基态的电压传感器共同维持。当膜电位的变化使某一只传感器率先被激发时，维持中央孔道关闭所需的能量将由其他三个传感器分担。这种能量负荷的增加增大了其他传感器被激发的概率，进而形成激发现象的正反馈放大，即表现为协同性。

虽然大多数电压门控离子通道属于去极化激活类型，仍然有一些重要的通道是由膜电位的超极化（hyperpolarization）来激活的；此时，式（6.3.3）中 Q 的符号取为负。某些用于稳定膜电位、避免超级化现象发生的减压阀式通道就应当属于此类。去极化和超极化激活的通道均使用相同类型的电压感受器，并且共享统一的变构机制；它们之间的主要差别在于如何将电压感受器的构象变化与通道闸门的开关相偶联。有研究者认为，去极化激活型通道的闸门在不受膜电位约束的情况下，其开启状态是其自然状态；而内负 - 外正的静息态膜电位借助感受器的内向型构象，将闸门锁定在关闭状态。相反，对于超极化激活型通道的闸门而言，关闭状态则是其自然状态；而处于较强的内负 - 外正膜电位之下的感受器通过感受器的内向型构象将闸门推动到开启状态。从结构角度来看，S4 与 S5 之间是否通过一条两亲螺旋相连接，相邻亚基之间是否发生结构互嵌，电压感受器如何与通道复合体胞质侧的结构域相互作用等，这些结构类型的差别都直接影响电压感受器与闸门之间的偶联方式[221，222]。

6.3.3 离子通道的快失活和慢失活机制

基于前文的讨论，离子通道不应该长时间处于开启状态，否则会过分消耗细胞的资源。此外，对于细胞中信息的时域编码能力而言，离子通道的及时、精准的开启和关闭均至关重要。事实上，许多离子通道具备一种快速自抑制机制。譬如，肽链中的一段环形成一个盖子，对已经开启的通道进行简单而迅速的封堵，其反应时间大约为毫秒量级。这类快速失活机制也称为链球模型，通道的盖子可以设想为一个由链子拴系着的、可以堵塞洗手池下水管的橡皮球。此外，结构研究者又揭示了另一类别构抑制机制：其中，产生抑制作用的环并非直接对通道本身进行封堵，而是结合到开启着的闸门外围，迫使闸门发生湿润状态向干燥状态的转换[223]。

此外，许多离子通道还出现另一类慢失活现象，其反应时间为 10～100ms。譬如，当突触中神经递质的清除速度低于其积累速度时，由递质激活的通道就可能表现出此类现象。它独立于快失活机制；即使快失活能力被人为地阉割，慢失活仍然可以发挥作用。与关于小电导机械力敏感通道（MscS）中脱敏现象的讨论一脉相承，这类慢失活现象可以用脂分子栓塞机制加以诠释[203]。当通道开启时，脂分子有更多的机会通过多条缝隙向闸门内部渗透。基于前文所述的闸门开关原理，在脂分子的疏水性以及物理体积的双重作用下，闸门从湿润状态变为干燥状态，因此降低通道的开启概率。图 6.3.7 中电子密度所示为真实电压门控离子通道结构中脂分子的渗入途径；这类侧向途径被称作侧窗（fenestration）[224]。许多医用麻醉剂以类似于上述脂分子的方式专一性地抑制某类离子通道。

当电压传感器处于激发态（膜电位发生去极化）时，通道闸门由关闭状态变为开启状态（图 6.3.8）。之后，脂分子的渗入使高开启概率逐渐变为高失活概率。当传感器返回静息态构

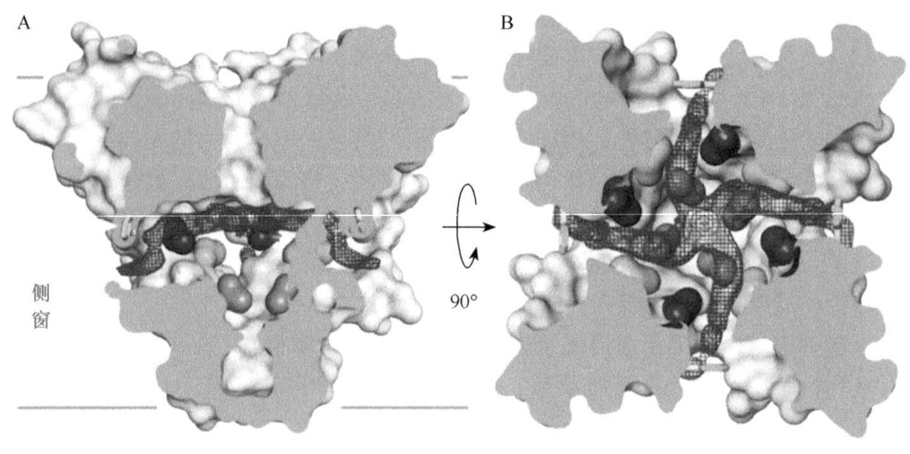

图 6.3.7　脂分子栓塞介导的离子通道慢失活机制（引自 Payandeh et al.，2011）

A、B 两图分别表示电压门控钠离子通道的侧视和俯视截面图。图中砖红色的实验电子密度穿过侧窗，连接外环境与中央孔道。据推测，该密度属于脂分子疏水链

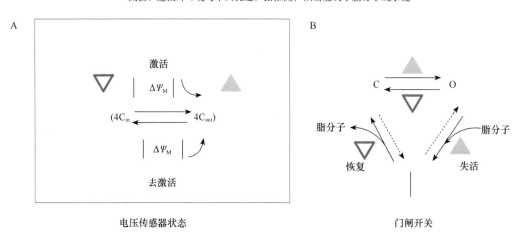

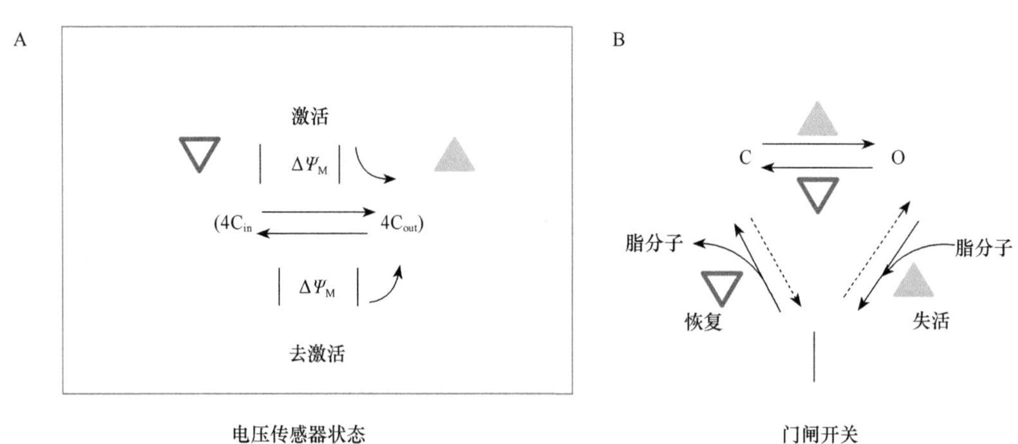

图 6.3.8　电压传感器与通道闸门的偶联关系示意图

A. 电压传感器（voltage sensor，VS）具有静息态（C_{in}）、激发态（C_{out}）两种构象，分别用红色、蓝色三角形来表示。由于正文中所讨论的 VS 的协同性，我们不考虑 C_{in} 与 C_{out} 混合型的可能性。B. 闸门具有关闭状态（C）、开启状态（O）和失活状态（I）。即使 VS 处于激发态，由于脂分子的渗入，闸门也可能由开启状态逐渐步入失活状态。一旦闸门被脂分子堵塞，只有依靠 VS 静息态构象对闸门所施加的压力，才可能将脂分子挤压出闸门孔道，从而为下一轮通道开启做好准备

象之后，脂分子被逐渐挤压出通道闸门，通道返回正常关闭状态。

6.3.4　配体门控机制

1. 四聚体钾离子通道中的钙离子调控机制　　许多门控离子通道的膜外部分远大于脂双层内部分，彰显了离子通道门控机制的复杂性。图 6.3.9 所示是一个四聚体 K^+通道，但是它受到胞内侧 Ca^{2+}浓度的调控[225]。膜内的通道部分结构比较简单，并且与其他四聚体离子通道的结构相比大同小异。它的胞内部分是由 8 个同源蛋白结构域组成的一个环状结构。其中 4 个结构域直接连接到跨膜结构域的四聚体；另外 4 个结构域来自与前者同一基因的截短型产物，以局部二重对称方式与前 4 个亚基发生非共价结合。Ca^{2+}结合在局部二重轴附近，

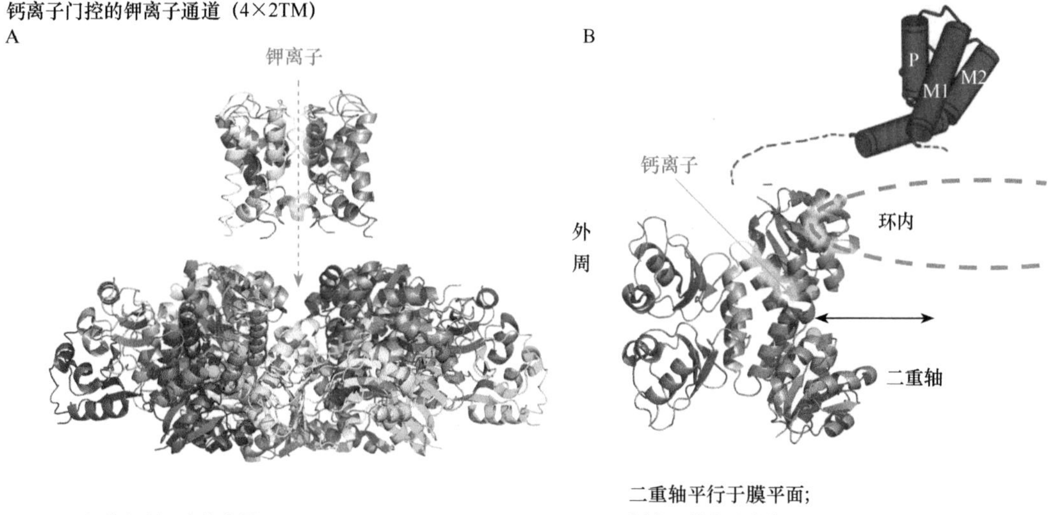

图 6.3.9 钙离子门控的钾离子通道晶体结构（PDB 代码：1LNQ）

A 图所示是四聚体通道（4×2TM）的侧视图；上方为跨膜区通道部分，下方为胞质侧钙离子敏感的调控部分。B 图所示是通道的“单”亚基结构。实际上它的调控部分由两个同型结构域以二重对称的方式组成。其中上方的结构域与通道部分同属一条肽链，而下方的结构域则在一级结构上自成一体。8 个结构域以 4×2 对称方式形成一个环状结构。配体钙离子结合在环内侧，其所引发的构象变化牵动跨膜区通道的开启

改变八聚体的构象，牵动跨膜区闸门的开启。作为一种对于协同性的通俗简化，许多配体门控机制都可以用胞内侧的闸门调控环（门控环）的概念来概括（图 6.3.10）[226]。该环的大小受到各类配体的别构调控；而配体结合所导致的状态变化及其方向因通道而异。

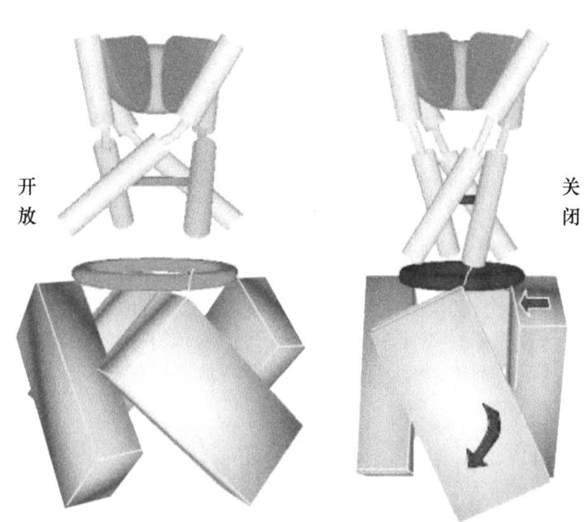

图 6.3.10 配体门控的一般机制（引自 Yellen et al.，2002）

将图 6.3.9 中的结构做了进一步简化和推广，疏水闸门的开关可以用“门控环”的状态来概括：绿色表示开放状态；红色表示关闭状态。而两种状态之间的转换由配体的结合（或者解离）加以调控

作为电生理实验的金标技术，膜片钳是研究离子通道最常规的功能实验。它测定离子通道的“宏观”电流（I）-电压（V）之间的关系。如前所述，该 I-V 曲线实际上是两个函数

的乘积，即由选择性过滤器内禀电导率所决定的 *I-V* 函数（一般为原点附近的一条具有正斜率的直线，但在强电压下发生饱和弯折）和由疏水性闸门决定的开启概率函数（如前文所述的阶梯函数）。本质上，各类调控机制就是通过改变开启概率函数的形状来调制 *I-V* 曲线的斜率（电导率）。在一类受到电压和［Ca^{2+}］$_{in}$ 双重门控的 K^+通道中[225]，研究者发现 *I-V* 曲线在第一象限明显偏离直线（图 6.3.11A[225]），表明存在电压门控效应，也称为内向整流现象（电流的单向流动）。

图 6.3.11B 则是单通道 *I-V* 记录。相对于水平基线的向下的一股电流脉冲表示通道的一次开启。不难看出，在给定电压条件下，单通道的电流最大值一般是恒定的。但是，通道的开启频率随［Ca^{2+}］$_{in}$ 升高而增加。当［Ca^{2+}］$_{in}$ 达到 25mmol/L 时，通道开启基本上达到饱和。这些结果表明，单通道的平均电导率是开启概率与单通道最大电导率的乘积；而对于给定类型的单通道来说，最大电导率是一个由选择性过滤器决定的常数特征量。类似地，多通道的平均电导率是开启概率函数与饱和电导率的乘积。这种单通道与其系综的关系是一个绝好的微观概率分布与宏观观测值关系的实例。

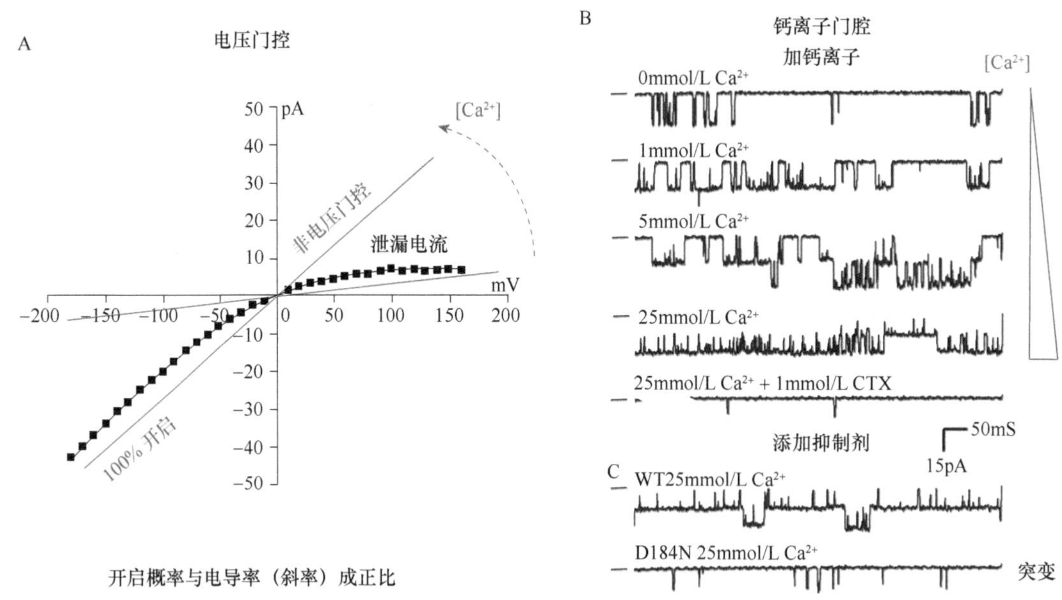

图 6.3.11　受钙离子和电压双重调控的离子通道的 *I-V* 曲线和开关概率（引自 Jiang et al., 2002）

A 图所示是该类通道群体所表现的宏观电流（纵轴）与电压（横轴）之间的关系。图中红线表示非电压门控的“理想”情况，即电导率（斜率）不随电压变化。在第三象限（负电压 - 负电流），黑色的实验 *I-V* 曲线近似地满足欧姆定律，只略微偏离理想情况。B 图所示是单（寡）通道的脉冲电流实验记录。该结果显示了通道的开关概率受［Ca^{2+}］、抑制剂以及突变等因素的影响。其中，钙离子以一种剂量依赖、可饱和的方式提升通道开启概率。单个脉冲的强度与所施加的电压的幅值成正比

2. 受体通道　针对通道蛋白的配体调控并非只能来自细胞内部。当调控来自细胞外部时，通道常常称为受体通道或者离子通道型受体。神经细胞突触间隙处的谷氨酸（Glu^-）受体阳离子通道就是一类典型的受体通道。Glu^-及其衍生物（如使君子酸，AMPA）构成一大类神经递质，它们作为配体调控着通道的开关；而通道的底物则是其他阳离子。AMPA 受体通道是一个呈现二重对称性的同源四聚体（dimer of dimer，图 6.3.12）[227]。除必要的快失活机制之外，这类通道也存在慢失活现象；很可能也使用类似于电压门控通道中的、环境脂分子渗入的机制。结合于 AMPA 受体通道四周的辅助蛋白可以有效地减缓慢失活现象，延

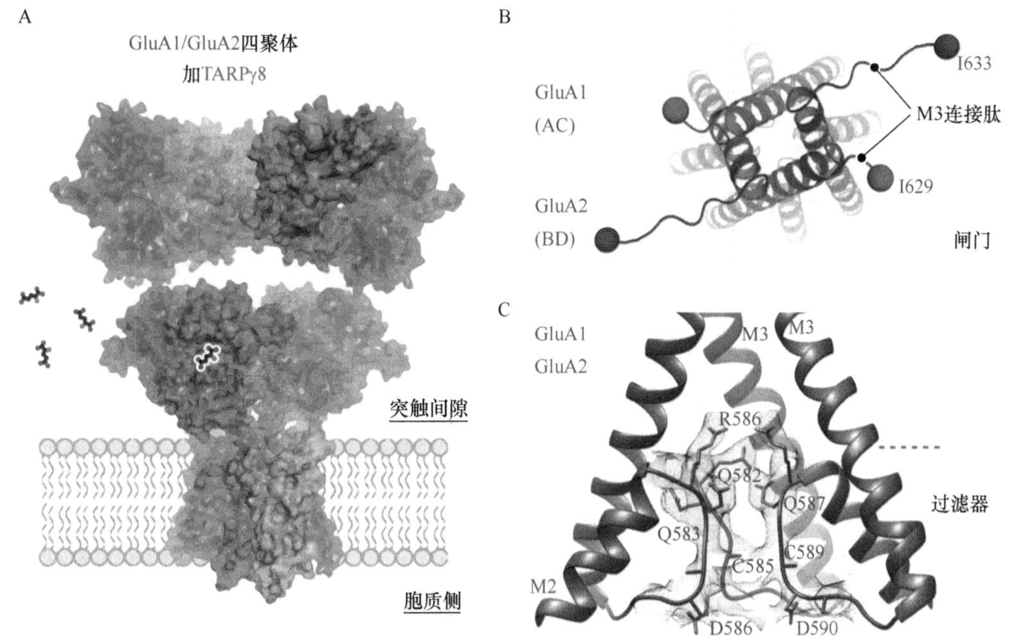

图 6.3.12 四聚体型 AMPA 受体通道的单颗粒冷冻电镜结构（PDB 代码：6QKZ）（引自 Herguedas et al.，2019）

形成通道的 4 个亚基包括两个 GluA1 蛋白（蓝色）和两个 GluA2 蛋白（红色）；两类蛋白质具有同源的氨基酸序列。A 图中，跨膜部分位于下部。捕蝇草受体结构域位于上方的胞外侧（神经突触间隙）。绿色的跨膜部分属于一个该通道的调节蛋白（TARPγ8）。B、C 两图分别表示跨膜区胞外侧的闸门和胞质侧的选择性过滤器。其中，闸门受到胞外侧受体结构域的调控

长通道的开放时间[228]。

类似于四聚体型受体通道，在三聚体型 ATP 受体通道 P2X 家族中也存在明显的失活现象，失活速率的特征时间常数为毫秒到数秒。通道外周靠近脂双层内小叶一侧存在侧窗，很可能是脂分子渗入的路径。然而，一个与细胞凋亡有关的 P2X 家族成员 $P2X_7$ 却鹤立鸡群，完全不存在失活现象。该通道胞内侧外周的一圈两亲螺旋富集着多个 Cys 残基。当这些残基发生棕榈酰化时，锚定在四聚体肽链上的近 20 条十六烷长链簇形成一道屏障，降低侧窗外围脂分子的流动性，导致通道的失活现象彻底消失。删除或者突变这一 Cys 富集区，使 $P2X_7$ 重新获得其他家族成员所具有的慢失活能力[229]。

有趣的是，与经典离子通道正好相反，受体通道的闸门部分位于跨膜区的细胞外侧，而过滤器位于跨膜区的胞质侧。调控通道的配体结合部分位于胞外；它具有经典的捕蝇草（venus flytrap）受体结构，一旦与配体结合便发生显著的构象变化，并且利用牵引机制调控通道的开关。在某些类型的 GPCR 受体蛋白中，类似的捕蝇草受体结构域也发挥着配体传感器的功能。调控结构域常常位于闸门同侧这一现象，进一步支持了闸门是通道蛋白复合体的开关元件这一观点。

3. TRIC 离子通道　　在动物肌肉细胞中肌质网膜上，存在一类同质三聚体 K^+ 通道（trimeric intracellular cation channel，TRIC）（图 6.3.13）[230, 231]。它们是脂分子调控膜蛋白功能的范例。在单亚基水平上，TRIC 蛋白含有 7 根跨膜螺旋，并且形成一个沙漏形结构；其中 TM1～TM3 与 TM4～TM6 之间具有反式赝二重对称性，并且 2 号和 5 号螺旋中部均出现螺旋断裂，形成沙漏的颈部及潜在的底物离子结合位点。该颈部呈现一段兼有疏水性和正电性、直径仅为 4Å 的孔道，发挥过滤器和闸门的双重功能。在肌质网腔体侧，每个亚基的 N

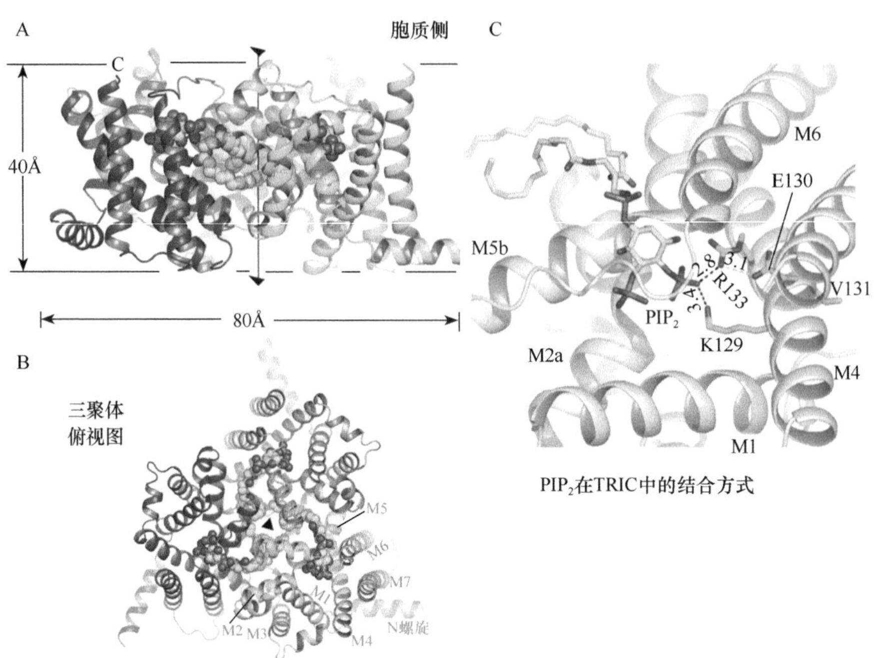

图 6.3.13 钙离子调控的三聚体 K^+通道 TRIC 的晶体结构（PDB 代码：5EGI）（引自 Yang et al.，2016）
A、B 图分别为 TRIC 通道的侧视和俯视图，三个亚基分别用紫、黄、绿色标记。C 图所示是单个亚基中独立的离子通道（俯视图）。脂分子 PIP_2 为黄色；作为通道开关的碱性残基为绿色

端具有一根两亲螺旋。这些典型的转运蛋白结构特征提示了 TRIC 通道蛋白与转运蛋白之间可能的进化关联，甚至潜在的功能关联（参见下文有关 ClC 通道的讨论）。

虽然从结构角度来看，每个亚基含有一条独立的离子通道，但它们的调控功能需要三聚体的结构形式来实现；而这个同质三聚体依赖于磷脂酰肌醇 -4,5- 二磷酸（PIP_2，或者其水解产物）加以稳定。该类脂分子是重要的二级信使，其合成和分解很容易受到外界信号的调控。PIP_2 分子的头部结合在各亚基通道的入口处，以其带负电的头部基团富集阳离子底物，并且与通道蛋白中的保守碱性氨基酸残基相互作用。同时，PIP_2 分子的脂肪酸链尾部结合在亚基界面附近以及中央三重轴，稳定三聚体。此外，结合在胞质侧三重轴上的 Ca^{2+}可以促进通道的开启。相反，在静息状态，肌质网腔体侧的高浓度 Ca^{2+}可以抑制通道的开启；此结合位点也位于三重轴上（K_d 约为 0.4mmol/L）。当众多 Ca^{2+}由肌质网快速流向胞质侧时，腔体侧 Ca^{2+}浓度下调，并且在肌质网膜上引起瞬时膜电位变化①。该膜电位有利于 K^+向肌质网的运动；这一称为回补电流的 K^+迁移促进 Ca^{2+}的持续释放。

膜两侧 Ca^{2+}结合状态的改变以及通道蛋白本身的带电性质决定了 TRIC 通道必然受到上述瞬时膜电位的调控。譬如，脊椎动物的 TRIC 通道复合体就表现出明显的外向整流现象。亚基中富含碱性氨基酸残基的 4 号螺旋被指认为电压感受元件。其中一个保守的赖氨酸残基（Lys^{TM4}）在－60mV（准静息态）膜电位下参与氢键网络，并且堵塞沙漏形通道的闸门缝隙。相反，在＋60mV（准激活态）膜电位下，Lys^{TM4} 侧链在膜电压静电力作用下脱离氢键网络，进而导致通道开启。实际上，Ca^{2+}在肌质网膜内或者膜外的稳定结合也可以产生静电场，从而以相反的方式调控 Lys^{TM4} 的构象。突变实验对于这一机制给予了有力的支持：如果 Lys^{TM4}

① 在 5.2 节讨论 P 型 ATP 酶 SERCA 时我们曾谈到，肌质网的静息膜电位被钳制在 H^+的能斯特电压附近。

由短侧链残基 Ala 替代，通道处于常开状态；反之，如果由电中性极性残基 Gln 替代，通道处于常闭状态，而且对于膜电位变化毫无反应。上述外向整流性质和转运蛋白的结构特征提示了，在静息态膜电位条件下，TRIC 通道还可能执行转运蛋白的功能（参见下节关于 ClC 通道的讨论）。综合而言，TRIC 通道蛋白的开关状态同时受到多种外界信号的调控。

4. CALHM 通道　CALHM（calcium homeostasis modulator）是一类受膜外侧 Ca^{2+} 抑制的大孔径通道；当其开启时，可以向非典型神经突触间隙释放诸如 ATP 等神经递质。这类通道是由可变数目（7～12）的同质亚基组成的对称多聚体。每个亚基含 5 根跨膜和半跨膜螺旋（S0～S4）及一根胞内侧的 C 端长螺旋，形成一个“L”形结构。跨膜区呈现双层桶形状：S0 和 S1 组成内层，S2～S4 构成外层。胞内侧长螺旋及其他 C 端肽链共同编织一只贴近膜表面的圆环，稳定通道复合体[232，233]。在通道的开启状态，内层与外层保持紧密接触；而在关闭状态，内层从外层剥离，并且向通道中心轴汇聚。值得特别强调的是，即便在关闭状态，通道的肽链部分也呈现出一条直径约 20Å 的跨膜管道。那么在静息态，它们如何维持膜的封闭性，以防止细胞内容物的泄漏呢？研究者发现，此类大孔道实际上是由非特异性结合的脂分子（或者其他疏水性小分子）所占据的[232]。当胞外侧 Ca^{2+} 浓度下调时，通道的蛋白质部分内径增大。此时，脂分子很可能向通道内壁（或者其某一侧）凝聚，从而营造出通道的动态开启。在此过程中，通道内部的脂分子数目并没有减少，但是脂分子的面密度下调了，变得不足以对跨膜孔道实施封堵。

关于钙离子的调控机制还有待系统性的研究。鉴于 Ca^{2+} 对于 CALHM 家族成员的普遍抑制能力，相关的共性机制必然依赖于保守的结构元件。一种合理的关于该调控机制的假设是，当无二价离子结合时，开放构象是通道的低能态。当其浓度升高时，Ca^{2+} 结合到通道胞外侧、由跨膜螺旋 S3 断裂处和 S4 中的保守序列模体共同组成的离子结合位点[233]。此类位点对称地分布在通道的每个亚基上。试想，多个结合于这些位点的 Ca^{2+} 将在胞外侧形成一圈正电荷环，对跨膜区的通道壁产生强大的静电力。作为响应装置，另一组位于外壁跨膜区中间层的保守 Trp 残基，将在 Ca^{2+} 环所施加的电场 - 电偶极矩作用下，同时发生侧链构象变化，迫使通道内层螺旋从外壁剥离，并向孔道中心轴方向迁移。进而，孔道内部的脂分子密度升高，导致通道闸门由湿润状态转换到干燥状态，从而实现 Ca^{2+} 对于 CALHM 通道的抑制作用。相反，当胞外侧 Ca^{2+} 浓度降低时，上述静电相互作用消失，通道返回其低能态的开放构象。这一简洁的机制假说凸显了静电相互作用在对膜蛋白功能的动态调控中的关键作用。

6.4 ClC 氯离子通道

与众多类型的阳离子相比，无机阴离子较少借助通道发挥信号载体的作用。究其原因，如果试图借助通道来发挥跨膜信号转导功能，特定类型的阴离子要么首先需要在胞质侧被富集以便可以在正常（内负 - 外正）的膜电位（$\Delta\Psi$）驱动下流动起来，要么需要反向（内正 - 外负）的 $\Delta\Psi$ 作为其驱动能源。然而，反向 $\Delta\Psi$ 或者在正常 $\Delta\Psi$ 下处于高能态的阴离子浓度梯度都是不常见的。即便如此，阴离子仍然在稳定 $\Delta\Psi$ 等生理过程中发挥着重要的作用[234]。

氯离子（Cl^-）是多细胞生物组织中最丰富的无机阴离子。其胞外侧浓度约为 120mmol/L，胞内浓度约为 10mmol/L。这一浓度梯度所对应的能斯特电压（V_N）与 $\Delta\Psi$ 常常处于大致相同的水平，但符号相反、彼此抗衡；V_N 与 $\Delta\Psi$ 的代数和越接近于零，Cl^- 的浓度梯度就越稳定，或者说 Cl^- 自发扩散所导致的无效的能量耗散的可能性就越小。嗅觉细胞是上述稳态分布的一个鲜有的例外，其中 Cl^- 的浓度梯度表现为内高 - 外低。因此，当 Cl^- 通道开启时，在正常的内负 - 外正 $\Delta\Psi$ 的作用下，嗅觉细胞可以发生膜电位的去极化，从而启动动作电位。Cl^- 的代谢依赖于多种阴离子通道和主动转运蛋白。ClC（chloride channel）就是这样一支常见于正常细胞的 Cl^- 通道蛋白家族。该家族的奠基成员、电压门控 Cl^- 通道 ClC-0 首先在电鳐（ray torpedo）的生电器官中被发现[234]。在哺乳动物细胞中，ClC 家族共包含 9 组成员，即 ClC-1～ClC-7、hClC-Ka 及 hClC-Kb。相关蛋白的遗传突变或者功能失调与多种疾病相关。譬如，已经发现有近 200 种不同形式的、ClC-1 的突变蛋白可能在各类哺乳动物中引起先天性肌强直（myotonia congenita）。该类疾病的症状之一是骨骼肌细胞在收缩之后无法快速恢复静息态膜电位，因而罹患肌强直。

6.4.1 ClC 蛋白分子的总体结构

来自原核生物的 ClC 家族成员的晶体结构堪称早期通道蛋白结构研究的代表性成果（图 6.4.1）[235]。ClC 蛋白形成以膜法线方向为对称轴的同质（或者同源）二聚体。每个亚基作为一个独立的通道单元发挥功能，各含 17 根长短不齐的跨膜或者半跨膜螺旋（命名为 B～R，下文中记作 $TM2_B$～18_R）；另外，肽链 N 端的短螺旋 A 为非跨膜螺旋。其中 $TM2_B$～9_I 与 $TM10_J$～17_Q 这两组螺旋束之间表现出明显的反式赝二重对称性；相应的对称轴平行于膜平面，并且位于膜的中间层水平。ClC 家族中高度保守的“GX（E/F）XP”序列模

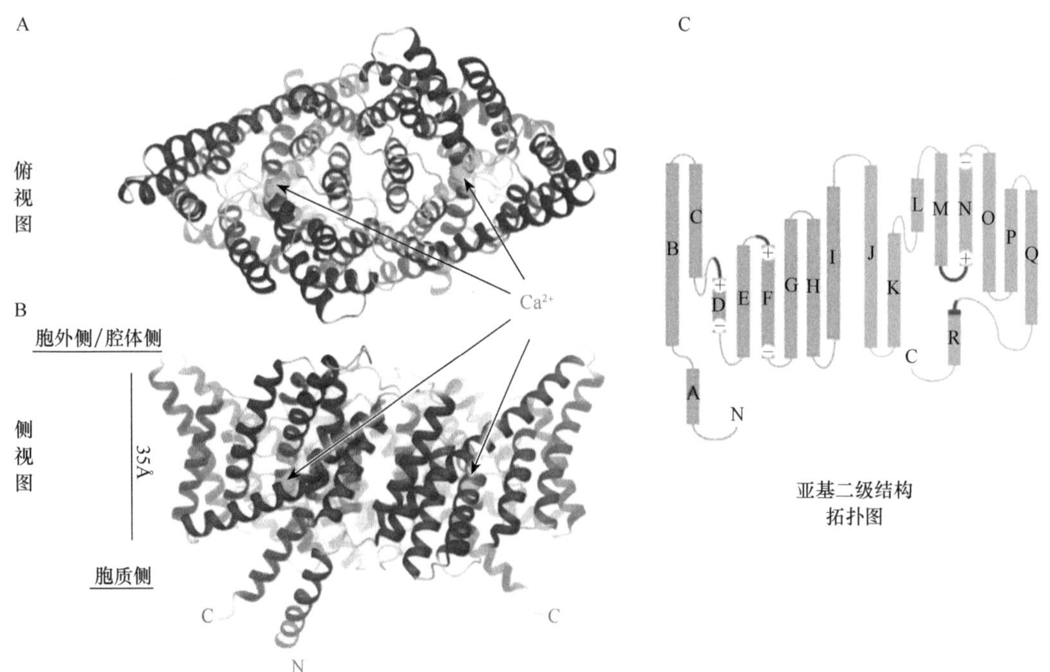

图 6.4.1 通道兼转运蛋白 ClC 的二聚体晶体结构（PDB 代码：1KPL）（引自 Dutzler et al.，2002）

A 图为胞外侧俯视图；B 图为侧视图。两个亚基分别以蓝色和红色标记；绿色小球代表 Cl^- 结合位点。俯视图中，两个亚基之间的二重轴垂直于页面；亚基内部的赝二重对称轴位于水平方向。C 图为单亚基二级结构的拓扑图。赝对称相关的两个部分用绿色和青色表示。参与阳离子结合的、高度保守的肽段以红色标记。其中 $TM3_C$ 和 4_D 可以认为来自发生断裂的同一根跨膜螺旋；$TM11_K$ 和 12_J 也符合同样的拓扑关系

体决定了对称相关的半跨膜螺旋 $TM6_F$ 和 $TM14_N$ 的 N 端在一级结构中的位置。在每个亚基单体的三维结构中心，这两个螺旋电偶极矩的正电性 N 端以共线方式彼此相对，形成所谓外端阴离子结合位点（S_{ext}）。在其（下方）胞质侧顺序排列着由保守的 $TM4_D$ 和 $TM18_R$ N 端参与形成的、另外两个阴离子结合位点（S_{cen} 和 S_{int}）。这一整体上偏疏水性的底物结合位点簇构成 ClC 通道的选择性过滤器（简称中央孔道），其孔径直径勉强容纳已脱水的 Cl^-。Cl^-在中央位点 S_{cen} 的 K_d 值约为 1mmol/L。在外侧位点 S_{ext} 与内侧位点 S_{int} 之间，中央孔道既狭窄又疏水，而且并不表现强烈的正电性。这些物理性质既可以避免底物 Cl^-因过高的亲和力而被滞留在孔道中，也可以减少质子电化学势泄漏的可能性。在中央孔道的胞内、胞外侧，各存在一个相对宽敞的玄关结构，使 $\Delta\Psi$ 得以聚焦于中央孔道两端。在胞质侧二聚体长轴的两端，每根 $TM10_J$ 的 C 端跟随着一根未参加命名的两亲短螺旋（参考 PDB 结构 6COY[236]）。上述多个结构特征共同提示 ClC 蛋白与转运蛋白之间的天然联系；相反，ClC 蛋白并不含有前文所述四聚体通道中典型的结构特征，诸如分立的选择性过滤器和疏水闸门。实际上，ClC 的中央孔道兼具了过滤器和闸门双重功能。与原核 ClC 蛋白相比，每个真核蛋白亚基的胞内侧还常常拥有附加的调控结构域，由两个串联的 CBS（cystathionine-β-synthase-like）子结构域组成。两个结构域彼此合璧形成对称二聚体，并且与跨膜结构域二聚体密切对接。而且，CBS 二聚体直接接触上述半螺旋 $TM4_D$ 和 $TM18_R$，从而影响中央孔道的构象。进而，CBS 二聚体可以结合诸如 ATP 和 NAD（烟酰胺腺嘌呤二核苷酸）等调控因子，并且对胞内侧 pH 变化、磷酸化修饰等做出响应。此类别构调控同时作用于两个亚基中的通道，并且比选择性过滤器处的“正构门控”缓慢得多。这些观察结果提示此类别构调控机制可能涉及较大范围和较大尺度的构象变化；而它们的结构基础仍然有待被阐明。以下，我们将更为直观地讨论正构门控机制。

6.4.2 通道抑或交换泵

由于表现出通道蛋白的电生理性质，ClC 家族蛋白长期以来一直被作为通道蛋白加以研究。其显著的共性特征包括：电压门控，电流向胞外方向的单向导通（所谓“外向”整流）；底物激活，胞外侧 Cl^-的激活效应；别构调控，如常见的膜外侧质子浓度对于通道活性的抑制现象[234]。实际上，所有类型的哺乳动物 ClC 蛋白都表现出外向整流性。这里，“外向”电流是针对质膜（而非细胞器）上的通道和净正电荷而言的；而阴离子的流动方向与电流方向相反。特别提示，电压门控并非阴离子通道的共性特征。譬如，大肠杆菌 ClC 和具有 ABC 转运蛋白结构的 Cl^-通道 CFTR，其 *I-V* 曲线均为一条贯穿 1、3 象限的直线；即电导率遵从欧姆定律，而不随电压变化，不存在内向或者外向整流现象。尽管研究者对其通道性质是普遍认同的，将 ClC 蛋白视为简单的通道也存在着若干潜在的逻辑困惑。首先，作为阴离子通道蛋白，ClC 蛋白需要反向极化的 $\Delta\Psi$（胞质侧电压高于胞外侧）来为携带负电荷的 Cl^-内向流提供静电驱动力；在实验中常常使用高达＋100mV 以上的外加电压[237]。在生理情况下，这种对于 $\Delta\Psi$ 的要求无疑是过于严苛了，几乎无法满足。其次，在正常（内负 - 外正）的 $\Delta\Psi$ 作用下，ClC 蛋白的电导率极低；基本上可以认为通道是处于关闭状态的。那么，究竟在怎样的生理条件下 ClC 家族蛋白才可能发挥其通道功能呢？

另外，不断积累的实验证据挑战着上述传统概念，并且转而支持以下观点：在生理条件下，某些 ClC 蛋白实际上属于逆向转运蛋白，即 Cl^--H^+交换泵[234, 238]；而其通道功能仅仅是一种在人为实验条件下的客串表演。换一种说法，该通道功能是演化过程中转运蛋白破损之后的一类变性行为[234]。至少对于那些具有明显逆向转运功能的家族成员，如定位于细胞器的 ClC-3～ClC-7，此类观点是值得认真考虑的。在这一类逆向转运过程中，Cl^-和质子分别扮演着驱动物质和被动底物的角色，究竟谁主沉浮则取决于两者电化学势的强弱较量①。从结构角度讲，上述 $TM6_F$ N 端的保守模体“GKEGP”包含一个 ClC 标志性的酸性氨基酸残基，称为谷氨酸门卫（Glu_{gate}）。在非质子化状态下，该残基的羧基侧链可以与 Cl^-竞争外侧位点 S_{ext}（或者 S_{cen}）；其功能类似于阳离子通道 TRIC 中的关键碱性氨基酸残基。针对这一残基所进行的 Gln 取代突变导致质子转运能力和通道整流现象双双消失，提示了两种功能之间的内在联系。

综合而言，ClC 是一个兼具通道蛋白和转运蛋白性质于一身的双功能蛋白；这在已知的通道蛋白类型中尚属鹤立鸡群。实际上，这是一对彼此矛盾的功能：通道蛋白需要保持离子跨膜路径的畅通以获得底物转运的高速率，而转运蛋白则必须采用交替访问机制以避免底物电化学势的无谓耗散。更具体地说，通道功能需要消耗 Cl^-的跨膜电化学势，以达到跨膜转运或者信号转导的目的。在此类信号转导过程中，较高的（毫秒量级）开关速率和（微秒量级）转运速率都是非常重要的，而能量转化效率则不在考量之内。与之相反，作为转运蛋白，ClC 一般将驱动物质（如 Cl^-）的电化学势［$\Delta G_{Cl} \equiv 2\Delta\mu(Cl^-) - 2F\Delta\Psi < 0$］转化为底物 H^+的电化学势（$\Delta G_H \equiv 2.3RT\Delta pH - F\Delta\Psi > 0$）。此类偶联过程依赖于较高的能量转换效率（$\Delta G_H/|\Delta G_{Cl}|$ 趋近于 1）。由于其热力学方面的可逆性，上述逆向转运过程是可以反转的，而并非像整流通道功能那样几乎完全受 $\Delta\Psi$ 操控。虽然正、反方向循环的动力学速率（限速步骤）往往不同的，转运循环的实际方向依然由两种底物的总电化学势的符号决定［满足不等式 $Q_X = \pm(\Delta G_H + \Delta G_{Cl}) > 0$］。

尽管存在上述通道与交换泵功能之间的矛盾，一个给定 ClC 蛋白分子并不需要同时执行被动的通道转运和主动的交换泵转运这两项任务。一旦通道功能开启，其转运速率可高达 10^6 次 /s，呈现碾压式的优势；此时，交换泵功能即便并存，其 10^3/s 数量级的催化速率也会显得无足轻重。也正因此，两类功能之间的切换唯有在整流型通道中才可能表现出生物学意义。

6.4.3　ClC 蛋白的功能切换

这里，我们以 ClC-3 蛋白为例讨论 ClC 家族成员的功能切换[237]。该蛋白的正常细胞定位包括早期内吞体、溶酶体和分泌囊泡，基本上与 V 型 ATP 酶的分布保持一致。在内吞体形成的初期，从细胞外裹挟而来的 Cl^-浓度高达 100mmol/L，比胞质侧浓度高出 10 倍以上，等价于约 60mV 的 V_N。当然，内吞体中还并存着各类阳离子，因此该 Cl^-浓度梯度并不会直接影响膜电位。此时，ClC-3 蛋白可以利用 Cl^-浓度梯度作为驱动力，以严格的 $2Cl^-$: $1H^+$化学计量比进行逆向转运；氯离子由内吞体腔体侧向胞质侧迁移，而质子则沿相反方向运动，从而促进内吞体处质子电化学势的形成。这里，严格的化学计量比提示两个方向上的转运过程是彼此密切偶联的，不会发生 4.2 节所述的滑扣现象。影响上述转运过程的外界因素包括 $\Delta\Psi$ 和 ΔpH；而建立内吞体膜的正常 $\Delta\Psi$ 及实现腔体内部酸化的过程主要依赖于 V 型 ATP 酶所驱动的质子泵浦。值得特别强调的是，作为转运蛋白，ClC-3 所介导的每一轮离子交换循环，伴随着＋3 价的净电荷被注入细胞器腔体。在 $\Delta\Psi$ 形成之前，此类电荷迁

---

① 例如，人为地削弱膜电位、减小 Cl^-梯度，同时造成一个内酸 - 外碱的反常 ΔpH，就有可能借助质子外流来驱动 Cl^-内流。然而在生理条件附近，此类逆向转运过程发生的可能性很小。

移并不产生明显的静电能变化；而在正常 $\Delta\Psi$ 建立之后，两类底物的迁移将同时受到静电势能差的抑制。一旦 $\Delta\Psi$ 强大到足以与 Cl^- 能斯特电压相抗衡的程度，Cl^- 将很难从内吞体向胞质侧继续扩散，更遑论带动质子逆着自身电化学势发生迁移。实际上，随着正常（内正 - 外负）的内吞体 $\Delta\Psi$ 逐步形成，充当逆向转运蛋白的 ClC-3 将转而发挥另一功能，即维持顺应 $\Delta\Psi$ 的 Cl^- 浓度梯度。在此过程中，Cl^- 从胞质侧迁移并且在囊泡腔体内积累，而 H^+ 则沿反方向向胞质侧迁移；两者均从 $\Delta\Psi$ 处吸吮能量，并且充当膜电位的缓冲系统。不难预期，一旦质子跨膜电化学势发生瞬时涨落（如常见的去极化现象），ClC-3 蛋白又可以凭借上述 Cl^- 浓度梯度实时地进行补偿。

可以设想在某些极端情况下，如内吞体 $\Delta\Psi$ 出现反转，ClC-3 的另一个功能——整流通道将会一展风采，以远比转运蛋白更快的速度向胞质侧输送阴离子，以期及时恢复内吞体的正常膜电位。读者或许已经注意到，在稳定细胞质膜 $\Delta\Psi$ 的过程中，外向整流型钾通道以及 K^+ 浓度梯度常常发挥着十分相似的补偿作用。这与此处所讨论的 Cl^- 浓度梯度加 ClC 蛋白所构成的负反馈系统可以说是异曲同工的；这正是 ClC 家族蛋白的重要职能之一。

6.4.4 ClC 转运机制的结构基础

下面，我们来分析 ClC 蛋白的通道和交换泵功能的分子机制。为了在讨论中避免反复说明“内外”拓扑方向，我们将 ClC-3 这类交换泵锁定在质膜的场景中。鉴于 ClC 蛋白两种功能的内在联系，它们在结构上也极可能共享组成元件，这几乎可以作为结构生物学的先验信条。其中最关键者莫过于中央孔道和门控残基 Glu_{gate}。

设想，对应于通道关闭和开放两种状态[234]，图 6.4.2 中代表 Glu_{gate} 的小椭圆只能取水平和向下两种可能的构象之一。这种双稳态之间的切换可以被膜电位调控；但是，此处的电压感受器可以归结为一个简单的酸性氨基酸残基侧链，而并非像使用“滑动 - 摇摆”机制的四聚体阳离子通道中电压感受器那样复杂而精致。当 $\Delta\Psi$ 取（内负 - 外正）正常值时，因其负电羧基所受到的指向胞外侧的静电力，处于非质子化状态的 Glu_{gate} 采用水平构象。此时，在与 Cl^- 竞争正电性的结合位点 S_{ext} 中，Glu_{gate} 处于上风，并且将中央孔道入口堵塞，导致 ClC 蛋白处于关闭状态，颇有一夫当关，万夫莫敌的气势。当 $\Delta\Psi$ 发生反转（对质膜而言变为内正 - 外负）时，电负性的 Glu_{gate} 侧链向胞质侧正电位方向转动，并且稳定在开放状态构象①。在这一开启步骤中，门控电荷（Q）约为一个 e_0 单位[234]；假如该门控电荷全部来自 Glu_{gate} 侧链的位移，相关的羧基负电荷基本上由 $\Delta\Psi$ 的一侧迁移到了另一侧。与双稳态模型相一致，整流型 ClC 通道的开启概率随膜电位的变化呈现玻尔兹曼分布。并且，该曲线随胞质侧 Cl^- 浓度（甚至某些非底物阴离子浓度）的升高而发生左移（$V_{½}$ 降低），即通道变得更易于开启。在通道开启状态，Glu_{gate} 让出整个中央孔道，为 Cl^- 的高速运动提供可能性。在 $\Delta\Psi$ 和 V_N（自身浓度梯度）的正协同作用下，Cl^- 流沿中央孔道依次经 S_{ext}、S_{cen} 和 S_{int} 等位点，以 pA 级流量向正电位方向运动。此外，由于单一侧链的构象变化就能导致通道的开启，通道的开启速度可以非常快。譬如，在＋200mV $\Delta\Psi$ 的实验条件下，ClC-1 的开启时间可以短

① 鉴于需要很大的构象能（$|\Delta G_C|$）来驱动逆势而上的质子转运，ClC 的双稳态构象变化很可能涉及 Glu_{gate} 之外的其他结构部分（参见 3.4.2 小节）。具体地说，质子的 ΔG_D 不仅包括电化学势能差 $\Delta\mu$（H^+），还要额外提供结合能和解离能。在逆向转运蛋白中，此项 ΔG_D 全部需要由 ΔG_C 来补偿。进而，ΔG_C 由两个跨膜迁移的 Cl^- 分担。与 ΔG_C 相关的动态构象变化仍有待直接的实验证据予以证实。

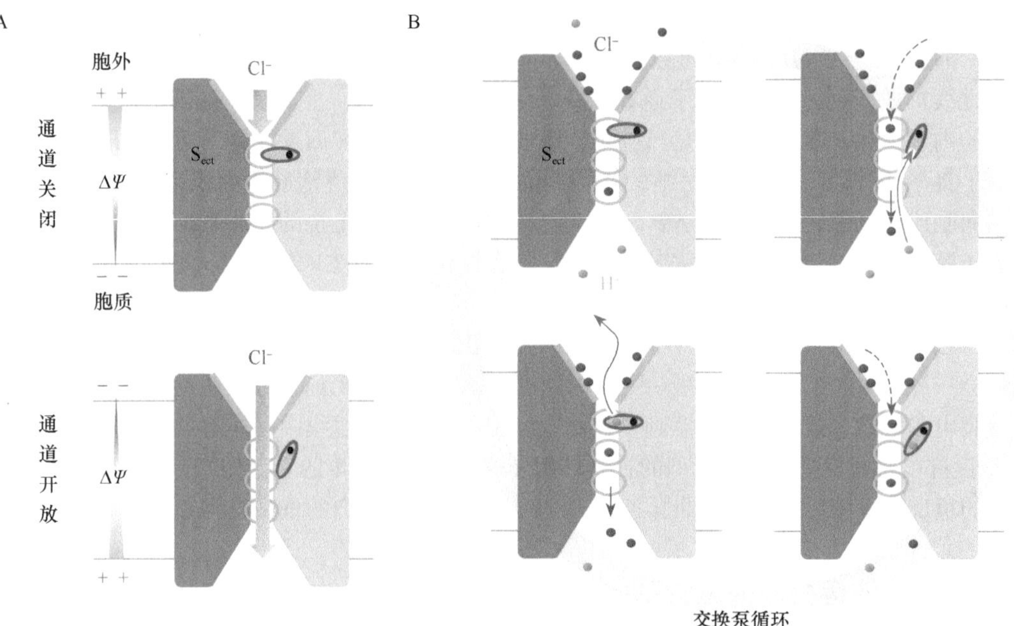

图 6.4.2 ClC 单亚基的转运机制示意图

A 图为通道功能的机制；B 图为交换泵的机制。青蓝色表示正电性，而红色表示负电性。Cl^-用红色小球表示；质子用青色小球表示。门控残基 Glu_{gate} 用小椭圆表示。阴离子结合位点用青色空心圆圈标记

到 10μs[234]。这一简化机制模型为 ClC 通道的整流性质及关键残基突变的负面效应提供了一个简洁的解释。譬如，在 Glu_{gate} 至 Gln 突变蛋白中，Glu_{gate} 的负电荷被中和，新侧链构象将不再受到 $\Delta\Psi$ 的调控；而在 Glu_{gate} 至 Asp 突变中，过短的新侧链所对应的双稳态构象切换将变得不甚果断。在这两种情况下，通道的开启都会在一定程度上受到干扰，这已为众多功能实验所反复验证[234]。

另外，当 ClC 蛋白作为 Cl^--H^+交换泵催化 Cl^-向胞质侧流动时，存在多种可能的能量转化方案。以下，我们以细胞生理条件附近的近平衡态为预设场景，它包括内负 - 外正的 $\Delta\Psi$（<0）、内弱 - 外强的 Cl^-浓度梯度及内高 - 外低的 ΔpH（>0）。此时，Cl^-的浓度梯度（或 V_N）使其趋向于流入胞质侧；而 $\Delta\Psi$ 则阻碍阴离子在该方向上的扩散。两股能量势力角逐的结果由 ΔG_{Cl} 表示；当 Cl^-获得足够的能量进行内向流动时，$\Delta G_{Cl}<0$。与之类似，质子从胞质侧向胞外的运动不仅需要抵抗 $\Delta\Psi$ 所引起的静电阻力，还要克服自身的浓度梯度，因此该步骤是耗能的（$\Delta G_H>0$）。在两个转运过程发生偶联的情况下，Cl^-所释放的驱动能量（$|\Delta G_{Cl}|$）必须强于底物 H^+的电化学势增量（ΔG_H）。首先，在胞外侧正电性“玄关”，Cl^-得到富集，从而以静电排斥力的别构方式促进中央孔道内部的底物 Cl^-向胞质侧扩散。类似于其他类型的离子通道中的情形，Cl^-的浓度梯度不仅在热力学上等价于 V_N，而且实实在在地转化为驱动自身定向运动的静电力。从热力学角度来看，Cl^-将在总电压（$V_N+\Delta\Psi$）的作用下，沿着阻力较小的路径，尽可能地向胞质侧做扩散运动。在这种情况下，与 S_{ext} 位点具有强大结合能的“1 号”Cl^-临门一脚，将尚未质子化的 Glu_{gate} 侧链从 S_{ext} 附近变构到 S_{cen} 位点，使后者不仅与 $TM18_R$ N 端保守的 Tyr 残基的侧链酚羟基形成氢键，而且靠拢另一个可质子化残基（转运蛋白型 ClC 蛋白中保守的、来自 $TM8_H$ 的 Glu）。用逆向转运蛋白双稳态模型的术语来描述，此时发生了 0→1“激发 - 空载变构”，同时储存构象能 ΔG_C。在此步骤中，前一轮功能循环中遗留在中央孔道中的“2 号”Cl^-也同时被释放到胞质侧，成为本循环中第一

个完成转运的底物离子。伴随从 S_{ext} 到 S_{cen} 位点的构象变化（疏远正电性的 S_{ext}），Glu_{gate} 侧链的 pK_a 升高，继而以 Glu^{TM8} 和 Tyr^{TM18} 等为质子导线吸引胞质侧的质子，发生质子化。随即，变为电中性的 Glu_{gate} 侧链与 1 号 Cl^- 之间静电排斥力消失，导致 ΔG_C 被释放。1 号 Cl^- 向下游位点移动，新的 2 号 Cl^- 接力结合到 S_{ext} 位点。在被释放的 ΔG_C 作用下，质子化的 Glu_{gate} 与 2 号 Cl^- 交换位置，并且恢复初始构象，即发生“回归 - 载物变构”。至此，ClC-3 蛋白实现了转运循环的 $2Cl^-:1H^+$ 化学计量比。进而，在 S_{ext} 位点附近正电场的作用下，Glu_{gate} 的 pK_a 下降，并且向胞外侧释放质子。这一去质子化事件导致中央孔道内部电负性进一步升高，从而与 1 号 Cl^- 向胞质侧的继续迁移和最终解离等步骤彼此偶联。

由于两类底物离子具有相反的电荷，它们在 ClC 所介导的逆向转运过程中表现出特立独行的负协同关系，这一负协同性主要体现在一个底物（Cl^-）与另一个底物的载体（Glu_{gate}）对外侧位点 S_{ext} 的竞争。上述机制的细节尚待进一步的实验验证和优化。

小结与随想

- 大多数已知结构的通道蛋白使用干 - 湿双稳态闸门机制控制通道的开关。
- 选择性过滤器利用其内部的极性基团与水合离子脱水过程的匹配实现选择性。
- 通道蛋白中普遍存在的慢失活现象，可以用环境脂分子向疏水闸门的渗入并且导致栓塞加以解释。这是一个脂双层环境动态地调控膜蛋白功能有趣的实例。
- 电压传感器中 S4 螺旋的滑动 - 摇滚机制与闸门开关的偶联控制和驱动电压敏感通道的开关过程。
- 某些通道蛋白与转运蛋白之间存在结构方面的进化联系。
- 通道蛋白等价于一组底物结合、转运、解离三步骤紧密偶联的转运蛋白。

细胞使用带电离子作为信息载体，这与膜电位之间存在着天然的联系。通道蛋白的种类、相对丰度、局部密度构成了一张经纬交织、高度可调的动态逻辑计算网络[239]，演奏着生命交响乐中极富魔幻的乐章。生命体进化出如此多样的通道蛋白，而并非像硅基集成电路那样利用有限类型的器件所进行的组合来完成不同功能。这是否与生命体中罕有固化的功能网络有关呢？是否与网络架构所呈现的对噪声涨落的高耐受能力有关呢？

有一种颇为流行的观点认为：生命个体只有在作为信息载体和处理器时才有意义。生物圈的进化和拓展反映了自然界扩大信息存储量和运算能力的永恒的趋势①。从这一观点出发，可以认为所有物质转运本质上都是信息转导，只不过离子通道在这方面表现得更立竿见影、更直截了当。这种观点与前述进化过程不断优化生化网络的观点一脉相承，分别代表着观察生物圈的不同视角。传统生物学以形态分类为主要研究对象；结构生物学将这种研究方法由宏观世界移植到分子层次；而结构动力学则试图以自由能变化为切入点理解生命现象。未来的生命科学可能将更加关注信息的流动，乃至认知的本质。这样的发展趋势与人类历史从农业、工业到信息时代乃至智能时代的发展历程之间存在着惊人的对应。②

千里马没有不吃草的；从事物质转运的膜蛋白，无论是转运蛋白还是通道蛋白，总是要耗能的，正所谓“大军未动，粮草先行”。在第七章中，我们将向几支著名的、专司能量转化的膜蛋白家族致敬。

---

① 所谓“一切都是信息，万物源自比特”，参阅 James Gleick 的科普畅销书《信息简史》。

② K. Kelly 所著的 *What Technology Wants* 一书对于生物圈与社会进化之间的相似性进行了更富于想象力、更激进的讨论。

第七章 能量转化相关膜蛋白

风急天高猿啸哀，渚清沙白鸟飞回。无边落木萧萧下，不尽长江滚滚来。

——杜甫，《登高》

细胞的生存离不开持续的能量输入、储存和转化，以便驱动诸如转运蛋白、通道蛋白及其他分子机器的正常工作循环。

在这些能量转化过程中，静电相互作用扮演着怎样的角色呢？对于光能转化之外的其他能量转化过程而言，是否存在着经典物理学无法理解的“神秘”现象呢？

本章将讨论与氧化还原电势、膜电位和 ATP 三大能量系统之间能量转化相关的膜蛋白复合体的结构动力学；重点介绍 ATP 合酶，引入其简化模型；并且基于已知结构，提出关于呼吸链复合体 Ⅰ 中质子泵的机制假说。

关键概念：化学渗透压理论；由膜电位驱动的 F_O 质子轮旋转；由氧化还原电势能驱动的初级主动转运蛋白；横向静电力驱动的质子泵构象转换；化学转运

7.1 ATP 合酶

ATP 是细胞中主要的能量介质之一；如同电动汽车中的电池，ATP 需要不断地被补充、更新。最常见的 ATP 合成反应由转动式 ATP 合酶催化，并且利用质子（或 Na^+）的跨膜电化学势来驱动。这种跨膜电化学势首先转化为转动机械能，进而转化为 ATP 分子的化学能。某些 ATP 合酶的变种又可以用作由 ATP 水解能驱动的离子泵，从而参与建立 H^+或者 Na^+的跨膜电化学势。

7.1.1 ATP 合酶的基本结构

ATP 合酶是最古老的蛋白质分子机器之一，从细菌到人类细胞都高度保守。在线粒体、叶绿体以及细菌的细胞质膜等能量原产地，众多 ATP 合酶不间断地进行着 ATP 合成，其产物被输送到细胞的各个角落，甚至被释放到胞外发挥细胞间信号分子的作用。在真核细胞内部，线粒体相当于一只被内吞的细菌；线粒体的内膜相当于细菌的细胞质膜①。这里就是人们所常说的真核细胞的发电厂。通过呼吸链反应，三羧酸循环所产生的氧化还原电势首先被用于生成质子电化学势梯度，进而驱动 ATP 合成。ATP 合酶贡献了线粒体中 20% 的膜蛋白总质量[240]，它们也因此被称为呼吸链复合体V。作为一类主要的能量转化机器，ATP 合酶的效率必然是很高的（否则将会相伴产生过多的热量）。

ATP 水解所驱动的转动式分子马达相当于 ATP 合酶的反向使用，即利用 ATP 水解的化学能，驱动马达的旋转，并且使质子（或 Na^+）实现跨膜转运，以便在某些远离能量原产地的膜系统中建立跨膜电化学势梯度。ATP 合酶与质子泵的关系就如同发电机和马达的关系一样。因此，两者在机制上是互通的[241]。

1961 年，英国科学家米歇尔（Peter Michelle）提出了著名的化学渗透压理论（图 7.1.1）[242]。该理论确立了跨膜的质子电化学势是细胞储存能量的重要形式。更确切地说，在 ATP 合成过程中，质子电化学势是必不可少的能量转化中间体。为此，Michelle 于 1978 年荣获诺贝尔化学奖。这样一个时隔 17 年的滞后说明：在其建立初期，卓尔不群的化学渗透压理论很难被当时占主流的、习惯于各向同性思维范式的生物化学家所理解和接受②。当质子被定向地转运到细胞膜的某一侧时，就出现跨膜的质子浓度梯度和膜电位。对于细菌而言，细胞内外质子浓度相差约为 0.6 个 pH 单位，内碱 - 外酸（$\Delta pH>0$）。细胞质膜上的膜电位约为－100mV，内负 - 外正（$\Delta\Psi<0$）。虽然两者密切相关，$\Delta\Psi$ 并非唯一地由 ΔpH 决定，而是由总的离子电荷梯度决定（包括 Na^+、K^+、Cl^-等）。此外，质子转运所产生的静电势能和浓度梯度化学势分别由脂双层电容量和膜两侧溶液的质子缓冲能力决定：对于给定的质子迁移，电容量越大，膜电位变化就越迟缓；缓冲能力越强，自由质子浓度梯度的变化量就越微小。质子浓度梯度和静电势能都可以作为 ATP 合成的重要能量来源。在两者的共同作用下，质子由胞外向胞内方向的运动是自由能下降的释能过程，即 $\Delta G=F\Delta\Psi-2.3RT\Delta pH<0$。合成 1mol ATP 需要约 20*RT* 的能量，而每摩尔质子的跨膜转运仅能释放大约 6*RT* 的能量。考虑到转化过程中的能量损耗，合成一枚 ATP 分子一般需要消耗来自 3 个以上质子的跨膜电化学势能。

化学渗透压理论（1961年）

- $ADP+P_i=ATP+H_2O$, (35kJ/mol ≈ 14*RT*)
- $\Delta G(H^+)=F\Delta\Psi-2.3RT\Delta pH$, (约5.4*RT*) <0
- ΔΨ取决于膜系统的有效电容量（介电常数）
- ΔpH取决于溶液的缓冲能力

图 7.1.1 化学渗透压理论强调在 ATP 合成过程中膜的封闭性及跨膜质子电化学势的重要性
该项工作荣获 1978 年诺贝尔化学奖

ATP 合酶是一台典型的分子机器[88]，可以说是自然界最小的直流电机（图 7.1.2），其精巧程度令人叹为观止。与宏观世界的电动马达不同，ATP 合酶的工作机理完全不涉及磁力，而是将静电能直接转化为转动机械能；这一切都有赖于稳定、强大的跨膜电化学势。从结构角度来看，ATP 合酶的跨膜部分称为 F_O（oligomycin-binding fraction）；而胞质部分，包括南瓜形的臼，称为 F_1（fraction1）。另外，F_O 中质子结合轮盘（简称质子轮）和与其固定在一起的 F_1 中一根轴共同形成一个所谓的转子部分；其余部分则被统称为定子。质子轮上含有

① 关于真核细胞中线粒体起源的研究，日本一个研究组在海底泥浆中发现了一种被命名为普罗米修斯的古细菌，兼备原始真核细胞的多种属性（Pennisi，2019）。该项成果入选了 *Science* 杂志 2019 年年度十大科学突破。

② 19 世纪德国非理性主义哲学家叔本华（Arthur Schopenhauer）曾经断言，所有真理的成熟都无法回避的三级跳是：首先被嗤之以鼻；然后被激烈地反驳；最后被“誉为”无证自明。

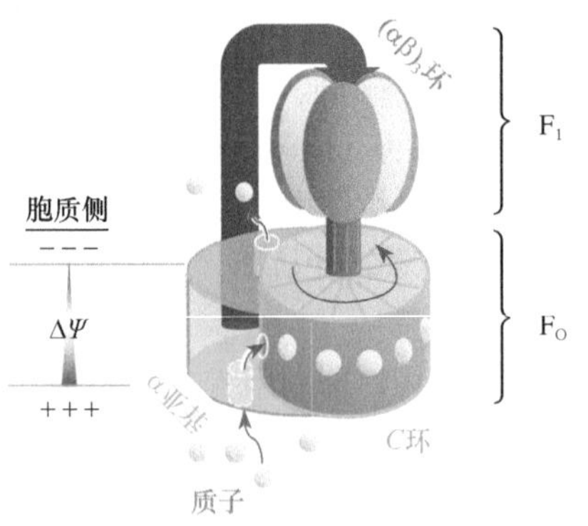

图 7.1.2　转动式 ATP 合酶结构示意图

跨膜部分（F_O）位于下方；而"胞质"部分（F_1）则位于上方。在转子部分中，质子结合轮盘标记为青蓝色，其中质子结合位点为黄色；转轴为蓝色。在定子部分包括：α 亚基，绿色；弓形外周连杆，紫色；$\alpha_3\beta_3$ 复合体，南瓜色。质子由黄色小球表示；质子运动方向由红色箭头标记；双半通道由圆柱形管道表示

多达 8～17 个质子的结合位点，等间距地分布在轮子的外周。像钻木取火一样，转轴在南瓜形的臼中旋转，将转动机械能转化为化学能，并且储存于 ATP 分子中。揭示这一能量转化机制使博耶尔（Paul Boyer）问鼎 1997 年诺贝尔化学奖①。[243]

弓形外周连杆将 F_O 和 F_1 的定子部分连接起来，防止南瓜形的臼与下面的质子轮一同旋转。事实上，这类外周连杆表现出某种弹性。由于转子与定子彼此的摩擦力，一部分能量被储存在这个外周连杆（及中心轴）的弹性形变之中。这一能量缓冲机制使质子轮均匀旋转所产生的能量能够以脉冲方式释放，用来提供 ATP 合成所需的热力学自由能及克服能量势垒[241, 244]。尽管已有大量结构数据的积累，关于膜电位是如何驱动 F_O 中的质子轮部分旋转的分子机制，目前仍然缺乏共识。

近原子分辨率的电镜结构研究指出：在酵母线粒体内膜上，ATP 合酶以二聚体形式存在（图 7.1.3）[245]。这类二聚体正好卡在线粒体内膜的内脊上。假如不加以固定，当转子旋转时，由于角动量守恒，定子会发生反方向旋转，从而造成能量损耗②。随后，研究者报道了更为复杂的猪线粒体 ATP 合酶的四聚体电镜结构[240]。目前还不十分清楚这些 ATP 合酶单体之间是否存在协同性。

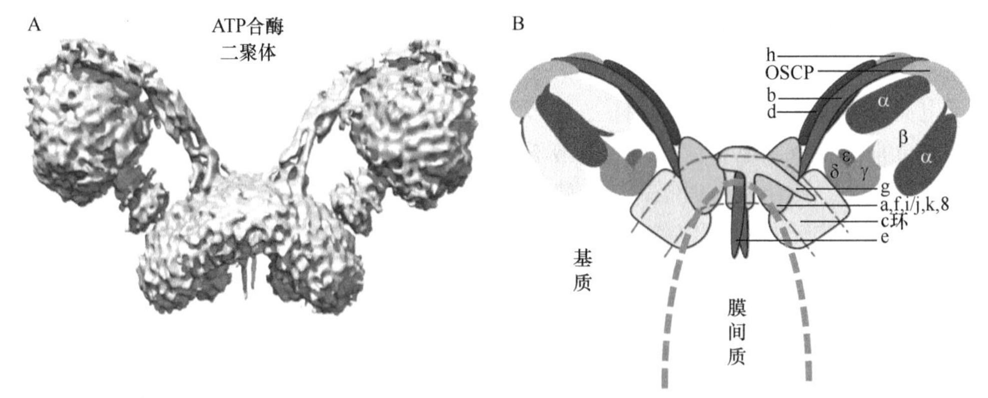

图 7.1.3　线粒体中 ATP 合酶的二聚化（引自 Guo et al.，2017）

A 图为单颗粒冷冻电镜技术解析的 3D 结构；B 图为其结构示意图。线粒体内脊位置由蓝色虚线表示；寡霉素敏感相关蛋白（oligomycin sensitivity-conferring protein，OSCP）以及亚基 a～k 等在复合体中的位置均做了标记

多层膜结构的拓扑关系：在讨论线粒体和叶绿体等细胞器的膜电位时，常常涉及膜系统的拓扑关系（图 7.1.4）。对于简单的细胞，如 *E. coli*，胞外环境常常是质子的高能量一侧；该侧一般富集正电荷，故也称为正电侧（P-side），而相对的一侧为负电侧（N-side）。（由于

---

① 颇具戏剧性的是，P. Boyer 博士（1918.8—2018.6.2）与发现 P 型 ATPase 钠 - 钾泵的 J. Skou 博士（1918.10.08—2018.05.28）均出生于第一次世界大战息兵之年；1997 年在耄耋之年分享诺贝尔化学奖；并于 2018 年以百岁高龄辞世，前后相隔不足一周。

② 作一个类比，当头顶的主螺旋桨发生旋转时，直升飞机需要一个机尾施加的侧向力矩以抗拒机身的旋转趋势。

革兰氏阴性菌的外膜不承载电化学势，故在此类讨论中可以忽略不计。）或者说，质子由（蓝色的）正电侧向（黄色的）负电侧的运动一般是释放能量的过程。

线粒体具有双层膜系统，各自由脂双层组成。细胞质围绕在线粒体外膜外侧。线粒体内外膜之间的空间称为膜间质，拓扑学上对应于（蓝色的）细菌胞外环境。内膜所围成的腔室称为基质（matrix），拓扑学上等价于（黄色的）细胞质。内膜上存在着许多称为内脊的褶皱，凹陷进基质，导致膜系统的表面积以及电容量增大，从而减少膜电位的涨落。另外，质子缓冲能力与体积成正比；因此，较小的隔室体积可能对应较大的 pH 涨落。事实上，内脊膜外侧的膜间质空间进一步形成许多小室，用于储存由基质侧泵浦出来的质子，以便维持较强的局部跨膜质子电化学势[246]。对于线粒体这类小体积系统而言，像 pH 等与体密度有关的宏观概念是难以精确定量化的。假设线粒体是直径 0.5μm、长度 2μm 的圆柱体，体积约为 $0.4\mu m^3$。如果不考虑缓冲能力，并且忽略膜间质体积，pH7.0 仅相当于约 12 个自由质子，其统计涨落（$N^{-1/2}$）可高达 30%。与之相比，线粒体内膜的面积约为 $30\mu m^2$，100mV 膜电位相当于 $5\times10^4 e_0$ 的电荷迁移量，其统计涨落仅为 0.4% [参见式（2.3.1）]。即便将溶液的缓冲能力纳入考量，微小体积所能承载的缓冲能力也不免杯水车薪：12 个质子大约是一个 ATP 合酶单体转动一周所消耗的质子量，而一个线粒体中 ATP 合酶单体的数量很可能大于 10^2。不难理解，具有微小体积的细胞器，其内部的 pH 常常是非常极端的，并且很容易受到扰动，发生涨落。实际上，pH 及其跨膜梯度仅仅是我们用来描述质子化学势的工具式概念；即便真实的质子时空分布已无法用宏观概念加以有效地描述，跨膜质子浓度梯度的存在也仍然可以驱动 ATP 合酶的运动。

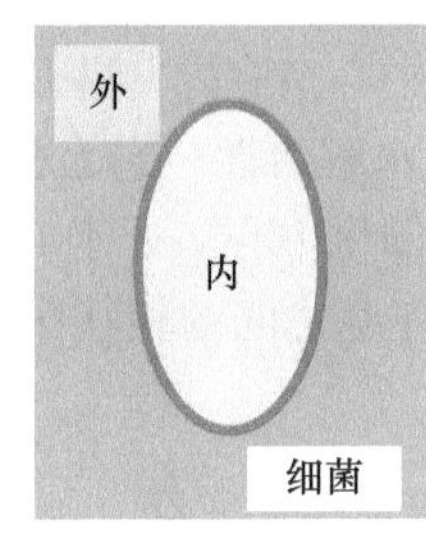

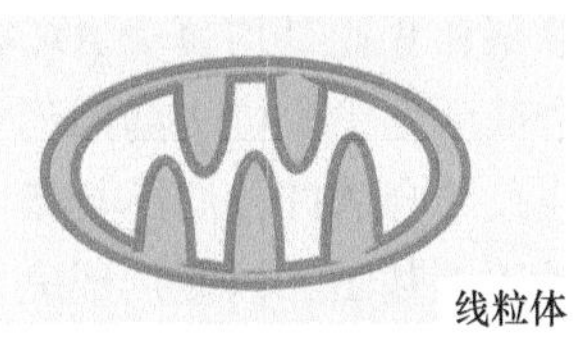

图 7.1.4 细胞中膜系统的拓扑关系

等价于细菌胞外侧和胞内侧的区域分别用蓝色和黄色表示。大多数情况下，膜电位在蓝色区域一侧为正值（且氧化性较强）；在黄色区域一侧为负值（且还原性较强）

叶绿体呈现三层膜系统，其最内层构成类囊体。这些多层的膜系统并非简单的中国漆器套盒，而是表现出交替变化的极性。拓扑学上，类囊体等价于上述线粒体的内脊从内膜上分离出来。所以，类囊体的腔体内部也等价于细菌的胞外环境。一般而言，图 7.1.4 中蓝色区域的特点包括膜电位较高，pH 较低，并且具有氧化环境（有利于形成二硫键）；而黄色区域则与之相反。但是，此类描述仅为定性的，且不乏例外。上述多层膜结构为生化反应的局域化和功能调控提供了方便；另外，生物体也会为此付出代价，内层膜上的膜蛋白复合体的组装，特别是由核编码的膜蛋白组分的转运将变得更为烦琐。

回到 ATP 合酶，F_1 部分（南瓜形的臼）无一例外地定位于某个（图 7.1.4 中黄色标记的）负电侧。更确切地说，ATP 合成总是发生在多膜系统的最内层膜上，且处于细胞质或者与其等价的细胞器腔室一侧。

7.1.2 F_1 部分的 ATP 合成机制

在 F_1 部分的晶体结构中，上方的南瓜形部分由同源的 α 和 β 亚基组成（图 7.1.5）[247]。三个 α 亚基和三个 β 亚基交替排列，组成一只具有赝六重对称性的桶（F_1 的定子部分）。α

亚基和 β 亚基均属于 AAA^+家族，两者的折叠方式别无二致[244]。其中，β 亚基的 ATP 水解 - 合成活性中心位于南瓜形桶的中心空腔内，并且定位于亚基堆积的界面附近。然而，α 亚基仅仅结合 ATP，但不具备 ATP 水解活性；它为相邻的 β 亚基提供一个称为精指（Arg-finger）的正电基团，以便形成完整的催化中心。处于 F_1 中心空腔内的转杆部分不具有旋转对称性。在一个给定时刻，它与三个 β 亚基之间的相互作用各不相同。

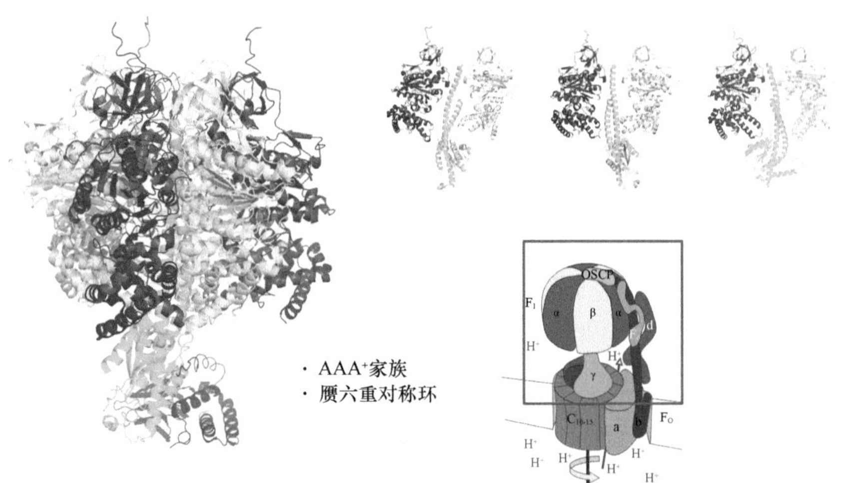

图 7.1.5　ATP 合酶中 F_1 部分的晶体结构（PDB 代码：1E79）

由于 α 亚基（黄色）和 β 亚基（红色）之间的结构同源性，F_1 复合体具有赝六重对称性。右上图表示转轴（绿色）相对于 F_1 中三个活性中心的非对称相互作用

对于 ATP 合成而言，当这个非对称的转杆在 F_1 的中心空腔内主动地旋转一周时，三个 β 亚基依次经历三种构象，分别完成 ADP 结合、ATP 合成及 ATP 解离等三个步骤（图 7.1.6）。这也正是一般酶反应都需要经历的三个基本步骤，即 3.3 节中定量分析法所描述的三级跳。转杆每旋转 360°，每个 β 亚基合成一枚 ATP 分子；F_1 复合体共合成三枚 ATP 分子。相反，如果提供充足的 ATP，三个 β 亚基协同工作，依次水解 ATP，将驱动转杆的连续旋转[248]。

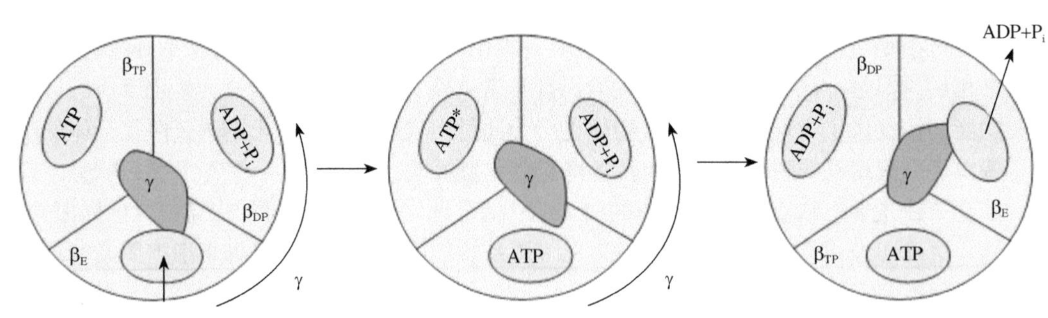

图 7.1.6　F_1 复合体中转轴不对称性与 ATP 合成或者水解的关系（引自苏晓东等，2013）

不对称转杆标记为绿色。其周围分布着三个腺苷酸结合位点，分别对应 ATP 合成（或者水解）反应中的“底物结合 - 化学反应 - 产物解离”三级跳

在一项迷人的、堪称经典的演示实验中（图 7.1.7），研究者将定子固定在载玻片上，并且在转杆上连接一条带有荧光基团的长臂。只要提供充足的 ATP，便可以观察到长臂以约 100 次 /s 的速率逆时针旋转[249, 250]。

然而在更大的负载下（如较大质量的转子或者驱动质子流逆着膜电位方向运动），转动速率必然会显著降低。譬如在细胞内，每架 ATP 合酶分子机器每秒钟可以合成 400 枚 ATP 分子；而在体外（无负载条件下），ATP 合酶每秒钟可水解 4000 枚 ATP 分子。此外，与 ATP 水解相比，ATP 合成条件下的转杆旋转方向正好是相反的。

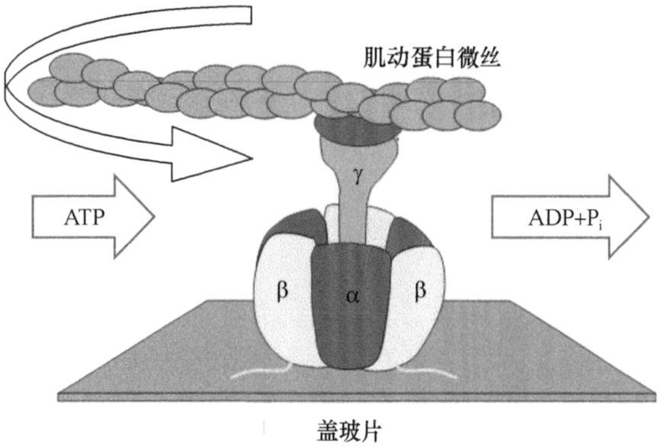

肌动蛋白微丝 γ ATP ADP+P_i β α β 盖玻片

图 7.1.7　ATP 水解驱动的转动马达实验示意图（引自苏晓东等，2013）
以南瓜形白表示的定子被固定在实验基质上。中央转轴与一根荧光标记的肌动蛋白微丝所构成的悬臂相连。ATP 水解提供悬臂转动所需的能量

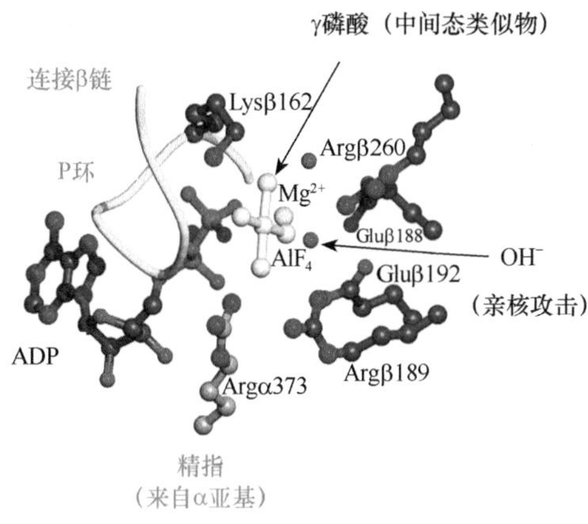

图 7.1.8　AAA⁺家族 ATP 水解酶的保守 Walker A 模体（P 环）（引自苏晓东等，2013）
P 环保守肽链标记为黄色。在晶体结构中，催化中心中间的白色平面分子模拟双核置换（Sn2）反应的过渡态。位于反应轴方向上的红色小球则表示水解反应中发动亲核攻击的氢氧根阴离子

在几乎所有的 ATP 水解酶中，都存在一套高度保守的结构模体——“GxxGxGKS”。它被命名为 P 环（phosphorylation-loop；或者 Walker A 模体；图 7.1.8）。拥有这套保守模体的 ATP 和 GTP 水解酶均属于 AAA^+ 超家族。英国化学家沃克（John E. Walker）率先鉴定了相关模体[251]，并且与 J. Skou 和 P. Boyer 分享了 1997 年诺贝尔化学奖。

完整的 P 环模体包括一条具有保守氨基酸序列的环、一条 N 端侧的 β 链及一根 C 端侧的短 α 螺旋。它们共同构成 Rossmann 折叠的中央部分。这个 P 环结合 ATP 分子中的 β、γ 磷酸根基团，以及与 ATP 稳定结合的 Mg^{2+}。同时，它的一个主链氨基基团与 β-γ 磷酸之间的桥连氧原子形成氢键，吸引电子，进而削弱磷酯键的强度，并且稳定反应过渡态。这些保守结构元件往往还不足以使 β-γ 磷酯键断裂；ATP 水解反应需要一个来自相邻蛋白分子（或结构域）的 Arg 残基，即精指。该碱性残基提供正电荷，进一步从 β-γ 磷酯键的氧原子中吸引电子，催化键的断裂。与此水解反应细节略有不同，在 ATP 合成反应中，α 亚基所提供的精指使底物 ADP 的 β 磷酸基团中的一个氧原子基团失去质子，成为亲核攻击基团。

ATP 水解所能释放的能量是有限的、可变的，由细胞质中 ATP、ADP 和无机磷酸根的浓度决定。它的能量输出被用于驱动前文所讨论的旋转臂的快速运动等。如第五章中所讨论的，ATP 水解可分解为三个步骤，对应于此处自由能景观图中三个蓝色细箭头（图 7.1.9）以及 ATP 合酶中 β 亚基的三种构象。原则上讲，如果设置得当，这三个步骤中所发生的构象变化都可能产生机械能量，用于对外做功。但是转动式 ATP 水解酶采用一种更为精致的方

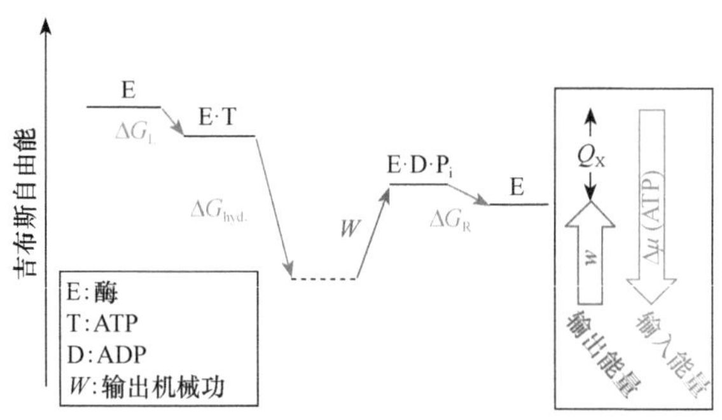

图 7.1.9 简化版的 ATP 水解酶自由能景观图

ATP 水解能相关的能量项用蓝色箭头表示，分解到反应三级跳的三个步骤，即 ATP 结合能 ΔG_L、ATP 水解能 ΔG_{hyd}（ΔG_X）、产物解离能 ΔG_R。能量输出用红色箭头表示。起始态和终止态选定为没有结合底物的酶（标记为状态 E）。热力学驱动力 Q_X 代表着水解反应的速率。其他图注请参考图 4.2.10

式产生近乎均匀的能量输出，这就利用了 F_1 对称性复合体亚基之间的协同性①；而这种亚基之间的协同性是通过南瓜形臼中三组催化中心所共用的不对称中心转杆来实现的。

在理解了 F_1 复合体中机械能与化学能相互转换的机制之后，我们将转而讨论 F_O 中跨膜电化学势与机械能之间的转换机制。

7.1.3 F_O 部分的转动机制

F_O 部分主要包括一个能够结合质子的圆柱形结构——质子轮（图 7.1.10），它是由 8～17 个 c 亚基组成的、呈现旋转对称性的寡聚体[252]。质子轮外周分布着质子结合位点，其连线所形成的环称为 c 环。质子轮的中央固定着 F_O 中的转杆。轮盘旋转一周所消耗的总能量是质子轮上质子位点数目（8～17）与跨膜质子电化学势（PMF× 法拉第常数）的乘积。对于不同的膜环境下的 ATP 合酶而言，质子轮所提供的总能量基本保持不变，略大于

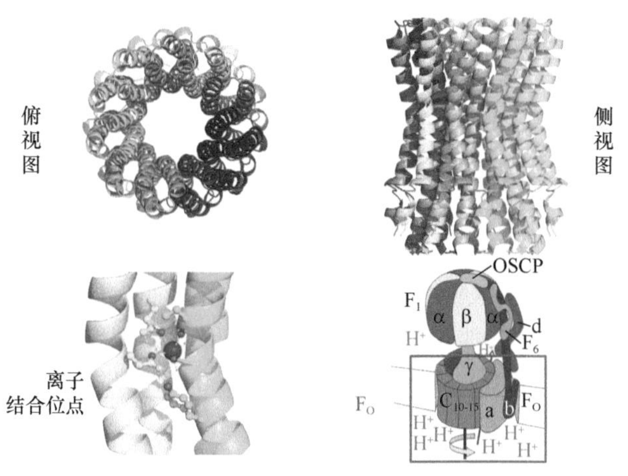

图 7.1.10 ATP 合酶 F_O 部分中阳离子轮盘的晶体结构（PDB 代码 1YCE）

轮盘由 11 个 c 亚基以旋转对称方式组成。亚基界面处是 Na^+结合位点

① 参见 4.4 节有关 AcrB 亚基之间协同性的讨论。

旋转一周、合成 3 枚 ATP 分子所需的能量。因此，每个质子轮上的质子结合位点数目与跨膜质子电化学势平均强度成反比：膜电位越强，所需的质子数就可以越小。哺乳动物线粒体 ATP 合酶的质子轮是已知最小的，仅具有 8 个质子结合位点，说明这里的跨膜电化学势非常强。

质子轮的基本功能是将质子沿跨膜电化学势的线性运动转化为轮盘的转动，以便驱动前文所讨论的 F_1 南瓜形复合体中的 ATP 合成。除质子驱动外，也有一些轮盘是由 Na^+驱动的。图 7.1.10 所示就是这样一种结合 Na^+的轮盘结构[253]。无论如何，这些驱动物质都携带正电荷；因此它们的驱动机理与质子相似。每一个 c 亚基的结构实际上很简单，只包含两根跨膜螺旋。离子结合位点位于相邻 c 亚基之间的界面处，并且处于脂双层的正中间。由质子驱动的 F_O 轮盘也有相似的结构；区别仅仅在于，质子的结合是通过酸性氨基酸残基侧链的质子化实现的。当 c 环上给定质子结合位点接近或远离定子中的 a 亚基时，其 pK_a 发生改变：远离正电荷或者接近负电荷，使其 pK_a 升高；而接近正电荷或者远离负电荷，使其 pK_a 降低。

对于叶绿体中的转动式 ATP 合酶而言，在暗状态下一旦失去光合作用所产生的质子浓度梯度，它可能会消耗 ATP，发生反向旋转。为了防止这类无谓能耗的发生，质子轮与定子之间存在一个由氧化还原电势调控的二硫键。在还原环境下，二硫键不能形成，转子可以发生转动；反之，在氧化环境下，二硫键得以形成，质子轮将被锁定[244]。

基于上述讨论，我们能否回答 F_O 的能量转化机制问题呢？目前的主流假说是：质子从膜一侧的半通道结合到质子轮上，从另一边的半通道释放，而两个半通道由质子轮上的 c 环相连接。由于跨膜电化学势的存在，质子轮的运动只能以荆齿轮方式单方向地进行。这个双半通道假说在热力学上是合理的，但转动力矩的来源仍然有待澄清。

图 7.1.11 所示是巴塞罗那科学博物馆的一座旋梯。设想有一位大胆的小朋友趴在旋梯的扶手上，他将在重力的作用下旋转下滑。这与膜电位作用下的质子轮旋转，在道理上是相通的——一个由重力驱动；另一个由膜电位静电力驱动。另一个可借鉴的例子是加农炮炮筒中的螺旋膛线；炮膛中的压力使炮弹旋转地射出炮膛。一般而言，如果转动伴随着自由能降低，自由能将直接产生转动所需要的力矩。似乎在一个理想的、均匀分布的跨膜电场中，如果质子的运动轨迹采用一段螺旋线，携带质子的轮盘便可以旋转起来[88]。然而事实上，质子的运动轨迹并非必须是三维空间中的一条理想的螺旋线。真正重要的是，质子在沿某一段弧形轨迹运动过程中静电势能得以逐步释放。

如何利用外力驱动转动？

$$T=-\frac{dG(\theta)}{d\theta}$$

T: 力矩
G: 自由能
θ: 转角

图 7.1.11　伴随转动的自由能下降就是转动的驱动力
图片中的螺旋楼梯位于巴塞罗那科学博物馆

类似于氧化还原反应中带负电荷的电子总是从低向高氧化还原电位方向运动，质子轨迹可以被分解为承载不同电压的线段；而质子只能从高电位的部分向低电位的部分流动。在静态的结构中，质子导线并不是连续的；而质子轮盘的定向转动将导致质子导线的准连续性，从而维持电流的可持续性。在图 7.1.12 所示的 F_O 结构中[244]，与两侧的质子半通道一起，a 亚基与质子轮的界面正好塑造了一条有利于质子结合和解离的质子轨迹曲线。具体地说，由于两个质子半通道的存在，膜电位电场出现了聚焦化；即膜电位主要加载在定子 - 转子界面

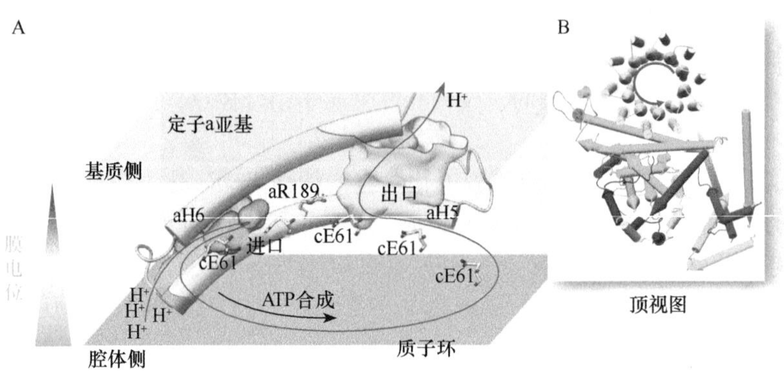

图 7.1.12 叶绿体类囊体 F_O 中的质子运动轨迹（引自 Hohn et al.，2018）
A 图中，红色的环状曲线表示质子流在转子中的运动轨迹。质子的流动驱动转子的旋转。图中后方的结构部分来自定子中的 a 亚基。B 插图为完整的 F_O 晶体结构示意图。图中的颜色选择与常规的“蓝正 - 红负”的电势着色方式相违

上质子的进口和出口之间。这个聚焦化的电场使得进口通道与胞外侧（或者膜间质侧）正电位基本相等；而出口通道与胞质侧（或者基质侧）负电位基本相等。进口和出口半通道内的氢键网络可以被设想为两个质子缓冲区；它们并未承载显著的电位差。这相当于两段零电阻导线将膜两侧的电压直接施加到定子 - 转子界面处，从而避免能量在定子内部的耗散①。质子运动轨迹两端的电位由边界条件决定，包括 $\Delta\Psi$ 以及与 ΔpH 等效的能斯特电位。（对于酵母线粒体内膜而言，ΔpH 为 1，所对应的能斯特电位为 $2.3RT/F$，达到 60mV；而其膜电位值尚属未知[254]。）正如我们在前文（3.4.2 小节）中所讨论的，作为潜在驱动力的能斯特电压（V_N）可以分解为结合电压降（V_L）、结合能差电压降（V_D）及解离电压降（V_R）。对于一部高效的分子机器而言，V_L 和 V_R 只要强大到刚好维持稳定的驱动物质流的“源”和“汇”就算尽职了，多余的能量只能在输入通道和输出通道内转化为热量。此类热量可以保证 F_O 旋转的方向性，但并不成为用于 ATP 合成的转动能。相反，V_D 以及 $\Delta\Psi$ 才可能是驱动构象变化的真正能量来源。

质子进口处的正电场吸引质子轮中 c 亚基的、未质子化的关键酸性氨基酸（“Glu61”），并且导致其发生质子化。相反，在质子出口处的负电场则吸引质子，进而导致 Glu61 去质子化。此外，在定子 - 转子界面处，定子中的 a 亚基提供了一个关键的 Arg 残基（“Arg189”）。其功能包括：①铸成一道显著的、针对质子的能量势垒，防止质子轮盘的反向运动或者质子泄漏（质子流短路）；②促进质子在 c 环出口处的解离。Arg189 的战略性定位确保了质子静电能到转动能的高效转化。

由于质子轮的转动是相对于膜系统和定子的，静电能向转动能的转化只可能发生在转子与定子的界面处。在与 a 亚基的界面之外，质子轮盘上的多个质子化位点基本上保持相等的电位（以及 pK_a）。因此，在质子运动轨迹中，能量下降最陡的部分只可能出现在定子 a 亚基与转子 c 环的接触面上，包括从进口半通道到质子轮盘的电压陡降，以及从轮盘到出口半通道的电压陡降。正是这两个局部能量陡降产生了定子与转子之间的作用力矩，进而驱动质子轮盘的持续转动。

① 发热量约等于电荷电量乘以电压降；而零电阻上的电压降为零，发热量也为零。

上述能量陡降必然伴随着作用在质子上的静电力。为了理解 F_O 中质子流所受静电力，让我们来重点关注 F_O 中电场的分布（图 7.1.13）。在远离定子 - 转子界面处，膜电位电场均匀分布；而在半通道附近，电场呈现聚焦化。换言之，在 F_O 内部，膜电位的等势面不再平行于膜平面，电力线密度也变得不均匀。

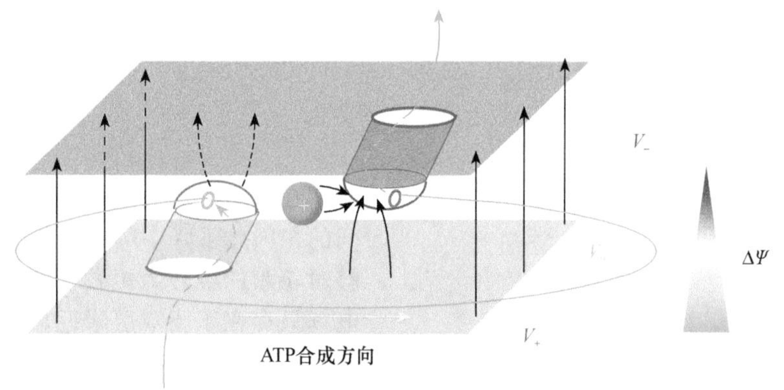
V_-
$\Delta\Psi$
V_+
ATP合成方向
能量偶联发生在定子与转子界面处电压急剧变化的
两个狭窄区间

图 7.1.13　质子在 F_O 静电场中的运动和能量偶联

电势的着色使用常规的蓝正 - 红负方式。质子运动轨迹（动态质子导线）由绿色曲线表示；电力线标记为黑色。能量偶联发生在定子与转子界面处电压急剧变化的两个狭窄区间

从正电压一侧到负电压一侧的最短几何途径存在于两个半通道之间，但是被 Arg189 所设置的高能势垒所阻隔。Arg189 使过往的酸性氨基酸残基的 pK_a 急剧下降，因此两个半通道之间不可能形成直接的质子通路。与此同时，转动的 c 环提供了一条动态的质子导线。其中的质子只受到来自均匀电场的、垂直于运动方向的力，对质子的运动不产生影响（没有能量交换）。

电压下降主要发生于定子 - 转子界面上两个关键点，即从入口半通道到转子的接口处，以及从转子到出口半通道的接口处。在这两个能量陡降之间，即质子在第一位的结合与在第末位的解离这两个释能事件之间，很可能存在一个时间差，使质子轮的旋转得以更平稳的进行。

除了膜电位之外，跨膜的 ΔpH 也可以成为 F_O 的驱动力。由于存在一条动态的质子导线以及多个底物结合位点之间的静电排斥力，F_O 的工作机制与离子通道更相似，而与转运蛋白颇为不同。具体地说，一个质子在一侧半通道的结合可以即时地通过静电力被存在于另一侧半通道的另一个质子所感知，并且促进后者解离。因此，底物质子的结合、转运和解离这三个步骤彼此高度偶联，而不再是可以在时间上分隔的独立事件。对于以这种机制运行的分子机器而言，将跨膜浓度梯度差理解为能斯特电压，并且与膜电位统一考虑，是一个更方便的解决问题的方式。因此，F_O 复合体相当于一条 Ω 形离子通道，其意义不在于转导信息，而是将离子电化学势转化为转动力矩。在常规离子通道中，离子在一系列结合位点之间做定向的跳跃；而在 F_O 复合体中，一系列离子结合位点本身发生定向的迁移。

ATP 合酶可以看作一类特殊的分子马达，它利用一只可以积蓄电荷并且旋转的电容器，在两条电极之间放电，以驱动电容器自身的旋转。这个机制实际上可以用一款很简单的玩具模型加以模拟（图 7.1.14）。如果把模型中的链子设想为水流，这个玩具就变形为一架水车；如果改为质子流，玩具模型就代表一只质子驱动的分子马达。该模型给出的另一条推论是：分子马达所对应的反应过程是可逆的。如果这里的轮盘在外力驱动下可以反向转动，它便可

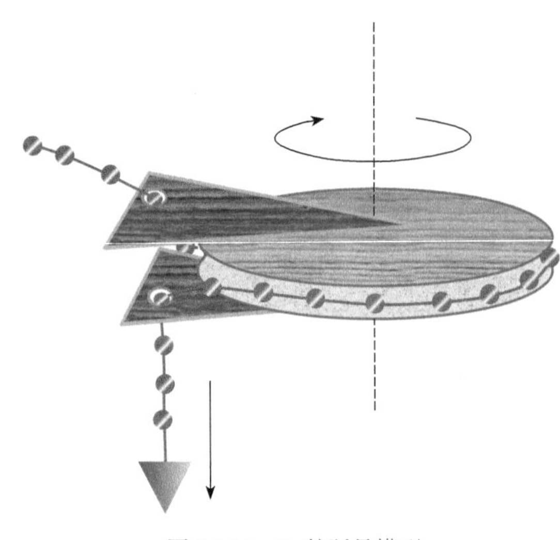

图 7.1.14 F_0 的玩具模型

该模型将竖直方向上的重力转化为水平轮盘的旋转。相应的转动力矩发生在定子与转子的交界面

以将链子逆着重力势能的方向提升。如此简洁的能量转化机制也印证了我们的一个基本理念：越是古老的分子机器，其原理往往越简单。在蛋白质合成还缺乏可靠性的原始生命阶段，一部被细胞赖以生存的分子机器不太可能苛求烦琐而精细的分子机制来实现其功能。

另外，在欣赏模型简洁之美的同时，我们需要理解：重力场与跨膜电化学势之间存在着本质的区别。重力场是充满全空间的，因此下降中的链条的任何部分都能够对轮盘的旋转力矩做出贡献。而膜电位电场只存在于脂双层附近。由于聚焦化电场效应，静电能向机械能的转化在时间上只能发生在质子结合和解离的步骤中；在空间上则只会出现在定子 - 转子的界面处。

7.2 光合作用

光合作用是今天地球生命现象中最基本、最重要的能量转化生化反应。植物、藻类和蓝细菌等生物通过光合作用将太阳能转化为化学能并且将其储存于有机化合物的化学键中。本节简单介绍光合作用中的若干能量转化过程，以及相关的蛋白质 - 色素辅因子超大复合体结构。

光合作用的过程涉及一系列的光物理、光化学及生化反应，涵盖了光能的吸收和激发能传递、光致电荷分离和电子传递、质子电化学势的形成和 ATP 合成，以及二氧化碳固定等多个步骤。光合作用利用阳光、CO_2 和 H_2O 合成碳水化合物，并且释放氧气（图 7.2.1）。早期地球的大气圈中 O_2 含量极低；光合作用的出现使生物圈的生态环境发生了彻底的改观。据估算，假如地球上全面停止光合作用，大气中的 O_2 将在 200 万年内消失殆尽。

对于驱动生物圈运转的氧化还原反应而言，作为强还原剂的碳水化合物和强氧化剂的 O_2 都是高能物质，共同构成氧化还原体系的能量载体（参考“AB<A+B”模型）。进而，合成这些高能物质的原初反应包括建立基于电子

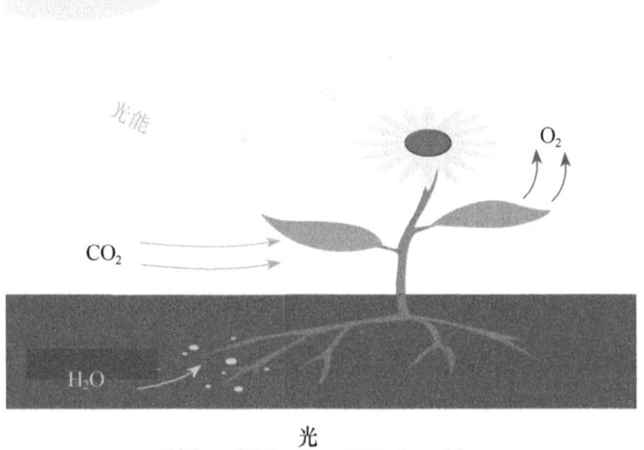

图 7.2.1 光合作用示意图

光能将水分子分解产生氧化还原电势能；进而，该能量以碳水化合物和氧气的分离形式被储存

转移的氧化还原电势及基于质子转移的跨膜电化学势，它们正是光合作用的基本内涵。

7.2.1 细菌视紫红质蛋白

来自古细菌的视紫红质蛋白（bR）是最简单的、利用光能来驱动质子跨膜运动的膜蛋白分子（图 7.2.2），其工作原理在质子泵中具有代表性。古细菌 bR 的工作循环并不涉及电子的分离和转移，不能直接产生氧化还原电势，因此并非真正意义上的光合作用。在具备光合能力的古细菌外膜上，这类膜蛋白分子形成六角形晶格的二维晶体，覆盖约 50% 的细胞质膜表面，因而常常导致该类细胞膜呈紫色斑块。由于其丰富的来源、规则的天然排列，古细菌 bR 在早期膜蛋白结构研究中扮演了模式分子的重要角色。

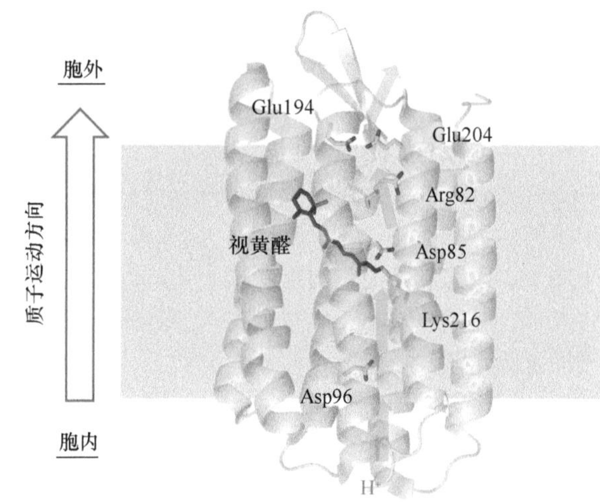

图 7.2.2 古细菌视紫红质蛋白（bR）——由光子驱动的质子泵

脂双层的相对位置由麦色标注。bR 分子具有 7 根跨膜螺旋结构，常常用 A～G 命名。色素分子（深蓝色）位于分子中央，将光能转化为膜蛋白的构象变化能；进而驱动质子导线（青蓝色箭头）的重组。席夫碱及一系列相继的酸性氨基酸残基构成该导线上的质子接力位点。在光驱动的构象变化过程中，这些位点的 pK_a 值发生周期性涨落。bR 所建立的膜电位为内负 - 外正。由于耗散热很大，这一光化学反应是不可逆的

bR 含有 7 根跨膜螺旋（TM 1_A～TM 7_G），其间包裹着一个视黄醛色素分子（一类维生素 A 的醛衍生物）。bR 所催化的质子泵浦过程采用了一套蠕动泵机制，其驱动能量来自光子。光子将视黄醛色素分子激发，并且产生由伸展的全反式到 13 位顺式的弯曲型的构象变化[4]。这种色素分子的异构化驱动了多层次的跨膜螺旋构象重排。毫不奇怪，为了实现质子的跨膜转运，在一轮工作循环中 bR 至少需要呈现内向和外向两种基本构象。为了对抗膜两侧的浓度梯度，质子必须以高亲和力（高 pK_a）方式从胞内侧被 bR 摄入，以低亲和力（低 pK_a）方式向胞外侧排放；其所对应的能量变化为 ΔG_D^0（$\equiv -2.3RT\Delta pK_a > 0$）。同时，为了对抗膜电位，每个质子还需要大小等于 $|F\Delta\Psi|$ 的能量激励。两者之和便是 3.4 节中所定义的广义结合能差 ΔG_D；它由输入光能补偿。在 bR 中，这一全局性能量偶联机制被分解到多台串联的亚质子泵（简称子泵）中。每台子泵都呈现双稳态；其功能包含质子结合、载物变构、解离等三个基本步骤，并且在 ΔG_C 驱动下以空载变构方式返回低能量基团（即暗状态，dark state）。在一轮 bR 工作循环中，一个质子并非一次性地穿过所有子泵；而是以牛顿摆的方式，分多步由胞质向胞外方向移动。这一工作原理就好比一连串逐级提升水位的泵站，如我们的南水北调工程。

在跨膜区，bR 拥有一条由极性基团组成的不连续的质子导线，以及一系列沿线分布的保守酸性氨基酸残基。其中一些保守酸性氨基酸残基构成了多个可质子化中心，即子泵的核心。由色素分子光致异构化所引发的螺旋重排驱动各台子泵在其双稳态之间的切换。该类切换至少完成两项任务：①降低质子供体基团的 pK_a（如与碱性残基靠拢）或者提升质子受体基团的 pK_a（如与酸性残基靠拢），促使质子沿导线发生定向运动。对 ΔG_D 的分解和补偿主要发生在这部分任务中。②及时地重组上、下游质子导线，以防止质子在跨膜电化学势作用下发生倒流。构象能差 ΔG_C 则与此项任务有关。伴随上述子泵中的构象转换，质子导线的不同片段有序地改变组合形式，促使质子在相邻子泵之间做定向运动，从而形成完整的动态质子导线。

具体而言，在光照后 0～5ms 出现的激发态中（light state，见图 7.2.3B），由视黄醛分子和赖氨酸侧链共价结合所形成的席夫碱基团经过保守的 Asp85 向胞外输送一个质子。而席夫碱与胞内侧质子导线之间的连接此时处于切断状态。

在席夫碱与其胞内一侧的 Asp96 之间存在着一条动态的格罗图斯质子导线，该导线含有 3 枚水分子，并且受到两个疏水残基（$Leu93^{TM3}$ 和 $Phe219^{TM7}$）的控制。在光照后 10～15ms 出现的后激发态中（图 7.2.3A），席夫碱基团经过这条瞬时开通的质子导线从胞内侧吸收一个质子，以完成席夫碱的重新质子化。而席夫碱通向胞外侧的质子导线此时则是断开的。吸收光子之后大约 40ms，席夫碱恢复其全顺式的伸展构象，bR 返回基态（图 7.2.3C），等待光子的再次光顾。

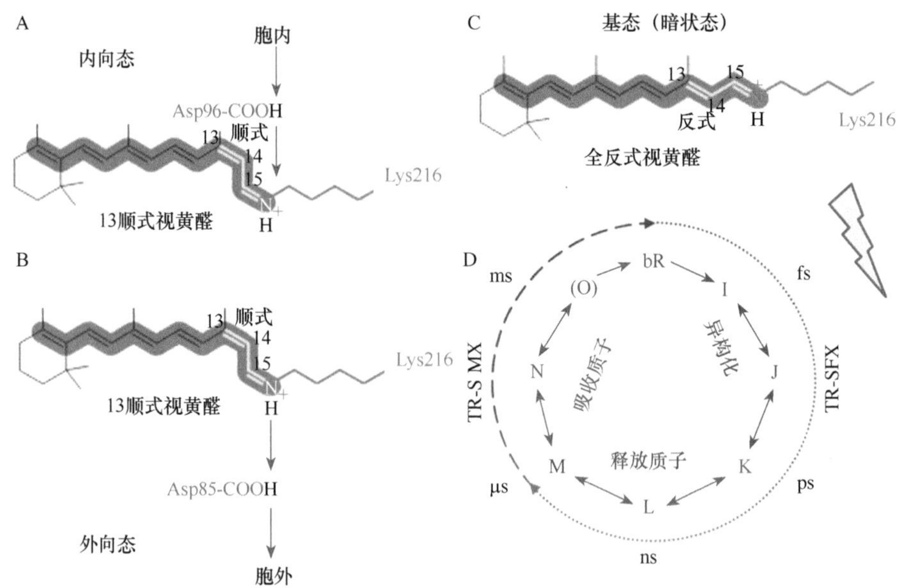

图 7.2.3　色素视黄醛分子的光激发和 bR 的功能循环（参考 Weinert et al.，2019）
粉色分子式表示视黄醛的 13- 顺式基态和全反式激发态构象。激发态又可以进一步分解为外向型和内向型构象，位于色素分子一端的席夫碱基团分别与外向和内向质子导线相连。视黄醛分子的光致异构化是光能向构象机械能的能量转化步骤。D 图为功能循环示意图：光谱学实验中，研究者捕捉到了一系列反应中间态，从基态（标记为 bR）出发，经过光致异构化和多个能量衰减中间态（I~O），最后重返基态；各状态的寿命为飞秒到毫秒时间尺度。其中，质子从席夫碱向胞外侧的释放发生于 M 状态之前；随后，处于 N 状态的席夫碱被来自胞内侧的质子重新质子化。A、B 图中质子运动方向用红色箭头标记

利用毫秒级 X 射线晶体学来研究蛋白构象动态变化，研究者捕捉到了长期处于朦胧之中的 bR 后激发态构象，并且与基态和激发态结构进行了比较[255]。最大的构象变化（约 9Å）发生在 $TM6_F$ 的胞内侧，导致输入端质子导线的瞬时开通①。这种由瞬时导线片段介导的质子转运机制再一次有力地支持了转运蛋白的普适交替访问模型；即使是像质子这样最微小的底物也难逃铁律。

我们来分析一下质子沿 bR 质子泵运动的自由能景观图（图 7.2.4）。视黄醛分子的光致异构化所引发的 bR 构象变化驱动 pK_a 的有序改变。在 bR 功能循环中，每吸收一粒光子，

① 类似的构象变化在第八章介绍的 GPCR 受体蛋白的激活过程中将再次出现。

转运一个质子。从光能到跨膜电化学势的转换效率很低，仅为5%左右[①]，而绝大部分光子能量以热的形式被耗散掉。此外，bR所面临的更严重的困局是捕捉光子的效率很低（单个色素分子对光子的吸收截面很小）。然而对于古细菌而言，这类缺陷可以通过大面积分布的bR得到弥补。

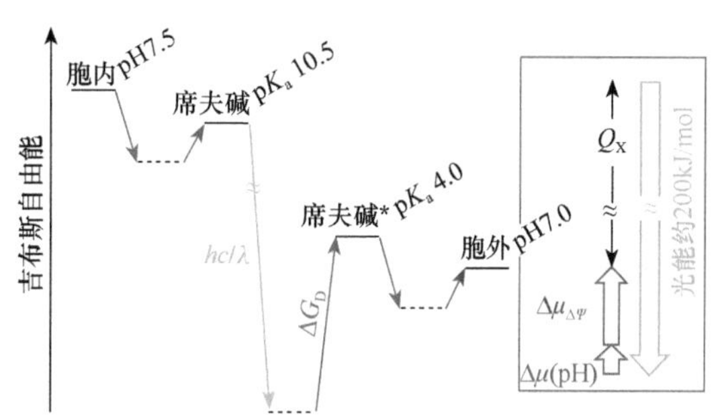

图 7.2.4 简化版的bR中质子转运自由能景观图

光能，绿色；膜电位相关静电能，紫红色；pH相关化学能，红色。质子从胞内侧到席夫碱及从席夫碱到胞外侧的两次迁移的共同特点是：运动方向总是从低 pK_a 位点到高 pK_a 位点。而席夫碱自身的 pK_a 变化是由光驱动的构象变化所引起的。光子的大部分能量转化为 Q_X，因此能量转化效率相当低。其他图注请参考图4.2.10

7.2.2 叶绿体与光系统

藻类和植物等自养生物中的光系统要比古细菌视紫红质蛋白复杂得多，其捕获光子和随后的能量转化的效率都有所提高。譬如，每个植物的叶肉细胞含10～100个叶绿体（图7.2.5）。叶绿体中存在着垛叠式的类囊体，大大提高了捕获光子的有效截面积，从而保证在弱光下维持机体生长所需能量[②]。其中，垛叠的颗粒状（granum）部分含有较多的光系统Ⅱ（PSⅡ），负责分解水分子并且释放氧气；而非垛叠的部分含有较多的光系统Ⅰ（PSⅠ），负责生产还原性化合物。

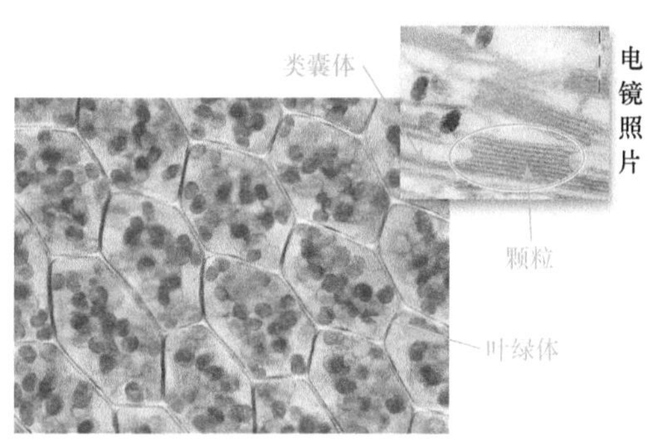

图 7.2.5 叶绿体结构

照片中绿色颗粒为叶绿体。右上方插图是叶绿体内部类囊体的电镜照片。右下方插图为类囊体垛叠方式的示意图。每个类囊体是一只封闭的扁平腔体。腔体内侧在拓扑上等价于细菌细胞外侧

如前所述，与线粒体两层膜相比，叶绿体具备三层膜系统。叶绿体外面两层膜（外膜和内膜）拓扑上等价于线粒体的内外膜系统。线粒体中内膜是产生电化学势的发电站；与之不同，叶绿体最内部的第3层膜——类囊体膜才是产生电化学势的场所，它们相当于由线粒体内脊分化出来的一粒粒封闭囊泡。类囊体的腔体侧在拓扑学上等价于细菌的胞外，pH较低，氧化性较强，且聚集正电荷。类囊体膜的外侧（称为基质侧）等价于细菌的胞质，pH较高，还原性较强，且聚集负电荷。

一方面，类囊体膜的垛叠大大增加了有效活性膜面积，其表面丰富的捕光天线蛋白提高了捕获光子的效率；另一方面，类囊体的狭窄腔体成为积累电化学势的空间。尽管类囊体的跨膜电化学势的取向与细菌或线粒体内膜相反，这些膜系统同样承载着强有力的跨膜电化学势。原则上，较大的表面积与体积之比使类囊体中 $\Delta\Psi$ 比 ΔpH 表现出更强的抗涨落能力，以及作为能源更可靠的稳定性。在人工细胞的研究中，研究者利用从菠菜叶片中分离出的类囊

---

① 波长（λ）为700nm的光子，其能量 hc/λ 约合200kJ/mol≈80RT，对应4～6mol ATP分子；而质子静电势能的增加量仅为 $F\Delta\Psi$，约合10kJ/mol。此处，h 和 c 分别是普朗克常量和光速。

② 有趣的是，杆状视觉细胞中的视觉囊泡也采用类似的垛叠方式，并且其扁平的囊泡上分布着大量视紫红质蛋白，以便解决单个蛋白分子光吸收截面较小的问题，提高感光效率。

体以及光照为微流芯片中的人造细胞提供能源[256]。

7.2.3 光系统Ⅰ和光系统Ⅱ

类囊体膜上存在多种光合反应复合体（图 7.2.6）。它们利用光能，建立和维持跨膜电化学势。譬如，光系统Ⅱ利用光能分解 H_2O，榨取其中的质子和电子，产生跨膜质子电化学势、氧化还原电势，并且暂时“舍弃”副产物氧气。光系统Ⅰ则利用光能和光系统Ⅱ所提供的电子，产生还原性化合物。同时，转动式 ATP 合酶利用质子的跨膜电化学势合成 ATP 分子。

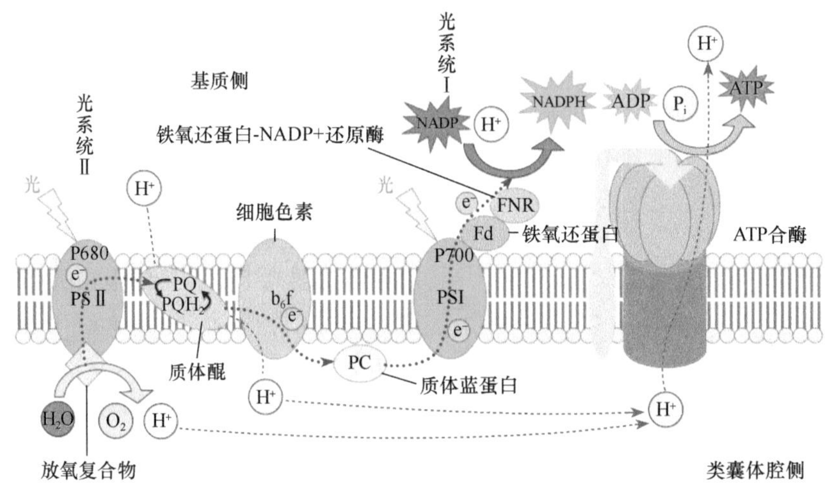

图 7.2.6 光合作用系统中各主要复合体关系示意图

脂双层的上方为叶绿体基质侧；下方为类囊体内部。图中两个绿色椭圆分别代表光系统Ⅰ（PSⅠ）和光系统Ⅱ（PSⅡ）；最右侧为由质子电化学势驱动的转动式 ATP 合酶。PSⅡ的主要功能是利用光能裂解水分子，生成电子、质子跨膜电化学势及氧气。PSⅠ的主要功能包括：利用光能将 PSⅡ所产生的电子的能量水平进一步提升，从而将 $NADP^+$还原为 NADPH，以便驱动后续的生化合成过程

1. Z 图及其优缺点　在光合作用研究领域，人们沿袭了一种 Z 图（图 7.2.7 上图）来描述能量变化。其纵轴并不代表吉布斯自由能，而是氧化还原电位（取负值）。它的优点在于各种状态的氧化还原电位在图中一目了然。譬如，与底物相比，产物的电化学势更高，氧化还原电位差表示得清清楚楚。但是，有时 Z 图也可能带来困惑。譬如，对于瞬时激发态而言，不存在氧化还原电位，因而无法在图中标定。此外，系统的能量转化效率难以在 Z 图中直接表示。Z 图的最主要特点或者说潜在问题是其拙于直接描述光子的能量输入。

在图 7.2.7 下方，自由能景观图也许能部分地解决此类技术问题。其中，吸收光子导致一项陡降的自由能变化（表示释能过程）；该能量项可以用于催化自由能向上的耗能型状态转换。在景观图中，能量输入、输出、放热及光电转化效率的计算变得一目了然。与 Z 图的主要区别在于，景观图中明确添加了驱动能量，并且使用自由能取代氧化还原电势。

2. 光系统Ⅰ　光系统Ⅰ的主要功能是利用光能将由光系统Ⅱ提供的电子进一步激发并且传递给电子受体（如 $NADP^+$）。在植物 PSⅠ晶体结构中（图 7.2.8）[257]，16 个蛋白质亚基支撑 156 个叶绿素、27 个胡萝卜素和三个铁硫簇，等等；每个亚基平均结合 10 个以上的色素基团[258]。

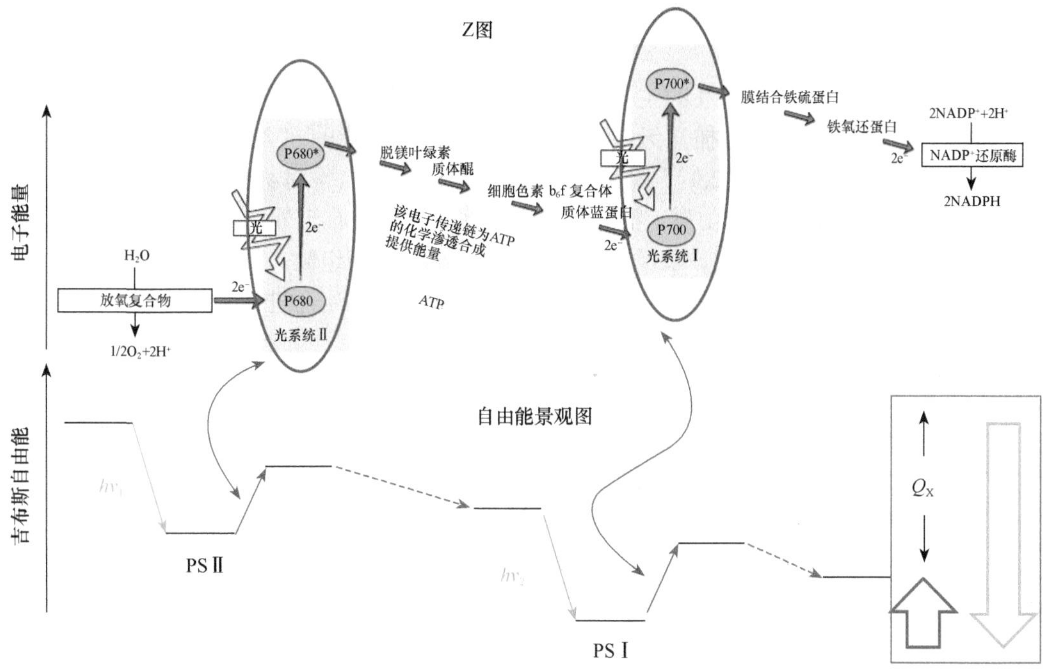

图 7.2.7　Z 图（Z-scheme）与自由能景观图的关系（引自 Abramson et al.，2000）

上部为光合作用研究领域常用的 Z 图。其中，左、右两个椭圆分别表示 PS Ⅱ 和 PS Ⅰ；纵轴方向表示电子的氧化还原电势能。图中下部为对应的自由能景观图。其特点是包含了光子的能量输入，并且标明了反应过程中的耗散热

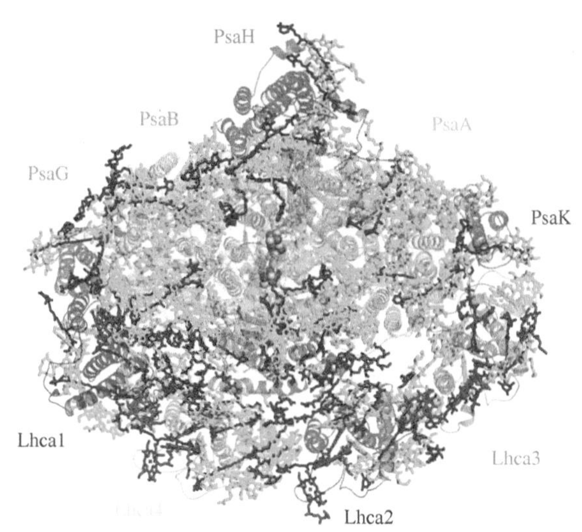

图 7.2.8　光系统Ⅰ（PS Ⅰ）的晶体结构（引自 Caspy et al.，2018）

PDB 代码 5L8R。总分子质量约为 650kDa。绿色部分为 143 个叶绿素 a 分子，紫红色部分为 13 个叶绿素 b 分子。蛋白质亚基的主要功能是为色素分子的空间定位和取向提供一副支架

在光系统Ⅰ中，虽然由光能到氧化还原能的总体转化效率差强人意，其捕获光子的量子效率却近乎完美；即每一束被复合体所截获的光子将以接近 100% 的概率触发一次成功的电子激发。研究者提出了一个在多种光合生物中“普适的”噪声消除网络模型；针对该模型的理论分析结果指出，上述高捕光效率，以及对于外部的动态光照条件和内部生理噪声的高耐受能力得益于多种色素分子的搭配和合理的空间配置[259]。位于复合体外周的众多色素分子，

其功能是采集光子，并且向反应中心传递。因此，相应的膜蛋白 - 色素复合体也称为捕光天线。

3. 光系统Ⅱ　光系统Ⅱ的主要功能包括利用光能将水分子分解为质子、电子，同时生成 O_2。光系统Ⅱ与周边捕光天线复合体（LHC）所组成的超大复合体的近原子分辨率电镜结构已被解析（图 7.2.9）[260，261]。该类复合体呈现二重对称性；其总分子质量为 1.2～1.5MDa。光系统Ⅱ位于中央，捕光天线复合体对称地分布于外周。复合体中蛋白质部分的主要功能是提供一副骨架，以保证色素分子有正确的空间组装。如同超大规模射线望远镜阵列可以捕捉来自宇宙深处的极微弱电磁信号一样，自然界生命进化所造就的捕光天线超级复合体中的色素阵列大大提高了光能的利用效率。

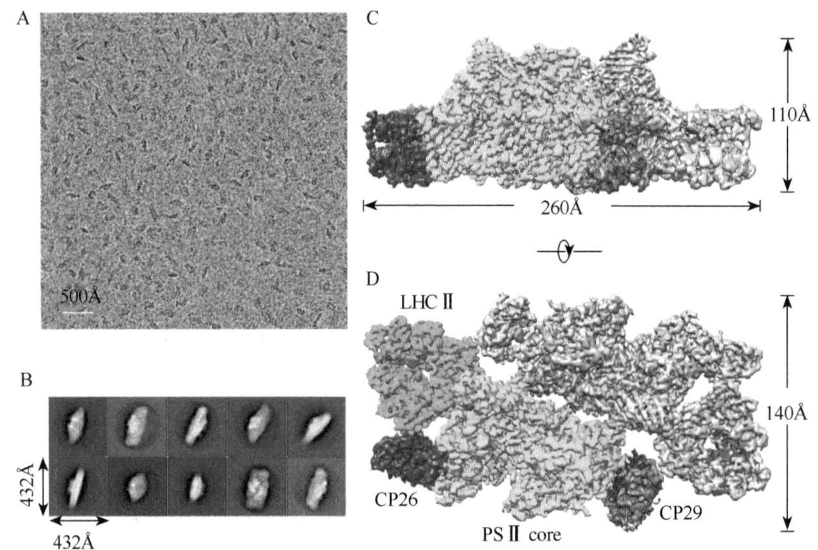

图 7.2.9　捕光天线 - 光系统Ⅱ复合体电镜结构（引自 Wei et al.，2016）

A 图为冷冻电镜照片；B 图为根据 A 图进行的单颗粒分类；C、D 图为基于 B 图的三维结构重构（侧视图和俯视图）。C 图中凸起部分为位于类囊体腔体侧的锰簇催化中心，负责催化水分子的裂解

负责分解水的锰簇催化中心（Mn_4CaO_5）位于类囊体腔体侧[262]。其中一个 Mn^{2+} 和 OH^- 在光子能量的激励下失去电子，并且获得对另一个 OH^- 发动亲核攻击的能力。经历一轮多达 5 个步骤的状态循环，该锰簇由两枚水分子制造出一枚氧分子，产生还原型质体醌，从而为光系统 I 提供电子。同时，失去电子的氢原子（质子）被滞留在类囊体的腔体侧，形成跨膜质子电化学势，用以驱动 ATP 合酶的工作循环。

4. 能量共振转移　类似于电子对应着氧化还原电位差或者质子对应着 ΔpK_a，光子在不同的色素分子之间的运动也可以用自由能景观图中的能级来描述。一般来说，质子转移需要连续的质子导线；质量仅为质子 1/1800 的电子，其转移需要相距 15Å 左右的、可以发生隧道效应的电子供体 - 受体对；而质量为零的光子，其转移则需要具有正确空间取向的色素分子对，而对于距离的限制则更宽松一些（如两个叶绿素核心 Mg^{2+}-Mg^{2+} 间距可达 50Å）。光子在色素分子网络中的能量共振转移无疑属于量子力学现象。严格地讲，在该网络中，光子传递通路的说法应该由波函数边界条件的概念取代。类似于曾经撼动经典物理学的杨氏双狭缝实验所提示的原理，被捕获的光子将在整个网络中传播，而并非沿着其中某一条分立的路径到达指定接收器（光系统的反应中心）。尽管如此，经典电动力学中的谐振子 - 电磁波理论仍然可以给出较为直观的物理图像：由于电偶极谐振子的最大发射峰位于以其为法线轴的主平面内，一个色素分子的发射能谱空间分布（或者吸收谱分布）的形状就像一只面包圈，在杂环平面附近取最大值。进而，对于每一对色素分子，如果在其连线方向两只“面包圈”发生重叠，它们就可能传递光子；该重叠的空间积分越大，发生光子传递的概率就越大。因此，以下经典统计物理图像在一定程度上也是有效的：首先，基于结构的能量转移分析，亚基内部所结合的色素基团之间的能量转移一般在 10ps 内即可完成；而亚基之间的能量转移可在 100ps 时间尺度上完成。进而，根据能量转移的速率，可以将色素分子网络划分成若干条光子传递通道。在能量最低的势阱中，光子被吸收，因为那里光子的寿命最长；并且，将其用于提升电子的势能，即降低氧化还原电势。

5. *反应中心的“特殊对”* 在光系统Ⅰ和光系统Ⅱ中，光子的最低能量势阱位于复合体的中心，被称为特殊对（special pair；图 7.2.10）。它由一对叶绿素组成，其吸收峰波长比其他色素分子的对应波长更长。叶绿素卟啉环的中心是 Mg^{2+}。特殊对中的 Mg^{2+}对，利用所吸收的光能，将电子激发到高能量轨道上。蛋白质所提供的 His 侧链基团可以稳定这种电子激发态，以便于电子向其他电子受体转移，而不是迅速地返回基态。在特殊对附近，一个由 His 到 Phe 的点突变就可以破坏这种稳定作用，使反应中心的光电转化效率降低。在光系统Ⅰ中，丢失电子的特殊对从来自光系统Ⅱ的还原型质体醌获得补充。类似于细菌视紫红质蛋白中的质子，这里的电子被用作能量的载体，沿着氧化还原电势下降的方向被最终富集到基质侧（类囊体外环境）。

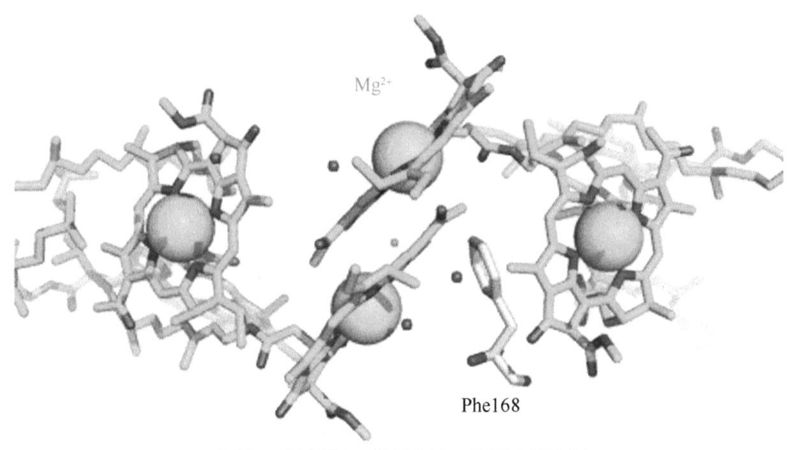

图 7.2.10 光系统Ⅰ中的特殊对（引自苏晓东等，2013）
图中中间部分两个交错叠合的叶绿素分子即“特殊对”。每个色素分子中心处的镁离子由青蓝色小球表示。特殊对的功能是稳定电子对的高能状态

6. *光淬灭* 在向反应中心传递光能的同时，光致激发的叶绿素分子返回基态，该正常过程称为光化学淬灭。然而，在强烈光照的条件下，植物光系统可能被饱和。此时，过多的光能会导致三线态的叶绿素的积累，并且产生活性氧（reactive oxygen species，ROS），进而诱发各种氧化损伤。植物进化出了一套非光化学淬灭程序，其中最主要的机制是将已吸收的光子直接转化为局部热释放，而不再被送往光合反应中心。

PsbS 蛋白就是介导非光化学光淬灭过程的重要蛋白之一，主要参与短期应激机制。晶体结构分析显示，它具有一个赝二重对称性的结构，左右两个结构域呈现相似的三维结构（图 7.2.11）[263]；其中每个结构域各含三根跨膜螺旋、两根腔体侧的两亲短螺旋及两条位于

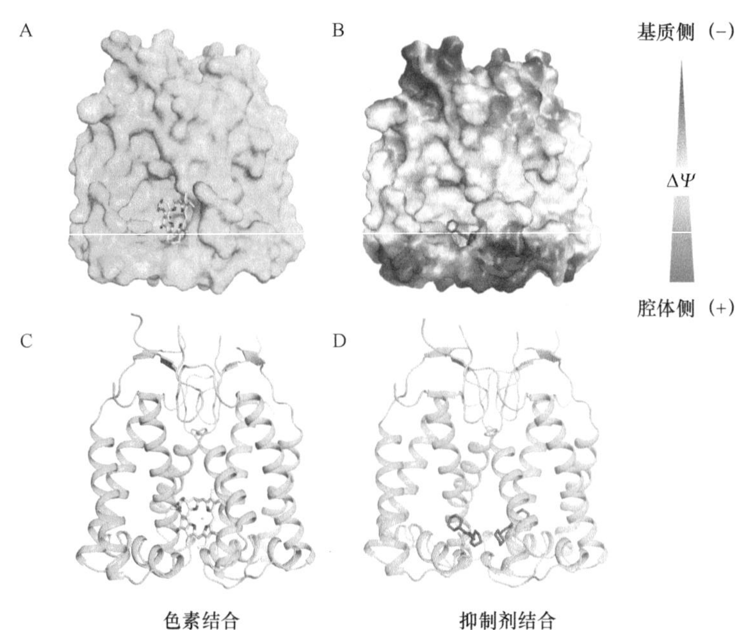

图 7.2.11　叶绿体光淬灭蛋白 PsbS 晶体结构（引自 Fan et al.，2015）

PDB 代码 4RI2；分辨率 2.4Å。A 图中，两个亚基分别着色。B 图为分子表面电势图（蓝正 - 红负），上方为叶绿体基质侧，下方为类囊体腔体侧。C 图为结合色素分子（黄色）的状态。D 图为结合抑制剂（品红色）的状态

基质侧的环。两个结构域之间可以结合若干色素分子。事实上，许多光系统中的色素结合蛋白都具备类似的折叠形式和赝对称性结构，提示了淬灭机制与光合作用系统的进化关系。根据 2.2 节中的讨论，PsbS 中的两亲性结构元件提示，在行使其功能或接受调控时，PsbS 蛋白分子可能发生较大的构象变化。

叶绿体的基质侧等价于细菌的胞质侧，带负电位。类囊体的腔体侧则等价于细菌的胞外侧，发生质子富集，并且表现为正电位。类似于细胞质膜上膜蛋白所遵从的"正电在内规则"，PsbS 蛋白的基质侧携带碱性氨基酸残基，而腔体侧则携带更多的酸性氨基酸残基。PsbS 蛋白跨膜区的腔体一侧可以结合色素分子。这些色素分子吸收光子，并且使其发生淬灭（转化为热）。如果在实验中用抑制剂竞争该位点，色素分子将无法结合，淬灭现象也就无法发生。此外，在高 pH 条件下得到的晶体结构中，PsbS 并未结合色素分子，提示 pH 可以影响色素分子的亲和力。

PsbS 蛋白如何感应光系统的饱和程度呢？光合反应的结果之一是类囊体腔侧质子浓度的剧增以及膜电位的加强。在低 pH 条件下，PsbS 腔体侧所富集的酸性氨基酸残基将发生质子化。随即，在膜电位的作用下，这些被质子化的局部结构将向基质侧移动。进而，在两亲螺旋的协助下，跨膜螺旋之间发生构象变化，从而提高色素结合口袋对色素分子的亲和力。该结合可能有利于与其他色素分子竞争光子，并且使光子在 PsbS 蛋白中迅速发生淬灭。反之，当光合作用不充分时，这些酸性氨基酸残基将发生去质子化，PsbS 向腔体侧移动。进而，色素结合口袋变得松散，色素分子不能稳定地结合，淬灭现象将被抑制。

可以认为，PsbS 的配体结合口袋具有受到 pH 调控的开放和关闭两种构象。色素分子（叶绿素衍生物）在 PsbS 的关闭状态具有更高的亲和力，即 ΔG_D（C）<0；如果我们将其与质子结合分开考虑，则 ΔG_D（C）与 pH 无关。在两种构象之间，PsbS 构象能与色素的结合能之和应该大于零［满足不等式 $\Delta G_C+\Delta G_L$（C）$+\Delta G_D$（C）>0］。这一假设保证，在正常

光照条件下，PsbS 蛋白倾向于开放状态，不结合色素，因此不会发生光淬灭。驱动色素结合的能量只可能来自强光条件下（低 pH、强膜电位下）质子结合能的变化［ΔG_L（H^+）$+\Delta G_D$（H^+）<0］，并且强大到足以抵消上述能量。其中第一项［$2.3RT$（$pH-pK_a$）］与当前 pH 有关：pH 越低，亲和力越强。而第二项与膜电位静电能及质子亲和力差值有关：膜电位越强，越容易实现关闭状态。这一质子化机制为 pH 别构调控和膜电位共同影响膜蛋白功能提供了一个简洁且具有普遍意义的解释。

7.3 呼吸链复合体 I

在真核细胞线粒体中，代谢反应所产生的氧化还原电势经过质子跨膜电化学势，最终转化为储存于 ATP 的化学能。整个能量转化过程由 5 个呼吸链复合体协同完成：复合体 I（NADH：醌氧化还原酶）和复合体Ⅱ分别利用来自三羧酸循环的 NADH 和琥珀酸与醌之间的氧化还原电势，产生横跨线粒体内膜的电化学势（PMF），并生成氢醌；复合体Ⅲ（细胞色素 c 还原酶）利用氢醌与细胞色素 c 之间的氧化还原电势，以化学泵浦的方式产生 PMF；复合体Ⅳ（细胞色素 c 氧化酶）利用还原型细胞色素 c 与氧分子之间的氧化还原电势，进一步提升 PMF；复合体Ⅴ（上文介绍的 ATP 合酶）利用总的质子动力势源源不断地合成 ATP 分子，维持细胞的能量消耗。复合体 I 至复合体Ⅳ可以形成多种组合形式的、动态的超复合体，借助共享的醌池等酶学常见机制，提高能量转换速率，同时避免活性氧的积累等负效应[264]。本节分析复合体 I 的结构和可能的质子泵浦机制；下一节讨论复合体Ⅳ相关的结构动力学问题。

7.3.1 基本结构和能量偶联的一般机制

作为线粒体呼吸链五大复合体中结构上最复杂的成员，复合体 I 是一类重要的且极具代表性的初级主动转运蛋白。它的驱动能量来自生物化学上最基本的氧化还原电势；其转运底物为质子或者 Na^+。复合体 I 及其同源蛋白广泛分布于细菌质膜、植物类囊体内膜、动物细胞线粒体内膜[265]。

复合体 I 利用 NADH 与醌之间一对电子的氧化还原电势能差，驱动 4 个质子的跨膜转运，从而建立跨膜质子电化学势（包括膜电位和 pH 梯度），同时以还原型醌［氢醌（QH_2）］的形式为呼吸链下游的复合体Ⅲ提供电子。在稳态情况下，它的能量转化效率很高，发热量很小①。这表明电子迁移和质子泵浦这两个过程紧密耦合，以至于在热力学平衡态附近，复合体 I 所催化的偶联反应是可逆的[266]。

复合体 I 是已知的最令人困惑的质子泵。其核心部分由 14 个蛋白质亚基组成，并且在物种间高度保守。相较于原核生物，线粒体中的复合体 I 还含有 30 个左右的附加亚基，发挥组装、定位、稳定结构，以及更为复杂的调控作用。嗜热菌复合体 I 的晶体结构是第一个近原子分辨率的复合体 I 基态结构，包含了全部 14 个核心亚基[267]。在以下关于复合体 I 的讨论中，我们将以图 7.3.1 所示的嗜热菌复合体 I 取向作为参考。该复合体 I 由周边分支

① 与之相比，人工机械至有“能量 - 做功”转换效率达到 50% 者。实际数值常常远低于此。

和跨膜分支组成一个 L 形结构。每个结构分支的长度为 140～180Å，各含 7 个亚基。两个分支之间的夹角约为 120°。对于线粒体复合体 I 而言，只有跨膜分支中的 7 个核心亚基是由线粒体 DNA 编码的；其余亚基均由核基因组编码，在细胞质中合成，先后经线粒体外膜和内膜上的易位子系统嵌入内膜或者进入线粒体基质，并且完成组装和各类修饰（如一种少见的 Arg 侧链的双甲基化修饰）[29]。

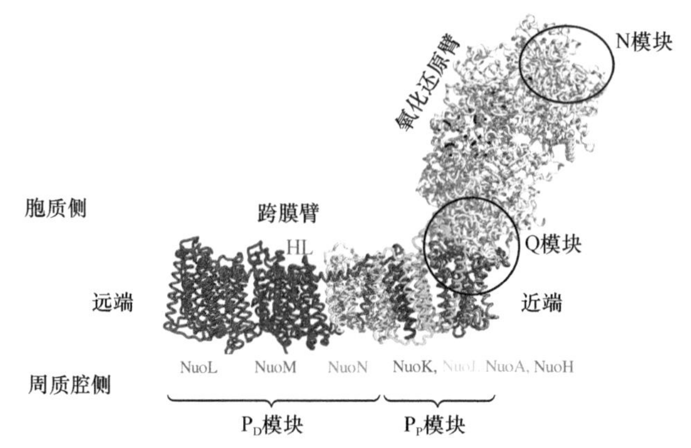

图 7.3.1　嗜热菌复合体 I 晶体结构（PDB 代码：4HEA）（引自 Formosa et al.，2018）

胞质侧位于上方；胞外侧位于下方。水平方向放置的是彩色着色的跨膜臂。其中，醌还原中心附近的“近端”模块（Q 模块）位于右侧。品红、蓝、黄色的三个远端亚基各构成一个质子泵。伸向胞质侧的氧化还原臂的顶端是 N 模块，负责将 NADH 氧化成 NAD^+（剥夺两个电子）

周边分支——图 7.3.1 中向斜上方上翘的灰色氧化还原臂催化一对电子从 NADH 传递到醌（Q），使后者还原。为什么需要如此长的一条臂结构来传递一对电子呢？进化上采用模块化组合是可能的原因之一。此外，这条电子传递臂含有一个黄素单核苷酸和 6～7 个铁硫簇（[Fe-S]），共同形成一带电子缓冲区，为下游的质子泵提供稳定的能源。作为缓冲区，电子在其中的运动只消耗极少的能量；并且，缓冲区与电子供体 NADH 相比，两者的平均氧化还原电位相当接近，进一步降低能量损耗。该氧化还原臂好似一只长柱形的电子注射器，使 NADH 在顶端处的结合和解离尽可能少地干扰跨膜分支附近的静电场。

在已知的（由去污剂溶解）复合体 I 三维结构中，跨膜分支的 7 个蛋白亚基形成一个伸展结构，其中心“长轴”呈现明显的曲率以及少许的挠率；并且沿该中心轴方向，跨膜螺旋排列呈现右手扭曲。进而，这些亚基组成 4 个模块。其中，最右侧靠近氧化还原臂的近端模块，包含催化醌还原反应的酶活中心以及一个可能的质子泵。其他三个同源性较高的亚基各构成一个质子泵。这后三个质子泵之间由一根位于胞质侧的、平行于膜平面的两亲长螺旋（HL 螺旋）彼此串联起来。此外，在该结构的背面、胞外一侧，还存在着另一组由 β 片层和 α 螺旋相间组成的、两亲性的、细长条形的连续结构（简称 βH 带）。这两组保守的两亲性结构元素不仅将质子转运臂稳定在基态构象，而且当亚基发生构象变化时，还可以发挥储存构象能和传导应力的功能。关于它们是否实际参与了能量储存或传导，目前仍在热议之中。基于早期的结构研究，研究者曾凭直觉推测 HL 螺旋形成一条机械连杆；它可以通过类似蒸汽机的曲轴连杆式运动将机械能从近端传递到远端[268]。然而，之后的针对 HL 螺旋的突变实验基本上否定了这一颇具诱惑力的假说[269-271]。有趣的是，上述双侧条带状弹性结构与 Piezo 通道叶片中的情形颇为相似（参见 6.3.1 小节）。此外，对于复合体 I 这样的需要大幅度构象变化的长条形非对称膜蛋白来说，参与前述呼吸链超复合体很可能有利于提高能量转换效率；否则的话，复合体 I 会像依赖鞭毛泳动的细菌一样在脂双层中漫无目的地到处乱窜，将输入能量无谓地浪费到平动能方面。

值得强调的是，水平的跨膜分支不仅可以与线粒体呼吸链中 NADH：Q 专一性的氧化还原模块相偶联，其变种还可以与多种其他类型的氧化还原模块相偶联，并且利用各类电子迁移所释放的能量驱动质子（或者其他阳离子）的跨膜转运，从而完成从氧化还原电势到跨膜电化学势的能量转化。因此，这些不同跨膜臂极有可能共享某种离子转运机制。此类共性机制也正是膜蛋白结构动力学研究应该关注的重点。

氧化还原反应的本质是电子从低氧化还原电位的化合物向高氧化还原电位化合物的迁移。在复合体 I 所催化的过程中，NADH 失去一对电子，被氧化为 NAD^+；同时，Q 获得一对电子和一对质子，变为氢醌（QH_2）。这一反应之所以得以发生是因为醌吸引电子的能力比 NADH 更强，或者说醌的氧化还原电位比 NADH 更高。两者之差称为该反应的氧化还原电势，即反应定向发生的驱动力。作为催化这一反应的酶，复合体 I 并未改变反应的氧化还原电势，而只是降低过渡态的能量势垒，使醌的还原反应更易于发生。更为重要的是，复合体 I 将这个氧化还原反应所释放的能量用于驱动质子的跨膜转运。这正好比，人们不仅在大坝的底部修建了一条涵洞，而且在涵洞中安装了一部涡轮机用于发电。

根据转运蛋白的普遍机制，可以对复合体 I 中的质子泵工作原理做一些基于热力学的一般性讨论。在质子转运臂中，质子被从胞内挤压出细胞（或者从线粒体基质侧转运到膜间隙）。在这一过程中，质子是在向膜的高电化学势一侧做耗能运动，因此必须由外界能量驱动；而这一驱动能量来源正是醌的还原能。能量由近端向远端传播；每跨越一次模块界面，能量流的强度依次减小（图 7.3.2）。

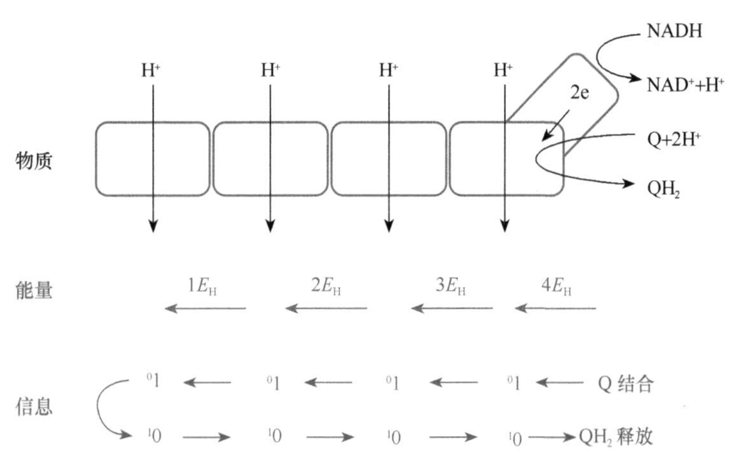

图 7.3.2　复合体 I 中质子转运臂中物质、能量、信息流示意图

E_H 为转运一个质子所需的能量。质子泵的基态和激发态分别用 0 和 1 表示；^{01} 和 ^{10} 则分别表示 0→1 和 1→0 的状态转换

醌的还原过程可以分解为底物醌与酶的结合、注入电子、质子中和以及产物 QH_2 的释放。其中的每个步骤都可能释放机械能或者静电能；而所有这些能量项总和应该正好等于醌在溶液中的还原能。已有的结构研究表明，醌分子的结合位点呈现动态的结构；它由醌分子诱导而形成，符合酶学中的底物诱导契合模型。因此，醌的结合可能带动近端模块的构象变化[272-274]。进而，电子对和质子对的依次注入又可能改变膜内静电场的分布，从而长程地影响带电膜蛋白分子的构象。这类电荷变化所引起的静电力遵从库仑定律。从 2.3 节的讨论中我们已经知道，与膜电位电场相关的电荷密度仅为约 0.04 倍单位电荷 1000Å^2；而每次氧化

还原反应涉及高达两个电荷的电量。所以，此类反应所涉及的静电力很可能比膜电位相关的静电力更为强悍。很显然，对于理解跨膜质子泵的分子机制而言，能量在上述各个步骤中的分配以及能量释放的时间顺序都是至关重要的；但相关的研究报道甚少。

根据转运蛋白的通用交替访问模型，每个质子泵必然拥有两个主要构象：内向型和外向型。其中，内向型构象必须具备较高的质子亲和力；在没有电子对注入的情况下，它可能是一个高能量状态（C_1）。相反，外向型构象应该表现出较低的质子亲和力；在没有电子对注入的情况下，它可能是系统的基态（C_0）。在 1→0 构象转换中，上述针对底物质子的亲和力差异（$\Delta pK_a<0$）将有利于质子在膜的不同侧分别被捕捉和释放，并且提升质子的电化学势能，亦即贡献 $\Delta\mu$（H^+）三级跳中的 ΔG_D^0（$\equiv -2.3RT\Delta pK_a>0$）部分以及 $F\Delta\Psi$。

可以设想，来自醌还原反应的外界能量首先使最近端的质子泵发生 0→1 构象转换，导致该模块与底物质子首先结合。进而，更远端的质子泵依次获得能量，并且发生类似的变化。在（左侧）最远端，质子在胞内侧的结合导致 1→0 载物变构，同时将质子释放到胞外。进而，其近端一侧的其他质子泵发生多米诺骨牌式的载物变构，并且释放更多的质子。在最近端，质子泵的载物变构或者质子的释放将触发氢醌的释放。随即，系统进入下一轮功能循环。已有生化实验证据表明，阻断这个转运序列中的任何一步都使近端氧化还原酶的活性丧失。上述图像基本上是遵循一种机械传动的思路；如同一条被甩动的鞭子，长条形的跨膜臂将能量从一端传导到另一端。目前，研究者对此模型中必要的细节知之甚少。譬如，对于一个给定的亚基而言，只要在一轮功能循环中发生一组 0→1 和 1→0 构象转换，模型就是合理的；关于两个构象转换孰先孰后的实验证据尚待发现。因此，上述机制讨论仍然属于一类概念水平的脑筋操。

一般来说，机械力是由刚性物质所介导的近程力；而静电力则是由低介电常数介质所介导的长程力。在复合体 I 的能量传递中，人们并不清楚静电能量与机械能量的分配比例。因此，存在着另一种可能：能量传递并非以上述机械能形式由近及远、由强渐弱地依次发生；而是以长程静电能的形式一次性完成的（图 7.3.3）。这一另类机制模型的推论之一是：在 4 个质子泵模块中，从基态到激发态的构象变化可能同时、彼此独立地发生。更确切地说，新模型对于各模块的激活顺序无须一个先验的限制。

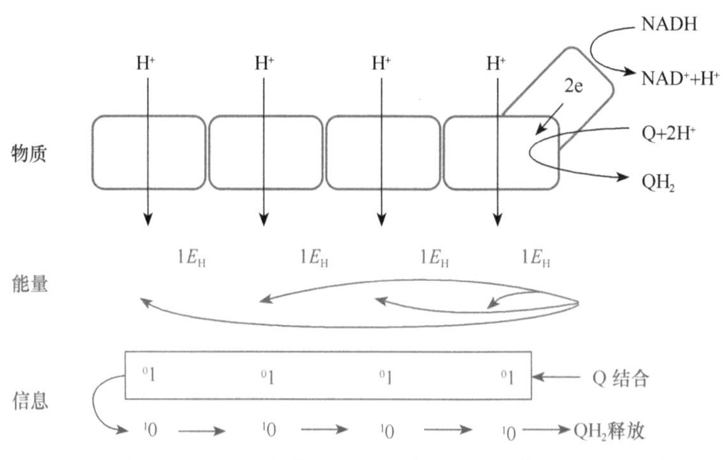

图 7.3.3　不同视角下的复合体 I 中质子转运臂中的物质、能量、信息流

符号定义参考图 7.3.2

在针对所有主动转运蛋白的机制研究中，底物与驱动物质的偶联是需要被阐述清楚的核心科学问题。譬如，二级主动转运蛋白可以分为同向转运和逆向转运。对于同向转运而言，

底物和驱动物质的结合或释放总是正协同性；而对于逆向转运而言，底物与驱动物质相竞争，即表现为负协同性。无论采用哪种机制，驱动物质（如质子）的结合和解离都是所有二级主动转运蛋白功能循环中最普遍且关键的两个分子事件。关于二级主动转运蛋白的结构动力学研究的主要目标之一可以设定为解释底物与驱动物质之间的协同或者竞争机制。以此类推，复合体 I 属于由氧化还原电势驱动的初级主动转运蛋白；其底物是 4 个质子，而驱动物质则是一对电子。可以认为，电子对的注入以及被中和是复合体 I 功能循环中最关键的两个分子事件。另外，与典型二级主动转运蛋白不同，在初级主动转运蛋白中，底物和驱动物质并未分享同一条物理路径。据此，可以设想两类同等可能但互不兼容的机制。

- 顺序机制：假设内向型构象是质子泵的基态。底物质子从胞内侧首先结合到质子泵的这个基态；之后，电子对才可能注入氧化还原反应中心，驱动构象转换。进而在外向型构象下，底物质子率先解离；随后，电子对才被中和，构象返回内向型基态。此类机制可以称为正协同性模型。
- 乒乓机制：假设外向型构象是质子泵的基态。电子对首先将跨膜臂从基态（C_0）激发到高能态（C_1），等待底物质子的结合。随即，4 个底物质子完全结合，并且触发电子对被中和；复合体随即返回构象 C_0。当所有底物质子解离之后，才可能发生酶反应产物 QH_2 的释放以及新一轮电子对的结合。此类机制可以称为负协同性模型。

鉴于已知复合体 I 的晶体结构均属于没有电子注入条件下的基态结构，并且各质子泵模块很可能均处于无底物结合的外向型构象，复合体 I 更可能使用乒乓机制，即负协同式的能量偶联机制。我们将沿着这一思路继续下面的讨论。

7.3.2　关于复合体 I 的 5 个科学问题

为了解释复合体 I 中质子泵的功能循环，我们需要归纳、提出、凝练，并且回答一系列关键的科学问题，举例来说：

- 质子泵双稳态构象的结构基础是怎样的？
- 电子对的注入如何将氧化还原电势能转化为质子泵的构象能（ΔG_C）？
- 构象能是如何驱动质子泵浦的？
- 在质子泵功能循环中，质子导线将如何连接以及发生切换呢？
- 底物质子的结合和解离步骤将如何与醌的氧化还原反应精确的同步化呢？

1. 质子泵的构象变化　首先，我们分析质子泵中可能的、由电子注入引发的构象变化（激发变构），同时尝试回答上述第一个问题。

在复合体 I 基态晶体结构中（图 7.3.4），每个质子泵亚基含有 14 条跨膜螺旋，形成 N_{TM}（TM1～TM8）和 C_{TM}（TM9～TM14）两个结构域。其中，N_{TM} 结构域中 TM4～TM8 与 C_{TM} 结构域中 TM9～TM13 之间存在明显的反式赝二重螺旋对称性，其螺旋轴平行于膜平面。经过 180° 旋转外加一项沿转轴的平移，前 5 根螺旋所形成的螺旋束刚体结构就可以与后 5 根螺旋近似重合。此外，相邻亚基界面处也存在类似的、螺旋束之间的反式赝二重螺旋对称性。特别需要指出，由上述对称性相联系的 TM7 和 TM12 均在其 α 螺旋中间处出现断裂弯折，并且嵌入了一段 7 残基所形成的环。这类螺旋断裂是 Mrp 类型质子泵的标志性结构元素，也是膜蛋白中常见的一类离子结合位点（参见 4.4.2 小节）。

详细的结构分析表明，与亚基内部两个刚体模块之间的堆积相比，亚基之间的模块堆积表现为明显不同的形式。在发生断裂的螺旋 7 和 12 附近，这类对于二重螺旋对称性的偏离

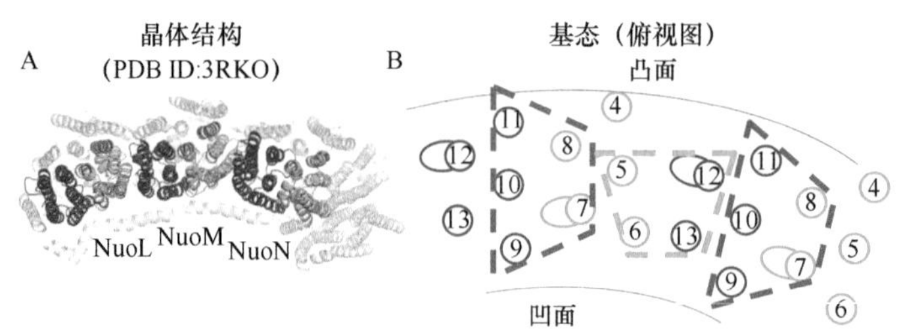

图 7.3.4 复合体 I 基态结构中的质子泵亚基内部以及之间的螺旋束排列

A 图为三个远端质子泵的基态晶体结构。每个亚基中，TM4～TM8 标记为绿色；TM9～TM13 标记为紫色。为简洁起见，B 图中只显示了两个相邻的亚基。5TM 模块之间的两种不同堆积方式分别用红色、青蓝色梯形表示

表现得尤为突出。几何学上，这种偏离导致多个亚基并非一字排开；而是形成一个膜平面内的弧形结构，出现凹面和凸面。这样一个弧度由凹面一侧的水平长（HL）螺旋的拉抻弹性，以及凸面一侧的 βH 带状结构的压缩弹性来共同维持。其中，凹面一侧的 HL 螺旋只与每一个质子泵亚基中的 C_{TM} 结构域存在直接相互作用，而允许 N_{TM} 结构域保留更多的自由度。

在长期的演化中，为什么此类质子泵会像绝大多数其他转运蛋白一样，始终保留内禀对称性呢？这种保守性似乎暗示着转运蛋白的对称性构象变化与生物膜脂双层对称性之间的关联。如果一种构象代表了质子泵双稳态中的外向型构象，那么由对称性制约的另一种构象就很有可能代表着相应的内向型构象。

由于实验中没有电子对的注入，已知的复合体 I 跨膜臂的三维结构很可能属于某种基态结构。事实上，研究者在生化实验中发现，从初始添加 NADPH 到发生质子转运，需要数十秒的“热身”时间。此类“热身”现象似乎提示：人们在体外结构研究中所测定的三维结构并非复合体 I 功能循环的构象之一，而是一个较为接近基态构象，但尚未“进入状态”的松弛构象。那么，它们的激发态结构又应该是怎样的？如果复合体 I 的跨膜臂发生系统性的堆积重排，原有的弧形结构就可能发生如图 7.3.5 所示的激发变构，导致弧度反转。这类构象变化涉及 N_{TM} 与 C_{TM} 结构域之间的转动，而其转轴近似地垂直于膜平面。根据结构的对称性，当结构域之间的堆积发生重排时，质子泵亚基会发生内向型和外向型构象之间的变化。伴随而来，质子泵亚基中心处的可质子化位点与通往胞内侧或外侧的质子导线的连接状态也将会发生切换。值得注意的是，N_{TM} 与 C_{TM} 结构域之间的构象变化并不一定是严格的刚体间相对运动；TM7 和 TM12 中嵌入的环均可能在 α 螺旋中注入柔性，协助上述构象变化。

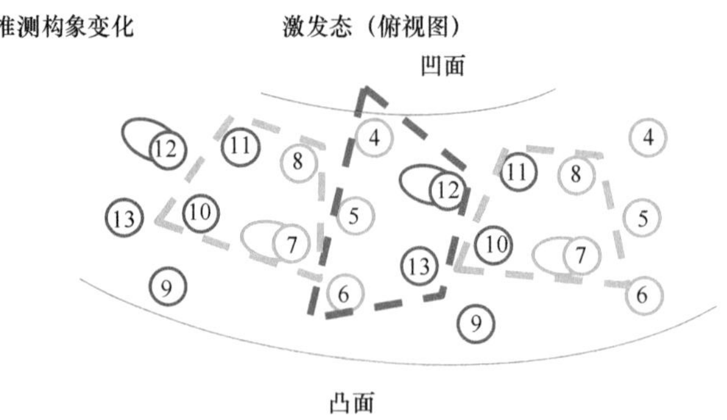

图 7.3.5 质子转运臂中质子泵螺旋束之间的第二种可能排列方式

另外，由于存在胞内侧两亲性水平长螺旋和胞外侧两亲性 βH 带，上述弧形结构的变化必然对应于由低到高的能量水平上的变化。来自氧化还原反应的能量首先以构象能（ΔG_C）的形式储存到各个质子泵亚基中；随即，在构象能释放的过程中，部分构象能将被用于驱动质子由电化学势低能态到高能态的转运（补偿 ΔG_D）。

基于交替访问模型在多种转运蛋白中的成功应用，我们有理由相信：在已知的复合体 I 基态结构之外，一定还存在着一类激发态构象。而构象变化很可能是以一种对称性方式、通过上述结构域重排来实现的。关于复合体 I 结构研究的重点之一将是鉴定这类激发态结构，并且抽丝剥茧对其进行定量化分析。

2. *氧化还原反应到质子泵浦的能量偶联*　作为对上述第二个问题——电子对注入与激发变构的能量偶联机制的思考，不难认同：镶嵌在质子泵中的任何带电基团，均可以感知发生在醌氧化还原反应中心的电荷变化，并且以某种改变自身电荷分布的方式对后者做出响应。而在质子泵亚基中，研究者的确发现了诸多带电基团，并且它们呈现明显的、符合“正电在内规则”的分区式分布。因此，原则上讲我们已经发现了一个氧化还原反应与质子泵激发变构之间能量偶联的可能线索。

问题三：质子泵的载物变构将如何驱动质子的跨膜转运呢？载物变构是底物跨膜转运的必要条件，但不是充分条件。一般来说，当一个质子泵亚基从内向型构象变为外向型构象时，其质子化位点需要同时由强亲和力变为弱亲和力，甚至彻底地排斥质子。这两种构象之间的 ΔG_D（ΔpK_a 所对应的结合能差 ΔG_D^0 与静电势能差之和）必须由外界能量输入来补偿。只有如此才可能驱动底物质子，使其发生抵抗 pH 梯度和膜电位的运动。

那么，这类亲和力陡降应该如何从结构上实现呢？与 MFS 家族转运蛋白中的模体 B 类似（图 4.2.16），复合体 I 中的每个质子泵亚基，其胞内侧 TM10 的 N 端均具有一组高度保守的碱性氨基酸残基。在内向型构象下，由于高介电常数溶液的屏蔽效应，这些保守的碱性氨基酸残基对中央质子化位点 pK_a 的影响较弱；相反，在外向型构象下，由于高介电常数的溶液被排除，保守碱性氨基酸残基将通过静电相互作用显著地降低中央质子化位点的 pK_a 值。这一机制模型在质子泵载物变构与质子结合能差 ΔG_D^0 之间建立起必要且普适的联系。

3. *底物质子的转运路径*　关于问题四，我们讨论复合体 I 跨膜臂中质子导线的形成和切换。基于外向型基态（C_{out}/C_0）晶体结构的分子动力学模拟给出了复合体 I 跨膜臂中水分子的动态分布[275]。在一个给定时刻，只有为数不多的水分子存在于蛋白质分子内部；而图 7.3.6 所显示的则是一个类似于超长曝光的时间积累效果[275]。所有这些水分子的聚集区必然出现在极性氨基酸残基附近，并且很可能参与质子半通道的形成。尤为明显的是，在（图 7.3.6 上方）N_{TM} 与 C_{TM} 结构域的界面处存在着靠近胞质侧的水分子聚集；而在（图 7.3.6 下方）C_{TM} 结构域内部存在着靠近胞外侧的水分子聚集。不难设想，当质子泵处于内向型激发态构象（C_{in} 或 C_1）时，通往胞质侧的质子半通道将可能更充分地打开。需要特别强调的是，转运蛋白中不允许出现两侧半通道彼此连通的现象；否则，将会形成离子通道，并且导致由质子电化学势驱动的反向泄漏。发生于质子泵内部的构象转换，其功能在于将中央质子化位点在两个半通道之间进行切换，而并非使两个半通道彼此连通。

此外，图 7.3.6 中水分子的云状分布不一定意味着存在质子导线，而可能代表质子缓冲区（类似于物流集散地）。研究者在分析已知结构时发现，多数这类出现于 C_{TM} 结构域中的质子缓冲区与胞外空间之间被疏水性氨基酸残基所阻隔。无论该结构域作为刚体如何重排，都无法直接形成通往胞外的质子半通道。而最远端的质子泵亚基则是一个例外，其 C_{TM} 结构域中的缓冲区直接与胞外空间连通[276]。因此，我们需要为那些近端的质子泵亚基寻找一条

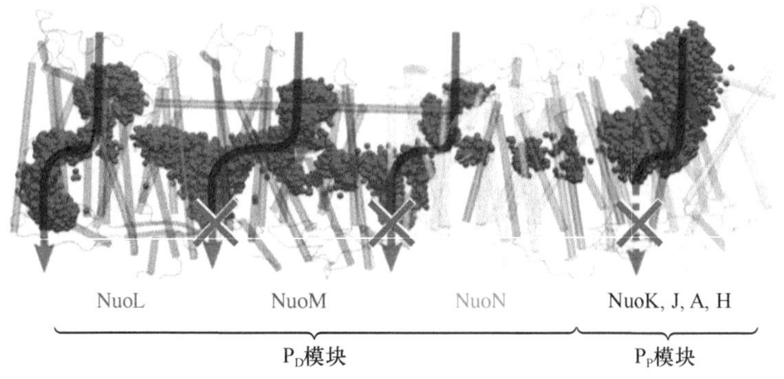

图 7.3.6　分子动力模拟计算给出的质子转运臂中的水分子结合位点——潜在的质子导线（引自 di Luca et al.，2017）

胞质侧位于上方。水分子动态结合位点用红色小球表示。红色“X”符号表示通往胞外侧的质子导线实际上被疏水性氨基酸残基所阻断

通往胞外侧的质子通道。

4. 信息交流的重要性　另一个亟待解决的问题（问题五）是质子泵与酶活反应中心之间的信息交流。根据前文讨论的负协同式能量偶联机制，电子对的注入只发生在所有底物质子被释放到胞外之后；否则，电子对注入所引起的激发变构将把（部分）底物质子带回胞内一侧。同理，电子对被质子所中和这一关键分子事件应该只发生在所有底物质子都结合就绪之后；否则，当复合体提前返回基态时，质子泵并未携带足够数目的底物质子。无论发生哪种异常，质子泵的能量转化效率都会大打折扣，甚至发生空转现象（参见 4.2.3 小节）。假如空转过程被允许与满负荷转运并存，由于空转的阻力较小（Q_X 较大），空转循环很可能成为高概率、高优先级的事件；此时，满负荷转运反应通路将形同虚设。

5. 复合体Ⅰ中的极性中心轴——物流大动脉　在二级主动转运蛋白中，静电驱动力一般是垂直于膜平面的。与之不同，在长条形的复合体Ⅰ跨膜臂中，静电驱动力更可能以平行于膜平面的方式发挥作用。在跨膜臂中，研究者发现了一条由保守碱性氨基酸残基和酸性氨基酸残基混合编组、贯穿东西的极性中轴线（图 7.3.7）。它很可能是质子泵浦的大动脉，并且兼有静电信号传输的功能；但是，此类长程通路对于除质子之外的其他底物将是极具挑战的，可以说几乎是不可能的。

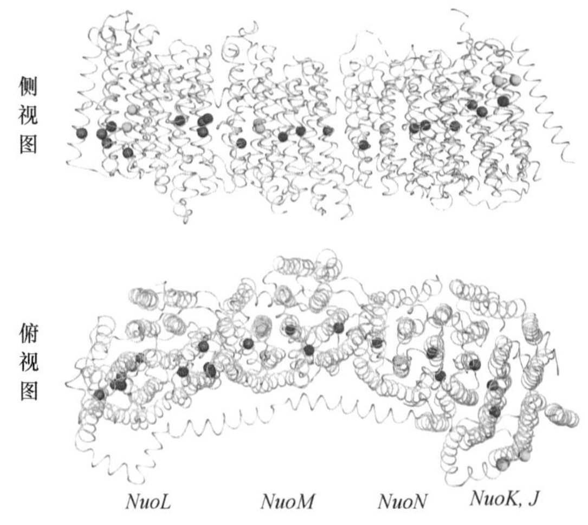

图 7.3.7　质子转运臂的极性中轴线

红色小球代表酸性氨基酸残基的 C_α 原子位置；碱性氨基酸残基（R，K），蓝色；组氨酸，青色

在每个质子泵亚基的 N_{TM} 结构域中，存在着一个几乎绝对保守的 Glu^{TM5}-Lys^{TM7} 离子对。它们的电荷间距在 5Å 以上，不能形成标准的盐键，但形成一只电偶极子。原则上讲，这类镶嵌在刚性 N_{TM} 结构域中的偶极子可以响应来自（右侧）醌氧化还原反应中心的、电子对注入所引起的静电场变化，从而驱动螺旋束刚体之间的构象变化。而当呈现整齐划一的基态取向时，这些偶极子又可以参与贯穿跨膜臂的质子导线的形成。

假如这些保守的正 - 负离子对仅仅是为了形成质子导线，它们应该可以被其他极性基团所替代。然而突变实验指出：多数其他极性氨基酸残基的突变并未严重影响复合体的功能，唯独这些保守的正 - 负离子对对突变极为敏感[277-280]。另外，假如一个正 - 负离子对仅仅是作为电偶极子而存在，疏水性微环境才显得更为合理。事实上，该离子对的微环境却是亲水的；其周围常常分布有其他极性基团，甚至水分子。因此可以推测，这些高度保守的 Glu^{TM5}-Lys^{TM7} 电偶极子担负着双重角色——响应沿跨膜臂长轴方向的电场变化，并且参与质子导线的形成。

在由 NADH：Q 氧化还原对驱动的复合体 I 中，氧化还原臂定位于跨膜臂的右侧；而在另一类氧化还原驱动的 Na^+泵——MBH 复合体中，氧化还原臂则结合于跨膜臂的左侧[145]。当分析氧化还原反应的步骤时，在复合体 I 中，带负电荷的电子对首先被注入上述保守电偶极子的负电极一侧，并且结合到电中性的醌分子；之后，它们被带正电荷的质子对加以中和。相反，在 MBH 中，首先被注入的更可能是充当电子受体的、具有正电荷的质子对，并且是发生在上述保守电偶极子的正电极一侧；之后，再由具有负电荷的电子对加以中和。在这两类复合体中，氧化还原反应中第一底物的结合方位总是促进电偶极子以（俯视图中）顺时针方向旋转，进而推动质子泵的激发变构，即 0→1 构象转换。一组难以用巧合作为解释的现象是，原核细胞中钠 - 氢交换泵的 Mrp 复合体不仅与 MBH 共享 Na^+泵模块的三维结构，而且 Mrp 复合体中左侧的内向质子转运模块替代了 MBH 中的氧化还原模块的功能，为右侧的 Na^+外排泵提供驱动能量。因此，上述模型或许可以为两类复合体中氧化还原臂相对于跨膜臂的取向差异问题，以及由平行于膜平面的静电力驱动的离子泵之间的进化关系提供一种自然的解释。

6\. 复合体 I 中的能量偶联机制模型　综上所述，我们可以给出一个关于复合体 I 中质子泵能量偶联机制的工作模型（图 7.3.8）[281]：当醌分子和电子先后结合到（右侧）近端醌氧化还原模块并且产生半醌（Q^{-2}）时，通过电子对所产生的静电场与远端其他模块中电荷之间的长程相互作用，跨膜臂中各个质子泵亚基被整体地从 C_{out}（C_0）激发到 C_{in}（C_1）构象，并且将静电能转化为各亚基的构象能（ΔG_C）。此处，我们只考虑由电子对所产生的快速的一级静电效应，而忽略那些较慢的电荷分布变化所引发的二次效应。

在构象 C_{in} 下，每个质子泵亚基的中央质子结合位点只与（上方）胞内侧相连，继而发生质子化。基于前文讨论的负协同式偶联机制，我们默认存在某种机制，它能保证底物质子的结合触发氧化还

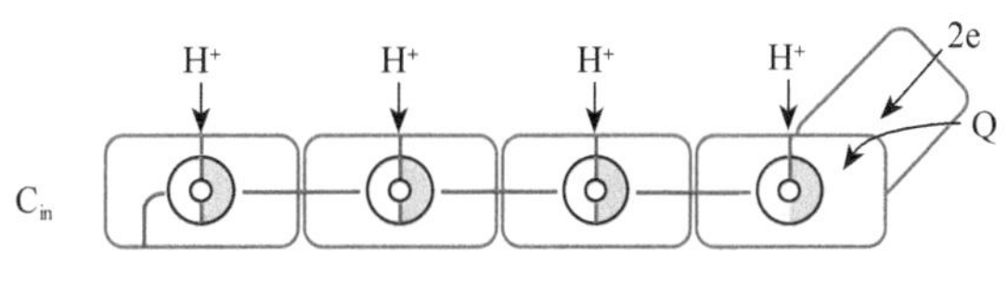

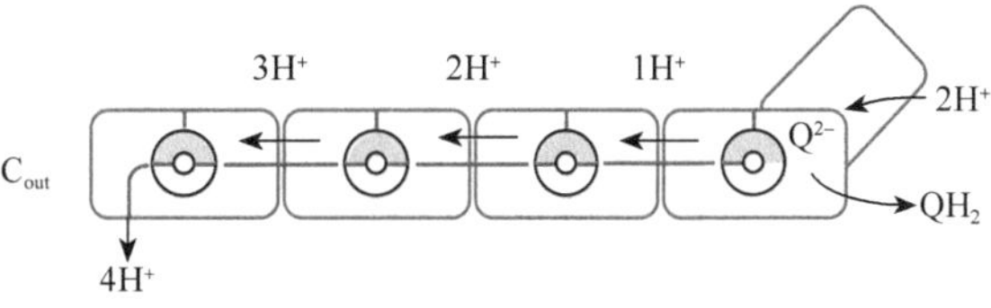

图 7.3.8　复合体 I 中质子泵的可能开关机制

空心圆盘表示各质子泵亚基中的中央质子结合位点。紫红色的线段代表质子导线。在激发态、内向型的构象下，各模块均从胞内侧接收质子，但模块之间的质子导线发生阻断。在基态、外向型构象下，各模块均通过极性中轴线以及最远端模块向胞外侧转运质子

原反应中心的半醌被带正电的质子对所中和，同时将醌还原为氢醌（QH_2）。此时，维持 C_{in} 的静电外力消失；质子泵所储存的构象能（ΔG_C）得以释放，不仅驱动 1→0 载物变构，而且提升底物质子的电化学势能（ΔG_D）。随后在质子解离阶段，质子导线连接成一条贯穿跨膜臂的通路（基态晶体结构中所观察到的极性中轴线），并且与最远端质子泵中通往胞外的质子导线相连。切断任何一段导线都会使质子泵浦中断。关于底物质子的结合如何触发醌氧化还原反应中心的电子对被中和，仍属未知。但是，如果反应中心处一对电子可以迫使 4 个质子泵发生构象变化，那么原则上 4 个结合到跨膜臂上的底物质子也可以诱导醌氧化还原反应中心的构象变化。

在这个工作模型中，（左侧）最远端质子泵亚基的功能尤为重要。它提供唯一的底物质子通往胞外侧的出口。与此推测相一致，实验中敲除远端的亚基导致复合体 I 的氧化还原酶活性显著降低，甚至失活[269, 282, 283]。此外，其他各模块中的底物质子并非一次性地穿行整个极性中轴线，而是以牛顿摆的方式、经过质子缓冲区、分多步穿过极性中轴线。只有在极性中轴线提供的、远端一侧的质子导线畅通时，较近端的质子泵才可能顺利地完成 1→0 载物变构。否则，结合着质子的 C_{out}（C_0）构象将积蓄着泵浦质子所需的部分能量，呈现较高的能量水平，因而不容易实现。这一分析揭示了一种跨膜臂中质子泵发生由远及近的序列性、协同性载物变构的可能性。可以推测，在最近端模块中，底物 Q 的结合以及电子对的注入与 0→1 激发变构相偶联；类似地，1→0 载物变构则与产物 QH_2 释放相偶联。

一般来说，被转运的底物质子与电子之间的计量比（或者质子泵模块的数目）应该和氧化还原反应所释放的能量相匹配。假如在跨膜臂中存在过多数目的质子泵模块，电子注入所产生的能量和电场强度将不足以驱动位于最远端的质子泵发生激发变构；所谓强弩之末，势不能穿鲁缟。其悲剧后果将不仅限于远端附近的一部分质子泵亚基发生停摆、罢工，整个复合体的工作循环也将被堵塞、叫停。而且，一对给定的电子能否被顺利注入氧化还原反应中心取决于它们所受到的、来自各个质子泵激发变构的反作用力。假如阻力过大（如质子的跨膜电化学势已经积累到相当强的程度），电子对将无法继续被注入反应中心，甚至将被弹回，升高醌还原反应的逆反应的发生概率。

像对待其他转运蛋白一样，我们尝试给出复合体 I 的自由能景观图（图 7.3.9），用以指

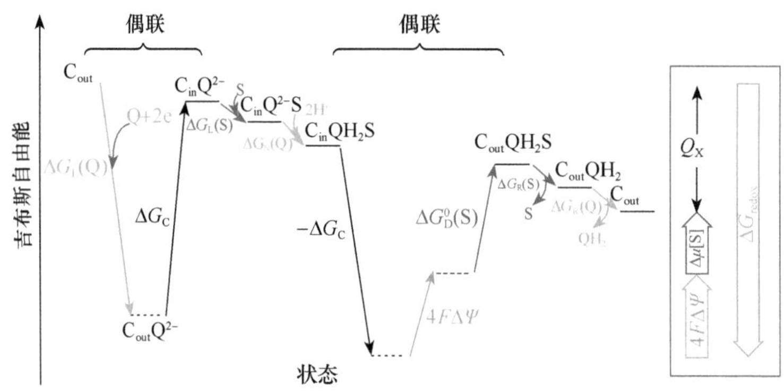

图 7.3.9 复合体 I 质子泵的简化版自由能景观图

绿色斜线表示与醌还原有关的能量项。红色、青色斜线分别表示与底物（H^+）浓度梯度和静电势能有关的能量项。黑色斜线表示与构象变化有关的能量项。C_{in}、C_{out} 分别表示内向型和外向型构象。字母 S 表示 4 个底物质子。Q、Q^{2-}和 QH_2 分别表示氧化型醌、半醌和氢醌。醌的还原反应分解、归并为三个步骤：结合、中和及解离。下标 L 和 R 分别表示结合和解离步骤。每个标记为“偶联”的步骤组合是同时发生的。空载基态 C_{out} 被人为地选作初始态和终止态。这一自由能景观图的特征是驱动能量 ΔG_{redox} 主要在结合步骤转化为质子泵的构象能 ΔG_C。随后，在返回基态时，构象能被释放，驱动质子的跨膜转运。其他图注请参考图 4.2.10

导对有关科学问题的分解、细化。该图最明显的特征是静电能首先转化为构象能；之后，构象能被用于驱动底物的转运。循环中两个最关键的步骤是电子对注入和被中和。有待解决的重要科学问题包括这两个关键步骤如何被触发，即与底物质子的结合和解离步骤相偶联。值得指出，该景观图将会随复合体 I 所处状态而变化。譬如，在建立跨膜电化学势的初始阶段，复合体 I 所受阻力较小，耗散热 Q_X 很大，因此反应速率很高。耗散热随着跨膜质子电化学势的增加而逐渐减小；能量转化效率也越来越高，而反应速率却变得越来越低。在接近平衡态时，能量转化效率趋于 100%，而反应速率也将趋于 0。

7. *复合体 I 质子泵的顺序变构模型* 考虑到所有模块同时发生构象变化可能需要过高的活化能，图 7.3.8 所示的同步化模型可能在动力学上存在一定困难。换言之，图 7.3.5 所示的全局性结构域之间的重排能否实现是有待商榷的。为了克服这个过高的过渡态势垒，可以采用一类酶学中常见的策略，将反应分解为多个较小的步骤。以下（图 7.3.10）便是一种各模块之间依次变构的模型：

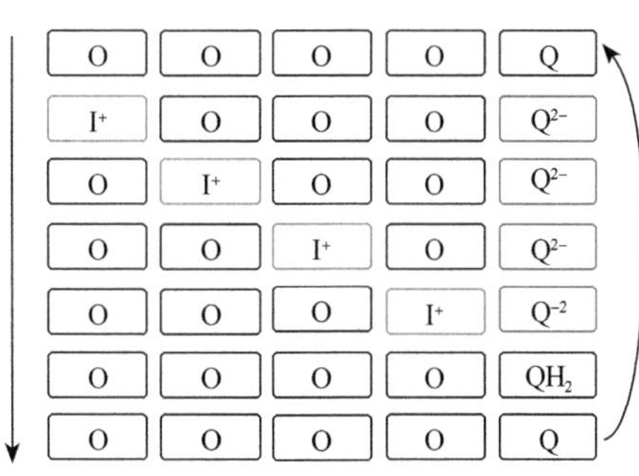

图 7.3.10 复合体 I 质子泵模块的顺序变构模型

每一行表示跨膜臂的一种状态；其中 5 个矩形代表 4 个质子泵和 Q 模块。质子泵模块的外向型基态和内向型激发态分别用符号 O 和 I^+ 表示（正号上标表示该状态结合有质子因而带有正电荷）。此外，右侧的醌还原模块具有三种状态（标记为 Q、Q^{2-} 和 QH_2），分别结合氧化型醌、半醌和氢醌。从上到下表示按时间顺序发生的 6 种状态（第一行与最后一行相同）。正、负电荷状态分别用蓝色和红色边框标记

在基态，Q 还原模块结合中性的醌分子，不产生长程的静电效应。此时，所有质子泵模块均处于外向型基态构象，其 pK_a 很低，不结合质子。

当醌接受一对电子时，Q 模块变为电负性。所有质子泵模块都将感受来自半醌（Q^{2-}）的静电力。但是，由于来自相邻模块的约束，只有最远端的模块所受阻力较小，率先发生激发变构，同时以高 pK_a 从胞内侧摄取一个质子。这一激发变构是整个循环中最耗能的步骤，将复合体 I 中整个连锁质子泵系统推向最高能态。

在左侧正电荷以及右侧负电荷的共同作用下，与激发态模块相邻的、原来处于基态的质子泵模块被激发，以高 pK_a 从胞内侧摄取质子。同时，原来的激发态模块发生载物变构，返回基态，并且以低 pK_a 向胞外侧泵浦质子。总体效果表现为"激发态"从最远端模块依次向 Q 模块所在近端方向定向移动。驱动这一"状态"单方向迁移的能量（以及泵浦质子所伴随的 ΔG_D）可以看作来自激发态的正电荷与 Q 模块中负电荷之间的静电吸引力；其间距逐步缩短，伴随能量释放。而相邻模块的构象能（ΔG_C）此消彼长，相互补偿，从而避免了同时在多个质子泵模块中积蓄构象能的苛求。

当到达最左侧质子泵模块之后，"激发态"触发 Q 模块中半醌的质子化，产生 QH_2。同时，该质子泵模块返回基态，向胞外侧泵浦最后一个质子。随后醌分子置换 Q 模块中的 QH_2；复合体 I 完成一次大循环。在该循环中，每个质子的泵浦过程都以极性中心轴为中介，并且经由最远端模块被输出到胞外。

尽管复合体 I 是被研究得最为深入的、由氧化还原电势驱动的离子泵，其底物离子的转运机制仍然处于多重迷雾之中。基于转运蛋白的普遍工作原理和复合体 I 的已知基态结构，我们对复合体 I 的机制进行了逻辑推演。从实验层面确定各质子泵模块的激发态构象，以及不同模块之间的物流路径、信息通道和能量偶联方式将是令人期待的研究方向。逐步而彻底地解决此类难题对于其他由氧化还原反应驱动的初级主动转运蛋白的功能研究将具有十分重要的借鉴意义。

7.4 醌氧化酶驱动的质子泵

醌氧化酶代表一类由氧化还原电势驱动的初级主动转运蛋白。其特点是，在将电子转移偶联到机械泵浦过程的同时，醌氧化酶还催化质子的化学转运。

7.4.1 醌氧化酶的一般机制

由前述呼吸链复合体Ⅰ所产生的氢醌（QH_2）可以在血红素 - 铜氧化酶超家族成员的催化下被进一步利用。该家族包括醌氧化酶和细胞色素 c 氧化酶（呼吸链复合体Ⅳ）两个主要分支，并且均含有血红素和 Cu^{2+} 作为辅因子。由于电子受体正是具有极高氧化还原电位的氧分子，相关的氧化还原反应有呼吸链的终极反应之称。譬如，细胞色素（cyt.）bo_3 醌氧化酶复合体将作为辅酶的氢醌中的一对电子传递给半个 O_2 分子；即辅酶被氧化，同时将氧分子还原为水[284]。该反应所释放的能量被用于驱动多个质子的跨膜泵浦过程，从而参与建立跨膜质子电化学势（图 7.4.1）。因此，cyt. bo_3 复合体属于典型的氧化还原反应驱动的初级主动转运蛋白。在适当的实验条件下，该反应中的电子迁移速率可达 $1500e_0/s$。相关的化学反应方程式如下：

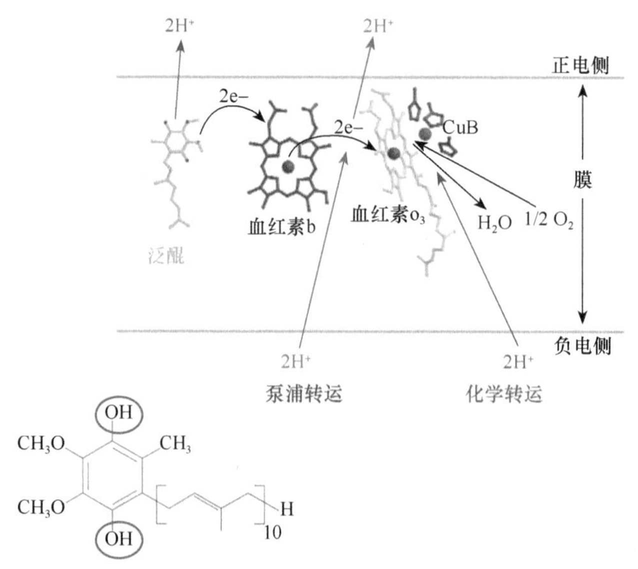

图 7.4.1 醌氧化酶中质子转移示意图（引自 Abramson et al.，2000）

膜电位的正电侧（P-side）位于图中脂双层膜的上方；负电侧（N-side）位于下方。与氧化还原反应有关的醌分子、血红素分子及 Cu^{2+} 结构均出示在图中。质子的化学转移途径由蓝色箭头标记；质子泵浦途径由红色箭头标记。左下角插图中红圈标识了作为辅酶的醌分子中的氧化还原反应基团

$$QH_2 + 1/2\ O_2 + 4H^+_{in} = Q + H_2O + 4H^+_{out} \tag{7.4.1}$$

在上述醌氧化反应中，两个质子的跨膜转运是通过化学方式实现的；即半个氧分子由胞内侧（也称负电侧）吸收两个质子形成一枚水分子，而醌则向胞外侧（正电侧）释放两个质子；两者的综合效果正好表现为一对质子的跨膜转运。同时，另外两个质子借助交替变构的泵浦过程实现迁移。

对于氧化还原反应而言，每一个反应物的氧化还原能力由中位电势（E_m）描述，而电子总是由具有较低 E_m 的供体向较高 E_m 的受体运动。在醌氧化反应中，电子由醌（$E_m \approx +90mV$）向氧（$E_m \approx +810mV$）转移；来自一枚醌分子的一对电子还原半个氧分子，产生一枚水分子，同时释放 $58RT$ 的能量①。该项能量中的一部分被用于驱动化学反应本身，剩余部分则偶联到另外两个质子的泵浦过程。综合起来，4 个质子的跨膜转运需要约 $24RT$ 的能量（$4\times|F\Delta\Psi - 2.3RT\Delta pH|$）；因此该反应中能量转化效率显著低于 50%。此外，氧化还原反应与泵浦过程之间还可能发生去偶联，进而导致能量转化效率进一步下降。除氢醌之外，由氧化还原反应驱动的质子泵浦还可以利用 cyt. c 等其他辅酶作为电子供体[285]。事实上，上述两个血红素 - 铜氧化酶分支在氨基酸序列和三维结构方面均表现出明显的相似性，因而在机制方面很可能也具有诸多共性。

7.4.2 关于质子泵浦的关键科学问题

研究者已经对醌氧化酶所催化的氧化还原反应过程，以及相关的质子化学转运进行了广泛且深入的研究。特别地，cyt. bo_3 复合体及其多种同源蛋白的基态结构已经得到解析[284, 285]。然而，氧化还原反应与泵浦之间的能量偶联机制仍然有待澄清。下面为了对质子泵浦机制进行一般性讨论，我们首先假设：每粒电子从供体向受体的转移驱动一个质子的跨膜泵浦。

根据转运蛋白的交替访问模型，质子泵存在两种终端构象（C_{in} 和 C_{out}），其质子结合位点分别向胞内侧和外侧开放，并且对应着不同的亲和力（$pK_{a,\ in}$ 和 $pK_{a,\ out}$）。一般来说，由于线粒体基质腔体侧（简称为负电侧）质子浓度低于膜间质侧（简称为正电侧），转运蛋白对质子的亲和力在负电侧需要高于正电侧，即应该满足 ΔpK_a（$\equiv pK_{a,\ out} - pK_{a,\ in}$）$<0$，以便保证泵浦过程中底物结合和释放步骤能够顺利进行。如果该条件得到满足，伴随载物变构，质子泵对底物质子的亲和力下降；与此同时，质子由膜的低电压一侧运动到膜的高电压一侧（$\Delta\Psi > 0$）。氧化还原反应所释放的能量将以质子泵构象变化的形式，提供两个质子迁移所需能量，包括与亲和力降低相关的结合能差 ΔG_D^0（$\equiv -4.6RT\Delta pK_a > 0$）以及与膜电位有关的静电能增加量（$2F\Delta\Psi > 0$）。

进而，存在以下两种可能的但互不兼容的泵浦转运模式。①正协同模式：在 C_{in} 基态下，两个底物质子首先从胞内侧结合到质子泵，并且启动氧化还原反应。反应能直接驱动质子泵的 C_{in} 至 C_{out} 载物变构（储存构象能 ΔG_C），导致质子在胞外侧释放，并且终结一次氧化还原反应（转移一个电子）。随即，被释放的 ΔG_C 将驱动质子泵返回基态 C_{in}，完成一轮循环。②负协同模式：在 C_{out} 基态下，氧化还原反应首先将空载的质子泵驱动到激发态 C_{in}（储存构象能 ΔG_C）。底物质子的结合触发该氧化还原反应的终结，导致维持激发态的外力消失。此时，ΔG_C 的释放将驱动质子泵返回基态，导致 C_{in} 至 C_{out} 载物变构的发生；随即，底物质子在 C_{out} 得以释放，而质子泵则已处于基态，等待下一轮氧化还原反应。至于醌氧化酶采取上述两种模式中的哪一个，仍有待进一步的结构动力学研究来确定。特别是，人们需要从结构角度回答如下问题：①质子泵的底物结合位点在哪里？②基态究竟对应于 C_{in} 还是 C_{out}？③对应于质子泵激发态的氧化还原反应中间步骤究竟是怎样的（如电子停留在细胞色素 b 或者催化中心）？④泵浦通路上质子的结合和解离如何与氧化还原反应相偶联？

---

① 醌与氧之间的氧化还原电位差为 720mV；电荷迁移量（z）等于 $2F$；$\frac{RT}{F}$ 取值 25mV。因此，氧化还原电势能为 $58RT$。

基于已知结构，研究者提出了一些有关血红素 - 铜氧化酶复合体的机制假说，如强调电荷平衡的 His 循环机制等[285]。但是，此类假说的合理性需要建立在上述质子泵构象变化和能量偶联的一般性原则基础上，否则难以令人信服。

7.4.3 醌氧化酶复合体结构

来自大肠杆菌的 cyt. bo_3 复合体包括 4 个亚基，标记为Ⅰ～Ⅳ，分别含有 15 根、2 根、5 根、3 根跨膜螺旋（图 7.4.2）[284]。亚基 - Ⅰ、亚基 - Ⅱ、亚基 - Ⅲ的自身结构及其组装与细胞色素 c 氧化酶中的相应部分高度吻合[285]。亚基 - Ⅰ由核心区 TM1～TM12、N 端 TM0，以及 C 端 TM13、TM14 组成。保守的核心区结合着血红素 b、血红素 o_3，以及铜离子 Cu_B 等辅因子，因而是发生氧化还原反应的唯一场所；所有这些辅因子均由保守的 His 残基配位。核心区的 12 根螺旋呈现明显的赝三重旋转对称性；从胞外侧观察，三个重复结构域（A、B、C）以逆时针方式排布，各含 4 根跨膜螺旋，分别是 TM1～TM4、TM5～TM8 和 TM9～TM12。每个结构域中的 4 根螺旋呈现 Z 字形排列，组成一个菱形横截面。血红素 b 定位于 A、C 结构域之间。血红素 o_3 和 Cu_B 所形成的双核中心定位于 B、C 结构域之间，这里便是将氧分子还原为水分子的催化中心。亚基 - Ⅲ和亚基 - Ⅳ一起，结合在亚基 - Ⅰ的 A、B 结构域结合部的外围。类似地，亚基 - Ⅱ结合在亚基 - Ⅰ的 B、C 结构域结合部的外围，并且其肽链 C 端的一个亲水性结构域覆盖在亚基 - Ⅰ膜外侧顶部。在细胞色素 c 氧化酶中，该膜外结构域含有一个 Cu_A 双核中心（两个 Cu^{2+}），负责由细胞色素 c 向亚基 - Ⅰ传递电子；而在醌氧化酶中，不需要这个中介，因此不存在 Cu_A。此外，在 A、B 结构域中，研究者分别指认了“K”和“D”两条潜在的质子通路（图 7.4.3）[284]，分别以所含保守的赖氨酸（K）和天冬氨酸（D）残基命名，并且为化学转运和泵浦转运两类过程输送质子。一般而言，与为化学反应中心提供质子的导线相比，泵浦通道需要更严格的调控。泵浦通道必须在一轮功能循环中完成质子导线的交替变构和底物结合位点 K_d 值的震荡；而化学转运过程的进程则受到催化中心的直接调控，并且仅伴随局部的微小构象变化。

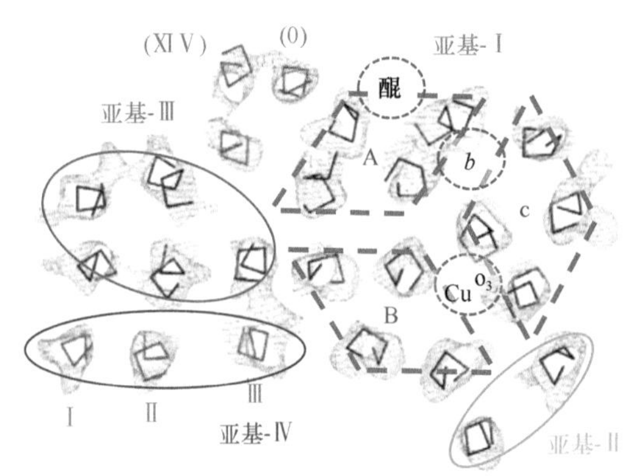

图 7.4.2 醌氧化酶中跨膜螺旋的空间排布（胞外侧观察）（引自 Abramson et al.，2000）

PDB 代码 1FFT。亚基 - Ⅰ～Ⅳ分别用 4 种颜色的轮廓线标记。亚基 - Ⅰ中螺旋 1～12 分属三个结构上相似的结构域 A、B、C。红圈标记辅酶和辅因子的位置。电子传递方向从醌开始，经血红素 b，到达血红素 o_3 和 Cu^{2+}；后者是将氧原子还原为水分子的催化中心

作为电子供体，醌头部基团的结合位点位于 A 结构域外周脂双层的外小叶一侧；该位点由一组在所有醌氧化酶中均保守的极性氨基酸残基组成。这种结合方式使醌得以自由地从脂双层侧向地进出结合位点；而醌氧化反应所释放的两个质子直接进入胞外环境，构成质子化学转移过程的一部分。与此同时，两个电子依次由醌经血红素 b 流向反应中心。另外，细胞色素 c 氧化酶中不存在由醌到血红素 b 的电子通路，但仍然保留质子泵浦的功能。因此，质子泵浦的步骤很有可能发生在电子到达血红素 b 之后，而与醌的氧化还原状态并无直接关系。

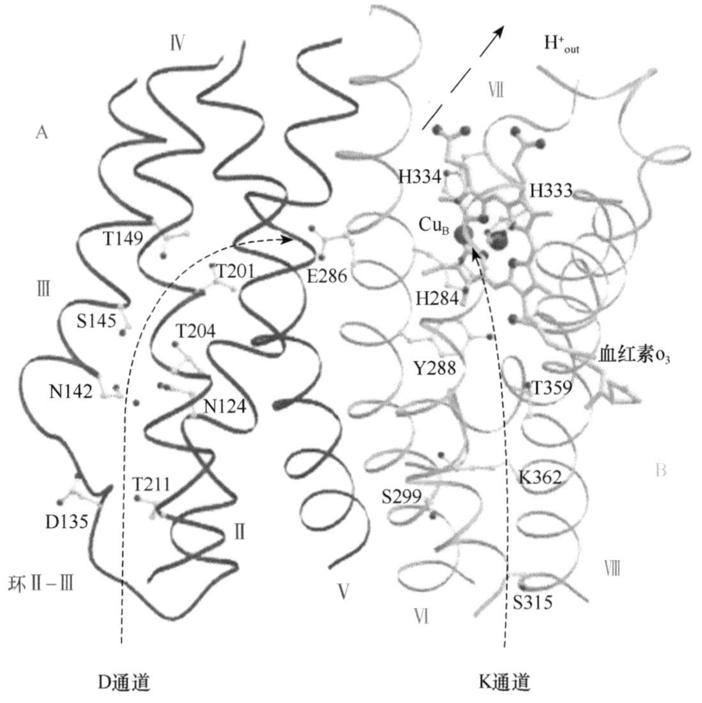

图 7.4.3　醌氧化酶中潜在的两条质子通路（引自 Abramson et al.，2000）
上方为胞外侧。亚基 - Ⅰ中 A 结构域所含通路称为 D 通路（泵浦通路）；
B 结构域所含通路称为 K 通路（化学转运通路）

氧化还原反应的电子受体 O_2 结合在血红素 o_3 和 Cu_B 之间。氧分子进入反应中心的通道及参加还原反应的质子对所采用的 K 通道均存在于亚基 - Ⅰ的 B 结构域中。由血红素 b 来充当电子转移路径的中继站，而并非由醌直接向催化中心提供电子，这一结构安排极有可能与从氧化还原反应到质子泵浦的能量偶联有关；换言之，该能量偶联主要发生于 A 结构域，而不是 B 结构域中。

A 结构域中一条保守的极性氨基酸残基连线被指认为质子泵浦 D 通路的一部分。如果将其胞内侧进口处的一个保守 Asp 残基突变为 Asn，将导致氧化还原反应与质子泵浦之间发生去偶联；而其附近的另一个 Asn 至 Asp 突变则可以回补前者所引起的功能缺失[285]。然而，由于位处通道的进口，上述保守的 Asp 残基不太可能构成质子泵的核心底物结合位点；后者实际上来自 B 结构域 TM6 的一个保守 Glu 残基。此外，在质子泵浦过程中，氧化还原电势能中可观的一部分（大于 12RT）必须从电子转移路径（A-C 结构域界面）或者反应中心（B-C 结构域界面）被偶联到 A 结构域中的 D 通路中。处于外周的亚基 - Ⅱ～亚基 -Ⅳ可能发挥稳定亚基 - Ⅰ中各结构域之间界面（图 7.4.2），协调各结构域之间的能量偶联，并且防止上述能量对复合体结构的完整性酿成不可逆损伤等辅助作用。在某些氧化酶复合体中，人们甚至发现，仅仅由亚基 - Ⅰ和亚基 - Ⅱ组成的复合体仍然可以有效地实现由氧化还原电势能驱动的质子泵浦[286]。另外，在氧化酶复合体中，人们并没有发现明显的两亲螺旋，这或许与静电驱动力的方向不在膜法线方向有关。

基于上述结构分析，我们可以做出如下推测：镶嵌在 A 结构域中的质子泵，其核心底物结合位点位于细胞色素 b 附近。如果前述正协同机制成立，借助 D 通道，核心位点将首先以强亲和力（高 pK_a）从胞内侧摄取一个质子。这一结合事件应该是作为驱动物质的电子由细胞色素 b 向下游催化中心转移的必要条件。另外，电子转移所释放的能量，将引起局部构象变化，并且导致以下三个结果：①瞬时切断 D 通道，阻止质子倒流；②连接通往细胞外的质子导线；③显著降低核心位点（以及其他质子结合位点）的 pK_a，迫使质子解离，最终完成质子泵浦。继而，被转运的底物质子向胞外侧的解离触发电子从醌向细胞色素 b 的填充，并且导致下一轮质子泵浦。在两轮质子泵浦之后，作为氧化还原反应的产物，水分子具有极低的亲和力，导致其从反应中心被释放。当氧分子中两个氧原子依次完成还原反应之后，新的底物氧分子将再次占据反应中心。

小结与随想

- 细胞三大能量系统各自使用专有的能量载体，分别是电子、磷酸键和离子。
- 不同系统之间的能量转化遵从相似的偶联模式，即各类转化过程均可以用能量载体的“结合 - 反应 - 解离”三级跳定量分析法来描述。
- 在处理涉及光能之外的其他能量转化过程中，经典物理学可以说是游刃有余的。
- 在与电子和离子有关的能量转化过程中，静电力驱动的膜蛋白构象变化均扮演主要角色。
- 离子跨膜电化学势主要采用垂直于膜平面的静电力驱动构象变化，并且与疏水失配力相拮抗。氧化还原电势主要采用平行于膜平面的静电力驱动构象变化，而与之相拮抗的稳定因素来自多种平行于膜平面的结构约束。

地球生命是以细胞为基础的、依赖氧化还原反应驱动的、复杂系统所呈现的涌现现象。下面是一个典型的对于生命的定义：生物圈是一个由具有化学活性（内部状态）且能够进行繁殖和演化的单元所组成的复杂系统。一般而言，生命系统是非平衡系统，需要持续不断的化学反应来驱动。之所以由化学反应驱动，是因为它们是自然界中除核反应之外最基本的涉及微观结构变化的反应。自然界存在许多类型的化学反应，其本质是电子云结构的变化。而氧化还原反应是一类普遍存在的反应；其基本特点是电子由高能态向低能态的迁移。这类无处不在的势能差是生命现象的化学基础。电子在外源能量的驱动下（如地热、雷电和光照等），首先被转移到高能态物质中，即同时产生还原剂（电子供体，或“源”）和氧化剂（电子受体，或“汇”）。遵从热力学原理，这类电子由高能态回到低能态的过程会自然发生。它们所释放的自由能可以被用来驱动各种化学反应。在稳定外界能量输入的条件下，许多原始生命所需的小分子，可以自动地合成；它们为生命起源提供了必要条件。生命起源理论认为，原始生命的环境是还原性的，没有丰富的氧气作为氧化还原反应的电子受体。

生命现象的优美之处，在于它的可持续性。为了维持碳基的生命循环，富含能量的物质在被消耗之后需要被再生，这就需要持续不断的能量输入。在今天的地球上，这个过程是通过光合作用实现的。它将水分子分解，为地球生命圈提供驱动力。而在原始生命环境下，产生氧化还原电势的过程是通过比光系统简单很多的化学物质来介导的。生命的可持续性意味着存在某种物质代谢和能量供需的平衡。一旦这类平衡被打破，生命系统需要进行广泛的调节，以达到新的平衡；一个优美的例子是需氧生物的出现。几十亿年的进化过程赋予地球生命圈极大的韧性。今天，在人类纪的开始，类似的广泛调节正在地球上以令人震惊的规模重演着。我们最善良的希望是，在达到新的稳定性之前，不要有太多的现存物种从地球上永久地消失。

这种对于地球母亲的或激情澎湃或细腻入微的情感植根于人类对大自然的感知和对自我的探究。第八章中所介绍的受体蛋白正是细胞层次的感受器官，也是高等动物认知能力的生化基础。

第八章

信号转导相关膜蛋白——GPCR

泉眼无声惜细流，树阴照水爱晴柔。小荷才露尖尖角，早有蜻蜓立上头。

——杨万里，《小池》

细胞表面受体分子将胞外侧的生化信号以构象变化的形式转导到细胞内部。信号转导过程一般包括信息的编码、传递、解码步骤；其中可靠的转导过程依赖于由自由能驱动的信号转导元件。作为真核细胞最大的受体蛋白家族——G 蛋白偶联受体（GPCR），虽然种类繁多，配体各异，但是其氨基酸序列的同源性提示它们极可能具有共性的信号转导和能量偶联机制。

这类共性机制的三维结构基础可能是什么？膜电位或者其他静电相互作用在 GPCR 激活过程中扮演着怎样的角色？

本章重点讨论 A 类 GPCR 信号转导蛋白的共性结构特征和可能的共性激活机制，探讨在膜电位存在的条件下“质子转移”对于 GPCR 激活的关键激励作用。

关键概念：A 类 GPCR；保守序列模体；“质子转移”激活机制

8.1 G 蛋白偶联受体信号通路

GPCR 是一类遍布几乎所有真核细胞的受体膜蛋白。不同种类的 GPCR 蛋白可以感受各种各样的外界刺激：小到光子，大到蛋白质分子。GPCR 蛋白的生物学功能可以说无所不在（图 8.1.1）：从感知（视觉、嗅觉、味觉，甚至听觉和触觉）[287] 到高级神经调控，包括行为和情绪的调控。催产素（oxytocin）被证明可以通过它的 GPCR 受体，减少孤独、偏执，增强人们的合作意识[288]。研究者还发现，仅仅通过抑制嗅觉受体便可以促使小鼠减肥[289]。人类肠道中的益生菌落，通过合成 GPCR 的配体，与宿主建立信息交流，甚至影响我们的情绪[290]。

作为一支庞大的膜蛋白家族，GPCR 构成最大的真核细胞受体蛋白集合，其最显著的结构特征包括 7 根跨膜螺旋（TM1～TM7）[291]。在人类基因组蛋白质编码基因过程中，膜蛋白的基因占 25%～30%；而 GPCR 蛋白相关的基因就独占 4%，达到 826 种之多。这一支“名门望族”就解释了为什么在统计分布中膜蛋白种类随螺旋数目依次减小，而在 7 次

GPCR的功能

- 视觉、嗅觉、味觉
- 行为和情绪调控，成瘾
- 炎症及免疫调控
- 自主神经传导，血压、心跳、消化……

图 8.1.1　GPCR 涉及广泛的生理功能

跨膜处却出现一个峰值（图 1.4.3）。与许多单次跨膜的受体蛋白不同，GPCR 的信号转导过程一般不需要受体分子的二聚化（为数不多的 C 类 GPCR 除外）。相比于 800 多种 GPCR，人类基因组只编码近 50 种 ABC 转运蛋白、约 110 种 MFS 转运蛋白。这种数量级的差异向人们展示：对于高等动物而言，信号转导比物质转运来得更精细。

深度氨基酸序列分析的结果表明，所有 GPCR 蛋白有着共同的起源。进化中，来自真核微生物的 cAMP 受体首先形成三个主要分支。人们所说的 A、B、C 类 GPCR 分别来自这三个分支。然而，今天已经很难直接分辨出它们之间的序列同源性了。80% 以上的人源 GPCR 蛋白属于其中的 A 类，可谓是一家独大（图 8.1.2[293]）。

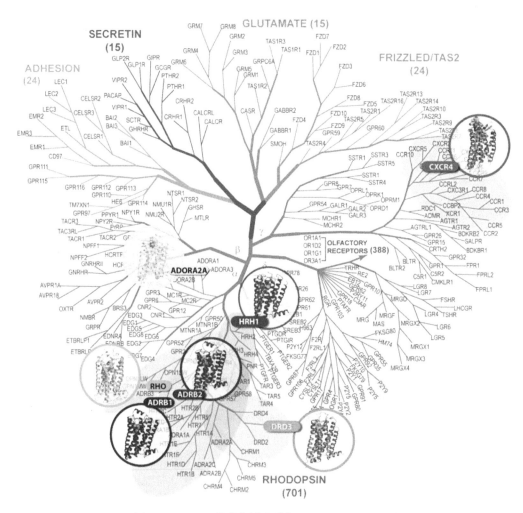

图 8.1.2　GPCR 的进化树（引自 Katritch et al.，2012）

它包含 5 个主要分支。其中，下方最大的青蓝色分支称为 A 类 GPCR。该类受体种类数目约占总数的 80%；视紫红质蛋白是其典型代表。在某一分支内部，不仅各受体具有可辨认的氨基酸序列同源性，其配体也往往表现出相似的化学性质。图中圆圈标志表示截至 2012 年解析的代表性 GPCR 结构。这一历史遗迹在结构生物学家的努力下早已彻底改观——“神女应无恙，当惊世界殊”

在这 800 多种 GPCR 受体中，约有一半与我们的味觉和嗅觉有关，或者说它们感受外源性信号。阿克塞尔（Richard Axel）和巴克（Linda Buck）于 1991 年发现，哺乳动物的味觉是由 GPCR 蛋白所介导的，为此他们荣获了 2004 年诺贝尔生理学或医学奖。其余的一半 GPCR 受体感受内源性信号[294]；它们与我们的生理、病理过程存在着更直接的关系。这两大类 GPCR 蛋白在组织分布和进化保守性方面存在明显区别。其中，感受外源信号的 GPCR 蛋白一般只在单一的感官组织中表达，如视紫红质蛋白只在视网膜上表达；各种味蕾上不同的受体分子可以分辨酸甜苦辣。许多这类感受外源信号的 GPCR 蛋白在人与鼠之间缺乏序列保守性，这应该与两者之间的食谱不同有关。譬如，人类基因组编码至少 25 种 GPCR 受体，用以检测各类可以导致苦味感觉的化合物。相反，感受内源信号的 GPCR 蛋白一般在多种组织中均有表达（每一种内源性 GPCR 平均在 14 种主要组织中被表达）；此外，它们在人与鼠之间存在高度的序列保守性。那么，是不是所有内源性 GPCR 对于正常生理活动都很重要呢？答案是肯定的。譬如，95% 的内源性 GPCR 蛋白在我们的中枢神经系统均有不同程度的表达[294]。

GPCR 蛋白的直接下游作用对象包括 GTP 结合蛋白（简称 G 蛋白），G 蛋白偶联受体也因此得名（图 8.1.3）[13]。这类 G 蛋白由三个亚基 α、β、γ 在细胞质膜内侧组成一个复合体。其中属于 AAA^+ 超家族的 α 亚基由一个螺旋结构域嵌入 Ras 型小 G 蛋白而形成，直接与激活状态下的 GPCR 蛋白相互作用，并且导致 G 蛋白的三个亚基分离。分离后的 α 亚基和 β-γ 亚基复合体分别与下游的效应蛋白质分子相互作用，进而引发一系列生化反应，主要包括 cAMP 信号通路和磷脂酰肌醇通路，后者进一步调控胞内 Ca^{2+} 水平。cAMP、Ca^{2+} 和磷脂酰肌醇的水解产物都属于细胞内重要的二级信使。

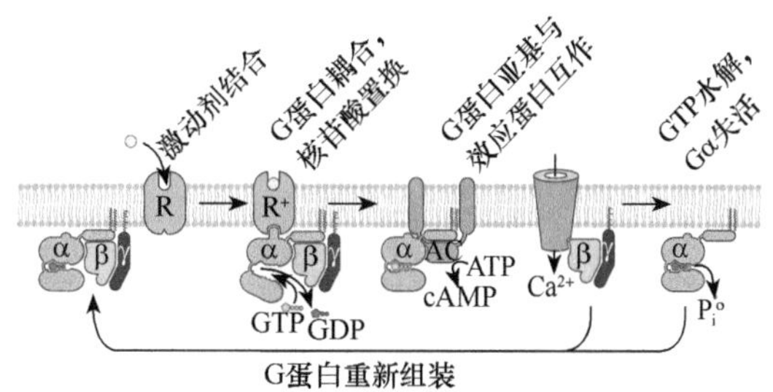

图 8.1.3 经典的 GPCR 跨膜信号转导机制（引自 Rasmussen et al.，2011）

脂双层截面由灰色条带表示；其上方为细胞外侧，下方为细胞内侧。GPCR，绿色；G 蛋白 α、β、γ 分别以黄、青、蓝色表示。当激动剂（黄色小球）结合到 GPCR 分子的胞外侧正构结合位点时，受体胞内侧发生构象变化，获得与守候于附近的 G 蛋白等下游蛋白分子结合的能力，从而激活后者

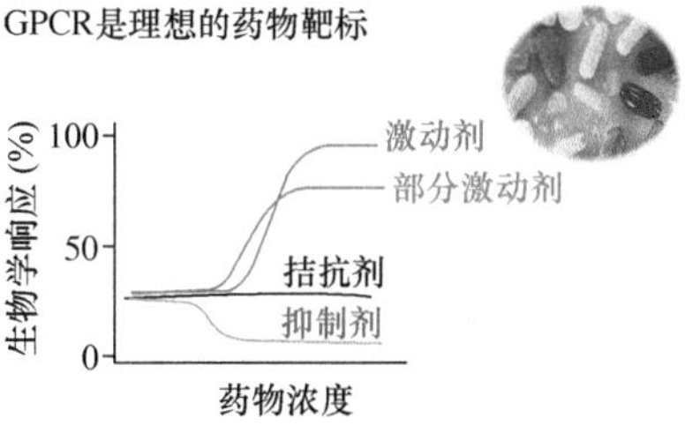

GPCR是理想的药物靶标

生物学响应 (%)　100　50　0　激动剂　部分激动剂　拮抗剂　抑制剂　药物浓度

图 8.1.4 GPCR 的多种类型配体都可能成为潜在的药物先导化合物

左图中纵轴表示 GPCR 蛋白的相对活性，右图表示配体的浓度。拮抗剂所处的水平线对应于 GPCR 分子的本底活性。受体分子的特殊结构使其成为一类优良的药物靶点

GPCR 蛋白的激动剂（agonist）、拮抗剂（antagonist）和抑制剂（inhibitor）都可能成为调控细胞生理活动的药物（图 8.1.4）。其中，激动剂加强 GPCR 蛋白的下游信号，即促进下游 G_α 蛋白的激活。相反，抑制剂［也称反向激动剂（inverseagonist）］使下游信号降低到静息态信号水平以下。而拮抗剂可以竞争性地阻断激动剂或者抑制剂的结合，但是受体分子的活性水平基本上维持在静息状态。此外，配体存在正构与别构结合模式之分。各类正构配体总是结合在相同的“常规”口袋中；而各类别构配体则可能结合到受体蛋白的几乎任何部位。GPCR 蛋白的正构配体结合口袋一般都深入跨膜区内部，可以以很强的亲和力牢固地结合配体。因此，GPCR 蛋白以其特有的、优良的配体成药性，为全世界制药工业所关注。约 40% 的上市药物的直接靶点被确认为 GPCR 蛋白。越来越多的 GPCR 结构的解析为更快更好的设计、改进、研发药物提供了无尽的可能性。

人类基因组中编码了 17 种以上的 G_α 蛋白，这些蛋白亚基直接与激活状态的 GPCR 蛋

白发生相互作用。此外，还存在 7 种 β 亚基和 6 种 γ 亚基。而 GPCR 蛋白则数以百计，远多于 G 蛋白的数目，特别是 α 亚基的数目。这就要求不同的 GPCR 蛋白可以与相同的 G_α 蛋白相互作用，进而调控类似的下游通路。另外，通过其不同的结构区域，同一个 GPCR 蛋白可以与多种非 G 蛋白类的下游效应蛋白相互作用。问题的复杂程度还远不止于此：不同配体可能激活同一种 GPCR 受体，然而优先介导某一下游信号通路胜于另一通道。这类现象称为配体偏好性激活（biasedligandactivation）[295]。那么，不同的受体蛋白是如何区分各自的信号呢？这里至少存在两种可能机制，即条码机制[296]和定位机制[297]。

条码识别已经成为信息社会不可或缺的分类工具。比如在超级市场里，每种货物都有自己的条码，不同条纹的粗细代表商品的代码。当其与某一种配体结合时，一个给定的 GPCR 蛋白可以在胞内侧展示一个动态的编码集合；即按一定概率分布、处于多种不同的构象状态，分别与多种效应蛋白相互作用。对于下游信号网络的综合效应是由相互作用的指纹谱，类似于条码一样，共同决定的①。

另外，各类 G 蛋白能够与哪些 GPCR 蛋白相互作用，可以由组织特异性和细胞内的空间定位来决定。譬如，对光敏感的视紫红质蛋白大概是不会出现在血红细胞表面的。再者，分辨鲜、甜和苦味的 GPCR 受体使用一套完全相同的下游信号转导机制。但是，这三类受体分子分别只出现在特定类型的味蕾细胞表面，而后者以某种编码形式各自连接到我们大脑皮层的不同味觉区域，产生迥异的生理感觉②。此外，在细胞膜上 GPCR 蛋白一般处于特殊脂分子形成的脂筏中，并且与特定的下游效应蛋白聚集在一起。譬如，G_α 亚基的 N 端螺旋被脂修饰，因而锚定在膜表面。它横向结合在 β-γ 亚基复合体上，而后者也通过脂修饰被锚定在膜表面。这些经过脂修饰的蛋白都只能在膜表面游动，并且常常富集在脂筏附近。这很像房产经纪人的口头禅：地点决定一切（location，location，location）。

在早期的研究中人们普遍认为，GPCR 信号转导仅仅由 G 蛋白介导，并且只发生在细胞膜表面。近年来人们逐渐发现，GPCR 蛋白可以通过多种下游效应蛋白发挥作用，如 β- 拘留蛋白（β-arrestin）、GPCR 相关激酶（GRK）、离子通道等（图 8.1.5）[298]。除了细胞表面，信号转导

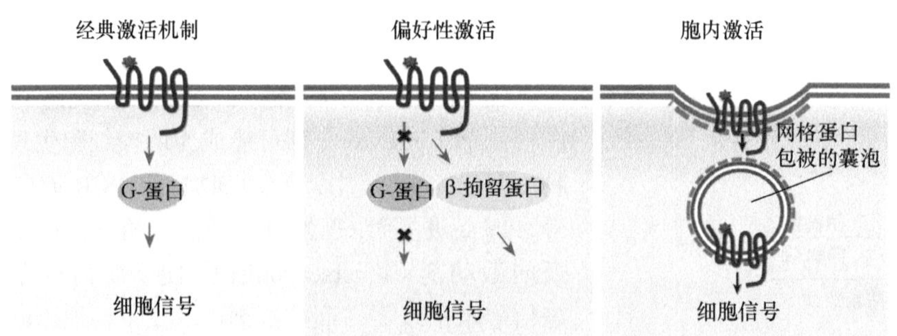

图 8.1.5　GPCR 的多种信号转导模式（引自 Wang et al.，2008）

经典的 GPCR 信号转导机制是直接激活下游 G 蛋白，进而激活下游信号通路。此外，被激活的 G 蛋白也可能抑制特定信号通路，或借助其他蛋白（如拘留蛋白）产生下游信号。除了在细胞膜上发挥受体功能，某些被内吞的受体分子仍然能够持续发力。某些二聚体形式的 GPCR 受体可以同时调控两条下游信号通路。进而，GPCR 蛋白可以直接或间接地影响附近的通道蛋白，或者通过反馈延迟机制产生信号的时间波形

① 在神经生物学中，类似的编码机制被称为群体编码（population coding）。譬如，味觉和嗅觉受体信号到大脑皮层的投射就采用此类机制。学科之间的相互借鉴，如参考神经科学中的数学建模，可能有助于人们理解 GPCR 系统的信息处理机制。

② 在嗅觉系统中，往往数以百计的不同类型的 GPCR 受体，各自采用定位机制成簇地出现在不同的嗅球细胞表面，并且同时参与群体编码。其中许多受体属于所谓孤儿受体（orphan receptor）；也就是说，它们很可能没有固定的生理意义上的配体。这些受体依赖其配体结合位点的表面特性，像盲人摸象一样，向中枢神经系统汇报它们所感知到的气味分子性质的某一侧面。

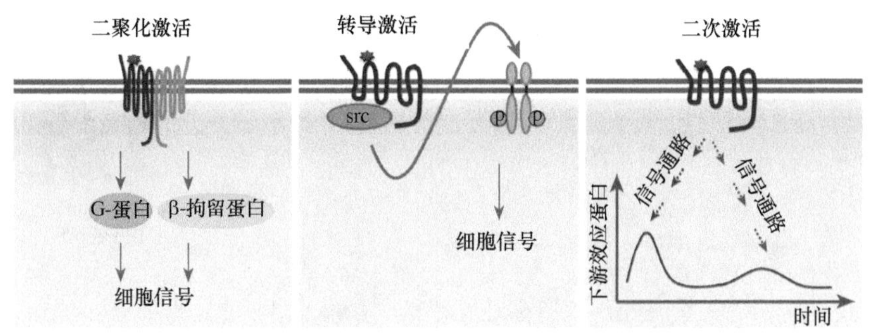

图 8.1.5 （续）

还可能发生在某些细胞器（如内吞体）的膜表面。譬如，随着 GPCR 被激活，β- 拘留蛋白被招募到 GPCR 的胞质侧，与 G 蛋白竞争同一处下游蛋白的“正构”结合位点。进而，GRK 被招募，使 GPCR 的 C 端肽链中的 Ser-Thr 簇发生磷酸化。同时 GPCR 分子被转移至内吞体；这一过程通常被认为导致 GPCR 的去活化（desensitization）。然而，对于某些类型的 GPCR 而言，C 端的磷酸化导致 β- 拘留蛋白从“正构”位点迁移到 C 端别构位点。有违“常识”，此时被内吞的 GPCR 分子同时与“正构”结合的 G 蛋白分子和别构结合的 β- 拘留蛋白分子形成超复合体，并且仍然保持着持续激活 G 蛋白的能力[299]。此外，C 类 GPCR 蛋白只通过同质或者同源二聚体发挥功能：其中一个 GPCR 亚基通过其胞外侧捕蝇草结构域结合配体，而另一个亚基则以表演双簧的方式在胞质侧产生构象变化的信号。除空间定位之外，某些 GPCR 蛋白还可能对下游通路产生时间序列上的多次激活效应。譬如，$β_2$AR 可以分别与 G_i 和 G_s 蛋白结合，而两类相互作用的效应截然相反。在 $β_2$AR 被肾上腺素激活的初始阶段，G_s 蛋白表现出对于受体更强的亲和力，这一相互作用的效应之一是开启特定的下游 Ca^{2+}通道。进而，胞内 Ca^{2+}浓度的提升将增强 G_i 蛋白与受体的亲和力，从而使 G_i 在与 G_s 的竞争中后来居上[300]。

8.2 GPCR 结构和共性结构元件

GPCR 家族成员，特别是 A 类 GPCR 蛋白，具有明显的、特征性的三维结构和保守的序列模体，提示了该家族成员使用高度保守的跨膜信号转导机制。

8.2.1 GPCR 蛋白的一般结构

在 7.2 节中，我们曾将细菌视紫红质蛋白（bR）作为一个质子泵加以介绍。有趣的是，bR 也具有 7 根跨膜螺旋，并且它的螺旋排列方式与 GPCR 蛋白极为相似。几乎可以肯定，bR 和动物视紫红质蛋白（rhodopsin）——一类感受光子的 GPCR 蛋白源自共同的祖先。在 GPCR 蛋白的三维结构被解析之前，细菌视紫红质蛋白的结构曾经被视为研究 GPCR 受体蛋白的唯一模板。

今天，人们更经常谈论的是斯坦福大学 Kobilka 实验室和 Scripps 研究所 Steven 实验室合作解析的第一个人源 GPCR 结构——$β_2$ 肾上腺素受体（$β_2$-adrenergic receptor，$β_2$AR）。然而事实上，第一个被解析的全长 GPCR 蛋白的晶体结构当属来自牛视网膜的视紫红质蛋白（图 8.2.1）[301]，并且远在 $β_2$AR 受体结构发表 7 年之前。在近原子分辨率下，牛视紫红质蛋白的晶体结构向人们展示了 GPCR 的三维结构；可以说，人们今天关于 A 类 GPCR 蛋白基

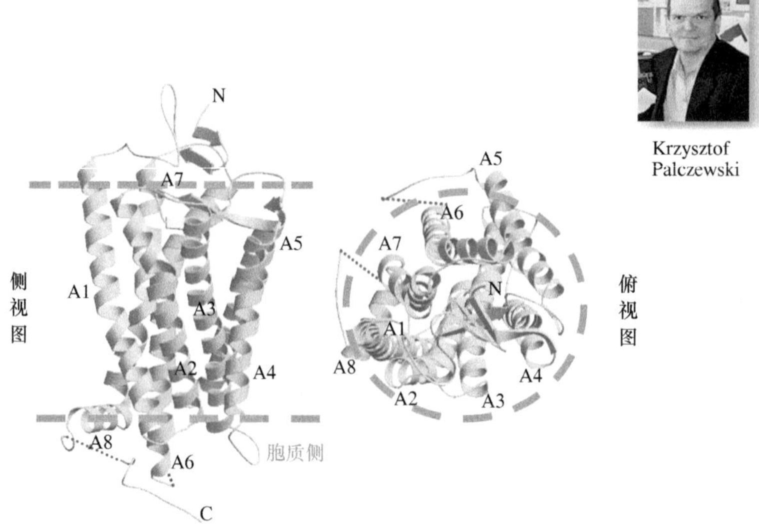

图 8.2.1　牛视紫红质蛋白晶体结构（PDB 代码：1F88）
该结构于 2000 年被华盛顿大学（西雅图）的 Palczewski 实验室解析。
该蛋白样品直接纯化于牛的视网膜，还有比这更牛的吗

态结构的共性知识基本上源于这一里程碑式的研究成果。与 bR 不同之处在于，在吸收光子之后，动物视紫红质蛋白的下游效应不是跨膜的质子泵浦，而是激活胞内侧的一类称为转导蛋白（transducin）的视觉特化的 G 蛋白。

2011 年，Kobilka 实验室发表了 β_2AR 与下游 G_s 蛋白的复合体晶体结构（图 8.2.2）[13]。该结构显示：当 GPCR 蛋白被配体激活时，在胞质侧形成一只所谓 DRY 口袋。G_α 亚基的 C 端螺旋将深入这只口袋中，导致结合在 G_α 蛋白上的 GDP 解离。所以，处于活性状态的 GPCR 相当于一个 G_α 蛋白的鸟苷酸置换因子。随即，GTP 的结合使身为 AAA^+超家族成员的 G 蛋白进一步激活。

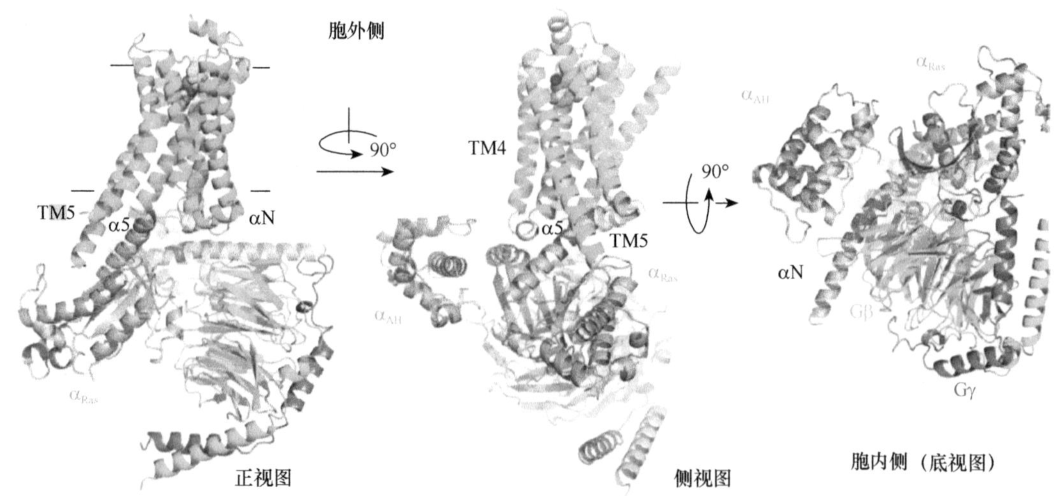

图 8.2.2　β_2AR-G_s 复合体晶体结构（PDB 代码：3SN6）（引自 Palczewski et al.，2000）
GPCR，绿色；G_α 亚基，金色；β、γ 亚基，青色、蓝色。图中三个结构分别为复合体的正视图、侧视图和底视图。处于 GDP 结合状态的 G_α 亚基的 C 端螺旋嵌入激活状态下的 GPCR 胞内侧的“DRY”口袋，从而触发 G 蛋白中 GDP 分子的解离

8.2.2 A 类 GPCR 中的保守模体

研究者在分析 A 类 GPCR 蛋白的氨基酸序列时发现，该家族成员拥有多个高度保守的序列模体；它们对应于图 8.2.3 中那些较大的字母。譬如，TM3 中的“DRY”模体（Asp-Arg-Tyr motif）直接参与与下游 G 蛋白的相互作用。如果人们试图去发现某种隐匿于数以千计的 GPCR 蛋白中的共通机制，这里所列出的保守氨基酸残基应该是首选的切入点①。而在这些共通机制中，最重要的莫过于 GPCR 的激活机制。

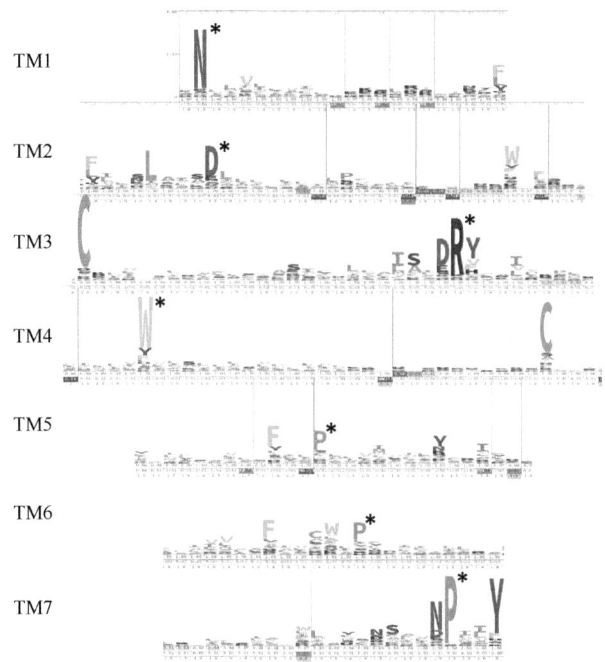

图 8.2.3 A 类 GPCR 的序列保守性

本图源自 Pfam 网站。氨基酸序列为线性排布，7 根跨膜螺旋的位置标注在上方。字母的高度与信息量（比特）成正比，即较大的字母对应保守性更强的位点。每根螺旋都含有保守的氨基酸残基或者序列模体

目前有关 GPCR 蛋白的三维结构信息包括来自已经发表的约 95 种靶蛋白的近 540 个由 X 射线晶体学和冷冻电镜单颗粒重构技术解析的近原子分辨率结构②；其中不乏基态和激发态结构均被解析的 GPCR 蛋白。这些研究结果揭示了 GPCR 蛋白在 7 次跨膜螺旋结构基础之上的保守氨基酸残基的空间分布。人们发现，A 类 GPCR 蛋白具备多个标志性模体。譬如，胞外区存在一个保守的二硫键；胞内 TM7 之后紧随一根两亲螺旋（被命名为 H8），并且由于被棕榈酰化而锚定于质膜内小叶。几乎每根跨膜螺旋都包含保守的氨基酸残基或者序列模体，如 TM2 中的 Asp 残基。由于不同 GPCR 蛋白中氨基酸残基数目不尽相同，残基序号也就难以统一。这种多变性妨碍了各种 GPCR 蛋白之间的结构比较。因此，研究者提出了一种 B-W 命名方法[302]，将每根螺旋中最保守的氨基酸残基取作参考点，叫作“x. 50”。譬如，TM2 中最保守的 Asp 叫作 D2.50；其 N 端侧的第一个残基称为 2.49；C 端一侧的残基叫作 2.51；等等。遵循这一规则，不同的 GPCR 蛋白中的保守氨基酸残基就有了一套共通的参考序号，研究者拥有了共同的语言，结构比较也因此变得容易。

粗略地说，GPCR 蛋白的三维结构可以分为胞外侧 1/3、跨膜区中间 1/3 和胞内侧 1/3（图 8.2.4）[197]。胞外侧 1/3 的功能主要是识别、结合各类配体。在已解析的 GPCR 蛋白晶体结构中，研究者主要关注的多属于它们与配体结合的各种可能方式。此类研究对于药物研发无疑是意义深远的。

---

① 人类今天所处的时代被称为大数据时代。大数据的强大之处在于挖掘相关关系。“适当忽略微观世界的精确性可以让我们对宏观世界有更好的洞察力”（V. Mayer-Schönberger 所著《大数据时代》）。科学家自然应该学会使用大数据的思维方式。虽然现有的 GPCR 序列的数据量与谷歌公司从用户隐性搜集所获得的数据相比是不可同日而语的，但基于大量数据的分析同样可以为我们发现相关关系（甚至因果关系）提供思路（参见 S. Stephens-Davidowitz 所著 *Everybody Lies*）。

② 根据 GPCR 数据库（GPCRD）2021 年 3 月的统计。

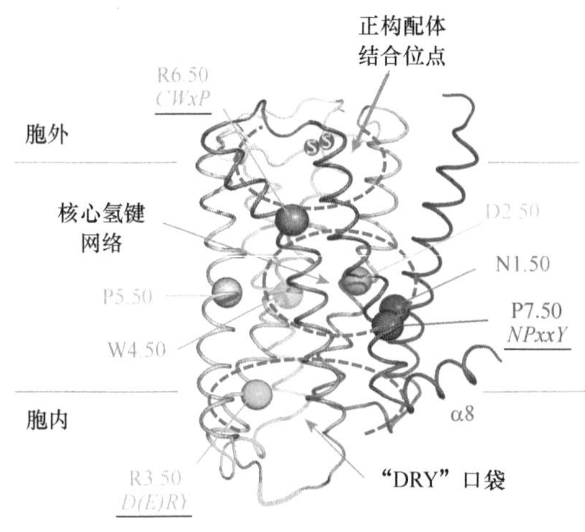

图 8.2.4　A 类 GPCR 中保守模体的空间分布

胞外侧位于图的上方。从 N 端到 C 端，肽链走向用蓝色到红色渐变方式标记。每条螺旋中最为保守的残基位点用小球表示

跨膜区胞内侧 1/3 的主要功能是结合 G 蛋白等下游效应蛋白，进而将外界信号转化为细胞内部的响应。揭示其中的信号转导机理是诺贝尔奖级的工作。在这一区域，TM3 中存在着保守的 DRY 模体。在激活态构象下，TM5 和 TM6 在胞内侧与其他螺旋分离，形成口袋状局部结构，使 TM3 中的保守模体，特别是 R3.50 侧链得以暴露于其中。R3.50 的正电荷与下游 G_{α} 蛋白的 C 端螺旋的（N 正 -C 负）电偶极矩之间发生静电相互作用。由于 DRY 模体的关键作用，这个针对下游效应蛋白的结合口袋称为“DRY”口袋。

与前两者相反，GPCR 蛋白在脂双层中间处的 1/3 在结构上最保守，功能上却最不清楚、最具争议；而这里恰恰最可能是 GPCR 蛋白信号转导共性机制之所在。

8.2.3　GPCR 蛋白激活过程的简化模型

图 8.2.5 所示是一幅兼备艺术想象力和技术细节的、表现 GPCR 蛋白机制的魔幻现实主义作品；作者史蒂文（Raymond Steven）教授是 GPCR 受体蛋白研究领域的翘楚[①]。该图令人不禁联想到 17 世纪法国哲学家笛卡儿的那只传世的机械论鸭子。图中配体以一把钥匙来代表，寓意配体、受体之间的一对一锁匙关系，也暗示了配体的结合驱动了后续的构象变化。激发变构所对应的螺旋弯折用万向关节来表示，而螺旋 H8 则仿佛是一副磁性合页，吸附在膜表面。一只充满蓝色神秘液体的圆柱形腔体代表高度保守的中间部分。最富启发意义的当属那只伸向胞外侧的漏斗，它似乎正在如饥似渴地为 GPCR 分子机器索取燃料。如果上、下两端再与一组电池相连，这部机器简直就是超级完美了。

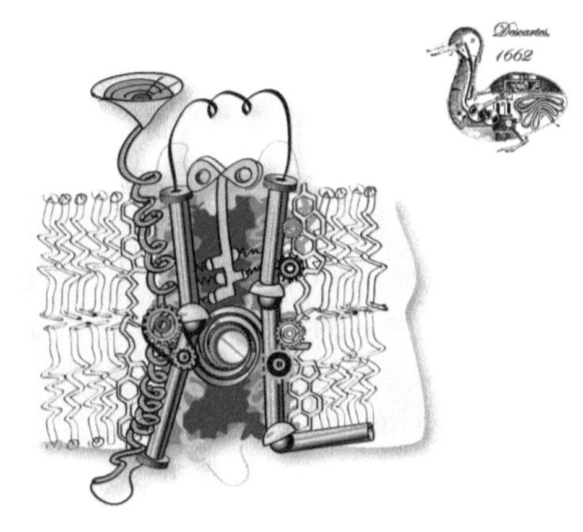

图 8.2.5　GPCR 的艺术再现

本图承蒙 R. Steven 教授惠赠。右上角为笛卡儿所绘的一只鸭子的机械论示意图

为了便于非 GPCR 专家的理解，我们尝试将上面的机械原理图做进一步简化。从胞外方向看，GPCR 蛋白的 7 根跨膜螺旋基本上以逆时针方向旋转分布；唯有 TM3 处于正中间（图 8.2.6）。当结合激动剂时，GPCR 蛋白穿膜螺旋之间发生构象重排，并且由基态转化为激

---

① R. Steven 教授因在上海张江园区创建 iHuman 研究所，荣获 2019 年中国政府颁发的国际科技合作贡献奖。

发态。譬如，包裹在分子中间的 TM3 发生一个标志性的相对于其他螺旋的向上移动和（俯视）逆时针转动。作为一个简化模型，可以认为 GPCR 蛋白的 7 根螺旋组成两个结构域；结构域之间呈现两个主要构象，即基态和激发态[303]。当激动剂结合时，两个结构域在细胞膜内侧分离，形成新的蛋白 - 蛋白相互作用口袋，借此激活下游的效应分子。而前述与偏好性有关的多重构象可以作为一类结构微扰来处理，它们表现出明显的配体、受体特异性[304]。

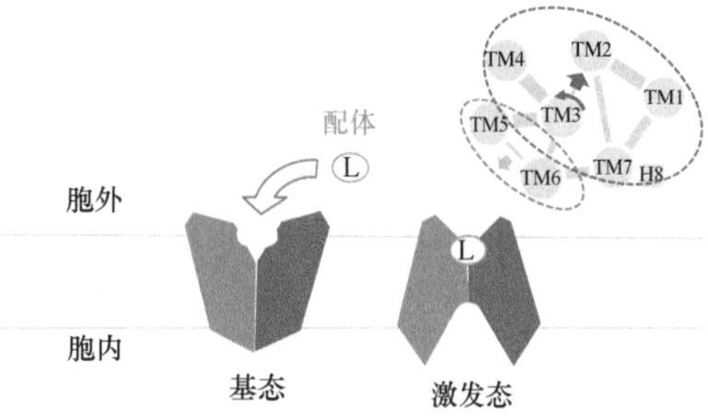

图 8.2.6　A 类 GPCR——简化，再简化
右上图为 GPCR 分子中 7 根跨膜螺旋分布的俯视示意图。下图中，螺旋 1～4 和 7 组成一个红色结构域，螺旋 5、6 组成另一个蓝色结构域

一个激动人心的科学问题是：细胞所面临的千变万化的配体结合将如何以一种共性的方式诱导 GPCR 蛋白的激发变构呢？不少研究者认为，这里驱动力来源于配体的结合能。对于某些亲和力较强的激动剂，特别是一些可以特异性地稳定激发态构象的激动剂，其 $\Delta G_D<0$，并且往往属于完全激动剂（full agonists），这种观点很可能是可取的[303，305]。此时，激动剂所引起的构象变化等价于酶学中的诱导契合。

但是，上述诠释也面临着诸多挑战：第一，在配体结合能的大小与是否属于激动剂之间，并未发现普遍的相关性。第二，对于已知的 GPCR 蛋白激动剂而言，其亲和力范围可以跨越 6 个数量级，最强和最弱的 K_d 值之间相差 100 万倍[306，307]。第三，更为重要的是，基于强结合力的激活机制更经常地表现出受体 - 配体专一性，而很难与保守序列模体等普遍性质直接关联。

8.3 “质子转移”激活机制

在 A 类 GPCR 蛋白结构中，以关键酸性氨基酸残基 Asp2.50 为核心，多个保守氨基酸残基共同组成一个由质子转移驱动的双稳态开关，将胞外侧激动剂的结合信号转化为与胞内侧下游蛋白之间的亲和力变化。

8.3.1 基态 - 激发态之间的结构差异

基于保守氨基酸残基与共性机制存在相关性这样一种朴素的关于蛋白质结构演化的观点，我们重点来关注 GPCR 蛋白中保守氨基酸残基，特别是可能发生质子滴定的氨基酸残基在基态和激发态之间的微环境差异[308]。在跨膜区中间 1/3 部分，存在着 A 类 GPCR 蛋白中唯一保守的酸性氨基酸残基，也就是前文提及的 Asp2.50（D2.50）。突变这一位点，几乎 100% 地导致信号转导能力的丧失[309-312]。这个 Asp 残基甚至不可以被突变为模拟其质子化状态的 Asn[313，314]。由此可以推测，D2.50 质子化状态的可变性对于 GPCR 的激活过程十分重要。

在对 α_{2A} 腺苷酸受体（α_{2A}R）基态[315]与激发态[316]的高分辨率晶体结构进行比较时（图 8.3.1）可以发现，两者的内部氢键网络显著不同。跨膜区中间 1/3 部分不仅富含保守的氨基酸残基，而且存在多枚水分子。特别值得指出的是，在结合拮抗剂的基态结构中，DRY 口袋的上方存在一个由保守疏水残基形成的小空腔（中央腔室），里面却结合着三枚水分

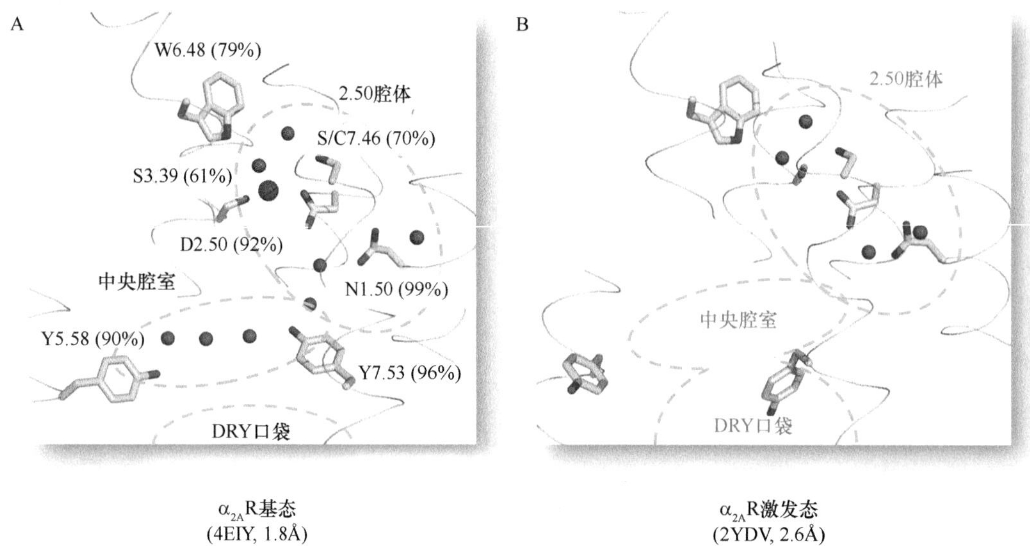

图 8.3.1 α_{2A}R 中 D2.50 附近氢键网络在基态、激发态下的结构比较

水分子用红色小球表示；Na^+（抑制剂）结合位点用蓝色小球表示。A 图中所显示的百分数代表给定位点的保守性。例如，天冬氨酸 D2.50 在 92% 的 GPCR 中是保守的；而在其他少数 GPCR 受体中，这个位点也可能是谷氨酸

子；而在结合激动剂的激发态结构中，这一小空腔与 DRY 口袋发生融合，其中的水分子也因此消失。

与上述氢键网络重组相关联的是 TM3 在配体作用下的位移（图 8.3.2）。相对于结合拮抗剂的基态，激动剂使 TM3 发生了大约 13° 旋转及向胞外方向的微小平移；进而，位于 TM2 上的保守的 D2.50 与来自 TM3 的 S3.39 形成一条键长为 3.0Å 的标准氢键。而在基态结构中，这条氢键并不存在[308]。在 β_2 肾上腺素受体（图 8.3.3A、B）以及 M2 乙酰胆碱受体（图 8.3.3 C、D）晶体结构中，上述 TM2 与 TM3 之间的构象变化被精彩地再现。

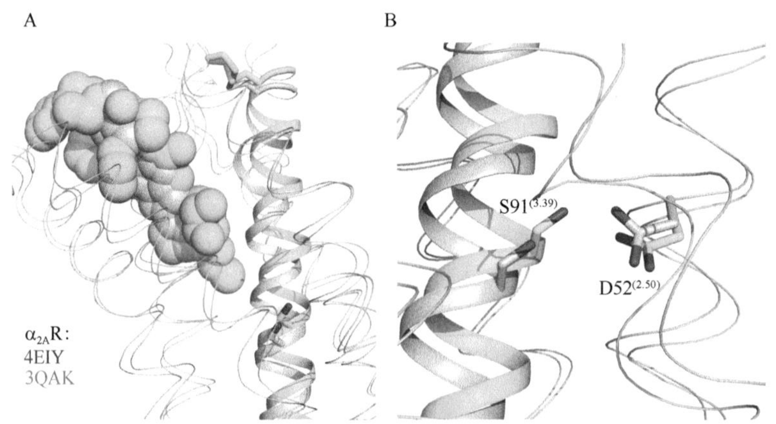

图 8.3.2 α_{2A}R 中 TM3 在激发过程中的位移

A 图表示配体与 TM3 之间的结构关系；B 图表示 TM2 与 TM3 的结构关系。TM3 主链用飘带表示。基态结构用麦黄色表示，激发态结构则用青蓝色表示。青蓝色球状模型代表结合在正构配体口袋中的激动剂，而麦黄色模型则代表拮抗剂

β_2AR基态、激发态结构比较

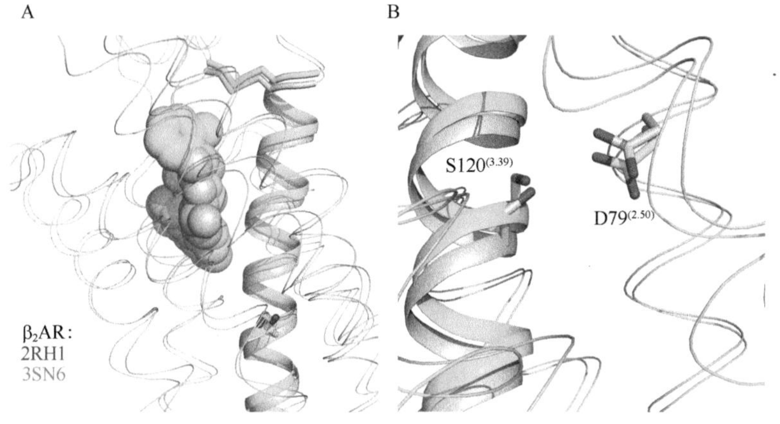

M_2受体基态、激发态结构比较

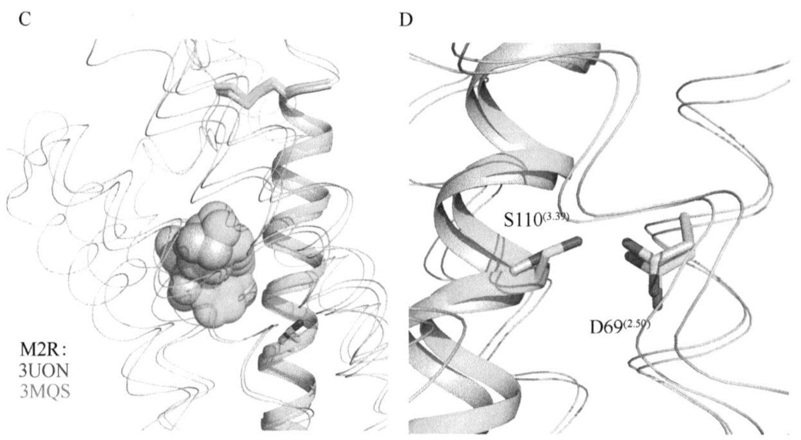

图 8.3.3 β_2AR 中 TM3 在激发过程中的位移（A、B）和 M_2 受体中 TM3 在激发过程中的位移（C、D）

8.3.2 质子转移与激发变构

那么，作为 A 类 GPCR 激活过程中的一个标志性事件，当保守的 D2.50 和质子供体 S3.39 彼此靠拢时，GPCR 蛋白的跨膜区中间 1/3 究竟发生了什么呢？答案是：D2.50 将发生去质子化（图 8.3.4）[308]。这一质子化状态的变化已经得到了结构研究的佐证。譬如，在针对基态[315]和激发态[316]结构的高分辨率 X 射线晶体学研究中，D2.50 均表现为完美的电子密度，说明该残基的构象柔性很小。与之呈现鲜明对比，在激发态大麻受体的单颗粒冷冻电镜结构中[317]，远离溶剂区的 D2.50 侧链羧基的电场强度却明显地弱于相邻原子；这一现

可能的Asp2.50去质子化机制

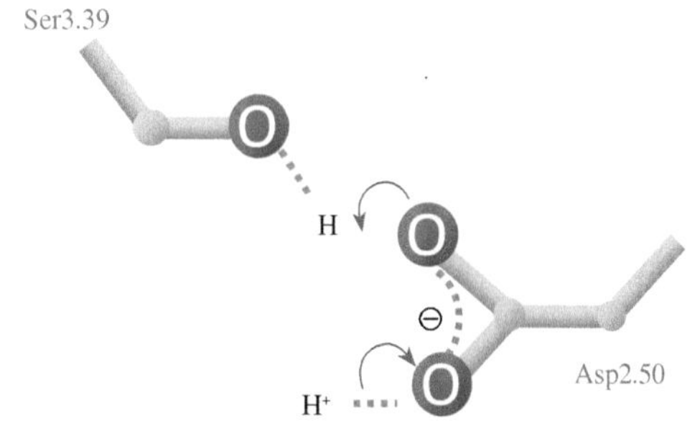

图 8.3.4 氢键供体的攻击迫使 D2.50 发生去质子化

红色箭头表示与氢键形成或者断裂有关的电子转移。氧原子由红色圆球表示

象提示在激发态，该侧链处于电负性的去质子化状态，从而导致入射电子束产生较强的散射。可以预期，在 A 类 GPCR 的基态电镜结构中，D2.50 侧链的电场强度保持在与相邻原子相似的水平。根据膜电位驱动力原理，当膜蛋白分子改变其质子化状态时，在膜电位的作用下，它将会寻求新的平衡位置，进而其相对于膜的位置、取向及穿膜螺旋之间的排列都可能发生变化。同时，被解离的质子会沿电场方向运动，将静电势能转化为激发变构所需要的机械能。

对于一个给定的 GPCR 蛋白而言，什么样的分子可能成为它的激动剂呢？研究者推测，激动剂就是能够结合在正构配体口袋、使 TM3 发生标志性的旋转 - 移动的那一类配体；而抑制剂则降低基态构象的自由能，甚至使已经处于激发态的结构返回基态。与上述两类配体不同，结合到正构配体口袋的拮抗剂阻碍激动剂或者抑制剂的结合，但并未改变基态与激发态之间的自由能差（ΔG_C）[303]。譬如，多巴胺受体 DRD4 的一种拮抗剂被发现直接将其一个疏水性基团嵌入 TM2 与 TM3 之间的一条疏水狭缝，借此发挥拮抗功能[318]；某些别构型拮抗剂也可以通过结合到 TM2 和 TM3 外侧界面，阻断其相对转动[319]。值得强调的是，上述讨论应该被看作一种概率性描述，而并非决定论的。如果一个激动剂拙于引发 TM3 的充分旋转，而是以一种半推半就的方式影响关键氢键的形成，情况将会变得怎样呢？此时，D2.50 去质子化事件的发生概率就可能在 0～1 取值。这类配体分子可能表现为一个部分激动剂（partial agonist），而 GPCR 则部分地被激活。

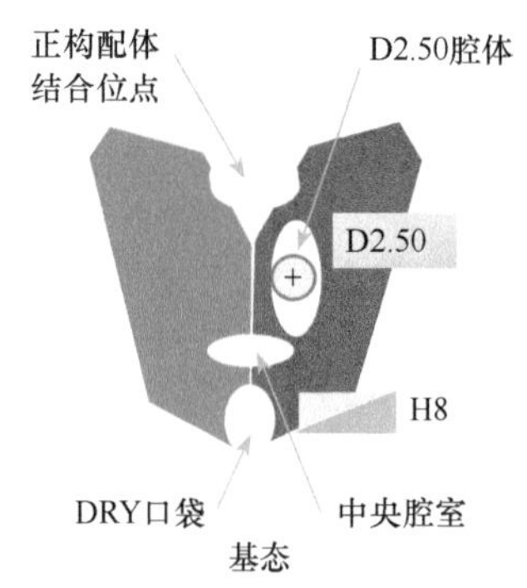

图 8.3.5　GPCR 蛋白基态结构的一个简化模型

彼此发生构象变化的两个结构域分别以红色和蓝色表示。正构配体结合位点、D2.50 所在的小空腔、结合着水分子的疏水中央腔室及胞内侧 DRY 口袋均被高调标记。可迁移质子用黄色小球表示。两亲螺旋 H8 用黄 - 蓝双色小矩形表示

为了便于讨论 A 类 GPCR 受体蛋白的共性激活机制，我们将上文给出的简化模型略做修改。在基态模型中（图 8.3.5），跨膜区中间 1/3 存在两个保守的小空腔，其周围分布着高度保守的氨基酸残基[308]。上部的小空腔涉及螺旋 1、2、3、7。在其内部，D2.50 处于质子化的状态。下面的中央腔室涉及螺旋 2、3、5、6、7；其腔壁主要为保守的疏水性氨基酸残基，内部结合着晶体结构中清晰可辨的三枚水分子[315]。从这个简化模型出发，研究者提出了如下信号转导的共性机制假说（图 8.3.6）[308]：

GPCR 蛋白的信号转导过程始于激动剂的结合。激动剂推动 TM3 的“逆时针”转动，导致保守酸性氨基酸残基 D2.50 的去质子化。此处，激动剂之于 D2.50 所结合的质子类似于同向转运蛋白中底物之于驱动物质。这个被激动剂从 D2.50 释放的质子沿电场方向运动；经过一条由多个内埋于跨膜区的、保守极性残基所形成的质子导线的介导，进入下面的中央腔室，并且使其中的水分子发生质子化。

此时，中央腔室将会感受膜电位电场所施加的指向胞内方向的静电力。这股静电力究竟有多大呢？应该在 5pN 水平。如此大小的机械力足以引发多数读者已经熟悉的诸多分子生物学事件，如使双链 DNA 彼此分开或者使二级主动转运蛋白发生激发变构，等等。不难设想，与“从天而降”的质子结合事件类似，质子转移同样可以引起 GPCR 蛋白胞内一侧的大尺度激发变构。在此过程中，质子从高电位等高面移动到低电位等高面，并且伴随有门控电流（电荷的移动）及静电势能的释放。至此，在质子位移的参与下，GPCR 蛋白完成了由胞

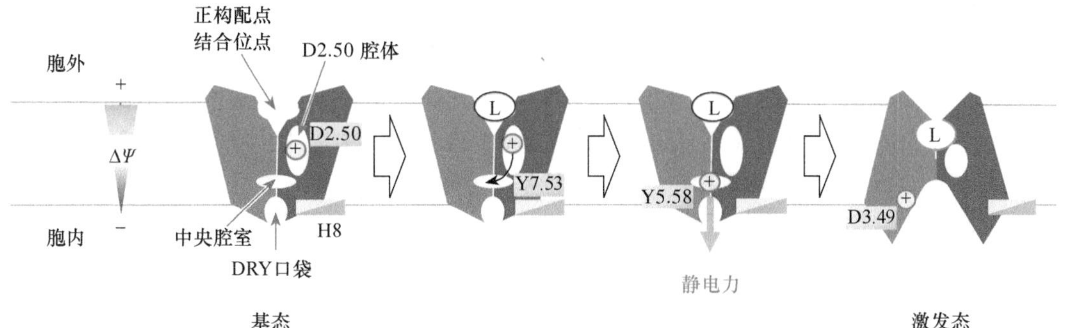

图 8.3.6　A 类 GPCR 中由“质子位移”驱动的激活机制模型

激动剂配体以字母 L 标注。质子所受指向胞内侧的静电力用蓝色箭头表示。其余标注参见图 8.3.5

外侧物理、化学信号到胞内侧构象重排的信号转导过程。

8.3.3　保守模体在激发变构中的角色

在上述统一的机制框架下，人们可以对几乎所有 A 类 GPCR 中保守模体的功能都给予简洁且自洽的解释，而不再需要为每个保守的氨基酸残基或者序列模体编织一段独特的科幻传奇[320]。例如：

- 螺旋 1、2、7 上的保守模体主要参与维持 D2.50 在基态下的质子化状态。譬如，具有 99% 保守度的 N1.50 的侧链末端氨基基团与 TM7 中（由 NPxxY 模体所造成的）暴露的主链羰基氧之间形成氢键；进而，N1.50 侧链末端的羰基氧通过一枚水分子与 D2.50 侧链桥连，促进 D2.50 在基态下发生质子化（参考 1.8Å 分辨率的 α_{2A}R 基态晶体结构）。
- 螺旋 3 的功能表现出多重性。胞外侧保守的二硫键固定螺旋 3 的垂直高度，并且限制它的转动范围（防止其过度旋转）。胞内侧的 DRY 模体与下游 G_α 蛋白相互作用。
- 与一般 Trp 残基常常处于脂双层的两侧表面不同，螺旋 4 中的保守残基 W4.50 位于脂双层的正中间，可能与处于同等高度的胆固醇分子发生特异性相互作用[321]；并且，其侧链电偶极矩在内负 - 外正膜电位电场中处于低能构象，从而稳定 GPCR 蛋白分子在脂双层中的取向。
- 螺旋 5、6 中的保守 Pro 残基有利于 α 螺旋的弯折以及胞内侧构象重排。
- 在基态下，胞质侧两亲螺旋 H8 承担着来自质子化的 D2.50 的静电力，使静电力与疏水力重合、抵消，从而维持受体处于一种亚稳态。一旦质子从 D2.50 转移到中央腔室的水分子，H8（以及其他胞内侧两亲螺旋）可以将垂直于膜平面的新静电力（静电力的净变化）分解到水平方向，促进 GPCR 胞内侧的构象重排。

值得特别提及的是螺旋 6 中的保守模体 CWxP。研究者普遍认同，该模体中的 P6.50 为螺旋弯折和可变性提供支持。除此之外，目前人们对其他保守残基的意义尚无定论。一般而言，由于 Cys 和 Trp 残基所对应的密码子数目很少，它们所在位置往往表现为两类极端情况：非常多变，抑或严格保守。那些严格保守的 Cys、Trp 残基往往与关键功能密切相关。因此，C6.47 和 W6.48 的保守性提示它们在共性激活机制中扮演着重要角色。

在前述细菌视紫红质蛋白分子中，6 号跨膜螺旋中的一个保守 Trp 残基被光致异构化的视黄醛分子推动，发生侧链构象变化，进而引发一系列质子转运通路的重组，特别是蛋白质分子向胞内侧方向的开口[255]。受到这一现象的启发，有研究者曾经提出过一种双稳态

（toggle）机制猜想，试图解释 CWxP 模体中 Trp 的重要性：这个具有 80% 保守度的 W6.48，其吲哚环侧链的取向在基态和激发态之间将会发生较大旋转；它好像一只插销将 GPCR 蛋白锁定在不同构象[322]。但是，这个诱人的猜测被其后报道的不同状态下的晶体结构所否定[13，323，324]。在拮抗剂和激动剂结合状态下，W6.48 侧链并未表现出明显的、系统性的构象变化。事实上，W6.48 侧链的取向始终保持基本上垂直于膜平面，并且指向胞外侧方向。

类似于其他芳香环，吲哚环中的电荷是非局域化的。因此在膜电位的作用下，电荷较容易在杂环平面内被极化，产生一个电偶极子[325]。正如 2.3 节所指出的，色氨酸在 20 种天然氨基酸中是最容易发生极化的；而沉浸于膜电位电场中的 W6.48，其侧链电偶极矩正好对应于最低静电能状态。不难推论，外电场在吲哚环侧链内部减弱，而在该环的上、下两侧得到加强，即变得更加聚焦化（图 8.3.7）。在其（上方）胞外侧是配体结合口袋，而（下方）胞内侧则正好是储藏质子化水离子的那个保守的中央腔室。W6.48 的存在增强了 H_3O^+所感受的静电力，有利于质子转移所触发的激发变构[320]。

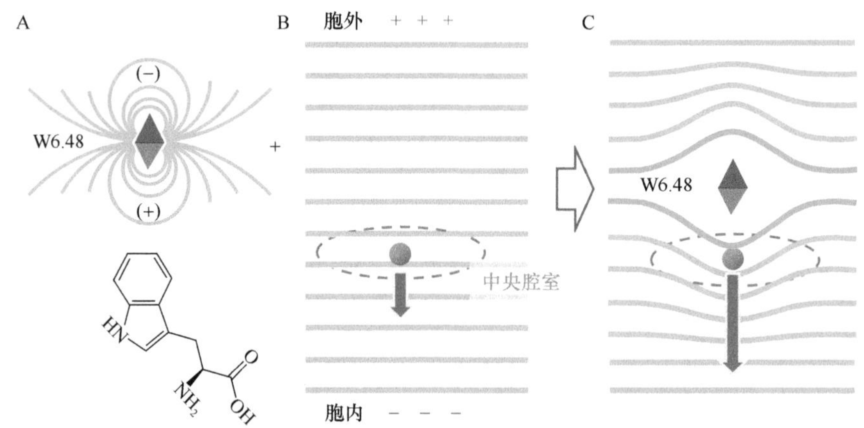

图 8.3.7　保守的 Trp6.48 提高 GPCR 分子内部膜电位电场的聚焦程度

电势函数等高面，绿色；色氨酸电偶极矩，红 - 蓝菱形；质子化水，橙色小球；静电力（电场强度），蓝色箭头。A 图为发生极化之后吲哚环所产生的静电势等高面。B 图为一套均匀电场的等高面。C 图为两者的线性叠加；其中，在吲哚环的上、下方，电场均得到加强，表示为等高面之间的距离缩短；相反，在吲哚环电偶极子附近，电场强度减弱

紧邻 W6.48，存在着另一个高度保守的半胱氨酸残基——C6.47。实验证明，它几乎不能被突变为在几何结构上与之酷似的 Ser 残基。为什么呢？答案在于，Ser 残基的羟基侧链几乎无法发生去质子化，而 Cys 的巯基侧链恰恰可以。事实上，在 20 种天然氨基酸中，Cys 的 pK_a（8.2）最接近生理 pH（7.5～8.0）。所以，它也常常出现在多种酶反应的活性中心。

在 GPCR 基态晶体结构中，C6.47 位于一个保守的氢键供体附近（图 8.3.8）。这就导致 C6.47 的 pK_a 下降，促使其发生去质子化。而在激发态晶体结构中，C6.47 失去了原有的氢键伴侣，转而与 6.43 位残基的主链羰基氧形成氢键；后者暴露于发生变构之后的 TM6 弯折处。形成这一新氢键的必要条件是 C6.47 此时发生质子化。因此，与基态相比，激发态的 C6.47 从胞外侧获得了一个额外的正电荷。在膜电位电场力的作用下，这个额外正电荷将稳定激发态构象。与这种解释相一致，如果 C6.47 突变为 Ser 残基，GPCR 的基态活性（basal activity）将显著升高[320]。

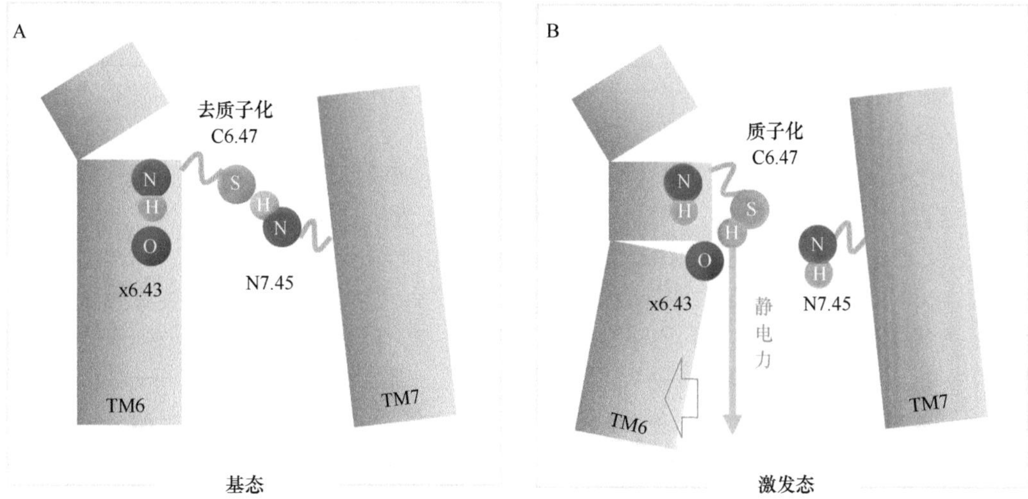

图 8.3.8 半胱氨酸 6.47 在激发步骤前后改变质子化状态

A 图为基态下的氢键状态。此时，由于附近保守氢键供体的存在，巯基发生去质子化，并且与之形成氢键。基态中，6 号螺旋弯折不明显。B 图为激发态下的氢键状态。此时，6 号螺旋弯折加剧，并暴露出主链羰基氧原子。6 号与 7 号螺旋的彼此分离迫使 C6.47 的氢键断裂，其侧链巯基发生质子化并且转而与 6 号螺旋中暴露的羰基氧形成氢键。此时，质子化的巯基将感受额外的静电力

8.3.4 A 类 GPCR 的共性激活机制

综合上述分析结果，我们提出了一个升级版的 A 类 GPCR 蛋白激活机制模型（图 8.3.9）[320]：当激动剂触发 D2.50 去质子化之后，质子被接力传递到下方的疏水中央腔室，并且使其中的水分子质子化。这个疏水性腔体位于 W6.48 下方的聚焦化电场中。其中 H_3O^+受到静电力的作用，驱动构象平衡向激发态移动。一旦进入激发态，C6.47 将发生质子化，所受静电力将进一步稳定激发态。

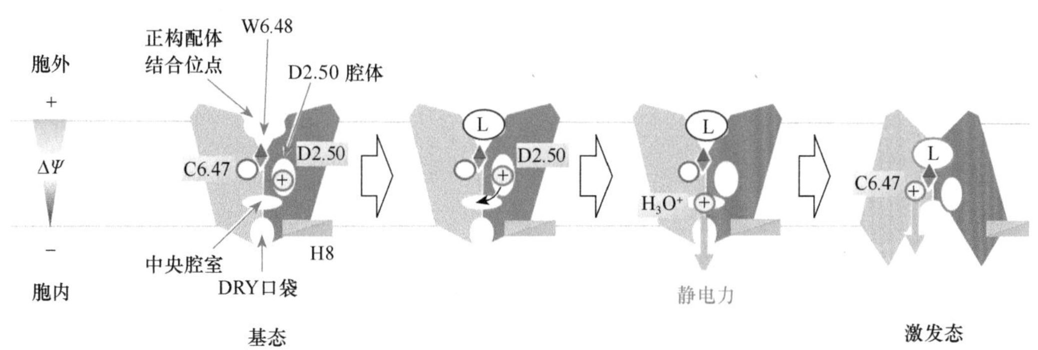

图 8.3.9 A 类 GPCR 激活机制模型（升级版）

该模型在图 8.3.6 的基础上添加了 C6.47 和 W6.48 的功能。C6.47 由空心小圆圈表示；其质子化将稳定激发态构象。W6.48 由红 - 蓝双色的菱形表示；其在外电场中的极化使膜电位聚焦在结合着水分子的中央腔室，从而促进从基态到激发态的构象转换。两亲螺旋 H8 由橙 - 蓝双色小矩形表示

长期以来，研究者间或在实验中发现，GPCR 的功能是可以通过膜电位来调控的[64]。某些 GPCR 的激活过程伴随瞬时的门控电流（gating current）[326]。此外，GPCR 的体外功能

实验所给出的激活速率普遍地低于体内激活速率[327, 328]。这种低迷的活性暗示这些体外实验中缺失了某些 GPCR 激活所需要的重要因素；而膜电位很可能就是其中之一。在膜电位驱动力原理的框架内，这类现象是极为正常的：任何膜蛋白分子，只要携带电荷，就必然会对膜电位的变化做出响应。没有理由认为 GPCR 可以例外。

由于在某些 GPCR 分子基态晶体结构中，人们在 D2.50 附近观察到 Na^+的结合（图 8.3.1），有些研究者猜测：我们上述关于 H^+迁移驱动的 GPCR 激活过程，可能是由 Na^+完成的。然而，Na^+更普遍地被认为是 GPCR 的别构抑制剂，并且与质子竞争 D2.50。不难想象，在 GPCR 分子中构建一条可控的 Na^+专一性通道要远比实现格罗图斯质子导线更为复杂。再者，激动剂在正构位点的结合如何触发 Na^+的跨膜迁移，以及 Na^+的电化学势如何与 GPCR 激发变构相偶联，这些都是该假说不得不面对的难题。那么，Na^+在 D2.50 侧链处的结合是否会触发关键质子的解离，从而导致 GPCR 分子的激活呢？答案应该是否定的——没有任何实验证据支持，甚至暗示 Na^+可能作为 A 类 GPCR 蛋白的通用激动剂。事实上，Na^+的结合位点位于 TM2 与 TM3 之间（图 8.3.1）；这一结合事件直接妨碍了与 GPCR 激活过程相伴的 TM3 的位移和转动。譬如，对于质子迁移来说，TM2-TM3 界面的重组，包括 D2.50 空腔与中央空腔之间疏水隔离层的构象变化很可能是必需的，以便降低质子运动的能量势垒；而 Na^+与质子的置换并不能促进此类构象变化。此外，即使被置换的质子迁移到中央空腔并且使其中的水分子发生质子化，结合在 D2.50 处的 Na^+的静电力也可能部分地平衡掉质子化水的作用，并继续维持基态。

另外，膜电位的存在未必是 GPCR 激活的必要条件。不难设想，如果一枚结合在胞外侧的阳离子激动剂呈现很强的结合能，那么这个配体不仅可以使受体 - 配体复合体感受到膜电位电场，而且对它的目标 GPCR 蛋白直接施加了一个远比膜电位还要强大得多的附加静电场。事实上，在不依赖于膜电位的体外实验条件下，这类配体和 GPCR 所组成的复合体系统也可以明显地被激活。在此类体外实验案例中，配体的结合能必须足够强大，以便提供 GPCR 激活过程的几乎全部驱动能量；否则，激发变构所产生的静电反作用力将迫使配体解离。在这一语境下我们可以说，阳离子配体的结合能本身是 GPCR 激活过程的驱动力。与体外实验有所不同，当膜电位存在时，上述反作用力可以部分地由膜电位电场所施加的静电力抵消；此时，对于强结合能的苛刻要求可以部分地得到缓解。如前文（3.4.3 小节）所述，如果我们将 D2.50 视为去质子化事件的反应中心，激动剂在正构口袋的结合可以看作一类别构调控；此时，激动剂的浓度决定构象变化的反应动力学。由以上讨论不难推论，虽然此类配体可以促进 D2.50 的去质子化，但配体的正电性并不是 A 类 GPCR 激活过程所必需的。进而，在正常（内负 - 外正）膜电位存在的条件下，阴离子配体是否可以较顺利地结合到正构配体结合口袋？此类结合将会如何影响 GPCR 的状态转换？这些都是具有理论和实际双重意义的科学问题，有待进一步解答。

8.4 GPCR 激活过程的双稳态模型

虽然 GPCR 信号转导过程并不像转运蛋白那样以循环的方式进行，但是它的热力学性质仍然可以用一个虚拟循环来描述。在 GPCR 的“R-R*”双稳态模型中[303]，构象 R 和 R* 分别对应于基态（C_0）和激发态（C_1）（图 8.4.1）。

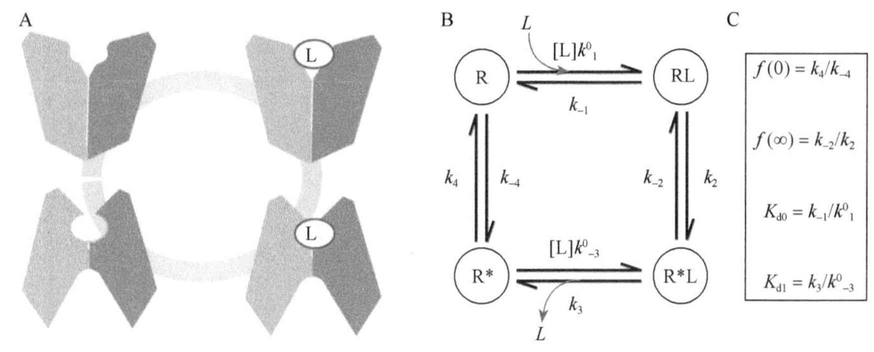

图 8.4.1　GPCR 信号转导过程的 R-R* 双稳态模型

A 图为双稳态简化模型示意图；字母 R 和 R* 分别表示基态和激发态；L 表示激动剂配体。B 图为该模型的 King-Altman 图。C 图列举了动力学参数关系式，参考图 3.4.1

模仿 3.4 节中的讨论，我们首先考虑既没有膜电位，也没有配体的情况。此时，激发变构所伴随的自由能变化为 ΔG_C ｛$\equiv RT \cdot \ln[f(0)]$｝；即两种构象的平衡“常数”（$f$）满足波尔兹曼分布。根据基态的一般定义，$\Delta G_C$ 大于 0。其值的大小决定静息条件下的激活概率。譬如，如果 ΔG_C 等于 0，在静息条件下 GPCR 分子将以 50∶50 的概率分布于基态、激发态两种构象。

在此基础上，我们在讨论中进一步添加配体。此类约束对应于迄今为止绝大多数体外激活研究所使用的实验条件。相应的自由能景观图如图 8.4.2 所示。在两种构象之间，配体的结合能差为 ΔG^0_D［$\equiv RT \cdot \ln(K_{d1}/K_{d0})|_{D\Psi=0}$］。实验证实，对于某些完全激动剂而言，$K_{d1} < K_{d0}$[305]；即释能的（负值）$\Delta G^0_D$ 提供了激发变构所需的部分能量。这类完全激动剂的结合有利于稳定激发态。另外，配体的结合及受体的激活一般都是可逆的。假如在配体结合之后，实验者把胞外侧配体浓度降低，配体从 GPCR 的解离将会导致受体返回其基态。

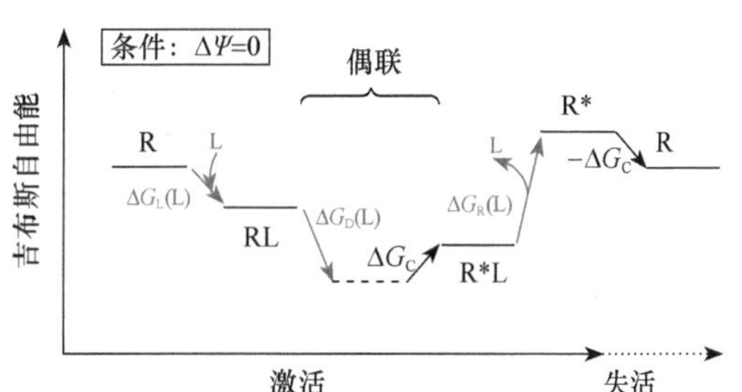

图 8.4.2　无膜电位条件下 GPCR 激活过程的自由能景观图

字母 R 和 R* 分别表示基态和激发态；L 表示激动剂配体；下标 L 和 R 分别表示该配体的结合和解离。在此模型中，激发变构的驱动力来源只能是配体的结合能

如果在激动剂结合的基础之上继续添加膜电位，则 ΔG^0_C 和 ΔG^0_D 依照式（3.4.4）、式（3.4.6）分别改写为 ΔG_C（$\equiv \Delta G^0_C + Q_C\Delta\Psi$）和 ΔG_D（$\equiv \Delta G^0{}_D + Q_D\Delta\Psi$）。其中，$Q_C$ 是 GPCR 自身的门控电荷；Q_D 是配体相关的门控电荷。相应的自由能景观图如图 8.4.3 所示。由于不同 GPCR 蛋白中的电荷分布可能显著不同，Q_C 因受体分子而异；不同受体对膜电位变化的响应也因此会明显不同[64]。另外，在激发变构前后，结合在正构配体口袋中的配体分子一般只发生较小的相对于膜电位的位移；因此，Q_D 一般很小，其对于构象变化的影响可以忽略不计（或者认为 K_{d1}/K_{d0} 值基本上不随膜电位变化）。对于电中性配体，情况更是如此。此外，由于在两种构象下，配体来源于膜的同一侧，在一个虚拟循环前后与配体结合 - 解离相关的自由能变化项总和为零［$\Delta\mu(L) \equiv 0$］。

与配体不同，充当驱动物质的质子发生由 D2.50 到胞内侧的位移及由胞外侧到 C6.47 的位移。有实验数据指出，质子位移所对应的门控电荷（记为 Q_H）约为 0.85[326]，很接近于

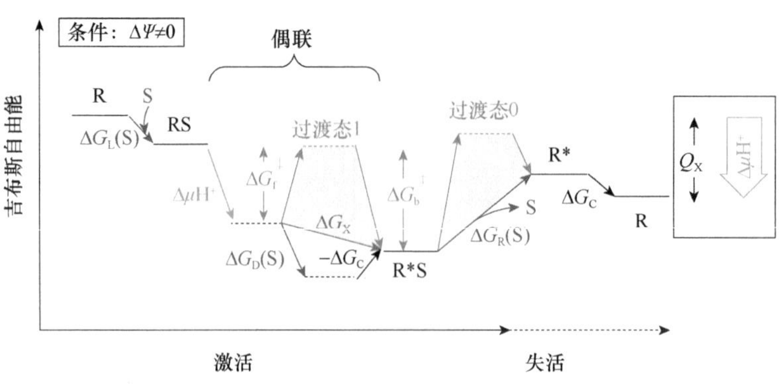

图 8.4.3　膜电位条件下 GPCR 激活过程的自由能景观图

与配体化学势有关的各能量项用红色箭头表示；构象变化能（$\pm\Delta G_C$）为黑色；质子驱动能［$\Delta\mu$（H^+）］为绿色。质子迁移所提供的驱动力保证信号转导的可靠性

1 倍标准电荷。它所对应的驱动能量 $Q_H\Delta\Psi$ 包含于质子动力势，并且促进 GPCR 蛋白的激活过程［参见式（4.1.6）］。D2.50N 突变导致门控电荷几乎完全消失[99]，该实验有力地支持了“质子转移”激活机制假说。

从引发自由能改变的能力这样一个角度来看，激动剂包括如下一类配体：通过降低 H^+释放过程的能量势垒，它们能够触发驱动物质（H^+）在膜电位作用下发生位移［ΔG_D（H^+）< 0］，进而在负值的变构能 ΔG_X［$\equiv\Delta G_C+\Delta G_D$（L）$+\Delta G_D$（$H^+$）］驱动下，使 GPCR 分子发生由 R 到 R* 的构象转换。在膜电位存在的生理条件下，ΔG_D（H^+）很可能是激发变构步骤中驱动力 ΔG_X 的主要贡献者。假如一个配体不能触发驱动物质释放足够的能量（$\Delta G_X\approx0$），则该配体表现为拮抗剂；如果此时 ΔG_X 大于 0，配体表现为抑制剂。由于 ΔG_X 中各个组分均有可能取负值（促进激活）、零（保持中立）或者正值（阻碍激活），某些 GPCR- 配体组合就可能导致动力学行为出现“异常”；这也为 GPCR 研究带来多姿多彩的丰富性（如添加膜电位所引起的异常行为）。所庆幸的是，常见的 GPCR 及其天然配体组合表现得与上述主流预测相一致。

可以说，A 类 GPCR 作为一类被广泛使用的信号受体分子，与其共性机制有关的结构细节已经在进化过程中被优化到近乎极致了。对于这样一类颇显复杂的信号接收器，我们是否还能给出某种“玩具模型”呢？有趣的是，GPCR 分子的工作原理与传说中的汉代地动仪如出一辙（图 8.4.4）。可以认为，G 蛋白偶联受体是一类蓄势待发的受体分子；激动剂的结合

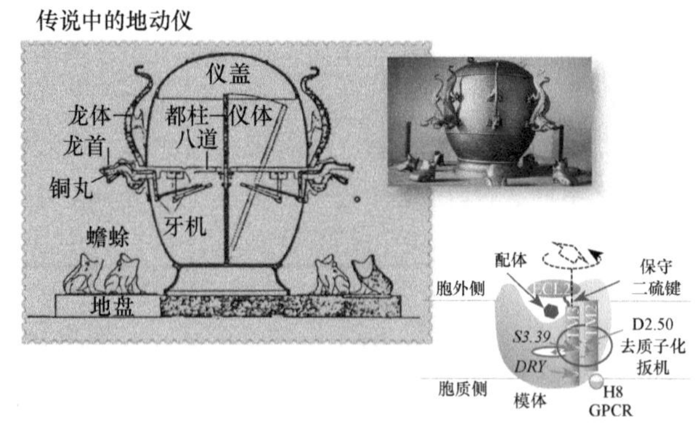

图 8.4.4　GPCR 的“玩具模型”

GPCR 分子与地动仪在机制方面的共性在于：两者均使用预先储存的势能来驱动“激发变构”。在地动仪中，重力势能储备于亚稳态的立柱；而在 GPCR 分子中，静电势能储备于膜电位静电场中的质子

不过是扣动扳机，或者说降低了质子跨膜转移的能量势垒。进而，膜电位的存在及质子化状态的改变为 GPCR 激活过程提供了能量储备和偶联机制。

小结与随想

- 信息存储于蛋白质的构象，而构象变化是跨膜信号转导的方式之一。
- 精准的信号转导需要可靠的能量驱动机制，这是生物学中以能量换取信息精确性的一般法则。
- 虽然人类基因组编码数以百计的 G 蛋白偶联受体，并且其配体各异，但是保守的序列模体必然是共性的信号转导和能量偶联机制的结构基础（只要这类机制确实存在的话）。
- 在 A 类 GPCR 的“质子转移”激活机制中，质子沿膜电位电场的运动提供可靠的驱动能量，使受体分子得以舞出一曲精准而优雅的探戈——以 TM3 的扭转开始，直至完成 TM7 和 H8 的滑动，以及 TM6 的分离。

作为物理学和生物学的交叉学科，生物物理学处理生命系统中物质、能量、信息的关系问题。一般而论，物质是能量利用、信息处理的基础，它包括有形物质和场（如电磁场）。首先，物质常常是能量的载体。正如爱因斯坦所揭示的，在更基本的物理层次，物质与能量可以相互转换；但是这种转换，除了通过核聚变反应为地球生命提供用之不竭的阳光之外，可以认为与生命现象并无直接联系。另外，物质可以以静电能、动能、机械能（构象能）等多种形式承载能量。进而，物质是信息的载体，如某种分子的浓度梯度、电场、磁场强度等都承载着信息；换言之，信息可以看作对物质状态的描述。

对于给定生物系统来说，信息是可以被解读的那部分负熵增量；它不是被创造出来的，而是被筛选出来的。此类信息的筛选过程，如个体对于外界变化的响应、实现生化反应的正确方向性、提高个体复制过程中的精确度等，都需要由自由能驱动的生化网络。由此获得的信息（或者说被富集的负熵），一部分被固化于个体发育和遗传复制的物质结构中，另一部分则体现在系统的稳定动态的功能过程中。这便是“信息驱动”与“自由能驱动”这两种看似冲突的概念在生命世界中的统一。

参 考 文 献

[1] Smith E, Morowitz H J. The Origin and Nature of Life on Earth: the Emergence of the Fourth Geosphere. Cambridge: Cambridge University Press, 2016.

[2] Singer S J, Nicolson G L. The fluid mosaic model of the structure of cell membranes. Science, 1972, 175: 720-731.

[3] Schellman J A. Thermodynamics, molecules and the Gibbs conference. Biophysical Chemistry, 1997, 64 (1-3): 7-13.

[4] Lanyi J K. X-ray crystallography of bacteriorhodopsin and its photointermediates: insights into the mechanism of proton transport. Biochemistry (Mosc) , 2001, 66 (11): 1192-1196.

[5] Pedersen S F, Counillon L. The SLC9A-C mammalian Na^+/H^+exchanger family: molecules, mechanisms, and physiology. Physiological Reviews, 2019, 99 (4): 2015-2113.

[6] Wang J. On the appearance of carboxylates in electrostatic potential maps. Protein Science, 2017, 26 (3): 396-402.

[7] Yonekura K, Kato K, Ogasawara M, et al. Electron crystallography of ultrathin 3D protein crystals: atomic model with charges. Proceedings of the National Academy of Sciences of the United States of America, 2015, 112 (11): 3368-3373.

[8] Henderson R, Unwin P N. Three-dimensional model of purple membrane obtained by electron microscopy. Nature, 1975, 257 (5521): 28-32.

[9] Ceska T A, Henderson R. Analysis of high-resolution electron diffraction patterns from purple membrane labelled with heavy-atoms. Journal of Molecular Biology, 1990, 213 (3): 539-560.

[10] Huber R. Nobel lecture. A structural basis of light energy and electron transfer in biology. The EMBO Journal, 1989, 8: 2125-2147.

[11] Sui H, Han B G, Lee J K, et al. Structural basis of water-specific transport through the AQP1 water channel. Nature, 2001, 414 (6866): 872-878.

[12] Zhou Y, Morais-Cabral J H, Kaufman A, et al. Chemistry of ion coordination and hydration revealed by a K^+ channel-Fab complex at 2.0 a resolution. Nature, 2001, 414 (6859): 43-48.

[13] Rasmussen S G, DeVree B T, Zou Y Z, et al. Crystal structure of theβ2 adrenergic receptor-Gs protein complex. Nature, 2011, 477 (7366): 549-555.

[14] Liu Z F, Yan H C, Wang K B, et al. Crystal structure of spinach major light-harvesting complex at 2.72 a resolution. Nature, 2004, 428 (6980): 287-292.

[15] Baase W A, Eriksson, A E, Zhang X J, et al. Dissection of protein structure and folding by directed mutagenesis. Faraday Discussions, 1992, (93): 173-181.

[16] Liu Y Q, Liu Y, He L L, et al. Single-molecule fluorescence studies on the conformational change of the ABC transporter MsbA. Biophysics Reports, 2018, 4 (3): 153-165.

[17] Boland C, Li D F, Ali Shah S T, et al. Cell-free expression and in meso crystallisation of an integral membrane kinase for structure determination. Cellular and Molecular Life Science, 2014, 71 (24): 4895-4910.

[18] Lu P L, Man D Y, DiMaio F, et al. Accurate computational design of multipass transmembrane proteins. Science, 2018, 359 (6379): 1042-1046.

[19] Vorobieva A A, White P, Liang B Y, et al. De novo design of transmembrane βbarrels. Science, 2021, 371 (6531): eabc8182.

[20] Fagerberg L, Jonasson K, von Heijne G, et al. Prediction of the [human membrane proteome. Proteomics, 2010, 10 (6): 1141-1149.

[21] Wang J H. T cell receptors, mechanosensors, catch bonds and immunotherapy. Progress Biophysics Molecular Biology, 2020, 153: 23-27.

[22] Hennon S W, Soman R, Zhu L, et al. YidC/Alb3/Oxa1 family of insertases. The Journal of Biological Chemistry, 2015, 290 (24): 14866-14874.

[23] Braunger K, Pfeffer S, Shrimal S, et al. Structural basis for coupling protein transport and N-glycosylation at the mammalian endoplasmic reticulum. Science, 2018, 360 (6385): 215-219.

[24] Cymer F, von Heijne G, White S H. Mechanisms of integral membrane protein insertion and folding. Jounal of Molecular Biology, 2015, 427 (5): 999-1022.

[25] Xin Y L, Zhao Y, Zheng J G, et al. Structure of YidC from Thermotoga maritima and its implications for YidC-mediated membrane protein insertion. The FASEB Journal, 2018, 32 (5): 2411-2421.

[26] Pleiner T, Tomalleri G P, Januszyk K, et al. Structural basis for membrane insertion by the human ER membrane protein complex. Science, 2020, 369 (6502): 433-436.

[27] Yu H, Siewny M G W, Edwards D T, et al. Hidden dynamics in the unfolding of individual bacteriorhodopsin proteins. Science, 2017, 355 (6328): 945-950.

[28] Choi H K, Min D Y, Kang H, et al. Watching helical membrane proteins fold reveals a common N-to-C-terminal folding pathway. Science, 2019, 366 (6469): 1150-1156.

[29] Formosa L E, Dibley M G, Stroud D A, et al. Building a complex complex: Assembly of mitochondrial respiratory chain complex I. Seminars in Cell and Developmental Biology, 2018, 76: 154-162.

[30] Puchades C, Rampello A J, Shin M, et al. Structure of the mitochondrial inner membrane AAA^+ protease YME1 gives insight into substrate processing. Science, 2017, 358 (6363): eaao0464.

[31] Baker D. A surprising simplicity to protein folding. Nature, 2000, 405 (6782): 39-42.

[32] Cowan S W, Schirmer T, Rummmel G, et al. Crystal structures explain functional properties of two *E. coli* porins. Nature, 1992, 358 (6389): 727-733.

[33] Zhang X C, Han L. How does a β-barrel integral membrane protein insert into the membrane? Protein and Cell, 2016, 7 (7): 471-477.

[34] Tomasek D, Rawson S, Lee J, et al. Structure of a nascent membrane protein as it folds on the BAM complex. Nature, 2020, 583 (7816): 473-478.

[35] Fairman J W, Noinaj N, Buchanan S K. The structural biology of β-barrel membrane proteins: a summary of recent reports. Current Opinion Structural Biology, 2011, 21 (4): 523-531.

[36] Richardson J S. The anatomy and taxonomy of protein structure. Advances in Protein Chemistry, 1981, 34: 167-339.

[37] Schmidt M, Rohou A, Lasker S, et al. Peptide dimer structure in an Aβ (1-42) fibril visualized with cryo-EM. Proceedings of the National Academy of Sciences of the United States of America, 2015, 112 (38): 11858-11863.

[38] Han L, Zheng J G, Wang Y, et al. Structure of the BAM complex and its implications for biogenesis of outer-membrane proteins. Nature Structuraland Molecular Biology, 2016, 23 (3): 192-196.

[39] Marx D C, Plummer A M, Faustino A M, et al. SurA is a cryptically grooved chaperone that expands unfolded outer membrane proteins. Proceedings of the National Academy of Science of the United States of Aerica, 2020, 117 (45): 28026-28035.

[40] de Leij L, Kingma J, Witholt B. Nature of the regions involved in the insertion of newly synthesized protein into the outer membrane of *Escherichia coli*. Biochimica et Biophysica Acta, 1979, 553 (2): 224-234.

[41] Xiao L, Han L, Li B F, et al. Structures of the β-barrel assembly machine recognizing outer membrane protein substrates. the FASEB Journal, 2021, 35 (1): e21207.

[42] Damer B. David deamer: Five decades of research on the question of how life can begin. Life (Basel), 2019, 9 (2):36.

[43] Gorter E, Grendel F. On bimolecular layers of lipoids on the chromocytes of the blood. The Journal of Experimental Medicine, 1925, 41 (4): 439-443.

[44] Zhang C Y, Liu P S. The lipid droplet: a conserved cellular organelle. Protein and Cell, 2017, 8 (11): 796-800.

[45] Cartier A, Hla T. Sphingosine 1-phosphate: lipid signaling in pathology and therapy. Science, 2019, 366 (6463): eaar551.

[46] Wolos A, Roszak R, Żądło-Dobrowolska A, et al. Synthetic connectivity, emergence, and self-regeneration in the network of prebiotic chemistry. Science, 2020, 369 (6511): eaaw1955.

[47] Berg J M, Tymoczko J L, Gatto G J, et al. Biochemistry. 9th ed. New York: WH Freeman/Macmillan Learning, 2019.

[48] Shen Z Y, Niethammer P. A cellular sense of space and pressure. Science, 2020, 370 (6514): 295-296.

[49] Richens J L, Lane J S, Bramble J P, et al. The electrical interplay between proteins and lipids in membranes. Biochimica et Biophysica Acta, 2015, 1848 (9): 1828-1836.

[50] Choi S K, Schurig-Briccio L, Ding D Q, et al. Location of the substrate binding site of the cytochrome bo_3 ubiquinol oxidase from *Escherichia coli*. Journal of the American Chemical Society, 2017, 139 (23): 8346-8354.

[51] Shi Z, Graber Z T, Baumgart T, et al. Cell membranes resist flow. Cell, 2018, 175 (7): 1769-1779, e1713.

[52] Sheetz M P, Turney S, Qian H, et al. Nanometre-level analysis demonstrates that lipid flow does not drive membrane glycoprotein movements. Nature, 1989, 340 (6231): 284-288.

[53] Pang X Y, Fan J, Zhang Y, et al. A PH domain in ACAP1 possesses key features of the BAR domain in promoting membrane curvature. Development Cell, 2014, 31 (1): 73-86.

[54] Mouritsen O G, Bloom M. Mattress model of lipid-protein interactions in membranes. Biophysical Journal, 1984, 46 (2): 141-153.

[55] Phillips R, Ursell T, Wiggins P, et al. Emerging roles for lipids in shaping membrane-protein function. Nature, 2009, 459: 379-385.

[56] Marsh D. Lateral pressure profile, spontaneous curvature frustration, and the incorporation and conformation of proteins in membranes. Biophysical Journal, 2007, 93 (11): 3884-3899.

[57] Malhotra K, Modak A, Nangia S, et al. Cardiolipin mediates membrane and channel interactions of the mitochondrial TIM23 protein import complex receptor Tim50. Science Advances, 2017, 3 (9): e1700532.

[58] Zhang X J C, Li H. Interplay between the electrostatic membrane potential and conformational changes in membrane proteins. Protein Science, 2019, 28 (3): 502-512.

[59] Zhao Y, Mao G T, Liu M, et al. Crystal structure of the *E. coli* peptide transporter YbgH. Structure, 2014, 22 (8): 1152-1160.

[60] Andersso H, von Heijne G. Membrane protein topology: effects of delta mu H^+ on the translocation of charged residues explain the "positive inside" rule. The EMBO Journal, 1994, 13 (10): 2267-2272.

[61] von Heijne G. Control of topology and mode of assembly of a polytopic membrane protein by positively charged residues. Nature, 1989, 341 (6241): 456-458.

[62] Wang Y, Huang Y J, Wang J W, et al. Structure of the formate transporter FocA reveals a pentameric aquaporin-like channel. Nature, 2009, 462 (7272): 467-472.

[63] Baker J A, Wong W C, Eisenhaber B, et al. Charged residues next to transmembrane regions revisited: "Positive-inside rule" is complemented by the "negative inside depletion/outside enrichment rule" . BMC Biology, 2017, 15 (1): 66.

[64] Vickery O N, Machtens J P, Zachariae U. Membrane potentials regulating GPCRs: insights from experiments and molecular dynamics simulations. Current Opinion in Pharmacology, 2016, 30: 44-50.

[65] Hirsch R E, Lewis B D, Spalding E P, et al. A role for the AKT1 potassium channel in plant nutrition. Science, 1998, 280 (5365): 918-921.

[66] Blatt M R, Rodriguez-Navarro A, Slayman C L. Potassium-proton symport in Neurospora: kinetic control by pH and membrane potential. The Journal Membrane Biology, 1987, 98 (2): 169-189.

[67] Krulwich T A, Sachs G, Padan E. Molecular aspects of bacterial pH sensing and homeostasis. Nature Reviews Microbiology, 2011, 9 (5): 330-343.

[68] Bellocchio E E, Reimer R J, Fremeau R T, et al. Uptake of glutamate into synaptic vesicles by an inorganic phosphate transporter. Science, 2000, 289 (5481): 957-960.

[69] Youle R J. Mitochondria-Striking a balance between host and endosymbiont. Science, 2019, 365 (6454): eaaw9855.

[70] Garcia-Bayona L, Comstock L E. Bacterial antagonism in host-associated microbial communities. Science, 2018, 361 (6408): eaat2456.

[71] Rudd-Schmidt J A, Hodel A W, Noori T, et al. Lipid order and charge protect killer T cells from accidental death. Nature Communications, 2019, 10 (1): 5396.

[72] Shi J J, Zhao Y, Wang K, et al. Cleavage of GSDMD by inflammatory caspases determines pyroptotic cell death. Nature, 2015, 526 (7575): 660-665.

[73] Levin M. Molecular bioelectricity in developmental biology: new tools and recent discoveries: control of cell behavior and pattern formation by transmembrane potential gradients. Bioessays, 2012, 34 (3): 205-217.

[74] Cervera J, Pietak A, Levin M, et al. Bioelectrical coupling in multicellular domains regulated by gap junctions: a conceptual approach. Bioelectrochemistry, 2018, 123: 45-61.

[75] Bates E. Ion channels in development and cancer. Annual Review of Cell and Developmental Biology, 2015, 31: 231-247.

[76] Bezanilla F. Gating currents. Journal Genal Physiology, 2018, 150: 911-932.

[77] Phillips R, Kondev J, Theriot J. Physical Biology of the Cell. New Haven: Garland Science, 2009.

[78] Beard D A, Qian H. Chemical Biophysics: Quantitative Analysis of Cellular Systems. Cambridge: Cambridge University Press, 2008.

[79] Cardozo D. An intuitive approach to understanding the resting membrane potential. Advances in Physiology Education, 2016, 40 (4): 543-547.

[80] Steinmeyer K, Lorenz C, Pusch M, et al. Multimeric structure of ClC-1 chloride channel revealed by mutations in dominant myotonia congenita (Thomsen). The EMBO Journal, 1994, 13 (4): 737-743.

[81] Benedek G B, Villars F M H. Physics, with Illustrative Examples from Medicine and Biology (Electricity and Magmetism). 2nd ed. Vol. 3. New York: Springer-Verlag, 2000.

[82] Tombola F, Pathak M M, Isacoff E Y. How far will you go to sense voltage? Neuron, 2005, 48 (5): 719-725.

[83] Cocco S, Monasson R, Marko J F. Force and kinetic barriers to unzipping of the DNA double helix. Proceedings of the National Academy of Science of the United States of America, 2001, 98 (15): 8608-8613.

[84] Liu S X, Chistol G, Hetherington C L, et al. A viral packaging motor varies its DNA rotation and step size to preserve subunit coordination as the capsid fills. Cell, 2014, 157 (3): 702-713.

[85] Chen P, Dong L P, Hu M L, et al. Functions of FACT in breaking the nucleosome and maintaining its integrity at the single-nucleosome level. Molecular Cell, 2018, 71 (2): 284-293, e284.

[86] Goldman D H, Kaiser C M, Milin A, et al. Ribosome. Mechanical force releases nascent chain-mediated ribosome arrest *in vitro* and *in vivo*. Science, 2015, 348 (6233): 457-460.

[87] Schnitzer M J, Visscher K, Block S M. Force production by single kinesin motors. Nature Cell Biology, 2000, 2 (10): 718-723.

[88] Zhang X C, Liu M, Zhao Y. How does transmembrane electrochemical potential drive the rotation of Fo motor in an ATP synthase? Protein and Cell, 2015, 6 (11): 784-791.

[89] Kaneko K. Understanding Complex Systems 377. New York: Springer, 2006.

[90] Brown A I, Sivak D A. Allocating dissipation across a molecular machine cycle to maximize flux. Procedings of the National Academy of Sciences of the United States of America, 2017, 114 (42): 11057-11062.

[91] Kim J Y, Chung H S. Disordered proteins follow diverse transition paths as they fold and bind to a partner. Science, 2020, 368 (6496): 1253-1257.

[92] Hill T L. Free Energy Transduction and Biochemical Cycle Kinetics. New York: Springer-Verlag, 1989.

[93] Sorigué D, Légeret B, CuinéS, et al. An algal photoenzyme converts fatty acids to hydrocarbons. Science, 2017, 357 (6354): 903-907.

[94] Ragsdale S W. Stealth reactions driving carbon fixation. Science, 2018, 359 (6375): 517-518.

[95] Goesten M G, Hoffmann R, Bickelhaupt F M, et al. Eight-coordinate fluoride in a silicate double-four-ring. Proceedings of the National Academy of Sciences of the United States of America, 2017, 114 (5): 828-833.

[96] Matthews B W. Structural and genetic analysis of the folding and function of T4 lysozyme. FASEB Journal, 1996, 10 (1): 35-41.

[97] Zhu Y P, He L L, Liu Y, et al. smFRET probing reveals substrate-dependent conformational dynamics of *E. coli* multidrug MdfA. Biophysical Journal, 2019, 116 (12): 2296-2303.

[98] Bai S N, Ge H, Qian H. Structure for energy cycle: a unique status of the second law of thermodynamics for living systems. Science China Life Sciences, 2018, 61 (10): 1266-1273.

[99] Barchad-Avitzur O, Priest M I F, Dekel N, et al. A novel voltage sensor in the orthosteric binding site of the M muscarinic receptor. Biophysical Journal, 2016, 111 (7): 1396-1408.

[100] Roßnagel J, Dawkins S T, Tolazzi K N, et al. A single-atom heat engine. Science, 2016, 352 (6283): 325-329.

[101] Jardetzky O. Simple allosteric model for membrane pumps. Nature, 1966, 211 (5052): 969-970.

[102] Poolman B, Konings W N. Secondary solute transport in bacteria. Biochimica et Biophysica Acta, 1993, 1183 (1): 5-39.

[103] Li F, Eriksen J, Finer-Moore J, et al. Ion transport and regulation in a synaptic vesicle glutamate transporter. Science, 2020, 368 (6493): 893-897.

[104] Palmeira C M, Rolo A P. Mitochondrial membrane potential (DeltaPsi) fluctuations associated with the metabolic states of mitochondria. Methods in Molecular Biology, 2012, 810: 89-101.

[105] Law C J, Maloney P C, Wang D N. Ins and outs of major facilitator superfamily antiporters. Annual Review of Microbiology, 2008, 62: 289-305.

[106] Reddy V S, Shlykov M A, Castillo R, et al. The major facilitator superfamily. Journal of Molecular Microbiology and Biotechnology, 1999, 1: 257-279.

[107] Widdas W F. Inability of diffusion to account for placental glucose transfer in the sheep and consideration of the kinetics of a possible carrier transfer. The Journal of Physiology, 1952, 118 (1): 23-39.

[108] Mitchell P. A general theory of membrane transport from studies of bacteria. Nature, 1957, 180 (4577): 134-136.

[109] Viitanen P, Garcia M L, Kaback H R. Purified reconstituted lac carrier protein from *Escherichia coli* is fully functional. Procedings of the National Academy of Science of the United States of America, 1984, 81 (6): 1629-1633.

[110] Huang Y F, Lemieux M J, Song J M, et al. Structure and mechanism of the glycerol-3-phosphate transporter from *Escherichia coli*. Science, 2003, 301 (5633): 616-620.

[111] Abramson J, Smirnova I, Kasho V, et al. Structure and mechanism of the lactose permease of *Escherichia coli*. Science, 2003, 301 (5633): 610-615.

[112] Dang S Y, Sun L F, Huang Y J, et al. Structure of a fucose transporter in an outward-open conformation. Nature, 2010, 467 (7316): 734-738.

[113] Madej M G, Dang S Y, Yan N, et al. Evolutionary mix-and-match with MFS transporters. Proceeding of the National Academy Sciences of the United Sates of America, 2013, 110 (15): 5870-5874.

[114] Zhang B, Jin Q H, Xu L Z, et al. Cooperative transport mechanism of human monocarboxylate transporter 2. Nature

Communications, 2020, 11 (1): 2429.

[115] Zhang X C, Han L. How does the chemical potential of the substrate drive a uniporter? Protein Science, 2016, 25 (4) ; 933-937.

[116] Sigal N, Fluman N, Siemion S, et al. The secondary multidrug/proton antiporter MdfA tolerates displacements of an essential negatively charged side chain. Journal of Biological Chemistry, 2009, 284 (11): 6966-6971.

[117] Zhang X C, Liu M, Lu G Y, et al. Thermodynamic secrets of multidrug resistance: a new take on transport mechanisms of secondary active antiporters. Protein Science, 2018, 27 (3): 595-613.

[118] Deng D, Xu C, Sun P C, et al. Crystal structure of the human glucose transporter GLUT1. Nature, 2014, 510 (7503): 121-125.

[119] Sun J, Bankston J R, Payandeh J, et al. Crystal structure of the plant dual-affinity nitrate transporter NRT1. 1. Nature, 2014, 507: 73-77.

[120] Heng J, Zhao Y, Liu M, et al. Substrate-bound structure of the *E. coli* multidrug resistance transporter MdfA. Cell Research, 2015, 25 (9): 1060-1073.

[121] Kang X S, Zhao Y, Jiang D H, et al. Crystal structure and biochemical studies of Brucella melitensis 5'-methylthioadenosine/S-adenosylhomocysteine nucleosidase. Biochemical and Biophysical Research Communications, 446: 965-970.

[122] Ermolova N V, Smirnova I N, Kasho V N, et al. Interhelical packing modulates conformational flexibility in the lactose permease of *Escherichia coli*. Biochemistry, 2005, 44: 7669-7677.

[123] Jiang D H, Zhao Y, Wang X P, et al. Structure of the YajR transporter suggests a transport mechanism based on the conserved motif A. Proceedings of the National Academy of Sciences of the United States of America, 2013, 110 (36): 14664-14669.

[124] Shi Y G. Common folds and transport mechanisms of secondary active transporters. Annual Review of Biophysics, 2013, 42: 51-72.

[125] Pornillos O, Chang G. Inverted repeat domains in membrane proteins. FEBS Letters, 2006, 580: 358-362.

[126] Chen Y J, Pornillos O, Lieu S, et al. X-ray structure of EmrE supports dual topology model. Proceedings of the National Academy of Sciences of the United Sates of America, 2007, 104 (48): 18999-19004.

[127] Ubarretxena-Belandia I, Tate C G. New insights into the structure and oligomeric state of the bacterial multidrug transporter EmrE: an unusual asymmetric homo-dimer. FEBS Letters, 2004, 564 (3): 234-238.

[128] Ruprecht J J, King M S, Zögg T, et al. The molecular mechanism of transport by the mitochondrial ADP/ATP carrier. Cell, 2019, 176 (3): 435-447. e415.

[129] Singh S K, Yamashita A, Gouaux E. Antidepressant binding site in a bacterial homologue of neurotransmitter transporters. Nature, 2007, 448 (7156): 952-956.

[130] Liu S, Chang S H, Han B M, et al. Cryo-EM structures of the human cation-chloride cotransporter KCC1. Science, 2019, 366: 505-508.

[131] Screpanti E, Hunte C. Discontinuous membrane helices in transport proteins and their correlation with function. Journal of Structural Biology, 2007, 159 (2): 261-267.

[132] Gao X, Lu F R, Zhou L J, et al. Structure and mechanism of an amino acid antiporter. Science, 2009, 324 (5934): 1565-1568.

[133] Iyer R, Williams C, Miller C. Arginine-agmatine antiporter in extreme acid resistance in *Escherichia coli*. Journal of Bacteriology, 2003, 185 (22): 6556-6561.

[134] Brett C L, Donowitz M, Rao R. Evolutionary origins of eukaryotic sodium/proton exchangers. Amerian Journal of Physiology Cell Physiology, 2005, 288 (2): C223-C239.

[135] Stock C, Pedersen S F. Roles of pH and the Na^+/H^+ exchanger NHE1 in cancer: from cell biology and animal models to an emerging translational perspective? Seminars in Cancer Biology, 2017, 43: 5-16.

[136] Hunte C, Screpanti E, Venturi M, et al. Structure of a Na^+/H^+ antiporter and insights into mechanism of action and regulation by pH. Nature, 2005, 435 (7046): 1197-1202.

[137] Le C, Kang H J, von Ballmoos C, et al. A two-domain elevator mechanism for sodium/proton antiport. Nature, 2013, 501 (7468): 573-577.

[138] Otsu K, Kinsella J, Sacktor B, et al. Transient state kinetic evidence for an oligomer in the mechanism of Na^+-H^+ exchange. Proceedings of the National Academy of Sciences of the United States of America, 1989, 86 (13): 4818-4822.

[139] Kim J W, Kim S, Kim S, et al. Structural insights into the elevator-like mechanism of the sodium/citrate symporter CitS. Scientific Reports, 2017, 7 (1): 2548.

[140] Qiu B, Matthies D, Fortea E, et al. Cryo-EM structures of excitatory amino acid transporter 3 visualize coupled substrate, sodium, and proton binding and transport. Science Advances, 2021, 7 (10): eabf5814.

[141] Yernool D, Boudker O, Jin Y, et a. Structure of a glutamate transporter homologue from *Pyrococcus horikoshii*. Nature, 2004, 431 (7010): 811-818.

[142] Hamamoto T, Hashimoto M, Hino M, et al. Characterization of a gene responsible for the Na^+/H^+ antiporter system of

alkalophilic *Bacillus* species strain C-125. Molecular Microbiology, 1994, 14 (5): 939-946.

[143] Li B, Zhang K D, Nie Y, et al. Structure of the *Dietzia* Mrp complex reveals molecular mechanism of this giant bacterial sodium proton pump. Proceedings of the National Academy of Sciences of the United States of America, 2020, 117 (49): 31166-31176.

[144] Morino M, Natsui S, Ono T, et al. Single site mutations in the hetero-oligomeric Mrp antiporter from alkaliphilic *Bacillus pseudofirmus* OF4 that affect Na^+/H^+ antiport activity, sodium exclusion, individual Mrp protein levels, or Mrp complex formation. The Journal of Biological Chemistry, 2010, 285 (40): 30942-30950.

[145] Yu H J, Wu C H, Schut G J, et al. Structure of an ancient respiratory system. Cell, 2018, 173 (7): 1636-1649, e1616.

[146] Yu H J, Haja D K, Schut G J, et al. Structure of the respiratory MBS complex reveals iron-sulfur cluster catalyzed sulfane sulfur reduction in ancient life. Nature Communications, 2020, 11 (1): 5953.

[147] Higgins C F. Multiple molecular mechanisms for multidrug resistance transporters. Nature, 2007, 446 (7173): 749-757.

[148] Yamaguchi A, Nakashima R, Sakurai K. Structural basis of RND-type multidrug exporters. Frontiers in Microbiology, 2015, 6: 327.

[149] Murakami S, Nakashima R, Yamashita E, et al. Crystal structure of bacterial multidrug efflux transporter AcrB. Nature, 2002, 419: 587-593.

[150] Sennhauser G, Amstutz P, Briand C, et al. Drug export pathway of multidrug exporter AcrB revealed by DARP in inhibitors. PLoS Biology, 2007, 5 (1): e7.

[151] Seeger M A, Schiefner A, Eicher T, et al. Structural asymmetry of AcrB trimer suggests a peristaltic pump mechanism. Science, 2006, 313 (5791): 1295-1298.

[152] Murakami S, Nakashima R, Yamashita E, et al. Crystal structures of a multidrug transporter reveal a functionally rotating mechanism. Nature, 2006, 443 (7108): 173-179.

[153] Nakashima R, Sakurai K, Yamasaki S, et al. Structural basis for the inhibition of bacterial multidrug exporters. Nature, 2013, 500 (7460): 102-106.

[154] Zhang X C, Liu M, Han L. Energy coupling mechanisms of AcrB-like RND transporters. Biophysics Reports, 2017, 3 (4): 73-84.

[155] Liu M, Zhang X C. Energy-coupling mechanism of the multidrug resistance transporter AcrB: evidence for membrane potential-driving hypothesis through mutagenic analysis. Protein and Cell, 2017, 8 (8): 623-627.

[156] Zhang B, Li J, Yang X L, et al. Crystal structures of membrane transporter MmpL3, an anti-TB drug target. Cell, 2019, 176 (3): 636-648, e613.

[157] Pfeffer S R. NPC intracellular cholesterol transporter 1 (NPC1) -mediated cholesterol export from lysosomes. The Journal of Biological Chemistry, 2019, 294 (5): 1706-1709.

[158] Qian H W, Wu X L, Du X M, et al. Structural basis of low-pH-dependent lysosomal cholesterol egress by NPC1 and NPC2. Cell, 2020, 182 (1): 98-111, e18.

[159] Li X C, Lu F R, Trinh M N, et al. 3.3 A structure of Niemann-Pick C1 protein reveals insights into the function of the C-terminal luminal domain in cholesterol transport. Proceedings of the National Academy of Sciences of the United States of America, 2017, 114: 9116-9121.

[160] Zhang X C, Zhang H W. P-type ATPases use a domain-association mechanism to couple ATP hydrolysis to conformational change. Biophysics Reports, 2019, 5 (4): 1-9.

[161] Palmgren M G, Nissen P. P-type ATPases. Annual Review of Biophysics, 2011, 40: 243-266.

[162] Skou J C. The influence of some cations on an adenosine triphosphatase from peripheral nerves. Biochimica et Biophysica Acta, 1957, 23: 394-401.

[163] Cui X Y, Xie Z J. Protein interaction and Na/K-ATPase-mediated signal transduction. Molecules, 2017, 22 (6): 990.

[164] Hiraizumi M, Yamashita K, Nishizawa T, et al. Cryo-EM structures capture the transport cycle of the P4-ATPase flippase. Science, 2019, 365 (6458): 1149-1155.

[165] McKenna M J, Sim S I, Ordureau A, et al. The endoplasmic reticulum P5A-ATPase is a transmembrane helix dislocase. Science, 2020, 369 (6511): eabc5809.

[166] Zhang X C, Feng W. Thermodynamic aspects of ATP hydrolysis of actomyosin complex. Biophysics Reports, 2016, 2 (5): 87-94.

[167] Toyoshima C, Nakasako M, Nomura H, et al. Crystal structure of the calcium pump of sarcoplasmic reticulum at 2.6A resolution. Nature, 2000, 405 (6787): 647-655.

[168] Eckstein-Ludwig U, Webb R J, van Goethem I D A, et al. Artemisinins target the SERCA of plasmodium falciparum. Nature, 2003, 424 (6951): 957-961.

[169] Laursen M, Yatime L, Nissen P, et al. Crystal structure of the high-affinity Na^+K^+-ATPase-ouabain complex with Mg^{2+} bound in the cation binding site. Proceedings of the National Academy of Sciences of the United Sates of America, 2013, 110 (27): 10958-10963.

[170] Jensen A M L, Sorensen T L M, Olesen C, et al. Modulatory and catalytic modes of ATP binding by the calcium pump. The EMBO Journal, 2006, 25 (11): 2305-2314.

[171] Toyoshima C. Structural aspects of ion pumping by Ca^{2+}-ATPase of sarcoplasmic reticulum. Archives of Biochemistry and Biophysics, 2008, 476 (1): 3-11.

[172] Norimatsu Y, Hasegawa K, Shimizu N, et al. Protein-phospholipid interplay revealed with crystals of a calcium pump. Nature, 2017, 545 (7653): 193-198.

[173] Post R L, Hegyvary C, Kume S. Activation by adenosine triphosphate in the phosphorylation kinetics of sodium and potassium ion transport adenosine triphosphatase. The Journal of Biological Chemistry, 1972, 247 (20): 6530-6540.

[174] Albers R W. Biochemical aspects of active transport. Annual Review of Biochemistry, 1967, 36: 727-756.

[175] Davidson A L, Dassa E, Orelle C, et al. Structure, function, and evolution of bacterial ATP-binding cassette systems. Microbiology and Molecular Biology Reviews: MMBR, 2008, 72 (2): 317-364.

[176] Zhang X C, Han L, Zhao Y. Thermodynamics of ABC transporters. Protein and Cell, 2016, 7 (1): 17-27.

[177] Wang C Y, Cao C, Wang N, et al. Cryo-electron microscopy structure of human ABCB6 transporter. Protein Science, 2020, 29 (12): 2363-2374.

[178] Zolnerciks J K, Andress E J, Nicolaou M, et al. Structure of ABC transporters. Essays in Biochemistry, 2011, 50 (1): 43-61.

[179] Kim S H, Chang A B, Saier M H. Sequence similarity between multidrug resistance efflux pumps of the ABC and RND superfamilies. Microbiology, 2004, 150 (Pt 8): 2493-2495.

[180] Venter H, Shilling R A, Velamakanni S, et al. An ABC transporter with a secondary-active multidrug translocator domain. Nature, 2003, 426 (6968): 866-870.

[181] Ali M M, Roe S M, Vaughan C K, et al. Crystal structure of an Hsp90-nucleotide-p23/Sba1 closed chaperone complex. Nature, 2006, 440 (7087): 1013-1017.

[182] Wilkens S. Structure and mechanism of ABC transporters. F1000prime Reports, 2015, 7: 14.

[183] Jin M S, Oldham M L, Zhang Q J, et al. Crystal structure of the multidrug transporter P-glycoprotein from *Caenorhabditis elegans*. Nature, 2012, 490 (7421): 566-569.

[184] Jones P M, O'Mara M L, George A M. ABC transporters: a riddle wrapped in a mystery inside an enigma. Trends in Biochemical Sciences, 2009, 34 (10): 520-531.

[185] Reyes C L, Chang G. Structure of the ABC transporter MsbA in complex with ADP. Vanadate and lipopolysaccharide. Science, 2005, 308 (5724): 1028-1031.

[186] Kim J M, Wu S P, Tomasiak T M, et al. Subnanometre-resolution electron cryomicroscopy structure of a heterodimeric ABC exporter. Nature, 2015, 517 (7534): 396-400.

[187] Qian H W, Zhao X, Cao P P, et al. Structure of the human lipid exporter $ABCA_1$. Cell, 2017, 169 (7): 1228-1239.

[188] Zhang Z, Chen J. Atomic structure of the cystic fibrosis transmembrane conductance regulator. Cell, 2016, 167 (6): 1586-1597, e9.

[189] Johnson Z L, Chen J. Structural basis of substrate recognition by the multidrug resistance protein MRP_1. Cell, 2017, 168 (6): 1075-1085, e9.

[190] Rice A J, Park A, Pinkett H W. Diversity in ABC transporters: type Ⅰ, Ⅱ and Ⅲ importers. Critical Reviews in Biochemistry and Molecular Biology, 2014, 49 (5): 426-437.

[191] Oldham M L, Chen S S, Chen J. Structural basis for substrate specificity in the *Escherichia coli* maltose transport system. Proceedings of the National Academy of Sciences of the United States of America, 2013, 110 (45): 18132-18137.

[192] Korkhov V M, Mireku S A, Veprintsev D B, et al. Structure of AMP-PNP-bound BtuCD and mechanism of ATP-powered vitamin B_{12} transport by BtuCD-F. Nature Structural and Molecular Biology, 2014, 21: 1097-1099.

[193] Korkhov V M, Mireku S A, Locher K P. Structure of AMP-PNP-bound vitamin B_{12} transporter BtuCD-F. Nature, 2012, 490 (7420): 367-372.

[194] Simpson B W, May J M, Sherman D J, et al. Lipopolysaccharide transport to the cell surface: biosynthesis and extraction from the inner membrane. Philosophical Transactions of the Royal Society of London Series B Biological Sciences, 2015, 370 (1679): 20150029.

[195] Shi J J, Zhao Y, Wang Y P, et al. Inflammatory caspases are innate immune receptors for intracellular LPS. Nature, 2014, 514 (7521): 187-192.

[196] Luo Q S, Yang X, Yu S, et al. Structural basis for lipopolysaccharide extraction by ABC transporter $LptB_2FG$. Nature

Structural and Molecular Biology, 2017, 24 (5): 469-474.
[197] Qiao S, Luo Q S, Zhao Y, et al. Structural basis for lipopolysaccharide insertion in the bacterial outer membrane. Nature, 2014, 511 (7507): 108-111.
[198] Romanov R A, Lasher R S, High B, et al. Chemical synapses without synaptic vesicles: purinergic neurotransmission through a $CALHM_1$ channel-mitochondrial signaling complex. Sicence Signaling, 2018, 11 (529): eaa01815.
[199] Linsdell P. Anion conductance selectivity mechanism of the CFTR chloride channel. Biochimica et Biophysica Acta, 2016, 1858 (4): 740-747.
[200] Nakashima A, Ihara N, Shieta M, et al. Structured spike series specify gene expression patterns for olfactory circuit formation. Science, 2019, 365 (6448): eaaw5030.
[201] Pai V P, Aw S, Shomrat T, et al. Transmembrane voltage potential controls embryonic eye patterning in *Xenopus laevis*. Development, 2012, 139 (2): 313-323.
[202] Chang A B, Lin R, Keith Studley W, et al. Phylogeny as a guide to structure and function of membrane transport proteins. Molcular Membrane Biology, 2004, 21 (3): 171-181.
[203] Zhang X C, Yang H, Liu Z, et al. Thermodynamics of voltage-gated ion channels. Biophysics Reports, 2018, 4 (6): 300-319.
[204] Anishkin A, Akitake B, Kamaraju K, et al. Hydration properties of mechanosensitive channel pores define the energetics of gating. Journal of Physics Condensed Matter, 2010, 22 (45): 454120.
[205] Bagnéris C, Decaen P G, Hall B A, et al. Role of the C-terminal domain in the structure and function of tetrameric sodium channels. Nature Communications, 2013, 4: 2465.
[206] McCusker E C, Bagnéris C, Naylor C E, et al. Structure of a bacterial voltage-gated sodium channel pore reveals mechanisms of opening and closing. Nature Communications, 2012, 3: 1102.
[207] Zhang X C, Liu Z F, Li J. From membrane tension to channel gating: a principal energy transfer mechanism for mechanosensitive channels. Protein Science, 2016, 25 (11): 1954-1964.
[208] Phillips G N Jr, Sussman M R. Plant hydraulics and agrichemical genomics. Science, 2019, 366 (6464): 416-417.
[209] Wang L, Zhou H, Zhamg M M, et al. Structure and mechanogating of the mammalian tactile channel $PIEZO_2$. Nature, 2019, 573 (7773): 225-229.
[210] Li J, Guo J L, Ou X M, et al. Mechanical coupling of the multiple structural elements of the large-conductance mechanosensitive channel during expansion. Proceedings of the National Academy of Sciences of the United States of America, 2015, 112 (34): 10726-10731.
[211] Lai J Y, Poon Y S, Kaiser J T, et al. Open and shut: crystal structures of the dodecylmaltoside solubilized mechanosensitive channel of small conductance from *Escherichia coli* and *Helicobacter pylori* at 4. 4 A and 4. 1 A resolutions. Protein Science, 2013, 22 (4): 502-509.
[212] Zhang X Z, Wang J J, Feng Y, et al. Structure and molecular mechanism of an anion-selective mechanosensitive channel of small conductance. Proceedings of the National Academy of Sciences of the United States of America, 2012, 109 (44): 18180-18185.
[213] Liu Z F, Gandhi C S, Rees D C. Structure of a tetrameric MscL in an expanded intermediate state. Nature, 2009, 461 (7260): 120-124.
[214] Wang W J, Black S S, Edwards M D, et al. The structure of an open form of an *E. coli* mechanosensitive channel at 3.45A resolution. Science, 2008, 321 (5893): 1179-1183.
[215] Bass R B, Strop P, Barclay M, et al. Crystal structure of *Escherichia coli* MscS, a voltage-modulated and mechanosensitive channel. Science, 2002, 298 (5598): 1582-1587.
[216] Chang G, Spencer R H, Lee A T, et al. Structure of the MscL homolog from *Mycobacterium tuberculosis*: a gated mechanosensitive ion channel. Science, 1998, 282 (5397): 2220-2226.
[217] Moe P, Blount P. Assessment of potential stimuli for mechano-dependent gating of MscL: effects of pressure, tension, and lipid headgroups. Biochemistry, 2005, 44 (36): 12239-12244.
[218] Long S B, Campbell E B, Mackinnon R. Crystal structure of a mammalian voltage-dependent Shaker family K^+ channel. Science, 2005, 309 (5736): 897-903.
[219] Hirschberg B, Rovner A, Lieberman M, et al. Transfer of twelve charges is needed to open skeletal muscle Na^+ channels. The Journal of General Physiology, 1995, 106 (6): 1053-1068.
[220] Schmidt D, Cross S R, MacKinnon R. A gating model for the archeal voltage-dependent K (+) channel KvAP in DPhPC and POPE: POPG decane lipid bilayers. Journal of Molecular Biology, 2009, 390 (5): 902-912.
[221] Li S Y, Yang F, Sun D M, et al. Cryo-EM structure of the hyperpolarization-activated inwardly rectifying potassium channel KAT1 from *Arabidopsis*. Cell Research, 2020, 30 (11): 1049-1052.

[222] Clark M D, Contreras G F, Shen R, et al. Electromechanical coupling in the hyperpolarization-activated K (+) channel KAT_1. Nature, 2020, 583 (7814): 145-149.

[223] Pan X J, Li Z Q, Zhou Q, et al. Structure of the human voltage-gated sodium channel Nav1. 4 in complex with β1. Science, 2018, 362 (6412): eaau2486.

[224] Payandeh J, Scheuer T, Zheng N, et al. The crystal structure of a voltage-gated sodium channel. Nature, 2011, 475 (7356): 353-358.

[225] Jiang Y X, Lee A, Chen J Y, et al. Crystal structure and mechanism of a calcium-gated potassium channel. Nature, 2002, 417 (6888): 515-522.

[226] Yellen G. The voltage-gated potassium channels and their relatives. Nature, 2002, 419 (6902): 35-42.

[227] Herguedas B, Watson J F, Ho H, et al. Architecture of the heteromeric $GluA_{1/2}$ AMPA receptor in complex with the auxiliary subunit TARP gamma[8]. Science, 2019, 364 (6438): eaav9011.

[228] Nakagawa T. Structures of the AMPA receptor in complex with its auxiliary subunit cornichon. Science, 2019, 366 (6470): 1259-1263.

[229] McCarthy A E, Yoshioka C, Mansoor S E. Full-length P_2X_7structures reveal how palmitoylation prevents channel desensitization. Cell, 2019, 179 (3): 659-670, e13.

[230] Yang H T, Hu M H, Guo J L, et al. Pore architecture of TRIC channels and insights into their gating mechanism. Nature, 2016, 538 (7626): 537-541.

[231] Wang X H, Min S, Gao F, et al. Structural basis for activity of TRIC counter-ion channels in calcium release. Proceedings of the National Academy of Sciences of the United States of America, 2019, 116: 4238-4243.

[232] Syrjanen J L, Michalski K, Chou T H, et al. Structure and assembly of calcium homeostasis modulator proteins. Nature Structural and Molecular Biology, 2020, 27 (2): 150-159.

[233] Yang W X, Wang Y W, Guo J L, et al. Cryo-electron microscopy structure of CLHM1 ion channel from *Caenorhabditis elegans*. Protein Science, 2020, 29 (8): 1803-1815.

[234] Jentsch T J, Pusch M. CLC chloride channels and transporters: structure, function, physiology, and disease. Physiological Reviews, 2018, 98 (3): 1493-1590.

[235] Dutzler R, Campbell E B, Cadene M, et al. X-ray structure of a ClC chloride channel at 3. 0A reveals the molecular basis of anion selectivity. Nature, 2002, 415 (6869): 287-294.

[236] Park E, MacKinnon R. Structure of the CLC-1 chloride channel from Homo sapiens. Elife, 2018, 7: e36629.

[237] Rohrbough J, Nguyen H N, Lamb F S. Modulation of ClC-3 gating and proton/anion exchange by internal and external protons and the anion selectivity filter. The Journal of Physiology, 2018, 596 (17): 4091-4119.

[238] Accardi A, Miller C. Secondary active transport mediated by a prokaryotic homologue of ClC Cl^- channels. Nature, 2004, 427 (6977): 803-807.

[239] Groc L, Choquet D. Linking glutamate receptor movements and synapse function. Science, 2020, 368 (6496): eaay4631.

[240] Gu J K, Zhang L X, Zong S, et al. Cryo-EM structure of the mammalian ATP synthase tetramer bound with inhibitory protein IF_1. Science, 2019, 364 (6445): 1068-1075.

[241] Zhou L, Sazanov L A. Structure and conformational plasticity of the intact *Thermus thermophilus* V/A-type ATPase. Science, 2019, 365 (6455): eaaw9144.

[242] Mitchell P. Coupling of phosphorylation to electron and hydrogen transfer by a chemi-osmotic type of mechanism. Nature, 1961, 191: 144-148.

[243] Boyer P D. The binding change mechanism for ATP synthase—some probabilities and possibilities. Biochimica et Biophysica Acta, 1993, 1140 (3): 215-250.

[244] Hahn A, Vonck J, Mills D J, et al. Structure, mechanism, and regulation of the chloroplast ATP synthase. Science, 2018, 360 (6389): eaat4318.

[245] Guo H, Bueler S A, Rubinstein J L. Atomic model for the dimeric F_O region of mitochondrial ATP synthase. Science, 2017, 358 (6365): 936-940.

[246] Guo R Y, Gu J K, Zong S, et al. Structure and mechanism of mitochondrial electron transport chain. Biomedical Journal, 2018, 41 (1): 9-20.

[247] Gibbons C, Montgomery M G, Leslie A G, et al. The structure of the central stalk in bovine F (1) -ATPase at 2.4A resolution. Nature Structural Biology, 2000, 7 (11): 1055-1061.

[248] Nakamoto R K, Baylis Scanlon J A, Al-Shawi M K. The rotary mechanism of the ATP synthase. Archives of Biochemistry and Biophysics, 2008, 476 (1): 43-50.

[249] Noji H, Yasuda R, Yoshida M, et al. Direct observation of the rotation of F1-ATPase. Nature, 2017, 386 (6622): 299-302.

[250] Minagawa Y, Ueno H, Hara M, et al. Basic properties of rotary dynamics of the molecular motor *Enterococcus hirae* V1-ATPase. The Journal of Biological Chemistry, 2013, 288 (45): 32700-32707.

[251] Walker J E, Saraste M, Runswick M J, et al. Distantly related sequences in the alpha- and beta-subunits of ATP synthase, myosin, kinases and other ATP-requiring enzymes and a common nucleotide binding fold. The EMBO Journal, 1982, 1 (8): 945-951.

[252] Murphy B J, Kiusch N, Langer J, et al. Rotary substates of mitochondrial ATP synthase reveal the basis of flexible F_1-F_o coupling. Science, 2019, 364 (6446): eaaw9128.

[253] Meier T, Polzer P, Diederichs K, et al. Structure of the rotor ring of F-Type Na^+-ATPase from *Ilyobacter tartaricus*. Science, 2005, 308 (5722): 659-662.

[254] Srivastava A P, Luo M, Zhou W C, et al. High-resolution cryo-EM analysis of the yeast ATP synthase in a lipid membrane. Science, 2018, 360 (6389): eaas9699.

[255] Weinert T, Skopintsev P, James D, et al. Proton uptake mechanism in bacteriorhodopsin captured by serial synchrotron crystallography. Science, 2019, 365 (6448): 61-65.

[256] Gaut N J, Adamala K P. Toward artificial photosynthesis. Science, 2020, 368 (6491): 587-588.

[257] Caspy I, Nelson N. Structure of the plant photosystem I. Biochemical Society Transactions, 2018, 46 (2): 285-294.

[258] Nield J, Rizkallah P J, Barber J, et al. The 1.45A three-dimensional structure of C-phycocyanin from the thermophilic cyanobacterium *Synechococcus elongatus*. Journal of Structural Biology, 2003, 141 (2): 149-155.

[259] Arp T B, Kisner-Morris J, Aji V, et al. Quieting a noisy antenna reproduces photosynthetic light-harvesting spectra. Science, 2020, 368 (6498): 1490-1495.

[260] Wei X P, Su X D, Cao P, et al. Structure of spinach photosystem Ⅱ-LHC Ⅱ supercomplex at 3. 2Å resolution. Nature, 2016, 534 (7605): 69-74.

[261] Su X D, Ma J, Wei X P, et al. Structure and assembly mechanism of plant $C_2S_2M_2$-type PS Ⅱ -LHC Ⅱ supercomplex. Science, 2017, 357 (6353): 815-820.

[262] Britt R D, Marchiori D A. Photosystem Ⅱ, poised for O_2 formation. Science, 2019, 366 (6463): 305-306.

[263] Fan M, Li M, Liu Z F, et al. Crystal structures of the PsbS protein essential for photoprotection in plants. Nature Structural and Molecular Biology, 2015, 22 (9): 729-735.

[264] Guo R Y, Zong S, Wu M, et al. Architecture of human mitochondrial respiratory megacomplex $I_2III_2IV_2$. Cell, 2017, 170 (6): 1247-1257, e12.

[265] Friedrich T, Scheide D. The respiratory complex I of bacteria, archaea and eukarya and its module common with membrane-bound multisubunit hydrogenases. FEBS Letters, 2000, 479 (1-2): 1-5.

[266] Ohnishi T, Ohnishi S T, Salerno J C. Five decades of research on mitochondrial NADH-quinone oxidoreductase (complex Ⅰ). Biological Chemistry, 2018, 399 (11): 1249-1264.

[267] Baradaran R, Berrisford J M, Minhas G S, et al. Crystal structure of the entire respiratory complex Ⅰ. Nature, 2013, 494 (7438): 443-448.

[268] Efremov R G, Baradaran R, Sazanov L A. The architecture of respiratory complex Ⅰ. Nature, 2010, 465 (7279): 441-445.

[269] Belevich G, Knuuti J, Verkhovsky M I, et al. Probing the mechanistic role of the longα-helix in subunit L of respiratory complex Ⅰ from *Escherichia coli* by site-directed mutagenesis. Molecular Microbiology, 2011, 82 (5): 1086-1095.

[270] Steimle S, Schnick C, Burger E M, et al. Cysteine scanning reveals minor local rearrangements of the horizontal helix of respiratory complex Ⅰ. Molecular Microbiology, 2015, 98 (1): 151-161.

[271] Zhu S T, Vik S B. Constraining the lateral helix of respiratory complex I by cross-linking does not impair enzyme activity or proton translocation. The Journal of Biological Chemistry, 2015, 290 (34): 20761-20773.

[272] Babot M, Labarbuta P, Birch A, et al. ND3, ND1 and 39kDa subunits are more exposed in the de-active form of bovine mitochondrial complex Ⅰ. Biochimica et Biophysica Acta, 2014, 1837 (6): 929-939.

[273] Zhu J P, Vinothkumar K R, Hirst J. Structure of mammalian respiratory complex Ⅰ. Nature, 2016, 536 (7616): 354-358.

[274] Galkin A, Meyer B, Wittig I, et al. Identification of the mitochondrial ND3 subunit as a structural component involved in the active/deactive enzyme transition of respiratory complex Ⅰ. The Journal of Biological Chemistry, 2008, 283 (30): 20907-20913.

[275] di Luca A, Gamiz-Hernandez A P, Kaila V R I. Symmetry-related proton transfer pathways in respiratory complex I. Proceedings of the National Academy of Sciences of the United States of America, 2017, 114 (31): E6314-E6321.

[276] Sazanov L A. A giant molecular proton pump: structure and mechanism of respiratory complex Ⅰ. Nature Reviews Molecular Cell Biology, 2015, 16 (6): 375-388.

[277] Torres-Bacete J, Nakamaru-Ogiso E, Matsuno-Yagi A, et al. Characterization of the NuoM (ND4) subunit in *Escherichia coli* NDH-1: conserved charged residues essential for energy-coupled activities. The Journal of Biological Chemistry, 2007, 282

(51): 36914-36922.

[278] Euro L, Belevich G, Verkhovsky M I, et al. Conserved lysine residues of the membrane subunit NuoM are involved in energy conversion by the proton-pumping NADH: ubiquinone oxidoreductase (complex Ⅰ). Biochimica et Biophysica Acta, 2008, 1777 (9): 1166-1172.

[279] Nakamaru-Ogiso E, Kao M C, Chen H, et al. The membrane subunit NuoL (ND5) is involved in the indirect proton pumping mechanism of *Escherichia coli* complex Ⅰ. The Journal of Biological Chemistry, 2010, 285 (50): 39070-39078.

[280] Amarneh B, Vik S B. Mutagenesis of subunit N of the *Escherichia coli* complex Ⅰ. Identification of the initiation codon and the sensitivity of mutants to decylubiquinone. Biochemistry, 2003, 42 (12): 4800-4808.

[281] Zhang X C, Li B. Towards understanding the mechanisms of proton pumps in Complex- Ⅰ of the respiratory chain. Biophysics Reports, 2019, 5 (5): 219-234.

[282] Torres-Bacete J, Sinha P K, Matsuno-Yagi A, et al. Structural contribution of C-terminal segments of NuoL (ND5) and NuoM (ND4) subunits of complex I from *Escherichia coli*. The Journal of Biological Chemistry, 2011, 286 (39): 34007-34014.

[283] Dröse S, Krack S, Sokolova L, et al. Functional dissection of the proton pumping modules of mitochondrial complex Ⅰ. PLoS Biology, 2011, 9 (8): e1001128.

[284] Abramson J, Riistsms S, Larsson G, et al. The structure of the ubiquinol oxidase from *Escherichia coli* and its ubiquinone binding site. Nature Structural Biology, 2000, 7 (10): 910-917.

[285] Iwata S, Ostermeier C, Ludwig B, et al. Structure at 2. 8A resolution of cytochrome c oxidase from *Paracoccus denitrificans*. Nature, 1995, 376 (6542): 660-669.

[286] Hendler R W, Pardhasaradhi K, Reynafarje B, et al. Comparison of energy-transducing capabilities of the two- and three-subunit cytochromes aa3 from *Paracoccus denitrificans* and the 13-subunit beef heart enzyme. Biophysical Journal, 1991, 60 (2): 415-423.

[287] Xu J, Mathur J, Vessieres S, et al. GPR68 senses flow and is essential for vascular physiology. Cell, 2018, 173 (3): 762-775, e16.

[288] Sgritta M, Dooling S D, Buffington S A, et al. Mechanisms underlying microbial-mediated changes in social behavior in mouse models of autism spectrum disorder. Neuron, 2019, 101 (2): 246-259, e6.

[289] Riera C E, Tsaousdou E, Hallroan J, et al. The sense of smell impacts metabolic health and obesity. Cell Metabolism, 2017, 26 (1): 198-211, e5.

[290] Cohen L J, Esterhazy D, Kim S H, et al. Commensal bacteria produce GPCR ligands that mimic human signalling molecules. Nature, 2017, 549 (7670): 48-53.

[291] Flock T, Hauser A S, Lund N, et al. Selectivity determinants of GPCR-G-protein binding. Nature, 2017, 545 (7654): 317-322.

[292] Tadevosyan A, Vaniotis G, Allen B G, et al. G protein-coupled receptor signalling in the cardiac nuclear membrane: evidence and possible roles in physiological and pathophysiological function. The Journal of Physiology, 2012, 590 (6): 1313-1330.

[293] Katritch V, Cherezov V, Stevens R C. Diversity and modularity of G protein-coupled receptor structures. Trends in Pharmacological Sciences, 2012, 33 (1): 17-27.

[294] Vassilatis D K, Hohmann J G, Zeng H K, et al. The G protein-coupled receptor repertoires of human and mouse. Proceedings of the National Academy of Sciences of the United States of America, 2003, 100 (8): 4903-4908.

[295] Seyedabadi M, Ghahremani M H, Albert P R. Biased signaling of G protein coupled receptors (GPCRs): molecular determinants of GPCR/transducer selectivity and therapeutic potential. Pharmacologyand Therapeutics, 2019, 200: 148-178.

[296] Kenakin T. Functional selectivity and biased receptor signaling. The Journal of Pharmacology and Experimental Therapeutics, 2011, 336 (2): 296-302.

[297] Ellisdon A M, Halls M L. Compartmentalization of GPCR signalling controls unique cellular responses. Biochemical Society Transactions, 2016, 44 (2): 562-567.

[298] Wang W J, Qiao Y H, Li Z J. New insights into modes of GPCR activation. Trends Pharmacological Sciences, 2018, 39 (4): 367-386.

[299] Thomsen A R B, Ploiffe B, Cahill 3rd T, et al. GPCR-G protein-β-arrestin super-complex mediates sustained G protein signaling. Cell, 2016, 166 (4): 907-919.

[300] Strohman M J, Maeda S, Hilger D, et al. Local membrane charge regulates β_2 adrenergic receptor coupling to G_{i3}. Nature Communications, 2019, 10 (1): 2234.

[301] Palczewski K, Kumasaka T, Hori T, et al. Crystal structure of rhodopsin: A G protein-coupled receptor. Science, 2000, 289 (5408): 739-745.

[302] Ballesteros J A, Weinstein H. Integrated methods for the construction of three dimensional models and computational probing of structure-function relations in G protein-coupled receptors. Methods Neurosci, 1995, 25: 366-428.

[303] Zhang X C, Zhou Y, Cao C. Thermodynamics of GPCR activation. Biophysics Reports, 2015, 1: 115-119.

[304] Suomivuori C M, Latoeeaca N R, Wingler L M, et al. Molecular mechanism of biased signaling in a prototypical G protein-

coupled receptor. Science, 2020, 367 (6480): 881-887.

[305] Warne T, Edwards P C, Dore A S, et al. Molecular basis for high-affinity agonist binding in GPCRs. Science, 2019, 364 (6442): 775-778.

[306] Smith N J. Low affinity GPCRs for metabolic intermediates: challenges for pharmacologists. Frontiers in Endocrinology, 2012, 3: 1.

[307] Niedernberg A, Tunaru S, Blaukat A, et al. Sphingosine 1-phosphate and dioleoylphosphatidic acid are low affinity agonists for the orphan receptor GPR63. Cellular Signalling, 2003, 15 (4): 435-446.

[308] Zhang X C, Sun K N, Zhang L X, et al. GPCR activation: protonation and membrane potential. Protein and Cell, 2013, 4: 747-760.

[309] Proulx C D, Holleran B J, Boucard A A, et al. Mutational analysis of the conserved Asp2. 50 and ERY motif reveals signaling bias of the urotensin Ⅱ receptor. Molecular Pharmacology, 2008, 74 (3): 552-561.

[310] Strader C D, Sigal I S, Candelore M R, et al. Conserved aspartic acid residues 79 and 113 of the beta-adrenergic receptor have different roles in receptor function. The Journal of Biological Chemistry, 1998, 263 (21): 10267-10271.

[311] Ceresa B P, Limbird L E. Mutation of an aspartate residue highly conserved among G-protein-coupled receptors results in nonreciprocal disruption of alpha 2-adrenergic receptor-G-protein interactions. A negative charge at amino acid residue 79 forecasts alpha 2A-adrenergic receptor sensitivity to allosteric modulation by monovalent cations and fully effective receptor/G-protein coupling. The Journal of Biological Chemistry, 1994, 269 (47): 29557-29564.

[312] Martin S, Botto J M, Vincent J P, et al. Pivotal role of an aspartate residue in sodium sensitivity and coupling to G proteins of neurotensin receptors. Molecular Pharmacology, 1999, 55 (2): 210-215.

[313] Bihoreau C, Monnot C, Davies E, et al. Mutation of Asp74 of the rat angiotensin Ⅱ receptor confers changes in antagonist affinities and abolishes G-protein coupling. Proceedings of the National Academy of Sciences of the United States of America, 1993, 90 (11): 5133-5137.

[314] Parent J L, Le Gouill C, Rola-Pleszczynski M, et al. Mutation of an aspartate at position 63 in the human platelet-activating factor receptor augments binding affinity but abolishes G-protein-coupling and inositol phosphate production. Biochemical and Biophysical Research Communications, 1996, 219 (3): 968-975.

[315] Liu W, Chun E, Thompson A A, et al. Structural basis for allosteric regulation of GPCRs by sodium ions. Science, 2012, 337 (6091): 232-236.

[316] Lebon G, Warne T, Edwards P C, et al. Agonist-bound adenosine A_2A receptor structures reveal common features of GPCR activation. Nature, 2011, 474 (7352): 521-525.

[317] Hua T, Li X T, Wu L J, et al. Activation and signaling mechanism revealed by cannabinoid receptor-gi complex structures. Cell, 2020, 180 (4): 655-665, e18.

[318] Zhou Y, Cao C, He L L, et al. Crystal structure of dopamine receptor D4 bound to the subtype selective ligand, L745870. Elife, 2019, 8: e48822.

[319] Zhang D D, Gao Z G, Zhang K H, et al. Two disparate ligand-binding sites in the human P2Y1 receptor. Nature, 2015, 520 (7547): 317-321.

[320] Zhang X C, Zhou Y, Cao C. Proton transfer during class-A GPCR activation: do the CWxP motif and the membrane potential act in concert? Biophysics Reports, 2018, 4: 115-122.

[321] Hanson M A, Cherezov V, Griffith M T, et al. A specific cholesterol binding site is established by the 2.8A structure of the human beta2-adrenergic receptor. Structure, 2008, 16 (6): 897-905.

[322] Shi L, Liapakis G, Xu R, et al. Beta2 adrenergic receptor activation. Modulation of the proline kink in transmembrane 6 by a rotamer toggle switch. The Journal of Biological Chemistry, 2002, 277 (43): 40989-40996.

[323] Rosenbaum D M, Cherezov V, Hanson M A, et al. GPCR engineering yields high-resolution structural insights into beta2-adrenergic receptor function. Science, 2007, 318 (5854): 1266-1273.

[324] Nygaard R, Frimurer T M, Holst B, et al. Ligand binding and micro-switches in 7TM receptor structures. Trends in Pharmacological Sciences, 2009, 30 (5): 249-259.

[325] Callis P R. 1La and 1Lb transitions of tryptophan: applications of theory and experimental observations to fluorescence of proteins. Methods in Enzymology, 1997, 278: 113-150.

[326] Ben-Chaim Y, Chanda B, Dascal N, et al. Movement of 'gating charge' is coupled to ligand binding in a G-protein-coupled receptor. Nature, 2006, 444 (7115): 106-109.

[327] Lohse M J, Hoffmann C, Nikolaev V O, et al. Kinetic analysis of G protein-coupled receptor signaling using fluorescence resonance energy transfer in living cells. Advances in Protein Chemistry, 2007, 74: 167-188.

[328] Lohse M J, Nikolaev V O, Hein P, et al. Optical techniques to analyze real-time activation and signaling of G-protein-coupled receptors. Trends in Pharmacological Sciences, 2008, 29 (3): 159-165.

附　　录

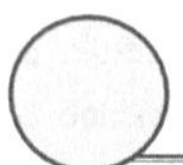

附录 1　符号定义

≡，“被定义为”，或者“恒等于”

[X]，反应物 X 的（活化或者自由）摩尔浓度

$\Delta\Psi$，膜电位

f([L])，构象 C_0 与构象 C_1 占有率之比随配体浓度（[L]）变化的函数

G、ΔG 和 $\Delta\Delta G$，分别表示给定状态的吉布斯自由能、两个状态之间的 G 差值及由环境微扰所引起的 ΔG 变化

$\Delta G^{\ddagger}$，反应能量势垒，亦即活化能

ΔG_X，底物 - 酶系统的反应能（reaction energy）

ΔG_C（ΔG_C^0），有（无）膜电位时，双稳态模型中酶分子从构象 C_0 到构象 C_1 的构象变化所对应的自由能差（conformational energy）

ΔG_D（$\Delta G^0{}_D$），有（无）膜电位时，双稳态模型中配体分子（如底物）在酶分子两个构象之间的结合能差（differential binding energy）

ΔG_L，底物 - 酶系统的结合能（loading energy）

ΔG_R，底物 - 酶系统的解离能（release energy）

Q_C，伴随构象变化的酶分子门控电荷（gating charge）

Q_D，伴随构象变化的配体门控电荷

Q_X，反应循环中酶分子的耗散热，也称热力学力（thermodynamic force）

V_D，结合能差等效电压

V_N，能斯特电压

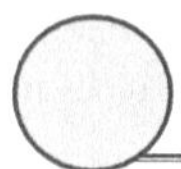

附录 2　常用热力学常数及换算

阿伏伽德罗（Avogadro）常量，$N_A = 6.022 \times 10^{23} mol^{-1}$

玻尔兹曼（Boltzmann）常数，$k_B = 1.38 \times 10^{-23}$J/K，与熵同量纲

普适气体常数，$R = k_B N_A = 8.31$J/（mol · K）

电子电量，$e_0 = 1.6 \times 10^{-19}$C（此处 C 为国际制电量单位，库仑）

法拉第（Faraday）常数，$F = e_0 N_A = 9.65 \times 10^4$C/mol

绝对介电常数，$\varepsilon_0=8.85\times10^{-12}$ F/m（此处 F 为国际制电容量单位，法拉）
$1RT=2.4$kJ/mol$=0.6$kcal/mol，@ $T=293$K
$RT/F=25.3$mV，@ $T=293$K
$1e_0$V$=1.6\times10^{-19}$J，相当于 $40k_BT$

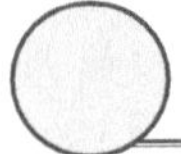

附录 3　中英文对照表

（仅列出在各章节反复出现的英文及其缩写）
α helix，α 螺旋
β barrel，β 折叠桶
β hairpin，β 发夹
β strand，β 链
β sheet，β 片层
AAA（ATPase associated with diverse cellular activity），ATP 水解酶超家族
ABC（ATP-binding cassette），ATP 结合盒（型转运蛋白）
alternating-access mechanism，交替访问机制
Arrhenius equation，阿伦尼乌斯方程（定律）
Arg-finger，精指（或精指结构）
ATP（adenosine triphosphate），腺苷三磷酸
Boltzmann distribution，玻尔兹曼分布
biosphere，生物圈
bacteriorhodopsin（bR），细菌视紫红质蛋白
complex Ⅰ，呼吸链复合体Ⅰ（NADP：醌氧化还原酶）
desensitization，（通道蛋白的）脱敏现象
free-energy landscape，自由能景观图
frustration，（脂双层中脂分子所发生的）挫伤现象
gating charge，门控电荷
Gibbs free-energy，吉布斯自由能
GPCR（G-protein coupled receptor），G 蛋白偶联受体
Grotthuss proton wire，格罗图斯质子导线
hydrophobic mismatch，疏水匹配差（名词）或者疏水失配（动词）
kDa，千道尔顿
King-Altman plot，金 - 奥尔特曼图
lipid bilayer，脂双层
loop，环（又称络环、络仆环）
motif，模体（或者基序）
MSF（major facilitator superfamily），“魔法师”超家族（转运蛋白）
Mrp（multiple resistance and pH antiporter）complex，多抗性逆向转运复合体
nanodisk，纳米盘
PDB（protein databank），蛋白质三维结构数据库

PMF（proton-motive force，常记作 p），质子动力势
primary active transporter，初级主动转运蛋白
pump，泵浦（动词）
Rossmann fold，罗斯曼折叠，一类常见的以平行 β 片层为核心的蛋白质折叠方式
secondary active transporter，二级主动转运蛋白
TM（transmembrane helix），跨膜螺旋

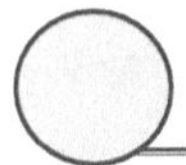

附录 4　习题及思考题

第一章　膜蛋白

A．分析 PDB 中各类膜蛋白结构数目，特别是独立的膜蛋白结构数目随时间的增加和积累。

B．举例说明结构性膜蛋白和功能性膜蛋白。

C．简述各类氨基酸（残基）侧链的 pK_a 与蛋白质等电点（pI）之间的关系和区别。

第二章　生物膜与膜蛋白的相互作用

A．生物膜的生物学功能包括哪些？

B．为什么去污剂分子易于形成微团，而不是像许多磷脂分子那样形成脂双层？

C．什么叫作脂双层的挫伤？

D．脂双层如何影响膜蛋白的功能？

E．列出天然氨基酸中可能发生侧链质子化状态变化的残基及其典型 pK_a 值。

F．活细胞中的膜电位是如何建立的？

G．膜电位、电势函数和电场之间的关系是什么？

H．假设以葡萄糖为唯一的能量来源，一个体重 70kg 的人每天大约需要消耗多少葡萄糖来维持各组织所需的细胞膜电位？

I．估算在典型酵母细胞和植物细胞中单个质子的跨膜静电势能和所受静电力。

J．两亲螺旋与疏水失配的关系是什么？

第三章　化学动力学基础

A．在自由能景观图中，能量守恒定律是如何体现的？

B．为什么说耗散热（Q_X）是热力学过程的驱动力？

C．在双稳态系统中，结合能差（ΔG_D）如何改变两个状态之间的平衡？

D．在什么情况下可以认为 ATP 水解反应是不可逆的？

E．假设一类膜蛋白分子在某个体外实验中呈现三类主要构象，分别占总颗粒数的 10%、30%、60%，它们之间的吉布斯自由能差各是多少？

F．假设 Ca^{2+} 的跨膜浓度梯度为 10^4，它的化学势能量是多少倍 RT？所对应的能斯特电压是多少？在此梯度作用下，Ca^{2+} 将趋向于沿什么方向运动？

第四章　二级主动转运蛋白

A．转运蛋白与通道蛋白均涉及底物的跨膜转运，那么它们的本质区别是什么？

B．假设细胞质膜内外侧的 ΔpH 为＋1.0，$\Delta\Psi$ 为－120mV，那么以 $2H^+$ ：$1Na^+$ 化学计量

比工作的逆向二级主动转运蛋白，在质子驱动下，可能产生怎样的 Na^+梯度？

C. 聚焦化电场如何为转运蛋白的构象变化助力？

D. 简述 MFS 家族转运蛋白的保守 A 模体的结构 - 功能关系。

E. 借助自转运蛋白，Glu（−1 价）向囊泡内部富集。为了使其内外浓度梯度达到 20∶1，相应的驱动膜电位至少需要多少？

第五章 ATP 驱动的跨膜转运

A. 在二聚体型的 ABC 转运蛋白中，两个亚基为什么一般需要亚基之间的结构域互换？

B. 在 ABC 转运蛋白中，为什么 ATP 水解步骤所释放的能量常常远小于 ATP 分子在（类似于胞质的）溶液中测得的水解能？

C. 简述 AAA 类型 ATP 水解酶标志性 P 环的结构及功能。

D. 简述 P 型 ATP 酶的主要结构域的结构 - 功能关系。

第六章 通道蛋白

A. 离子通道中闸门内部的疏水性是如何调控通道开关的？

B. 在电压传感器中，哪些类型的带电基团可以称为门控电荷？它们是否必须发生相对于脂双层的运动？为什么？

C. 在某些特定条件下，Cl^-通道（ClC）还可以发挥转运蛋白的功能。画出与该工作循环（图 6.4.2）相匹配的自由能景观图。

第七章 能量转化相关膜蛋白

A. 一对电子由 NAD(P)H^+转移到 $1/2O_2$ 可以产生怎样的质子动力势（PMF）?（提示：$NADH^+$和 O_2 的氧化还原电位分别为−300mV 和+800mV。）

B. 如果两类 ATP 合酶的 c 环上质子结合位点数目相差一倍，它们的工作环境中质子动力势的关系可能是怎样的？

C. 化学转运与泵浦转运的主要区别是什么？

第八章 信号转导相关膜蛋白——GPCR

A. 以 A 类 GPCR 为例，讨论膜蛋白分子的跨膜区中保守酸性氨基酸残基的常见作用。

B. GPCR 分子胞内侧保守的 C 端两亲螺旋（H8）的潜在功能包括什么？

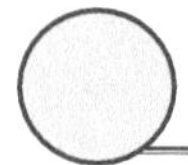

附录 5 中国科学院大学教材专家会议审核意见

（根据同行专家匿名评审、由专家闭门评审会议做出的综合审核决议）

张凯老师编写的这本《膜蛋白结构动力学》凝聚了他十多年从事膜蛋白结构生物学研究的成果和膜蛋白相关研究领域的进展，对不同种类膜蛋白的结构与工作机理做了全面深入的介绍。通过深入浅出的语言对膜蛋白结构特征和化学动力学原理进行了归纳、总结和分析，能够启发读者从动力学角度思考膜蛋白的结构与功能，是不可多得的一部有创新性思想和前瞻角度的高等教材。对从事膜蛋白结构生物学和功能研究的学生和科研工作者是一本非常有益的教材和参考书。

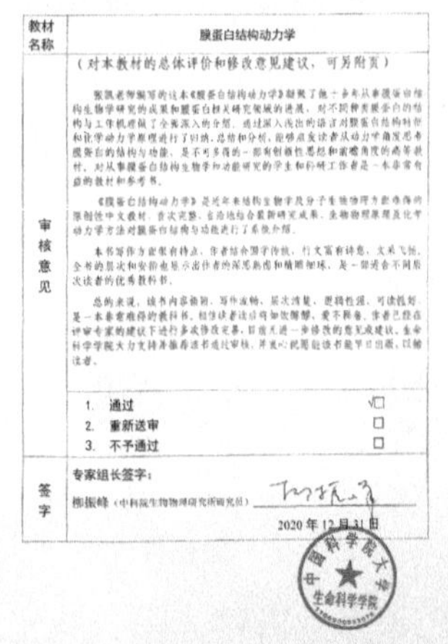

中国科学院大学教材专家会议审核意见表

教材名称	膜蛋白结构动力学
审核意见	（对本教材的总体评价和修改意见建议，可另附页） 张凯老师编写的这本《膜蛋白结构动力学》凝聚了他十多年从事膜蛋白结构生物学研究的成果和膜蛋白相关研究领域的进展，对不同种类膜蛋白的结构与工作机理做了全面深入的介绍，通过深入浅出的语言对膜蛋白结构特征和化学动力学原理进行了归纳、总结和分析，能够启发读者从动力学角度思考膜蛋白的结构与功能，是不可多得的一部有创新性思想和前瞻角度的高等教材，对从事膜蛋白结构生物学和功能研究的学生和科研工作者是一本非常有益的教材和参考书。 《膜蛋白结构动力学》是近年来结构生物学及分子生物物理方面难得的原创性中文教材，首次完整、自洽地结合最新研究成果、生物物理原理及化学动力学方法对膜蛋白结构与功能进行了系统介绍。 本书写作方面很有特点，作者结合国学传统，行文富有诗意、文采飞扬。全书的层次和安排也显示出作者的深思熟虑和精雕细琢，是一部适合不同层次读者的优秀教科书。 总的来说，该书内容新颖、写作流畅、层次清楚、逻辑性强、可读性好，是一本非常难得的教科书。相信读者读后将如饮醇醪，爱不释卷。作者已经在评审专家的建议下进行多次修改完善，目前无进一步修改的意见或建议。生命科学学院大力支持并推荐该书通过审核，并衷心祝愿该书能早日出版，以飨读者。 1. 通过 √☐ 2. 重新送审 ☐ 3. 不予通过 ☐
签字	专家组长签字： 柳振峰（中科院生物物理研究所研究员） 2020 年 12 月 31 日

《膜蛋白结构动力学》是近年来结构生物学及分子生物物理方面难得的原创性中文教材，首次完整、自洽地结合最新研究成果、生物物理原理及化学动力学方法对膜蛋白结构与功能进行了系统介绍。

本书写作方面很有特点，作者结合国学传统，行文富有诗意、文采飞扬。全书的层次和安排也显示出作者的深思熟虑和精雕细琢，是一部适合不同层次读者的优秀教科书。

总的来说，该书内容新颖、写作流畅、层次清楚、逻辑性强、可读性好，是一本非常难得的教科书。相信读者读后将如饮醇醪，爱不释卷。作者已经在评审专家的建议下进行多次修改完善，目前无进一步修改的意见或建议。生命科学学院大力支持并推荐该书通过审核，并衷心祝愿该书能早日出版，以飨读者。

结 束 语

在针对其动力学的研究中，我们将膜蛋白的结构放到脂双层海洋和生命进化的历史长河之中，来讨论它们的功能机制，并且引入了膜电位驱动力原理。基于这一原理，我们一起对多个膜蛋白家族所涉及的能量偶联机制进行了探索，尝试阐述它们广袤而统一的化学动力学内涵。这些讨论的意义在于重新定义了相关膜蛋白结构研究的核心科学问题，使相关结构研究从孤立观察中升华出来。譬如，在二级主动转运蛋白中，关注的重点将不再是某一个结构的独特底物结合方式，而将思考重点聚焦到底物与驱动物质结合之间的协同性或者竞争性这类共通的机制问题。

虽然需要时间和实验的检验，但我们仍然愿意以一种乐观的态度预期，经典化学动力学理论在膜蛋白研究领域的应用将成功地解决诸多能量偶联问题。本书的讨论提示，基于结构生物学的构象分析与化学动力学基本思想方法的有机结合，人们有可能对理解生物大分子层次的、与大幅度构象变化相关的分子机制，并且建立起清晰的物理图像更有逻辑；进而，为有关膜蛋白的量子化学计算、全原子分子动力学模拟及介观非平衡态统计力学分析等交叉领域圈点新的生长点。考虑到原始生命需要容忍蛋白质结构中的诸多粗糙性，膜蛋白的基本功能超脱于结构细节是十分自然的，正所谓“大音希声，大象无形”。另外，我们在本书中对于膜电位的讨论仅仅是其生物学作用的冰山一角，更广泛的应用和更深层的意义仍有待读者去挖掘、去领悟。

Nothing is more practical than a good theory.

—Ludwig Boltzmann

统计物理学奠基人玻尔兹曼曾经说过这样一句颇具哲理的话：“解决问题的最实际的途径莫过于拥有一个好的理论。”这样的理论应该是自洽的、普适的，并且是与现有物理学基本原理相容的。寻求普适的机制看起来是物理学家的怪癖；但是，在科学哲学层面上它满足“奥康剃刀”原理，符合人类永恒的对自然美学的追求。基于物理学的普适理论，今天的人类早已不再像古人那样依赖多神论去理解表面上互不相干的自然现象、去释怀对瞬息万变的大千世界的畏惧。共通的机制、原理使人们更方便、更自信地从已知理论出发去诠释自然。天文学（宇观物理学）的发展曾经见证过一次从运动学到动力学的飞跃，即从位置、速度、加速度等针对运动轨迹的描述向引力（相对论）、热力学（量子统计）等运动学因果关系的叙述转变。今天的结构生物学同样期待着一次从对于微观结构的收集、描述、分类的博物学范式到理解动态功能的飞跃。本书所讨论的结构动力学就是在此方向上的一种抛砖引玉的尝试，以期我们的膜蛋白结构生物学家能够勇敢地冲破自己的心理学舒适域的桎梏，为跨膜物质转运、能量转化、信号转导的结构研究增添一个新的维度。

致　　谢

笔者感谢实验室成员在膜蛋白结构方面丰富多彩的研究工作，促使我对于相关分子机制进行多方位的思考。感谢中国科学院生物物理研究所、生物大分子国家重点实验室、膜蛋白研究团队的同仁，与他们一起所进行的讨论使我对膜蛋白结构研究的前沿工作保持着近乎饥渴的兴趣。由衷地感谢华盛顿大学（西雅图）的钱纮教授所给予的化学动力学方面的启迪和建议；本书若干段落正是与他深入交流的产物。感谢我的老师 Brian W. Matthews 先生、王家槐先生、Jordan Tang（唐建南）先生在本书筹划和写作过程中所给予的热情鼓励和富有远见的指导。感谢科技部、自然科学基金，特别是中科院战略先导科技专项对实验室研究经费的支持。

本书的出版由中国科学院大学教材出版中心资助；承蒙科学出版社、生物物理学会期刊编辑部在写作方面的建议和专业指导，在此一并致谢。感谢陈宇航教授（中国科学院遗传与发育生物学研究所）、肖百龙教授（清华大学）、柳振峰教授（中国科学院生物物理研究所）、王文宁教授（复旦大学）、王佳伟教授（清华大学）、卢本卓教授（中国科学院数学与系统科学研究院）、赵素文教授（上海科技大学）、Torsten Juelich 博士（中国科学院大学）等在本书写作的各个阶段所给予的专业指导。感谢（前）实验室成员路光远博士、刘敏博士、李航、高逸伟等多名同学在校对、修订等方面的协助。对于反映膜蛋白结构动力学自身的进化水平，本书写作仍然处于进行时；尚存谬误仅由笔者负责。

鉴于膜蛋白结构生物学成果的指数发展态势，本书无意尝试百科全书式的兼收并蓄。内容的选择不可避免地缺乏一种公认的系统性，并且无可救药地暴露了笔者有限的知识储备。许多优秀的研究工作未能在本书中获得应有的欣赏和得体的讨论，恳请域内同行海涵。

后　记

尽管仍有不少完善工作尚在进行，但《膜蛋白结构动力学》终于成稿了，不禁有些沾沾自喜。尝试用自己的母语、而非英语进行正式的科学写作，自然会搅动起一阵阵温馨的冲动。然而不得不承认，写作对于我来说也算是一桩“苦差事”；终归中小学时抄诵标语口号的那点儿浅薄的语文功底，让我在敲击键盘时常常感到词不达意的踌躇，或者自觉是理工男的乏味和枯燥。很难想象以后还会再写一本什么书了。特别是，我坚持认为，除了知识性和趣味性之外，一本科学书籍还应该有些什么新意，写起来方才有动力，也才算是对得起读者的时间。

在国外期间我曾研究过多类蛋白质结构，但大致上都与所在医学研究所的主流方向有关。闲暇时个人兴趣则包括编写一部用于蛋白质结构分析的、拥有自己的词汇和语法从而可编程的通用工具型程序。虽然就个人来说使用这种表达方式进行结构研究也算得上是得心应手，但是它在技术和理念方面与结构生物学的新生代之间存在着明显的代沟，因此其应用前景也是可想而知的。大凡技术进步都是如生物之进化，潜移默化、润物无声，罕有像发明车轮那般势不可挡。2010 年回到阔别 20 余年的中国科学院生物物理研究所，组建新的结构生物学研究组。当时决定尝试一些以前从未涉及的研究方向，给自己一项新的挑战，也不辜负命运眷顾于我的这个机会。于是选定了膜蛋白结构这个方兴未艾的研究领域，当时所抱的决心是背水一战、破釜沉舟。随着新实验室第一批学生毕业，成果也算是如期而至。然而，总是无缘像冲浪者那样引领潮流，因此不得不无拘成法、另辟蹊径，对膜蛋白分子机制方面给予更多的思考；而此类心历却是许多冲浪者们所不曾体验或无暇顾及的。先是意识到膜电位对于跨膜转运蛋白的功能非常重要，而且这种重要性居然还没有被人们系统性地讨论过。当时以为一旦将这层窗户纸捅破，膜电位驱动力的语言便会很快地在域内流行起来。然而，无论是中国还是外国的科学家对于自己的固有信念都是非常执着的，甚至比普通人群更甚，抑或很难承认自己忽略了如此明显而又基本的事实。一名“程序员”，甚至是中国人比自己具有更脱俗的洞察力，对于这样的可能性难以下咽，也未可知。

写作中，也曾将初稿以电子邮件方式发送给一些膜蛋白结构研究领域的专家征求意见，当然都是能读懂汉语的同胞学者。但结果多是若石沉大海，渺无回音。想来这些“比特币”达人都很忙，未必有时间阅读十几万字的书稿，更遑论并不确定是否会从中有所获益；倒还不如为高颜值杂志张罗几篇文章，也许可以吸引更多的聚光灯。事实上，我自己也时常收到一些来路不明的介绍“新书”的邮件，基本上总是作为垃圾处理掉了。所以，上述冷遇乃是大概率事件，也并未让我过度地沮丧和郁闷。

目睹无人问津膜电位的现实，于是我不得不系统性地思考有关的科学问题，试图把这个“灵光乍现”的想法用语言表达清楚。到此时，方才发现真正实现这个目标并非易事。因为许多同行其实与我自己的物理学科背景相距甚远；那些在我看来浑然天成的概念，对于别人却可能是如闻天书。这就迫使我尝试用普通人有可能理解的通俗语言，将自己头脑中的物理图像描述出来。在中国科学院大学为本科学生讲授结构生物学入门课程时，给了我这样一个让思路渐清渐晰的讲故事的机会。大凡中国的大学生，还是相当迷信传统和权威的。因此，我十分感谢我的学生，能够以一种开放的态度耐心地听我试讲一些从未在传统生物教科书中涉及过的内容。

在教学和写作过程中我意识到，一个正确的理论应该具有强大的涵盖能力。于是，试着把膜电位理论应用到转运蛋白之外的其他膜蛋白研究领域。结果是弹无虚发，屡试不爽。至少我说服了自己，物理定律是放之四海而皆准的。再者，物理学的训练让我笃信数学的力量——一个无法定量化的科学理论如何有别于阴阳五行呢？在一位化学动力学专家朋友的启发之下，我尝试将能量偶联之类的概念用热力学公式自洽地表示出来。这方面的成功也让自己对于膜电位驱动力原理（假说）的正确性、普适性增添了信心。此间，我也发表了若干对重要膜蛋白家族的综合分析性文章，阐述膜电位对于各类膜蛋白的重要性。此类文章基本上属于“新概念”之类的栏目，因为如果作为综述常常会遭到作为审稿人的域内专家的抵制。一本由多年老友主编的分子生物学期刊，甚至因为我大致包揽了该栏目、妨碍其影响因子的提升，而不得不将栏目永久性地取缔了。

尽管困难如影相随，在写作过程中，我依然得到过许多朋友真诚的帮助和热心的鼓励，感激之情难以言表。庆幸自己在一个膜蛋白结构研究蓬勃发展的特殊阶段步入了这一领域，作为见证人目睹了眼花缭乱的各色研究成果井喷式地涌现，同时作为亲历者有机会去窥觑其中鲜为人知的秘密。我由衷地感谢从事膜蛋白结构研究的同行为本书的研究提供了海量的素材，也真诚地期望这本关于膜电位驱动力的科普书能为读者奉上一杯消化 CNS 饕餮大餐的、饭后的清茶。